南水北调工程建设技术丛书

渡槽工程

DUCAO GONGCHENG

国务院南水北调工程建设委员会办公室建设管理司 编

中国水利水电出版社
www.waterpub.com.cn

内 容 提 要

国务院南水北调工程建设委员会办公室建设管理司组织编撰的《南水北调工程建设技术丛书 渡槽工程》分为科学研究、工程设计、施工技术和建设管理4个篇章，共计44篇论文。本书密切结合工程实际，总结了南水北调渡槽工程建设实践经验，是南水北调工程科技创新成果总结的重要组成部分，是我国水利事业发展宝贵经验的重要积累。内容主要包括南水北调大型渡槽结构设计、创新施工方法以及完善的质量管理体系等，特别反映了大流量预应力渡槽设计和关键技术研究的理论和方法。

本书可供从事水利水电工程技术的科研、设计、施工人员及相关大专院校师生参考使用。

图书在版编目（CIP）数据

渡槽工程 / 国务院南水北调工程建设委员会办公室建设管理司编. —北京：中国水利水电出版社，2015. 6
（南水北调工程建设技术丛书）
ISBN 978-7-5170-3454-4

Ⅰ. ①渡… Ⅱ. ①国… Ⅲ. ①南水北调—渡槽—水利工程 Ⅳ. ①TV672

中国版本图书馆CIP数据核字（2015）第173063号

书　名	南水北调工程建设技术丛书 **渡槽工程**
作　者	国务院南水北调工程建设委员会办公室建设管理司　编
出版发行	中国水利水电出版社 （北京市海淀区玉渊潭南路1号D座　100038） 网址：www. waterpub. com. cn E-mail：sales@waterpub. com. cn 电话：（010）68367658（发行部）
经　售	北京科水图书销售中心（零售） 电话：（010）88383994、63202643、68545874 全国各地新华书店和相关出版物销售网点
排　版	北京三原色工作室
印　刷	三河市鑫金马印装有限公司
规　格	184mm×260mm　16开本　17.75印张　420千字
版　次	2015年6月第1版　2015年6月第1次印刷
印　数	0001—1000册
定　价	**62.00**元

序　言

南水北调工程是党中央、国务院决策兴建的旨在缓解我国北方水资源严重短缺、优化水资源配置、改善生态环境的重大战略性基础设施，是迄今为止世界上最大的调水工程。

南水北调工程规划从长江下游、中游和上游调水，分三条调水线路，总调水规模448亿立方米。工程总体规划分三期建设，目前实施的是南水北调东、中线一期工程，于2002年12月27日正式开工建设。经过几十万建设大军十余年努力，东线一期工程于2013年11月15日通水，中线一期工程于2014年12月12日通水，实现了党中央、国务院确定的东、中线一期工程建设目标，标志着南水北调工程建设取得重大阶段性成果。东、中线一期工程通水后，直接供水的县级以上城市达200多个，直接受益人口达1亿多，700多万人告别苦咸水和高氟水，工程经济、社会、生态等综合效益显著。

南水北调工程是由多项目组成的庞大项目集群，是一项复杂的系统工程。工程涉及领域多，在设计、建设、运行等方面，面临诸多技术挑战，是水利学科与多个边缘学科联合研究的前沿领域。面对诸多工程技术难题和挑战，国务院南水北调工程建设委员会办公室高度重视，始终把科研和技术攻关工作放在突出位置抓紧抓好。可以说，南水北调工程的建设，就是伴随着一系列技术难题的不断攻克展开的。

在科技部等国家有关部门的大力支持下，“十一五”和“十二五”期间，国务院南水北调工程建设委员会办公室组织南水北调工程各项目法人、设计、施工、建设管理等工程参建单位，以及国内著名相关科研院所、高等院校参加，先后成功开展了南水北调工程国家科技支撑计划等多项重大科技项目的研究，内容涉及水工结构、工程施工、水利学、管理、水工材料、水利机械、环境、水资源等诸多专业和领域。如：“十一五”国家科技支撑计划“南水北调工程若干关键技术研究与应用”重大项目，针对丹江口大坝加高工程关键技术研究、大型渠道设计与施工新技术研究、大型贯流泵关键技术与泵站联合调度优化、超大口径PCCP管道结构安全与质量控制研究、大流量预应力渡槽设计和施工技术研究等南水北调工程重大关键技术展开研究；“十二五”国家科技支撑计划“南水北调中线工程膨胀土和高填方渠道建设关键技术研究与示范”重大项目，针对施工期膨胀土开挖边坡稳定性预报、强膨胀土（岩）渠道处理、深挖方膨胀土渠道渠坡抗滑及渠基抗变形、膨胀土渠道防渗排水、膨胀土渠道水泥改性处理、高填方渠道建设等关键技术展开研究。这些研究工作的开展取得了丰硕的成果，成功解决了工程建设急需解决的重大关键枢纽和典型工程建筑物的结构、材料、施工技术与工艺、设备等难题，优化了设计，保证了工程建设质量、安全、进度，提高了工程建设的技术和管理水平，节约了工程投资，保证了工程建设高质量、高效率有序推进，为顺利实现东、中线一期工程通水目标奠定了坚实的技术基础。同时，这些研究成果的取得，极大地推动了国际、国内相关科学技术的新进展。

为加强南水北工程技术交流，为水利科技工作者进行广泛学术交流提供平台，为南水北调后续工程建设提供宝贵科技资料，建设管理司组织各有关方面分门别类开展了南水北调工程建设技术成果论文征集、评审工作，编辑出版《南水北调工程建设技术丛书》，很有意义。该丛书从工程建设实际出发，充分结合南水北调工程特点，通过分类和集中，从工程科学研究、工程设计、工程施工、工程管理等多个方面和角度，对PCCP管道工程、泵站工程、渡槽工程、渠道工程、暗涵工程、枢纽工程、平原水库工程、膨胀土处理工程等，取得的一系列技术成果进行经验总结和提炼，非常及时和必要。该丛书将为科研院校及设计、施工、管理等单位广大技术人员提供有益借鉴和参考。

本书内容难免有错误或不当之处，敬请读者指正。

张野

国务院南水北调工程建设委员会

办公室党组成员、副主任

二〇一五年五月二十五日

南水北调工程建设技术丛书　渡槽工程

主　　编： 李鹏程

副 主 编： 井书光　苏克敬　袁文传

执行主编： 白咸勇　马　静

编辑人员： 白咸勇　马　黔　罗　刚　林永峰　张　晶　张俊胜
刘　芳　温世亿　姚　雄　许　丹　李素丽　赵莉花
李　森　李纪雷　范乃贤　周贵涛　吴润玺　刘晓杰
杨华洋　韩　迪　刘婷婷　于　欣　刘　博

目　　录

科 学 研 究

工 程 设 计

施 工 技 术

建 设 管 理

科学研究

南水北调中线干线大型渡槽工程技术概述

温世亿[1]，姚　雄[1]，李舜才[1]，钟慧荣[2]

（1. 南水北调中线干线工程建设管理局，北京 100038；
2. 南水北调工程设计管理中心，北京 100038）

摘要： 南水北调中线干线渡槽具有跨度大、流量大、体型大、自重大、荷载大、结构复杂等特点，本文从南水北调中线干线工程大型渡槽的分类与设计，渡槽科学研究，标准编制，渡槽建设过程中的质量管理、进度管理、投资控制，施工方法等方面，系统总结了南水北调中线干线工程渡槽设计、建管和施工的经验。

关键词： 南水北调中线；渡槽；建设；管理

南水北调中线工程是一项特大型长距离跨流域调水工程，总干渠从丹江口水库陶岔渠首引水，跨越长江流域、淮河流域、黄河流域、海河流域，沿线经过河南、河北、北京、天津 4 省（直辖市），穿过大小河流 705 条，输水总干渠总长约 1432km，渠首设计流量 $350m^3/s$，加大流量 $420m^3/s$[1]。总干渠跨越大型河流共布置输水渡槽 27 座。南水北调中线工程输水流量大、输水保证率要求高，使得输水渡槽具有跨度大、流量大、体型大、自重大、荷载大、结构复杂等特点，是技术最复杂、工程建设管理难度最大的项目之一。通过渡槽设计技术规定统一设计原则、科研项目攻克技术难题，创新性的采用造槽机、架槽机施工方法、严格规范施工过程中的各个细节等一系列措施，解决了南水北调中线工程渡槽设计难点多、施工难度大的问题。郑光俊、吕国梁、张传健等众多南水北调工程建设者对单个渡槽的设计、施工、技术攻关都进行了不同程度的研究和经验总结，但鲜见建管方面的论文[2-19]，故很有必要对南水北调中线干线工程大型渡槽建设管理从设计、建管、施工等方面进行系统总结。

1　渡槽分类与设计

南水北调中线总干渠布置大型输水渡槽 27 座（渡槽技术特征参数详见附表）。按槽身是

第一作者简介： 温世亿（1975—），江西南康人，高级工程师，工学博士，主要研究方向为水工结构工程、岩土工程、混凝土工程及技术管理。

否挡水划分，梁式渡槽18座、涵洞式渡槽9座。按上部结构型式划分，矩形渡槽24座、U型槽2座、梯形渡槽1座。按跨度划分，40m跨渡槽6座、30m跨渡槽13座、30m以下渡槽8座 。

渡槽工程轴线位置的选择主要考虑以下因素：①尽量避让现有村庄和重要建筑物并与总干渠渠道平顺衔接；② 建筑物与河道交角不宜过小，避免增加建筑物长度和工程投资；③ 交叉断面处的天然河道主槽应水流集中，河势稳定；④交叉位置应方便施工导流和施工场地的布置。为检修方便和提高运行的可靠性，槽身宜选择多槽方案，对于输水流量较大且地质条件较复杂的渡槽，可采用基础与槽身多线布置方式。对束窄河道的渡槽，应拟定不同槽长方案推求有关频率洪水对应的河道洪水位，通过对当地防洪排涝的影响和工程投资对比分析论证后，确定渡槽长度。一般20年一遇洪水时，渡槽上游洪水位壅高值控制在0.3m以内，同时应满足当地河流的防洪标准。渡槽跨度应结合地质条件、水文条件、行洪要求和渡槽本身的特性及施工技术水平综合考虑，经经济技术比较后确定。在安全可靠、有利施工的前提下，结构尺寸应通过多方案比选和结构应力分析，经充分论证、优化后最终确定。方案比选侧重于不同跨度、不同结构型式的比较，梁式渡槽因受力整体性较好，受力明确，裂缝容易控制，水密性好，施工方便，造价相对较低等特点，是中线工程大型输水渡槽主要采用的一种结构型式。

南水北调中线干线主要大型渡槽如下。

1.1 湍河梁式渡槽

湍河渡槽位于河南省邓州市小王营与冀寨之间，设计流量350m^3、加大流量420m^3。主要建筑物包括进口明渠段113.3m、进口渐变段41m、进口闸室段26m、进口连接段20m、槽身段720m、出口连接段20m、出口闸室段15m、出口渐变段55m、出口明渠段19.70m，总长1 030m。跨径布置为18×40m，槽身为相互独立的3槽预应力混凝土U型结构，槽身按双向预应力设计。3槽槽身水平布置总宽37.30m，槽身高度8.23m，两端简支，槽身下部为内半径4.50m的半圆形，半圆上部接2.73m高直立边墙。

1.2 澧河梁式渡槽

澧河渡槽位于河南省平顶山市叶县常村乡坡里与店刘之间的澧河上，设计流量320m^3、加大流量380m^3。主要建筑物包括退水闸段114m、进口渐变段45m、进口节制闸室26m、进口过渡段20m、槽身段540m、出口过渡段20m、出口检修闸室段15m、出口渐变段70m、出口明渠段10m，总长860m。跨径布置为30m+12×40m+30m，上部结构为预应力箱型简支梁，按双线双槽布置，槽身按三向预应力设计。渡槽单槽净宽10.0m，渡槽单槽顶部全宽11.6m，底部全宽11.7m，双线渡槽全宽顶宽26.6m，底宽26.7m。

1.3 沙河渡槽

沙河渡槽位于河南省鲁山县薛寨村北，总长为11.9381km，其中明渠长2.8881km，建筑物长9.050km。设计流量320m^3、加大流量380m^3。主要建筑物包括沙河梁式渡槽、沙河一大郎河箱基渡槽、大郎河梁式渡槽、大郎河一鲁山坡箱基渡槽、鲁山坡落地槽。

1.3.1 沙河梁式渡槽

沙河梁式渡槽长1 675m，由进口渐变段50m、节制闸室段25m、闸渡连接段81m、槽身

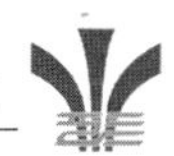

段 1 410m 及出口连接段 109m 组成。槽身纵向为简支梁型式，跨径 30m，共 47 跨。槽身采用三向预应力钢筋 U 型槽结构型式，双联 4 槽，单槽直径 8m，直段高 3.4m，U 槽净高 7.4m，4 槽各自独立，每 2 槽支承于一个下部槽墩上。

1.3.2 沙河一大郎河箱基渡槽

沙河一大郎河箱基渡槽长 3 560m，每 20m 一节，共 178 节。槽身采用矩形双槽布置形式，槽身净宽 2×12.5m，槽身侧墙净高 7.8m。下部支承结构为箱形涵洞，洞身长与上部槽身对应，单联长 15.4m，顺槽向每 3 孔一联，相应每节槽身长 20m，涵洞孔宽 5.5～5.8m。

1.3.3 大郎河梁式渡槽

大郎河梁式渡槽长 490m，由进口连接段 90m、槽身段 300m 及出口连接段 100m 组成。大郎河梁式渡槽。槽身结构型式与沙河梁式渡槽相同，共 4 槽，单槽直径 8m，直段高 3.8m，U 槽净高 7.8m，其余尺寸同沙河梁式渡槽；槽身纵向为简支梁型式，跨径 30m，共 10 跨。

1.3.4 大郎河一鲁山坡箱基渡槽

大郎河一鲁山坡箱基渡槽长 1 820m，箱基渡槽每 20m 一节，共 91 节。槽身采用矩形双槽布置形式，槽身净宽 2×12.5m，槽身侧墙净高 7.8m，槽身底板兼作涵洞顶板。下部支承结构为箱形涵洞，洞身长与上部槽身对应，单联长 15.4m，顺槽向每 3 孔一联，相应每节槽身长 20m，涵洞孔宽 5.5～5.8m。

1.3.5 鲁山坡落地槽

鲁山坡落地槽全长 1 530m，由进口连接段 145m，落地槽槽身段长 1 335m，出口渐变段 50m 组成。落地槽槽身为矩形断面，单槽，净宽 22.2m，侧墙高 8.1m。

1.4 双洎河梁式渡槽

双洎河渡槽位于新郑市西北约 5 km、王刘庄村北，设计流量 305m^3/s，加大流量 365m^3/s。主要建筑物包括进口渐变段 45m、进口连接段 20m、进口节制闸段 25m、进口闸渡连接段 35m、槽身段 600m、出口闸渡连接段 20m、出口检修闸段 15m、出口渐变段 50m，总长 810m。槽身跨径 30m，共 20 跨，采用预应力混凝土矩形槽结构型式为双联布置，每联两槽，共 4 槽，单槽净宽 7m，总净宽 28m。

1.5 青兰梁式渡槽

青兰渡槽位于河北省邯郸市西南西环路与南环路连接处外侧，设计流量 235m^3/s，加大流量 265m^3/s。主要建筑物包括进口渠道连接段 20m、渡槽段 63m 和出口渠道连接段 20m，渡槽及其进出口渠道在平面上均呈斜向布置，工程轴线总长 115.11m。渡槽槽身为分离式扶壁梯形渡槽，共分 3 跨，跨度布置为 19m＋25m＋19m，其中平板支撑结构总长 63m，宽 52.5m，采用双向预应力连续梁结构，挡水结构采用普通钢筋混凝土结构，上部挡水结构与下部平板承载结构分期浇筑，槽身过水断面与两端渠道相同。挡水结构过水断面底宽 22.5m，侧墙高度 7.55m，渠坡坡比为 1∶2.25，侧墙与底板为分离式结构。

2 建设管理

2.1 技术支撑

技术支撑包括科学研究和标准制定两个内容。

2.1.1 科学研究

为保证南水北调中线总干渠渡槽设计质量和施工质量，开展“十一五”国家科技支撑计划课题“大流量预应力渡槽设计和施工技术研究”、U型渡槽模型试验及抗裂设计研究、南水北调中线一期工程湍河渡槽1∶1仿真试验研究、大跨度薄壁U型渡槽造槽机在混凝土浇筑过程中的内外模变形问题的研究、大型预应力U型预制槽1∶1原形试验和预应力张拉试验研究项目。通过科学研究项目为南水北调中线大型渡槽的设计和施工提供了科技支撑，解决了渡槽设计和施工中遭遇的一系列难题。

2.1.2 标准制定

（1）梁式渡槽设计技术规定。总干渠梁式渡槽是指在校核洪水位情况下，渡槽梁底与校核洪水位的高差能满足相应的净空要求，槽身不作挡水的结构物。为统一南水北调中线一期工程输水总干渠梁式渡槽的设计标准和技术要求，做到安全适用、技术先进、经济合理、运行方便，结合南水北调中线一期工程设计工作的特点，组织制定了《南水北调中线一期工程总干渠初步设计梁式渡槽土建工程设计技术规定》，主要内容包括：设计标准，对设计基本资料的要求，以及渡槽总布置、水力设计与河床冲刷防护设计、渡槽上部与下部结构设计、进出口渐变段、连接段和进出口控制建筑物设计等。

（2）涵洞式渡槽设计技术规定。涵洞式渡槽是指当总干渠渠底低于交叉河流的设计或校核洪水位时，总干渠用渡槽方式过河，渡槽槽身挡水，槽下为河流过水涵洞的结构型式。为统一南水北调中线一期工程输水总干渠涵洞式渡槽的设计标准和技术要求，做到安全适用、技术先进、经济合理、运用方便，结合南水北调中线一期工程设计工作的特点，制定了《南水北调中线一期工程总干渠初步设计涵洞式渡槽土建工程设计技术规定》，主要内容包括：设计标准、对设计基本资料的要求，以及工程布置、水力设计、河床冲刷防护设计、槽身结构设计、下部结构设计、进出口渐变段、连接段，以及进出口控制建筑物设计等。

（3）预应力设计、施工和管理技术指南。为规范预应力设计、施工和管理工作，提高施工质量，确保预应力结构安全，组织编制了《南水北调中线干线工程预应力设计、施工和管理技术指南》，包括预应力控制值设计、预应力筋设计、预应力张拉程序设计、施工期应力验算、预应力监测设计等施工期预应力设计内容，材料与设备、预应力筋制作、预应力筋安装、预应力筋张拉、灌浆与封锚等预应力施工要求，试验、监测和验收要求，建管和监理管理重点。

2.2 质量管理

为确保工程质量，在国务院南水北调办质量飞检、站点监督、专项稽察及有奖举报“三查一举”的质量监管模式下，中线建管局成立了质量巡查队，工序考核队，质量检测与咨询队三支专业队伍，建立质量月例会制度、质量关键点派驻制度。通过建立质量管理体制，完善质量管理体系，对工作人员进行理论培训，加强现场技术交底，制定详细的质量保证措施，落实责任人，强化现场的质量安全责任，严把原材料进场关及工序质量检验关，严格混凝土浇筑前的验收工作、严格开仓检查制度、加强现场盯仓等一系列质量管理措施，对南水北调工程参建单位质量管理行为有效规范，确保工程质量总体受控。

2.3 进度管理

为保证渡槽施工进度，中线建管局在施工合同的基础上，通过制定进度管理办法、进度

奖惩办法，要求施工单位尽快按投标承诺的技术力量、物资和设备到位，细化施工方案、强化施工组织，完善施工工艺、注重工序衔接、提高施工效率，严格执行进度计划、紧盯节点目标、开展劳动竞赛，要求参建单位负责人常驻工地，建立进度分析预警制度和生产例会制度，及时协调解决重大技术问题、征迁遗留问题和民扰问题等制约或影响进度的问题，狠抓工程质量，定期组织进度考核检查，强力推进工程建设，确保渡槽施工满足南水北调中线工程建设目标要求。

2.4 投资控制

从开工建设开始，严格投资控制，中线建管局通过建立各种合同管理制度，开展合同培训及合同专项整治活动，规范各方合同管理，准确计量工程量，及时结算工程进度款，严肃变更索赔处理程序等合同管理措施、保证工程资金安全。投资控制效果明显，未出现合同违规问题，未发生合同纠纷。

3 渡槽施工

南水北调中线工程渡槽施工全线的控制性项目，其中沙河渡槽、湍河渡槽的施工极具挑战性，分别采用了架槽机和造槽机施工，其它渡槽多采用满堂支架现浇施工。

3.1 造槽机（也称移动模架）施工

施工方案：造槽机施工源自于桥梁工程施工方法中的造桥机施工，其原理是利用槽墩安装主支腿（各主支腿支在墩顶上，要求对槽墩无偏心），主梁系统由主支腿支撑，在主梁系统上安装外模及模架，架构一个可以纵向移动的渡槽制造平台，混凝土浇筑后、脱模时底模先下落，再横向分离移动模架，使其能够通过槽墩，纵向前移过孔到达下一孔渡槽施工槽位，横向合拢移动模架再次形成施工平台，继续渡槽施工，循环作业至渡槽施工完成。

主要施工程序（每槽混凝土分两次浇筑）：造槽机系统就位→线形调整→第一次钢筋绑扎与安装→架立预应力钢筋波纹管→渡槽混凝土第一次浇注→养护→第二次钢筋绑扎与安装→内模支立、安装顶拉杆→渡槽混凝土第二次浇注→养护→脱离内模和侧模→预应力钢筋张拉→脱离底模→造槽机系统过孔→下一孔作业循环。

施工周期：造槽机系统移动一次可以施工一孔渡槽，每孔渡槽施工需要30d。

施工优点：造槽机施工的作业面基本集中在渡槽墩台的顶部，对地基等要求不高，可适应河流、软土地基等复杂环境条件下的渡槽施工；造槽机结构合理，受力明确，安全可靠，浇筑的渡槽整体性能好，施工中易调整模板，有利于确保渡槽结构尺寸；采用自动化操控，无其它辅助机械，机械化程度高，施工不受天气影响；标准化作业，工序可控，施工周期快，质量好。

3.2 架槽机施工

施工方案：架槽机施工是指在预制场地整体预制渡槽，采用大型起吊及运输设备将预制好的渡槽运送至施工槽位进行安装。渡槽槽身在预制场内的预制台座上集中预制，台座采用钢筋混凝土结构，以承担预应力张拉后的槽身重量。槽身运输一般采用接力式，即预制好的槽身由生产区（预制场内）的龙门吊运送到渡槽槽墩附近，平行于渡槽轴线，然后由安装区的龙门吊将槽身横移至设计位置安装。槽身预制模板要求较高，一般由专业厂家加工生产，模板有外模和内模组成。混凝土养护采用蒸汽养护，以缩短工期，减少台座和模板数量，蒸汽养护在养护棚内进行。

主要施工程序：渡槽下部结构施工→地基处理→制槽、存槽台座施工→提槽机安装→吊装已绑扎好的整体式钢筋入胎膜→浇筑槽身→养护渡槽→预应力钢筋张拉→吊至存槽台座→提槽机架设1～2号两跨渡槽→安装架槽机和运槽台车→依次架设第3跨及以后渡槽。

施工周期：每月基本可预制10榀槽身，架设13榀槽身。

施工优点：渡槽槽身在预制场地采用生产效率高、质量有保证，架槽机架设槽片速度快、工期有保证，对于大型渡槽的施工可节省投资。

3.3 满堂式脚手架现浇施工

施工方案：主要是采用扣件式钢脚手架（或采取碗扣式脚手架）作为渡槽的现浇支架，支架上设置模板，混凝土用输送泵输送或吊罐入仓的施工方法。混凝土浇筑分两次进行，先浇渡槽底板，再浇筑侧墙。下部底板部分必须一次浇筑完，上部侧墙可各自分开来浇，但单个墙身必须一次浇筑完成。满堂式脚手架现浇施工对场地要求较高。

主要施工程序：支架场地处理→架立支架→预压支架→立模板→钢筋绑扎、预埋管架立→混凝土浇注→养护→边墙及顶肋钢筋绑扎→立模板→混凝土浇注→养护→预应力钢筋张拉→拆除模板和支架。

施工周期：现浇混凝土作业基本上100d左右完成一跨渡槽，周转循环。

施工优点：施工方法传统，工艺简单成熟，应用广泛；材料周转快，重复利用率高；可分段作业，工作面多而自由，赶工灵活。

4 渡槽充水试验

为全面检验南水北调中线干线输水渡槽槽身结构安全、实体混凝土质量和槽身止水安装质量，验证设计，确保顺利实现南水北调中线工程通水目标，对所有输水渡槽（包括闸室及渐变段）组织开展了充水试验。充水试验主要开展了结构挠度、垂直位移监测、水平位移监测、开合度监测、应力应变监测、人工巡视检查等。渡槽安全监测成果分析表明所有输水渡槽槽身结构是安全的，槽身实体混凝土质量满足要求，槽身止水安装合格。

5 结语

南水北调中线工程自2003年12月30日开工建设，历经全体建设者10多年的辛勤劳动，2013年底主体工程完工。南水北调中线干线渡槽流量大、体型大、荷载大。建设过程中通过组织实施"十一五"国家科技支撑计划课题"大流量预应力渡槽设计和施工技术研究"等系列科研项目、攻克了渡槽设计和施工中的技术难题，制定设计技术规定以统一设计标准和技术要求，制定预应力设计、施工和管理技术指南、规范预应力施工，确保预应力结构安全。结合南水北调中线渡槽工程特点，创新的采用造槽机、架槽机施工方法，建立完善的质量管理体系、体制，采取了一系列进度管理措施，严格的投资控制手段，确保了渡槽工程质量、进度、投资控制满足目标要求，并通过充水试验对渡槽质量进行了全面检验，其设计、管理及施工经验可供其它大型渡槽工程建设借鉴。

参考文献

[1] 长江勘测规划设计研究院. 南水北调中线一期工程可行性研究总报告 [R]. 武汉：长江勘测规划设计研究院，2008.

[2] 郑光俊，吕国梁，张传健，等. 南水北调中线湍河渡槽设计与施工研究 [J]. 人民长江，2014，45 (6)：27-34.

[3] 郑光俊，张传健，吕国梁，等. 南水北调中线青兰高速交叉渡槽结构设计研究 [J]. 人民长江，2014，45 (6)：38-42.

[4] 李蘅，胡田清，郭鸿俊. 南水北调中线湍河渡槽汛期施工水力学分析 [J]. 人民长江，2014，45 (6)：50-59.

[5] 简兴昌，梁仁强，杨谢芸. 南水北调中线湍河渡槽槽身施工方案研究 [J]. 人民长江，2014，45 (6)：92-98.

[6] 张丹微，刘胜峰. 矩形槽移动模架在双洎河渡槽施工中的应用 [J]. 水利建设与管理，2014 (2)：18-21.

[7] 朱清帅，马永征，王玉岭，等. 浅谈湍河渡槽结构形式比选 [J]. 南水北调与水利科技，2014，12 (2)：157-170.

[8] 孟庆荣，路明旭. 南水北调沙河 U 型渡槽混凝土浇筑施工技术研究 [J]. 西北水电，2013 (5)：45-48.

[9] 董必钦. 南水北调中线工程大型渡槽重大技术装备研发应用及前景分析 [J]. 中国水利，2013 (20)：66-68

[10] 胡少伟，游日. 南水北调大型渡槽结构抗震安全性研究 [J]. 防灾减灾工程学报，2011，31 (5)：496-500.

[11] 王彩玲. 沙河箱基渡槽结构设计研究 [J]. 中国农村水利水电，2011 (5)：130-132.

[12] 王潘绣，赵海涛. 大型 U 型渡槽正常运行寒潮期仿真分析 [J]. 水电能源科学，2010，28 (7)：92-94.

[13] 翟渊军，朱太山，冯光伟. 南水北调中线沙河渡槽关键技术研究与应用 [J]. 人民长江，2013，44 (16)：1-6.

[14] 张玉明，张高伟，刘国龙，等. 南水北调沙河渡槽预应力结构设计与配筋优化 [J]. 人民长江，2013，44 (16)：9-11.

[15] 冯光伟，贾少燕，赵廷华，等. 大型薄壁预应力 U 型槽原型充水试验分析 [J]. 人民长江，2013，44 (16)：36-38.

[16] 程德虎，赵海涛，冯光伟，等. 南水北调沙河 U 型槽环向预应力筋测力系统研究 [J]. 人民长江，2013，44 (16)：55-58.

[17] 胡艳军. 双洎河特大型现浇混凝土渡槽施工技术 [J]. 森林工程，2013，29 (5)：103-105.

[18] 曹先振. 大型预应力渡槽孔道摩阻损失测定方法及工程实践 [J]. 中国科技纵横，2013 (7)：95-97.

[19] 孟庆宇，陶李. 南水北调中线干线工程某施工标渡槽灌注桩变更争议 [J]. 南水北调与水利科技，2014，12 (01)：73-74，138.

科学研究

南水北调沙河U型槽环向预应力筋测力系统研究

程德虎[1]，赵海涛[2]，冯光伟[3]，李　乔[1]

（1. 南水北调中线干线工程建设管理局，北京 100038；2. 河海大学土木与交通学院，南京 211169；3. 河南省水利勘测设计研究有限公司，郑州 450016）

摘要： 南水北调中线工程沙河U型渡槽预应力钢筋数量众多，其中单槽环向预应力筋达71根，对预应力筋张拉后的应力损失进行准确、可靠测量十分重要。首先分析了试验张拉阶段，预应力筋测力系统测值失真的原因，进而有针对性地提出了改进措施，如改进测力计，自行研发定位器、中空垫板等辅助测量装置。改进后的测力系统能够真实反映预应力筋的受力状态，为张拉施工提供了依据。

关键词： U型渡槽；环向预应力；测力计；南水北调中线工程

沙河U型渡槽为南水北调中线工程中的大型U型预应力渡槽之一，也是中线工程中最长的梁式渡槽和唯一采用预制吊装方式施工的渡槽。该槽单槽跨度30m，跨中断面净高7.4m，侧墙厚0.35m，底板厚0.9m，总高8.3m；端部断面侧墙厚0.6m，总高9.2m。槽身为双向有黏结预应力混凝土结构，槽身环向布置71孔5Φ_s15.2钢绞线，采用扁形锚具、扁形波纹管，双向张拉，槽身预应力筋布置如图1所示。我国在东深供水工程中曾采用过预应力U型渡槽结构[1]，为渡槽预应力张拉以及预应力损失测试提供了经验，同时桥梁、工民建等行业预应力张拉及测力系统测试也有丰富的实践经验[2-5]。但类似沙河渡槽如此超大结构尺寸的国内外渡槽工程实例不多，其环向预应力对槽体承载力、工作性态十分重要，且其具有断面大、薄壁、环向预应力多束扁形布置等特点，如何准确、可靠开展环向预应力钢筋应力损失测试并进行分析评价十分重要。为监测预应力筋有效应力，沙河U型渡槽共设置13榀监测槽，单榀监测槽布置锚索环向测力计8台。

1　原测力系统存在的问题

根据现场工程槽张拉施工测力计测试成果（例如第5榀槽），预应力筋放张时部分测力计

第一作者简介：程德虎（1962—），湖北天门人，教授级高级工程师，主要从事水利工程建设管理及研究工作。

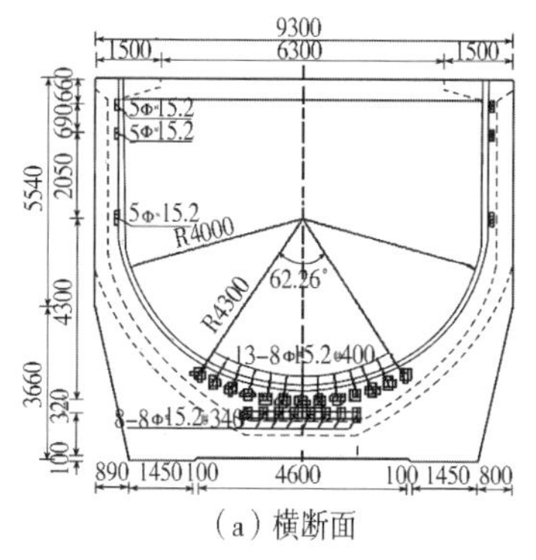

(a) 横断面

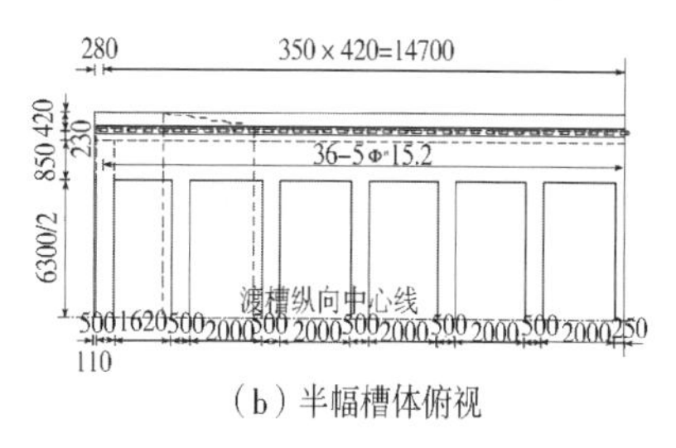

(b) 半幅槽体俯视

图 1　槽身预应力筋布置图（单位：mm）

数值较设计值偏差较大，最大时可达 48%，测力计测值与千斤顶油表值不一致。测力计反映的预应力损失远远超过设计允许值，因此分析测力计值是否真实反映了预应力筋受力状态成为沙河渡槽设计和施工的关键问题之一。通过大量工程槽（26 榀、28 榀及 44 榀）以及环形试验台扁锚张拉试验，分析导致扁锚测力计读数偏差较大主要有以下几个原因：

（1）单孔布置环向扁锚绞线 5 根，采用 5 孔测力计，每根绞线单独穿过测力计（见图 2），绞线张拉或放张时与测力计间产生摩擦，从而影响测力计读数。

（2）预应力钢筋、锚垫板、测力计、工作锚及千斤顶很难对中，张拉施工时测力计存在偏压现象，测力计 4 根振弦读数相差较大，会导致测力计值失真。

（3）测力计属精密仪器，对外界受力环境尤其是受压面平整度要求较高，扁锚锚垫板与测力计接触面未经过处理，较粗糙，个别锚垫板顶部凹凸不平（见图 3），对测力计测值也会造成较大影响。

图 2　5 孔测力计

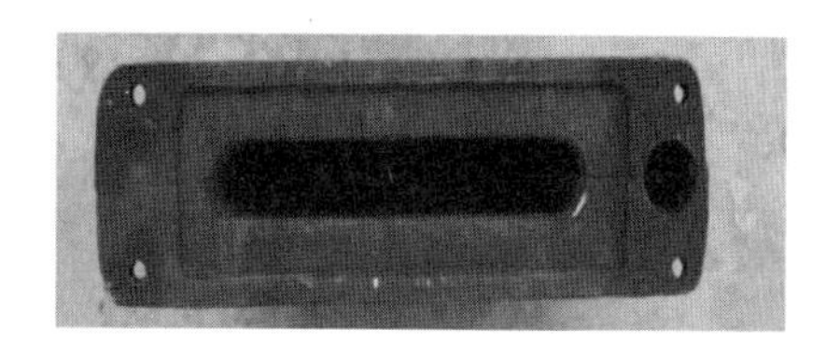

图 3　扁锚锚垫板

（4）测力计出厂前进行了单独率定，千斤顶与油表也进行了联合率定，但两套测力系统未进行联合率定，存在系统间误差。

（5）操作人员熟练程度等其他原因。由上述分析及现场试验成果可知，环向预应力测力计测值与设计值偏离较大的主要原因在于测力系统本身未反映环向预应力筋实际受力状态，需要对测力系统进行改进与完善。

2　测力系统的改进

2.1　测力计

沙河 U 型渡槽单孔环向扁锚绞线为 5 根，原计划采用 5 孔测力计，每根预应力钢绞线分别穿过测力计5孔（图2），钢绞线张拉或放张时会与测力计产生摩擦，影响测力计读数。为减少钢绞线与测力计之间的摩擦，在不改变测力计基本尺寸的情况下，把5孔测力计改为仅有一个中孔的中孔测力计，但与测力计厂家协商沟通后认为，中孔测力计在结构受力上存在缺陷。经参建各方研究并通过厂家试验测试，最终采用3孔测力计，即在原5孔基础上，保留中孔，两侧各2孔合并为1孔，设计图与实物图如图4所示。

2.2 定位器

在工程槽或者环形试验台上进行预应力张拉时，预应力钢绞线、锚垫板、测力计、工作锚及千斤顶不容易对中，张拉施工时测力计存在偏压现象，导致测力计测值失真。为解决测力计与工作锚不同轴的问题，自行设计并定做定位器，该定位器可保证工作锚与测力计的对中误差不超过2mm，如图5所示。

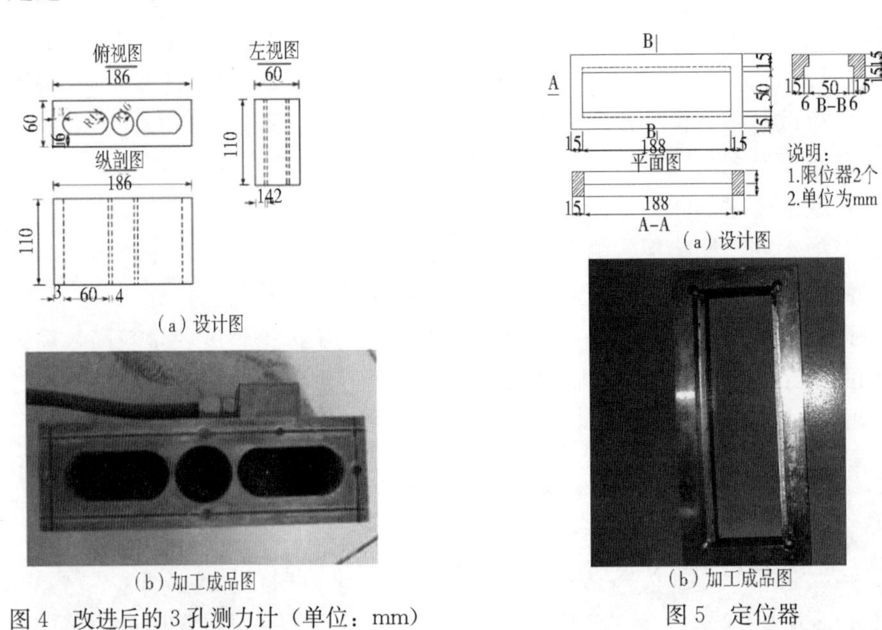

（a）设计图

（b）加工成品图

图4　改进后的3孔测力计（单位：mm）

（a）设计图

（b）加工成品图

图5　定位器

2.3 锚垫板与中空垫板

锚垫板凹槽表面未经处理、较粗糙，若测力计直接与锚垫板接触，势必影响测力计测量精度。因此，通过加大锚垫板尺寸（较测力计尺寸大1～2mm），并铣平垫板凹槽表面，改善测力计受力面；同时自行设计并加工中空加厚（35mm）垫板（图6），安装于锚垫板与测力计之间，改善受力条件。

2.4 其他措施

（1）对测力计和油压千斤顶进行配套联合率定，减小两套系统间误差。

（2）进行环形试验台试验时，利用水平尺逐步校核锚垫板、测力计、工具锚、限位板、垫块、过渡环及千斤顶等设备的安装情况，保证其受力面水平，如图7所示。

（3）更换压力表，由1.6级不防震压力表更换为0.4级防震压力表。

2.5 测力计测试流程

建议改进后的工程槽及环形试验台测力计测试流程如图8所示，典型测力系统安装如图

9 所示。通过完善后的测力系统，由测力计反映的 U 型工程槽环向预应力损失由最大 48%降到 20%左右，真实反映了张拉后环向预应力受力状态。

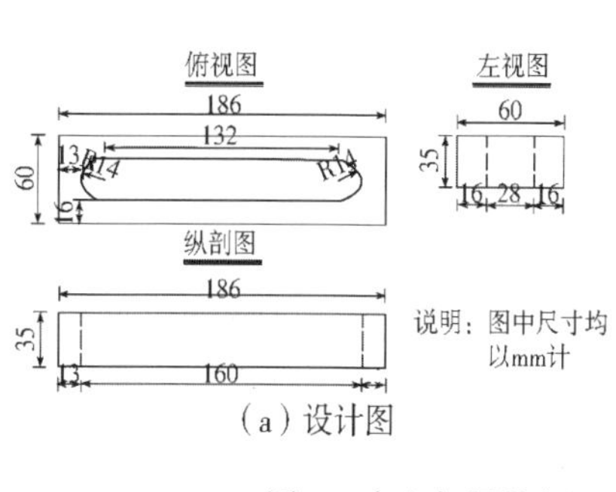

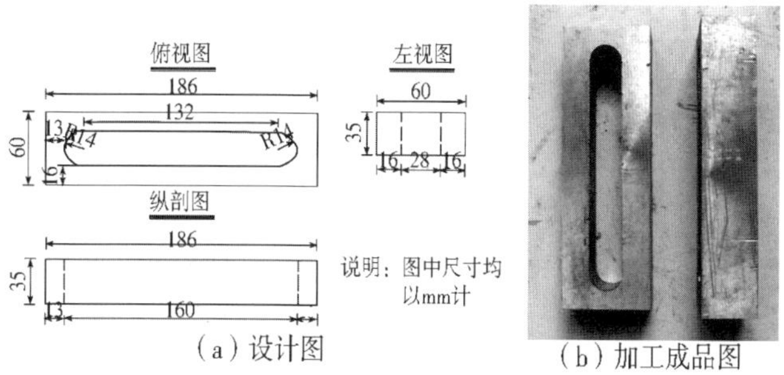

（a）设计图

（b）加工成品图

图 6　中空加厚垫板

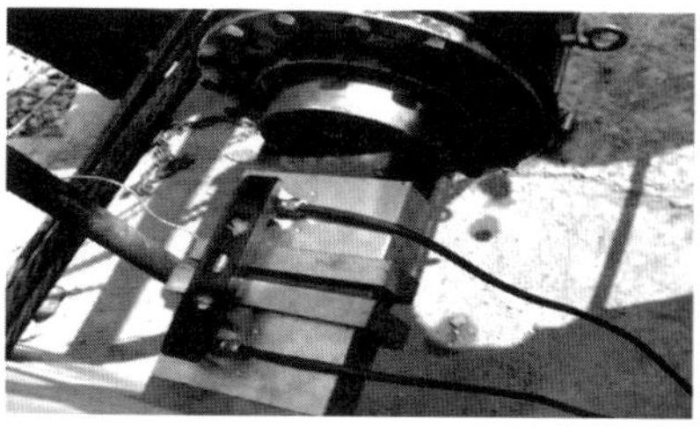

图 7　水平尺校平

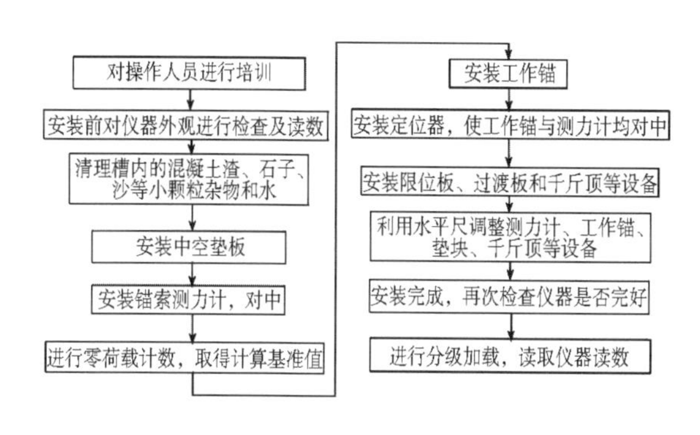

图 8　测试流程

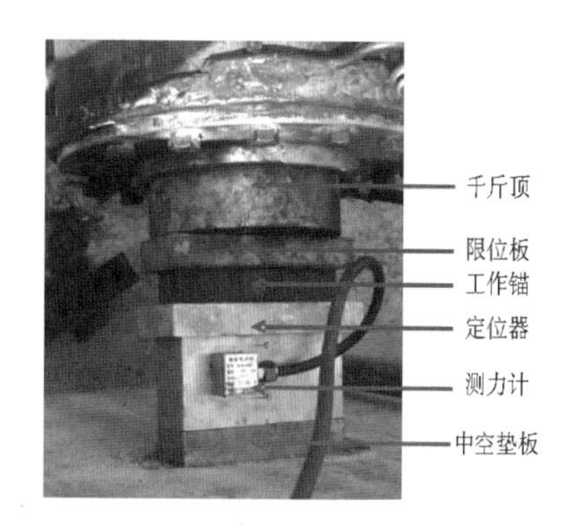

图 9　典型测力系统安装

3　结语

沙河渡槽工程槽和环形试验台环形预应力张拉试验表明，在环向测力系统及测试方法完善之前，测力计所测预应力值未反映其实际受力状态。通过改进测力计，自行研发定位器、中空垫板等测量装置，以及制定可行的测试流程，完善了大型 U 型渡槽环向预应力筋测力系统，测试结果能够反映环向预应力筋真实受力状态，为工程设计和施工提供了经验。

参考文献

[1]　程瓦，潘登宇. 大型双向预应力混凝土 U 型薄壳渡槽设计 [J]. 人民长江，2008，39 (24)：38-40.

[2]　党海军，朱尔玉. 35m 预应力混凝土箱梁锚垫板张拉破坏事故分析与处理 [J]. 铁道建筑技术，2010 (4)：59-61.

[3]　李准华，刘钊. 大跨度预应力混凝土梁桥预应力损失及敏感性分析 [J]. 世界桥梁，2009 (1)：36-39.

[4]　吕志涛，孟少平. 现代预应力设计 [M]. 北京：中国建筑工业出版社，1998.

[5]　李国平. 预应力混凝土结构设计原理 [M]. 北京：人民交通出版社，2000.

科学研究

南水北调中线大型渡槽运行期温度场的计算*

冯晓波[1]，夏富洲[1]，王长德[1]，徐金虎[2]，黄汉生[1]

(1. 武汉大学水资源与水电工程科学国家重点实验室，武汉 430072；
2. 武汉大学土木建筑工程学院力学系，武汉 430072)

摘要： 较全面分析了运行期渡槽温度边界条件的各种影响因素，并给出各因素较为精确的计算公式。在此基础上，利用瞬态有限元方法给出了渡槽运行期瞬态温度场的计算方法。并通过对实验水槽的计算结果与实测数据对比，说明本文所提出的边界条件计算公式和温度场计算方法是正确可靠的。最后还对南水北调洺河渡槽温度场进行了计算，并得到了一些有益的结论。研究成果可对目前正在建设中的南水北调渡槽工程提供技术参考。

关键词： 南水北调工程；渡槽；温度场；边界条件

南水北调中线总干渠规划有几十座大型渡槽，其设计安全直接影响到整个中线的输水安全，需对影响结构安全的各种荷载进行较为精确的计算。从与渡槽结构相类似的桥梁方面的研究及调查[1]来看，运行期的温度荷载是可能造成渡槽结构破坏的一个重要因素，必须对渡槽运行期温度场的计算开展研究。运行期置于自然条件下的大型渡槽结构，受日照、寒流及槽内水温等诸多因素的影响，温度场计算复杂。在合理计算太阳辐射等温度场边界条件的基础上，本文给出了大型渡槽运行期的温度场计算方法，研究成果可对目前正在建设中的南水北调渡槽工程提供技术参考。

1 渡槽温度场的边界条件

运行期渡槽温度边界有空气边界和水边界。

---

* **基金项目：** 国家自然科学基金“大型渡槽在短时变化作用下的温度场和温度应力研究”(50679060)，“十一五”国家科技支撑计划“南水北调工程若干关键技术研究与应用”重大项目课题“大流量预应力渡槽设计和施工技术研究”(2006BAB04A05)资助。

第一作者简介： 冯晓波(1973—)，湖北人，博士研究生，主要从事渠系建筑物结构研究。

空气边界（外表面）：渡槽与大气接触表面，受大气对流和太阳辐射的共同影响，情况复杂。在日照及骤然温降的情况下，渡槽槽壁及底板内可形成较大的温度梯度，导致较大的温度应力。其边界主要热交换有：吸收太阳辐射热量（短波辐射）；与外界的热辐射交换（长波辐射）；与周围空气发生对流交换。

水边界（内表面）：渡槽与槽内水体接触表面，与水发生对流热交换。

此外渡槽结构内部也在不断地进行传导热交换。

根据傅立叶定律，热流密度与温度场强度（或温度梯度）成正比，即

$$q=-k\frac{\partial T}{\partial n} \tag{1}$$

对于外表面，考虑渡槽边界上的热交换过程，式（1）可以表示为

$$q_c+q_r+q_s=-k\left(\frac{\partial T}{\partial x}n_x+\frac{\partial T}{\partial y}n_y+\frac{\partial T}{\partial z}n_z\right) \tag{2}$$

式中：q_c 为空气对流换热热流密度，W/m^2；q_r 为热辐射换热热流密度，W/m^2；q_s 为太阳辐射换热热流密度，W/m^2；$\frac{\partial T}{\partial x}$、$\frac{\partial T}{\partial y}$、$\frac{\partial T}{\partial z}$为温度梯度在直角坐标上的分量；$n_x$、$n_y$、$n_z$ 为法线方向余弦；k 为热交换系数。

（1）空气对流热交换。空气对流引起的热交换热流密度 q_c 可用下式计算：

$$q_c=h_c(T_a-T_s) \tag{3}$$

式中：h_c 为空气对流热交换系数，W/（m^2·℃）；T_a 为空气的温度，℃；T_s 为混凝土外表面温度，℃。

空气对流热交换系数 h_c 的准确与否直接影响计算的结果。对流热交换系数的影响因素很多，其中风速的影响最大，根据相关研究[2]，空气对流热交换系数，可采用以下经验公式：

$$h_c=5.6+4.0v \tag{4}$$

式中：v 为结构表面的风速，m/s。

（2）热辐射（长波辐射）热交换。长波热辐射引起得热交换热流密度 q_r，根据 Stefen-boltzman 辐射定律可表示为

$$q_r=c_s\varepsilon\left[(T^*+T_a)^4-(T^*+T_s)^4\right] \tag{5}$$

式中：C_s 为 Stefen-boltzman 常数，取 5.677×10^{-8}W/（m^2·K^4）；ε 为辐射率；T^* 为常数，取 273.15，用于将℃转化为 K。

上式计算较为复杂，可转换成式（6）和式（7）：

$$q_r=h_r(T_a-T_s) \tag{6}$$

$$h_r=c_s\varepsilon\left[(T^*+T_a)^2+(T^*+T_s)^2\right](T_a+T_s+2T^*) \tag{7}$$

考虑长波热辐射热流量不占主要部分，且 h_r 的值变化幅度较小，因此可近似取一固定的长波辐射的热交换系数来计算长波热辐射。在参考国内外相关试验资料的基础上，本文建议取 8.0W/（m^2·℃）。

（3）太阳辐射（短波辐射）热交换。由太阳辐射引起得热交换热流密度 q_s 可表示为

$$q_s=a_tI_t \tag{8}$$

$$I_t=I_\alpha+I_\beta+I_f \tag{9}$$

式中：a_t 为太阳辐射吸收系数；I_α 为渡槽外表面所受的太阳直射强度，W/m^2；I_β 为渡槽外表面所受的散射强度，W/m^2；I_f 渡槽外表面所受的地面反射，W/m^2。

斜面上的太阳直射强度 I_β 可按下式计算[3]：

$$I_\alpha = I_m \cos\left(\frac{\pi}{2} + h - \beta\right) \cdot \cos(a_s - a_w) \tag{10}$$

式中：a_w 为壁面的方位角；a_s 为太阳辐射方向在水平面上投影与的壁面方位的夹角；I_m 为太阳的直射强度；h 为太阳高度角。

在各向同性的假定下，对于太阳散射，如果已知水平面上的散射强度 I_d，则任意壁面所受的散射强度 I_β 有[3]：

$$I_\beta = I_d (1 + \cos\beta)/2 \tag{11}$$

对于与地面倾斜的接受面，地面反射强度可以按下式计算[3]：

$$I_f = \rho^* (I_m + I_d)(1 - \cos\beta)/2 \tag{12}$$

式中：ρ^* 为地面的反射系数。

渡槽的顶部、边墙、底板受太阳辐射影响各不相同。顶部表面受到太阳直射、散射的影响；边墙外表面受到太阳直射、散射、反射的多重影响。底板外表面仅受到地面的反射作用。不同外表面上的太阳辐射强度经推导后可按下式计算：

顶面：
$$I = I_m \sin h + I_d \tag{13}$$

边墙：
$$I = I_m \cos\theta + I_d/2 + \rho^* (I_d + I_m)/2 \tag{14}$$

底板：
$$J = \rho^* (I_d + I_m) \tag{15}$$

太阳的直射强度 I_m 和散射强度 I_d 除可采用公式直接计算外[4]，对于有气象资料的地方，还可以直接从气象资料部门获得太阳直射通量和散射通量，通过拟合直射、散射通量的曲线，再对拟合曲线进行时间的求导求得[5]。

对于内表面，有：

$$q_w = -k\left(\frac{\partial T}{\partial x}n_x + \frac{\partial T}{\partial y}n_y \frac{\partial T}{\partial z}n_z\right) \tag{16}$$

式中：q_w 为水流对流换热热流密度，W/m^2，计算公式如下：

$$q_w = h_w (T_w - T'_s) \tag{17}$$

式中：h_w 为水对流热交换系数，$W/(m^2 \cdot ℃)$；T_w 为槽内水体的温度，℃；T'_s 为混凝土内表面温度，℃。

由于南水北调中线较长，水从南至北流动，沿程水温变化过程也较复杂，可采用含相变的一维非恒定水流扩散模型计算出整个中线沿线渠道水温，在这个方面目前已有相关成果[6]，在计算时可直接引用。

2 大型渡槽的温度场的计算

由于运行期渡槽温度场的影响因素是不断变化的，必须采用瞬态有限元方法计算渡槽的温度场。从渡槽算例可以看出，按瞬态方法计算出的渡槽温度场，沿渡槽壁厚方向的温度梯度具有明显的非线性特点，这与稳定温度场的计算结果有明显的区别，由此造成的温度应力也会存在明显的差别。本文采用大型 FEA 软件 ANSYS 进行运行期瞬态温度场计算。计算过程

如下：

（1）建立三维有限元的温度场计算模型，计算单元采用 solid70，此种单元可方便转换成应力计算单元进行温度应力计算。

（2）定义分析类型，由于外界气温和太阳辐射等因素时刻在发生变化，因此采用瞬态分析类型。

（3）施加温度边界。在 ANSYS 中，温度荷载分为 5 种荷载，包括温度、热流率、对流、热流密度和生热率。渡槽与外界发生热交换主要是通过对流、吸收太阳辐射能量和热辐射三种形式。

对流荷载在 ANSYS 中很好施加，将外界空气和槽内水的温度、对流换热系数赋给边界上的节点便可。

对于太阳辐射强度虽可以用热流密度来施加，但 ANSYS 中规定在同一边界上施加对流面荷载和热流密度时，只以最后施加的面荷载进行计算。由于受到太阳辐射的渡槽边界与外界空气同时有对流换热，所以把太阳辐射引起的热流密度换算到气温中去，从而得到综合气温。综合气温计算公式如下：

$$T_{sa}=T_a+a_tI_t/h_{sy} \tag{18}$$

式中：T_{sa} 为综合气温，℃；h_{sy} 为综合热交换系数，W/（m^2 · ℃）。

由式（18）可知，太阳辐射引起的热交换相当于使气温升高了。

热辐射是以电磁波的方式来传递热量，它不需要任何介质，由于计算难度很大，而且约束条件太多精度不一定能保证。本文采用式（6）计算，将热辐射换热等效为对流换热，在施加对流荷载时，通过综合换热系数 h_{sy} 赋给发生对流的节点。

（4）求解和结果后处理。

3 计算方法的试验验证

为了验证计算方法的正确性，建立了一混凝土试验水槽，并埋设了 12 个测点。水槽混凝土温度测试采用 P100 铂热电阻和 FLUKE45 型数字用表，空气温度和水温测试采用温度计。

由于太阳辐射情况下温度场最为复杂，加上水槽在夏天制作，尚未遭遇寒冬，因此实测数据选择在夏季无云少风的高温天气。通过实测发现在早晨 6：00 时，槽内水温、气温及槽内混凝土温度比较接近，因此在计算时取此时刻的气温为初始条件，并认为槽内温度为均匀分布。下面以 7 月 21 日（实测温度最高一天）的实测与计算数据进行对比。由于篇幅原因，只列部分测点的实测和计算结果，分别如图 1～图 3 所示。

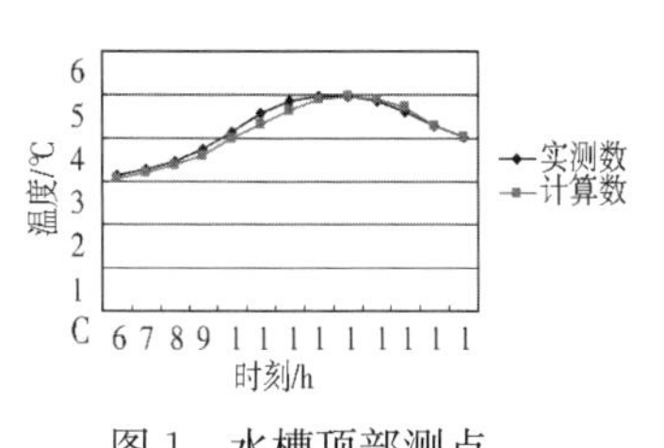

图 1　水槽顶部测点实测数据与计算数据

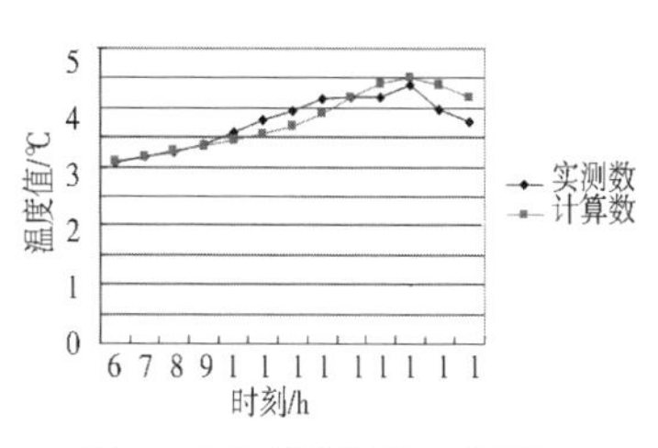

图 2　西面侧墙测点实测数据与计算数据

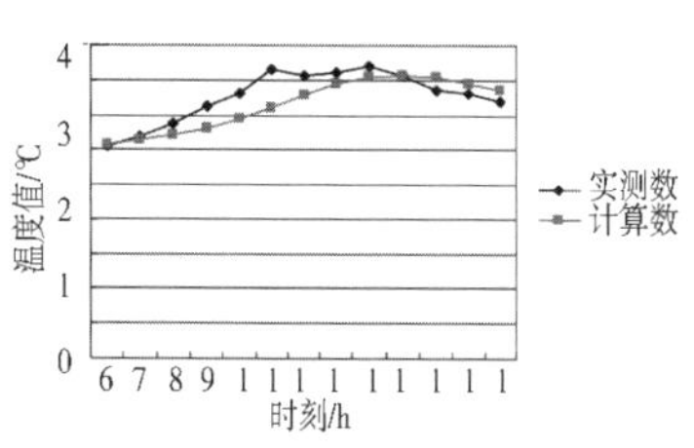

图 3　南面侧墙测点实测数据与计算数据

从图 1～图 3 可以看出，计算数据和实测数据变化趋势基本相同，温度最大值也基本接近，计算数据和实测数据吻合较好。

4 南水北调大型渡槽计算实例

洺河渡槽是南水北调中线工程总干渠上的一座大型河渠交叉建筑物，位于河北省永年县。渡槽设计流量 $230m^3/s$，加大流量 $250m^3/s$。渡槽上部结构采用三槽一联带拉杆预应力钢筋混凝土矩形槽。计算工况：夏天工况（主要考虑太阳辐射），根据当地气象辐射资料，计算时间为 1996 年 6 月 18 日，（最高气温 31.6℃）。

计算结果：渡槽结构在太阳辐射和气温、水温的影响下，其结构内的温度在不断地变化，并导致可观的内外壁温度差的产生。渡槽顶板的最大温度出现在 15：00 左右，达 39℃，此时拉杆上下温度差可达 11℃；东边墙最大温度出现在 11：00 左右，温度可达 31.5℃，此时边壁最大温度差可达 9.5℃；西边墙最大温度出现在 16：00 左右，温度可达 34.5℃，此时边壁最大温度差可达 12.5℃（图 4）。图 4 可以看出受太阳辐射和气温的影响，渡槽的外壁在 24h 内的温度变化较大。图 5 可以看出渡槽边壁温度场分布具有明显的非线性，外壁处温度梯度要远大于内壁。

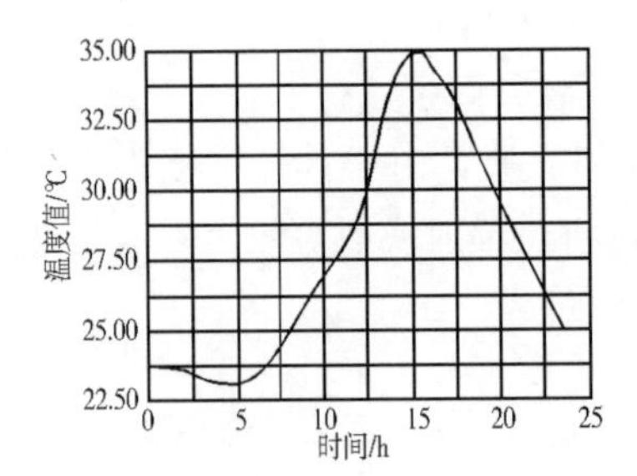

图 4 渡槽槽身西侧外墙温度 24h 变化情况

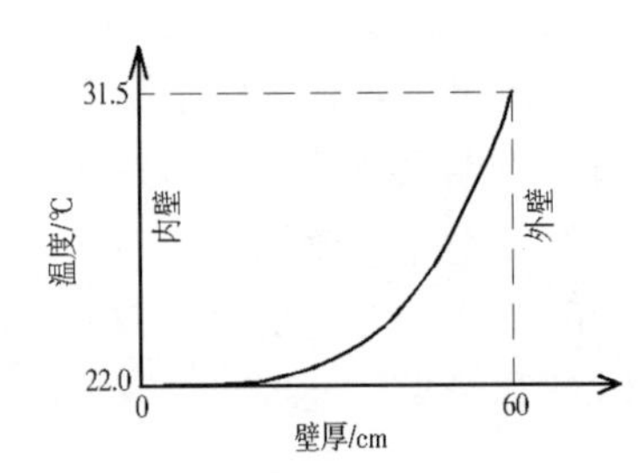

图 5 渡槽东侧外墙 11：00 沿壁厚温度分布线图

5 结论

本文根据太阳辐射原理和对流原理，对受太阳辐射和空气对流影响的大型渡槽运行期温度场计算开展研究，给出渡槽运行期瞬态温度场的计算方法。并通过实验实测和计算数据对比，说明了本文提出的计算方法的正确性。文章最后还对中线上的洺河渡槽进行了实例计算，可为南水北调中线大型渡槽设计提供相关参考。

参考文献

[1] 刘兴法．太阳辐射对桥梁结构的影响［M］．北京：中国铁道出版社，1981：5-6.

[2] 王长德，冯晓波，朱以文，等．渡槽的温度应力分析［J］．武汉水利电力大学学报，1998，31（5）：7-11.

[3] 王炳忠．太阳辐射计算讲座（第五讲）［J］．太阳能，2000（3）：20-21.

[4] 冯晓波．特大型渡槽的温度应力分析［D］．武汉：武汉水利电力大学，1999：44-53.

[5] 韩先科．斜拉桥桥塔温度场的有限元分板及其影响评价［D］．哈尔滨：哈尔滨工业大学，2002：27-31.

[6] 武汉大学，长江科学院．南水北调中线工程总干渠冰期输水计算分析［R］．武汉：武汉大学，2005.

科学研究

洛河渡槽施工期温度应力仿真研究*

刘爱军[1]，秦忠国[2]，张子明[1]，彭宣茂[2]

（1. 河北省南水北调工程建设管理局，石家庄 050035；
2. 河海大学土木工程学院，南京 210098）

摘要：用化学反应速率描述温度对混凝土绝热温升的影响，求解基于等效时间的非线性热传导方程，对南水北调工程洺河渡槽施工期温度场和徐变应力场进行了仿真计算。研究表明，对于夏季和冬季浇筑的混凝土，采用基于等效时间的混凝土绝热温升理论和传统理论的计算结果有较大差异。

关键词：化学反应速率；绝热温升；等效时间；非线性热传导方程

1 引言

高强度混凝土和大体积混凝土的广泛使用，以及混凝土结构中温度裂缝的产生，使工程技术人员越来越关注早期混凝土热学和力学性质，以便能够进一步预测混凝土结构的温度场、应力场和温度裂缝。在确定混凝土结构早期温度场的计算中，混凝土绝热温升作为计算机程序数据输入[1-4]。笔者对高强度混凝土早期硬化过程中的绝热温升进行了试验研究，采用化学反应速率描述温度对混凝土绝热温升曲线的影响，探讨了化学反应速率与养护温度之间的关系，提出了考虑化学反应速率的混凝土绝热温升和热传导方程及其解法。本文应用基于等效时间理论的混凝土非线性热传导方程，研究南水北调工程洺河渡槽施工期和运行期的温度应力与温度控制。

2 等效时间的定义

水泥和水的化学反应是放热反应，每克普通水泥可以释放出 150～350N·m 的热量[4]。一般来说，只要存在化学反应物（水泥和水），化学反应的速率就随着温度的升高而加快。在

* **基金项目：**国家自然科学基金资助项目（50379004）。
第一作者简介：刘爱军（1967—），河北邯郸人，高级工程师，主要从事水利工程施工、设计方面的研究。

化学反应过程中，温度对化学反应速率的影响服从以下 Arrhenius 方程：

$$\frac{d(\ln k)}{dT}=\frac{EP}{RT^2} \tag{1}$$

式中：k 为化学反应速率；T 为绝对温度；E 为与化学活动能有关的常数；R 为气体常数 [R=8.314J/(k·mole)]。

从式（1）可以看出，在温度分别为工 T_1 和 T_2 时，水化热化学反应速率之比 k_1/k_2 可表示为

$$\mathrm{Ln}\left(\frac{k_2}{k_1}\right)=\frac{E}{R}\left(\frac{1}{T_1}-\frac{1}{T_2}\right) \tag{2}$$

当温度大于10℃时[6]，普通水泥的化学活动能 E 可以近似取为 63552J/mole（E/R=7640K）。从式（2）得出，当水化热温度分别10℃、20℃、30℃、40℃时，水泥水化热化学反应的速率比（k_2/k_1）分别为2.51、5.94、13.30、25.31。也就是说，温度对普通水泥水化热化学反应速率有很大的影响。因此，早期混凝土的温度发展大大依赖于混凝土的温度历史。

在1970年，BAzant 根据 Arrhenius 方程提出了成熟函数[7]，并用来计算相对于参考温度 T_r 的等效时间 t_e：

$$t_e=\int_0^t \exp\left[Q\left(\frac{1}{T_r}-\frac{1}{T}\right)\right]dt \tag{3}$$

上式被用来定量计算养护时间和温度对混凝土的影响它的离散形式为

$$t_e=\sum\exp\left[Q\left(\frac{1}{T_r}-\frac{1}{T}\right)\right]\Delta t \tag{4}$$

式中：Q 为化学活动能与气体常数之商（$Q=E/R$）；T 为在时间间隔 Δt 内混凝土的平均温度。应用气体常数 R 时，T_r 和 T 需要采用绝对温度。

在研究温度对混凝土强度影响时，Tank 和 Carino 采用了如下表达式计算等效时间[5]：

$$t_e=\sum\exp\left[B_t(T-T_r)\right]\Delta t \tag{5}$$

式中：T 为养护温度；T_r 为参考温度；B_T 为温度敏感系数，$℃^{-1}$。

式（5）提供了表示等效时间 t_e 的一个更简便的形式。

3 基于等效时间的热传导方程

假定混凝土在浇筑过程中满足能量守恒定律并且混凝土绝热温升可以用 Arrhenius 理论描述，则求解混凝土三维不稳定温度场的热传导方程为

$$\frac{\partial T}{\partial t}=D\left(\frac{\partial^2 T}{\partial x^2}+\frac{\partial^2 T}{\partial y^2}+\frac{\partial^2 T}{\partial z^2}\right)+\frac{\partial\theta_{eq}(t_e)}{\partial t} \tag{6}$$

$$\theta_{eq}=\frac{\theta_u}{M+t_e} \tag{7}$$

$$t_e=\int_0^t \beta_T dt \tag{8}$$

$$\beta_T=\exp\left[Q\left(\frac{1}{T_r}-\frac{1}{T(x,y,z,t)}\right)\right] \tag{9}$$

式中：t 为时间；x、y、z 为直角坐标；T（x、y、z、t）为温度场；D 为混凝土导温系数，$D=\lambda/ce$；λ 为导热系数；c 为混凝土比热；ρ 为混凝土质量密度；θ_u 为最高绝热温升；M 为

常数。

用有限单元法、有限差分法或其他数值方法求解非线性热传导式（6）～式（9）时，必须满足边界条件和初始条件。由于混凝土导热系数很低，所以混凝土结构中心的温度将高于其表面温度，这就导致结构截面上不同位置具有不同的水化热化学反应速率；另外，由于不同季节施工的混凝土，具有不同的外界温度和初始温度，也将导致不同的水化热化学反应速率。由于在每一个瞬时，结构中的每一个点，水泥水化热化学反应速率是当前温度和已产生水化热的函数，计算机程序必须跟踪前一个时间步长的结点温度、已产生的水化热和等效时间。

4 温度场和应力场仿真计算理论

基于等效时间的非线性热传导式（6）～式（9）需满足以下边界条件和初始条件。

（1）在已知温度边界上 Γ_1 上，应满足给定边界温度：

$$T=T_1(x,y,z,t) \tag{10}$$

式中：$T_1(x,y,z,t)$ 为给定的边界温度。在迎水面上，T_1 即等于水温（随水深和时间而变）。

（2）在绝热边界 Γ_2 上，应满足

$$\frac{\partial T}{\partial n}=0 \tag{11}$$

式中：n 为绝热温升边界的法线方向。

（3）在表面放热边界 Γ_3 上，应满足

$$\frac{\partial T}{\partial n}+\frac{\beta(t)}{\lambda}\left[T-T_a(t)\right]=0 \tag{12}$$

式中：$Ta(t)$ 为环境温度；λ 为导热系数；$\beta(t)$ 为混凝土表面热交换系数。

根据变分原理，在任意时刻 t，温度场的计算取如下泛函

$$I=\iiint_R\left\{\frac{1}{2}\left[\left(\frac{\partial T}{\partial x}\right)^2+\left(\frac{\partial T}{\partial y}\right)^2+\left(\frac{\partial T}{\partial z}\right)^2\right]+\frac{1}{a}\left(\frac{\partial T}{\partial t}-\frac{\partial \theta_{eq}}{\partial t}\right)T\right\}\mathrm{d}x\mathrm{d}y\mathrm{d}z+\int_{\Gamma_3}\frac{\beta}{\lambda}\left(\frac{T}{2}-T_a\right)T\mathrm{d}\Gamma \tag{13}$$

当温度 T 在已知温度边界 Γ_1 上取 $T_1(x,y,z)$，并使式（13）所表示的泛函取极小值时，则该泛函在区域 R 内满足热传导式（6）～式（9），并在绝热边界 Γ_2 和热传导边界 Γ_3 上分别满足式（11）和式（12），即 $T(x,y,z,t)$ 为所求的非稳定温度场。

将计算区域用有限单元法离散，并在时间域采用有限差分法计算，最后形成求解非稳定温度场的有限元—差分支配方程

$$\left([H]+\frac{2[R]}{\Delta t}\right)\{T\}_t+\left([H]-\frac{2[R]}{\Delta t}\right)\{T\}_{t-\Delta t}=\{F\}_t+\{F\}_{t-\Delta t}$$

可以根据 $t-\Delta t$ 时刻的温度场求解 t 时刻的温度场。若与时刻 t 无关，即为求解稳定温度场的支配方程。

非稳定温度场的计算结果可以直接用于温度应力场的分析，采用与温度场计算相同的网格和时间步长计算温度应力场。对于任一时刻 t_i，在 $\Delta t=t_i-t_{i-1}$ 时段内的温差为

$$\Delta T_i = T(t_i) - T(t_{i-1}) \tag{15}$$

计算位移增量的控制方程为

$$[K_i]\{\Delta u_i\} = \{\Delta P_i\} - \{\Delta P_{T_i} - \{\Delta P_{t_0}\} \tag{16}$$

式中：$[K_i]$ 为 t_i 时刻的劲度矩阵；$\{\Delta u_i\}$ 为 Δt_i 内的位移增量；$\{\Delta P_i\}$、$\{\Delta P_{T_i}\}$ 和 $\{\Delta P_{\varepsilon_0}\}$ 为 Δt_i 内的外荷载增量；ΔT_i 为引起的变温荷载增量和徐变应变引起的等效荷载增量。

从式（16）中解出位移增量 $\{\Delta u_i\}$ 后，可进一步求出 Δt_i 内的应力增量。

$$\{\Delta\sigma_i\} = [D_i](\{\Delta\varepsilon_i\} - \{\Delta\varepsilon_{T_i}\} - \{\Delta\varepsilon_0\}) \tag{17}$$

式中：$[D_i]$ 为 t_i 时刻的弹性矩阵；$\{\Delta\varepsilon_i\}$、$\{\Delta\varepsilon_{T_i}\}$ 和 $\{\Delta\varepsilon_0\}$ 为 Δt_i 时刻内的外荷载增量、变温荷载增量和徐变引起的应变增量。

t_i 时刻的应力为各时刻应力增量的总和，即

$$\{\sigma_t\} = \sum_{j=1}^{i} \{\Delta\sigma_j\} \tag{18}$$

在任意 t 时刻，龄期为 τ 的混凝土作用单位应力（$\sigma=1$）时，其总应变为

$$\delta(t,\tau) = \frac{1}{E(\tau)} + C(t,\tau) \tag{19}$$

式中：$E(\tau)$ 为混凝土的瞬时弹性模量；$C(t,\tau)$ 为混凝土的徐变度，它们可以表示为

$$\left.\begin{aligned} &E(\tau) = E_0(1-\varphi e^{-a\tau^h}) \\ &C(T,\tau) = \left(C_0 + \frac{A_0}{\tau^{p_0}}\right)\left[1-e^{R_0(t-\tau)}\right] + \left(C_1 + \frac{A_1}{i^{b_1}}\right)\left[1-e^{-R_1(t-\tau)}\right] \end{aligned}\right\} \tag{20}$$

式（20）中，φ、a、b、c_0、A_0、b_0、R_0、c_1、A_1、b_1、R_1 可根据试验资料确定。

5 洺河渡槽施工期温度应力仿真计算

洺河渡槽位于河北省永年县城西邓底村与台口村之间的洺河上，距永年县城约 10km，是南水北调中线工程总干渠上的一座大型支叉建筑物。渡槽进出口段分别设有节制闸和检修闸，进口段右侧布置有退水闸，组成了以渡槽为主体的枢纽工程。洺河渡槽为大型混凝土结构，槽身为跷巨形三槽互联三向预应力筒支结构。槽身段长 640m，为筒支结构，共 16 跨，单跨长 40m。

5.1 高强混凝土绝热温升性能试验研究

5.1.1 试验方案

影响混凝土温升的因素很多，包括浇筑时拌和料的温度（起始温度）、胶凝材料的品种和用量、水胶比的大小、外加剂的使用情况、环境温度等，这些都影响着混凝土的绝热温升速率和温升值。因此，我们共设计了 5 个试验状况，对混凝土的绝热温升性能进行了试验研究，试验方案见表 1。

基准配合比为：水胶比为 0.40，混凝土强度等级为 C50，砂率 36%，水泥为P·O 42.5R，单位用水量为 170m³，掺 10%粉煤灰，掺 1%的减水剂和 0.06‰的引气剂，设计坍落度为 180mm。各材料用量见表 1。

试验方案 NH1、NH2、NH3 为基准配合比，改变混凝土拌和物温度（起始温度）。

试验方案 NH4 为基准配合比基础上改变水胶比为 0.36，胶凝材料用量增加，单位用水量

不变。

试验方案 NH5 为基准配合比基础上不掺粉煤灰。

表 1 绝热温升的试验方案

方案编号	起始温度/℃	水胶比	混凝土配合比材料用量/（kg/m³）						
			胶凝材料		砂	石	水	减水剂/%	引气剂/%
			水泥	粉煤灰					
NH1	10.2	0.40	382.5	42.5	650	1155	170	1	0.6
NH2	19.0	0.40	382.5	42.5	650	1155	170	1	0.6
NH3	28.5	0.40	382.5	42.5	650	1155	170	1	0.6
NH4	10.2	0.36	425.0	47.2	626	1122	170	1	0.6
NH5	21.5	0.40	425.0	0	650	1155	170	1	0.6

注：粗骨料石子的级配为：粒径 5～10mm 的占 35%，10～20mm 的占 60%，20～25mm 的占 5%。

5.1.2 混凝土绝热温升试验结果

28d 内混凝土绝热温升统计表见表 2。

表 2 渡槽工程 28d 混凝土绝热温升

时间/d	温度值/℃			温升值/℃			温升率/%		
	NH1	NH2	NH3	NH1	NH2	NH3	NH1	NH2	NH3
0	10.2	19.0	28.0	0	0	0	0	0	
1	21.37	43.84	55.78	11.17	24.84	27.78	19.9	42.4	47.8
2	50.12	68.64	79.89	39.92	49.64	51.89	68.0	84.8	89.2
3	62.28	73.38	83.85	52.08	54.38	55.85	88.8	92.9	96.1
4	65.99	75.15	84.46	55.79	56.15	56.46	95.1	95.9	97.1
5	67.62	75.85	84.99	57.42	56.85	56.99	97.9	97.1	98.0
6	68.17	76.27	85.37	57.97	57.27	57.37	98.8	97.8	98.7
7	68.34	76.42	85.56	58.14	57.42	5756	99.1	98.1	99.0
28	68.87	77.55	86.14	58.67	58.55	58.14	100	100	100

根据最小二乘法回归分析得常态混凝土（C_l）最高绝热温升为 $\theta_w=59.75$℃，$Q=4774$，$\varphi=-0.0025$，$t_e=1011$，$\delta=-0.9421$。用等效时间表示的绝热温升公式如下，其绝热温升曲线如图 1 所示。

$$\theta_{eq}=59.75\exp\{-0.0025\times[\ln(1+t_e/1011)]^{(-0.9421)}\} \quad (21)$$

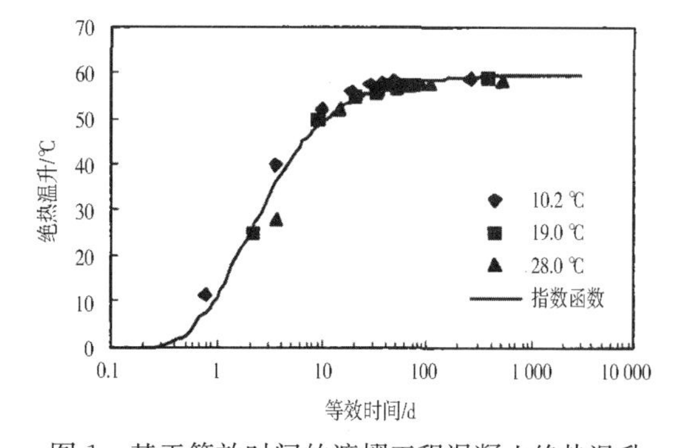

图 1 基于等效时间的渡摺工程混凝土绝热温升

5.2 治河渡槽的仿真研究

5.2.1 计算模型

铭河渡槽为三槽矩形整体结构，纵向每隔 2.5m 分别在底板底部和侧墙顶部设置肋板（横梁）和拉杆，且底板与侧墙、侧面与拉杆连接处局部加强，槽身结构为典型的三维结构。为了准确地反映结构各部位的受力特点，采用了较密的剖分单元，用八结点等参单元和杆单元分别模拟混凝土和钢筋。洺河渡槽结构的有限元网格剖分如图 2 所示，跨中断面有限元网格剖分如图 3 所示。

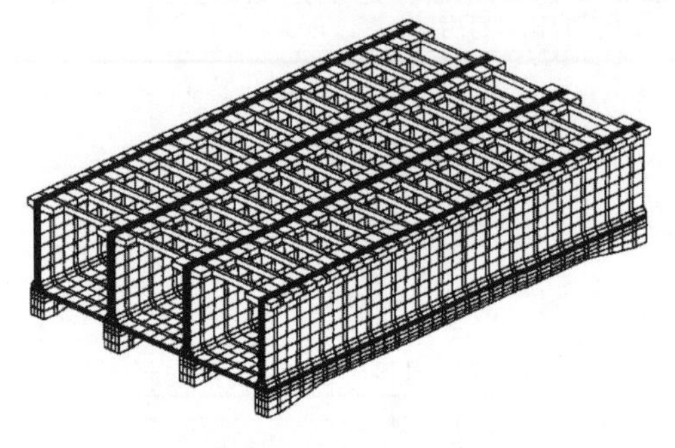

图 2　洺河渡槽三维有限元网格剖分图

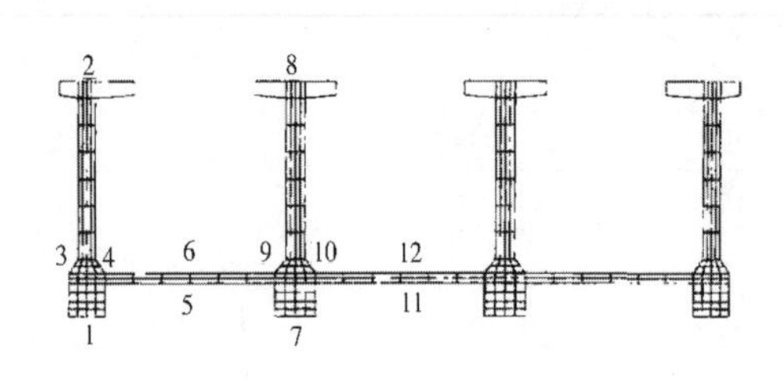

图 3　渡槽跨中断面有限元网格剖分图

5.2.2　基本资料

洺河地区属暖温带大陆性季风气候区，夏季炎热多雨，冬季寒冷干燥。年平均气温 12.9℃，年内变化明显，1 月平均气温最低为－32℃，7 月平均气温最高，为 26.3℃，极端最低气温为－19.9℃，最高气温达 42.5℃，无霜期 200d 左右，最大冻土深度为 0.41m，年日照时数为 2301h，光照条件较好。洺河渡槽各月旬平均气温（武安站）见表 3。

表 3　洺河渡核各月旬平均气温

月份	1			2			3			4			5			6		
旬	上	中	下	上	中	下	上	中	下	上	中	下	上	中	下	上	中	下
气温/℃	－2.9	－3.3	－3.4	－2.5	－0.1	1.5	4.0	6.8	9.1	11.5	14.5	16.6	19.0	20.9	23.1	25.0	26.2	26.7
月份	7			8			9			10			11			12		
旬	上	中	下	上	中	下	上	中	下	上	中	下	上	中	下	上	中	下
气温/℃	26.0	26.6	26.2	25.9	24.6	23.5	21.3	19.8	18.0	15.6	14.0	11.4	8.7	5.9	2.6	1.0	－1.1	－3.3

温度边界条件：

（1）夏季工况 1。侧壁（太阳直晒）表面温度 37℃；侧壁（非太阳直晒）表面温度 30℃；槽底表面温度 27℃；水温 25℃。

（2）夏季工况 2。侧壁（太阳直晒）表面温度 34℃；侧壁（非太阳直晒）表面温度 27℃；槽底表面温度 25℃；水温 25℃。

（3）冬季工况。侧壁表面温度－10℃；水温 2℃。

5.2.3　预应力施加

采用后张法施加预应力，即先浇注混凝土，待混凝土达到规定的强度后张拉钢筋。预应力通过锚头传给混凝土。钢筋与混凝土之间的黏结力作用通过对预留孔道灌浆实现。在有限元计算中，必须考虑预应力损失。预应力损失包括以下几点。

（1）张拉端锚具变形及钢筋内缩引起的应力损失 σ_{l1}：

$$\sigma_{l1}=\frac{\alpha}{l}E_s \tag{22}$$

式中：a为张拉端锚具变形及钢筋内缩值，mm，预应力钢筋用冷拉Ⅳ级钢筋时取$a=2$mm，用钢绞线时取$a=5$mm；E_s为预应力筋弹性模量，N/mm^2；l为张拉端至锚固端的距离，当两端张拉时，l取钢筋半长。

（2）预应力筋与孔道壁之间摩擦引起的预应力损失σ_{l2}当采用曲线布置预应力筋时为

$$\sigma_{l2}=\sigma_{cort}\left(1-\frac{1}{e^{kx+\mu\theta}}\right) \tag{23}$$

式中：σ_{cort}为预应力钢筋张拉控制应力，冷为拉钢筋$\sigma_{cort}=0.85f_{pyk}$，钢绞线$\sigma_{com}=0.7f_{ptk}$；$f_{pyk}$和$f_{pck}$分别为两种钢材的钢筋强度标准值；$x$为从张拉端至计算截面的孔道长度，m，可以近似取该段孔道在纵轴上的投影长度；θ为从张拉端至计算截面曲线孔道部分切线的夹角，ard；k、μ为摩擦系数，当孔道采用预埋波纹管时$k=0.0015$，$\mu=0.25$。

（3）预应力筋松弛引起的预应力损失。在超张拉情况下，σ_{l4}的计算公式为

冷拉Ⅳ级钢筋
$$\sigma_{l4}=0.035\sigma_{com} \tag{24}$$

钢绞线
$$\sigma_{l4}=0.36\left(\frac{\sigma_{com}}{f_{pck}}-0.5\right)\sigma_{com} \tag{25}$$

式中：f_{pck}为钢绞线材料的强度标准值。

（4）混凝土收缩和徐变引起的预应力损失σ_{l5}。在后张法构件中，混凝土收缩和徐变引起的受拉区和受压区预应力筋的预应力损失σ_{l5}和σ'_{l5}可按下式计算：

$$\sigma_{l5}=\frac{25+220\sigma_{pc}/f'_{cu}}{1+15\rho} \tag{26}$$

$$\sigma'_{l5}=\frac{25+220\sigma'_{pc}/f'_{cu}}{1+15\rho} \tag{26}$$

式中：σ_{pc}、σ'_{pc}为受拉区受压区预应力筋在各自合力点处的混凝土法向应力，计算时需考虑预应力筋的预应力损失σ'_{l1}；ρ、ρ'为受拉区、受压区预应力筋和非预应力筋的配筋率。对后张法构件，$\rho=(A_p+A_s)/A_n$，$\rho'=(A'_p+A'_s)/A_n$；f'_{cu}为施加预应力时的混凝土立方体抗压强度。

实际施加于结点上的预应力为$(\sigma_{com}-\sigma_{l1}-\sigma_{l2}-\sigma_{l4}-\sigma_{l5})A_p$。$A_p$为预应力筋的横截面面积。

根据剖分的有限元网格，将预应力加在钢筋单元的两端，并添加预应力损失到结点上。

5.2.4 计算工况和计算结果

纵梁和底板同时浇筑，3d、7d后施加预应力并拆模，同时浇筑中墙和边墙。以上两种工况计算中考虑两种预应力方案：①设计水深5.37m；②加大水深6.24m。三维有限元施工期（2005年9月1日开工，浇筑温度$T_p=20$℃，纵梁和底板同时浇筑，7d后施加预应力并拆模）和运行期仿真正应力计算成果见表4～表7。

表4　运行期跨中断面纵向应力计算成果

工况	边墙 σ_z/MPa		中墙 σ_z/MPa		底板 σ_z/MPa	
	顶边缘2	底边缘1	顶边缘8	底边缘7	顶边缘12	底边缘11
施加预应力前	−3.62	6.12	−4.55	6.77	−0.90	1.63
预应力方案①	−3.34	−1.40	−4.36	−0.80	−6.36	−4.93
预应力方案②	−3.65	−1.12	−4.76	−0.49	−6.22	−4.70

表 5 运行期跨中断面横向应力计算成果（设计水深）

工况	边墙 σ_y/MPa		中墙 σ_y/MPa		底板 σ_y/MPa	
	顶边缘 4	底边缘 3	顶边缘 10	底边缘 9	顶边缘 6	底边缘 5
施加预应力前	2.8	1.24	−0.48	−1.06	0.85	1.15
施加预应力后	1.78	−1.18	−1.18	−2.01	−0.92	0.32

表 6 施工期跨中断面纵向温度应力计算成果

工况	边墙 σ_z/MPa		中墙 σ_z/MPa		底板 σ_z/MPa	
	顶边缘 2	底边缘 1	顶边缘 8	底边缘 7	顶边缘 12	底边缘 11
钢模板	0.68	0.74	0.72	0.95	0.96	1.12
木模板＋保温	0.33	0.50	0.40	0.50	0.71	0.78

表 7 施工期跨中断面横向温度应力计算成果

工况	边墙 σ_y/MPa		中墙 σ_y/MPa		底板 σ_y/MPa	
	顶边缘 4	底边缘 3	顶边缘 10	底边缘 9	顶边缘 6	底边缘 5
钢模板	0.84	0.70	0.86	0.98	0.32	0.65
木模板＋保温	0.51	0.41	0.57	0.61	0.17	0.37

6 结论与建议

（1）混凝土浇筑后 3d 左右，表面出现 0.68～1.12MPa 的拉应力，接近龄期为 3d 的混凝土抗拉强度。若混凝土表面养护不好，可能产生早期温度裂缝。采用蓄热保温方案和木模板对混凝土早期温度应力有明显改善，不仅减少了混凝土表面水分蒸发，而且减低了内外温差产生的温度应力。最大拉应力从 1.12MPa 降低为 0.78MPa，减少了 30％左右。因此，在施工过程中，只要保证施工质量，采用木模板和蓄热保温措施，加强混凝土早期养护，混凝土底板和边墙一般不会出现表面裂缝。

（2）纵梁与底板交界的角点处，在混凝土浇筑后 3d 左右发生 0.89～1.03MPa 的拉应力，达到了混凝土早期的抗拉强度，裂缝首先在表面产生。随着龄期的增加，拉应力将逐步转变为压应力，从而使裂缝闭合。为了避免该处裂缝扩展为贯穿性裂缝，建议在截面形状突变处增加温度钢筋。角点处表层混凝土随着冬季来临，气温降低，拉应力逐渐增大，在龄期为 90d 时达到 1.96MPa，接近混凝土的抗拉强度。

（3）夏季降低浇筑温度对混凝土底板后期的温度应力有明显的改善。除了采取降温措施外，混凝土早期养护也是十分重要的。从理论上说，新浇筑的混凝土中所含水分完全可以满足水泥水化学反应的要求，但是，由于夏季水分蒸发快，从而推迟水泥的水化。所以，混凝土浇筑后最初几天的养护非常重要。为了防止混凝土表面温度梯度过大，而出现早期表面开裂，在混凝土浇筑过程中，应采取严格的蓄热保温和保湿养护措施。表面保温材料可采用湿草袋加盖塑料薄膜。

（4）混凝土最高温升为浇筑温度与水泥水化热温升之和，夏季施工中降低浇筑温度对降低最高温升有重要意义。而降低混凝土浇筑温度的关键取决于各种原材料的冷却程度。虽然石子比热最小，但每立方米混凝土中石子所占比例最大，其热容量也最大。因此，预冷石子

产生的效果最为显著，预冷水和砂的效果次之。混凝土在夏季施工时，常出现较大拉应力。因此，建议在夏季施工过程中，在施工面上搭建避阳棚，防止太阳直射，流态混凝土在运输及浇筑过程中尽量减少由于日照产生的温度倒灌现象。

（5）洛河渡槽的温控重点是边墙。边墙在浇筑后3d左右产生的拉应力可达1.13MPa，超过混凝土3d抗拉强度。这是由于底板对边墙的约束引起的，若减少边墙与底板混凝土浇筑时间间隔（如3d），可使混凝土边墙温度应力降低0.4～0.7MPa，大大降低了发生温度裂缝的可能性。因此，可通过减少边墙与底板混凝土浇筑时间间隔等措施有效地解决边墙的开裂问题。

（6）在施加预应力前，槽身最大纵向拉应力出现在中墙底边缘，其值为6.7MPa，边墙底边缘的最大拉应力为6.12MPa，均超过了混凝土的抗拉强度。在纵梁和底板混凝土整体浇筑7d后，施加预应力，在上述应力降低为－0.80MPa和－1.40MPa。

（7）在施加预应力前，渡槽跨中断面的最大横向应力发生在边墙内边缘和横梁底边缘处，其值分别为1.86MPa和3.10MPa。施加预应力后，应力分别下降为0.85MPa和1.32MPa。因此，施加预应力大大改善了渡槽的应力状态。

（8）考虑施工7d时发生寒潮，寒潮历时3d，温度降幅$T_0=15.5$℃，采用泡沫塑料板保温，其厚度$h=0.01$m，寒潮引起的表面温度应力从0.52MPa降为0.34MPa，说明采用人工养护后能保证混凝土有抵御寒潮的能力。因此，在秋季寒潮期间和冬季应采取适当的保护措施，以防止外界气温引起混凝土温度开裂。

（9）在运行期，随着不同季节气温和水温变化，渡槽应力呈周期性变化。在夏季，由于槽内水温较低（25℃），侧壁表面温度达到34～37℃，最大主拉应力发生在边墙内边缘角点处，其值为1.9MPa；在冬季，由于槽内水温为2℃，侧壁表面温度为－10℃，最大主拉应力发生在边墙外缘角点和横梁底边缘处，其值为1.5MPa。因此，综合考虑结构自重、水压力和温度变化，结构设计有足够的安全储备，能够保证渡槽结构在运行期不发生裂缝。

参考文献

[1] 张子明，宋智通，黄海燕．混凝土绝热温升和热传导方程的新理论［J］．河海大学报，2002，30（3）：1-6.

[2] 张子明，张研，宋智通．水化热引起的大体积混凝土墙温度分析［J］．河海大学报，2002，30（4）：22-27.

[3] 张子明，郭兴文，杜荣强．水化热引起的大体积混凝土墙应力与开裂分析［J］．河海大学报，2002，30（5）：12-16.

[4] 张子明，宋智通，石端学．混凝土绝热温升新理论及在龙滩工程中的应用［J］．红水河，2005，24（1）：5-10.

[5] Zhang Ziming，and Garga，V K Tempe rature and Temperature Induede Stresses for RCC Dams［J］．Dam Engineering，1996，7（2）：229-154.

[6] Zhang Ziming，and Garga，V K State of Tempeartuer and Thernmal Stresses in Mass Conerete Sture-ture Subjected toThermal Shock［J］．Dam Engineering，1996，7（4）：336-350.

[7] De Larrard F，Aeker P，and Roy R Le．Shrinkage Creep and Thermal Properties［C］//Chapter 3，High Performance Concrete：Properties and Applications，edited by Shah，S．P．，and Ahmad，S，

H. , McGraw Hill Inc, 1994: 65-114.

[8] Copeland L E, Kantor D L, and Verbeck G. Chemistry of Hydration of Portland Cement [C] //Proceedings, Fourth International Symposium on the Chemistry of Cement, Washington, D C. 1960, National Bureau of Standards Monograph 43, Paper 3: 429-465.

[9] Tank R E, and Carino N J. Rate Constant Funetion for Strength Development of Concrete [J]. ACI Material Journal, Vol, 88, No. 1, Jan, -Feb. 1991: 74-83.

[10] Bazant Z P. Constructive Equation for Concrete Creep and Shrinkage based on Thermodynamics of Multi-phase System [C]. Materials and Structures (RILEM, Paris) 3, 1970: 3-36.

[11] Standard Praetiee for Estimating Conerete Strength by Maturity Metyod [S]. (ASTM C 1074-93), 1996 Annual Book of ASTM Standards, Vol. 04. 02. ASTM. West Conshcbocken, 529-535.

[12] Bazant Z P and Wu S T. Thermoviscoelasticity of Aging Concrete [C]. J. Eng. Mech. Div. , ASCE, 100. EM3, 1974: 575-597.

科学研究

大流量预应力渡槽设计和施工技术研究*

夏富洲[1]，王长德[1]，曹为民[2]，姚　雄[2]

（1. 武汉大学水资源与水电工程科学国家重点实验室，武汉 430072；
2. 南水北调中线干线工程建设管理局，北京 100038）

摘要：将现代工程科学最新的并在土木工程其他领域中行之有效的理论、技术、材料、方法应用于大型渡槽设计和施工技术的研究过程之中，同时结合典型工程开展理论分析、模型试验和现场原型试验研究，对当前设计和施工中提出的理论和技术问题给出了科学、经济、合理的解决方法。用课题成果给出的理论和技术体系对现有的大流量预应力渡槽工程进行优化设计和施工，预计可节约投资10%～20%，渡槽单跨经济跨越能力可达30～50m，减震效果可达30%以上，基本上解决渡槽槽身裂缝问题，保证渡槽工程安全运行。

关键词：南水北调工程；大型渡槽；结构设计；施工技术

1　引言

南水北调中线总干渠自流输水，沿线规划有几十座大型渡槽，设计流量都在200m^3/s以上，由于中线水头紧张，槽底比降很小，因此，渡槽体形巨大，渡槽规模之大在世界上也是少有的[1]。由于渡槽槽身荷载及尺寸巨大，在设计和施工中遇到了前所未有的困难，需要在新型结构型式及设计理论、建筑材料、动力分析、施工技术与质量控制，以及安全保障等方面开展深入的研究，为设计、施工提供理论技术方法，保证设计、施工质量和工程技术经济合理。

以南水北调中线干线大型渡槽工程为背景，根据目前大型渡槽设计和施工中急需解决的问题，开展理论和试验研究工作，并结合典型工程示范研究分析，对当前设计、施工中提出的理论及技术问题给出科学、经济、合理的解决方法。

* **基金项目：**“十一五”国家科技支撑计划项目“南水北调工程若干关键技术研究与应用”资助（2006BAB04A05）。

第一作者简介：夏富洲（1963—），湖北大冶人，副教授，工学博士，主要从事水工结构研究。

1.1 研究内容

（1）大流量预应力渡槽温度边界条件、温度荷载作用机理及其对结构的影响研究。

（2）高承载、大跨度渡槽上部结构新型式及优化设计研究。

（3）大流量预应力渡槽下部结构型式及优化设计研究。

（4）大流量预应力渡槽新材料，止水、支座等新结构研究。

（5）渡槽抗震性能及减震措施研究。

（6）渡槽施工技术及施工工艺，施工质量控制指标及控制方法研究。

（7）裂缝预防及补救措施，以及与此相关的新型涂料开发。

（8）大流量预应力渡槽的耐久性及可靠性研究。

1.2 研究总目标

（1）提出渡槽温度边界条件及温度应力的计算方法、渡槽施工期的有效温控措施；提出能比较充分利用材料潜力，充分利用结构自身跨越能力，自重小、承载能力大的新型渡槽结构型式及设计计算方法。配制出高抗裂低渗透的高性能混凝土；设计研究一种新型渡槽伸缩缝止水结构与材料；提出具高承载力减震支座的结构型式。

（2）获得渡槽结构的动力特性，渡槽结构——槽内水体流固耦合作用下结构的动力特性和规律，渡槽桩基础土动力相互作用下结构的动力特性和规律；确定最佳的渡槽上部结构减振方案，提出渡槽桩基的有效抗震措施；提出软岩地基条件下大型渡槽基础的合理型式及计算方法。

（3）针对可能出现的不同施工条件，开展现场浇筑施工工艺和装配式施工工艺研究，提出合理的施工技术方案及渡槽混凝土结构施工方法的“标准化”或“导则”性研究成果；在建筑材料强度、施工及温度控制、混凝土养护、预应力钢筋的张拉等方面提出合理的质量控制指标及控制方法。

（4）分析裂缝的类型、产生原因及形成机理，对混凝土结构的开裂风险进行评估，建立简单直观的开裂风险评估体系。基于风险评估，从材料、施工、设计、管理等方面系统地提出综合治理混凝土结构温度和收缩裂缝的控制成套技术，并对混凝土材料组成和结构形式进行优化，制定渡槽混凝土结构裂缝控制成套技术方案。

（5）通过对预应力混凝土渡槽结构耐久性的理论和试验研究，提出不同环境条件下渡槽结构设计的耐久性指标，研制出耐久性好的高性能混凝土，提出提高渡槽结构耐久性的工程措施和施工工艺。提出基于可靠度理论的渡槽时变可靠性分析方法，提出灌注桩无损检测可靠性分析方法，建立含有缺陷的灌注桩可靠度分析模型。

（6）研究大型预应力渡槽可能的破坏模式及破坏机理，并针对不同的可能破坏模式提出合理有效的预防及补救措施。

2 研究工作及研究成果

2.1 大流量预应力渡槽温度边界条件、温度荷载作用机理及其对结构的影响研究[2-3]

置于自然环境中的渡槽结构，其结构温度主要受持续变化的气温、太阳辐射及槽内水温

等多种因素的影响。运用热力学理论，分析并给出了渡槽温度场有限元计算中温度边界的确定及计算方法，包括气温、槽内水温、太阳辐射、大气对流及自身热辐射等主要影响因素。槽内水温对渡槽的温度场影响较大，由于槽内是流动的水，因此其水温的确定较为困难。通过建立采用含相变的一维非恒定水-冰混合流动扩散模型来计算总干渠全线的水温，由此确定不同区域不同季节时的槽内水温。计算中考虑了总干渠沿线气温、太阳辐射、水面蒸发、总干渠进水口水温及引水流量等多种因素的影响。

采用三维瞬态温度场有限元计算方法对大流量预应力渡槽温度场进行了分析计算，并进行了室内、室外渡槽温度模型试验研究，对理论分析计算进行了验证。

分析了不同型式的大型预应力渡槽运行期温度荷载的特点，研究认为温度荷载是影响大型渡槽结构安全的重要荷载，具有非线性特点，采用瞬态的分析计算方法进行了渡槽三维温度应力有限元的计算。

通过温度场的计算可知，初始温度场对运行后期的温度场影响较小，运行期与施工期的温度应力可分开研究，施工期的温度应力可以通过合理的温度控制措施减少其不利影响。根据温度应力的计算，运行期的温度应力可以通过合理的预应力钢筋的布置及表面保温措施，减少其对结构的不利影响。

2.2 高承载、大跨度渡槽上部结构新型式及优化设计研究[4]

南水北调中线渡槽输水流量大，槽身体形大，所承受的荷载也很大，尤其在使用阶段应保证结构不漏水。因此，要求结构变形小，水密性要求好。若采用普通钢筋混凝土渡槽很难满足上述使用要求。因此，有必要在渡槽设计中应用预应力结构方案。

针对南水北调中线渡槽的基本特点，经过多种结构型式的分析比较，根据可靠、经济、适用等原则，选定渡槽为纵向支承结构与横向挡水结构相结合的预应力结构体系。比较不同类型的预应力混凝土性能特点，建议南水北调中线大型渡槽采用混合配筋（即配置一定比例的非预应力钢筋）的有黏结部分预应力混凝土结构。对渡槽的相对次要部分，如U型渡槽的横向预应力和矩形渡槽的底板预应力，可有条件地采用无黏结预应力混凝土。为了改善无黏结预应力混凝土构件的受力性能，应在构件中适当配置非预应力钢筋，从而形成混合配筋构件（即无黏结部分预应力混凝土构件）。

槽身横断面形式可采用带拉杆的U型和矩形。在优选渡槽槽宽的基础上，进行矩形断面和U型断面型式比较，结合水力优化进行多槽并联或多厢梁式结构研究。U型槽身结构以采用多槽并联为宜，矩形槽身结构以采用多厢梁式为宜，槽（厢）数2～4个较合适。U型槽身采用变圆心、变半径的变厚度结构形式可改善槽身结构应力。通过对典型工程湍河渡槽和沙河渡槽实例有限元分析结果的比较，就矩形和U型两种方案比较而言，矩形方案应力分布较复杂，即使施加预应力，也难以避免地在个别地方出现拉应力。U型方案相对来说，应力分布均匀，在施加预应力后，可以很好地控制使其主体部分受水面完全不出现拉应力。选择槽身结构形式应综合考虑结构、施工及场地条件等因素确定。

渡槽纵向支承结构型式主要进行梁式和拱式（肋拱）两种型式的比选，渡槽规模是影响纵向支承结构型式选择的主要因素。当渡槽流量为100m^3/s及以上时，若采用拱式支承结构型式将大大增加下部结构、基础以及地基处理的工程量，因此以采用梁式支承结构型式为好。

当渡槽流量在 100m^3/s 以下时，可根据地基的地质条件比选纵向支承结构型式：当地基的地质条件一般或较差时，采用梁式支承结构型式，以减小地基承受的荷载；当地基的地质条件较好，具备承受拱式渡槽支座的作用荷载时，可考虑采用拱式支承结构型式。南水北调工程渡槽荷载很大，应采用梁式支承结构型式。

梁式简支渡槽结构型式及预应力束布置简单，能适应较大的地基不均匀沉陷，因此南水北调中线渡槽纵向可采用结构简单、受力明确的简支形式。渡槽荷载很大，受地基承载力和槽身跨越能力的限制，槽身跨度不宜太大，但也不宜太小。跨度太小，河道中墩架林立、下部结构造价增大，河道的断面减少过多，河床冲刷加剧，上、下游河势变化及影响范围增大，导致工程的费用亦随之增加；跨度过大，槽身及支承结构强度、刚度、抗裂、变形等要求难以满足、或造价过高，亦不经济。通过对典型渡槽工程的计算比较，在配筋合理的情况下，简支渡槽具有 50m 的跨越能力，从地基基础方面考虑渡槽跨度不宜太大。因此，渡槽跨度取 30～50m 较为合适。

对中小型工程中的单槽单跨结构，一般是近似地将它简化为纵向与横向两个平面问题来进行分析。对于南水北调工程大型渡槽，结构的三维受力效应明显，用这种简化处理方式来分析，必将带来较大的误差。在设计研究中，宜采用按平面问题与空间问题相结合的分析方法，以便做到相互补充与验证，为正确判断结构的实际受力状态提供合理依据。

和所有工程结构一样，大型预应力混凝土渡槽的可能破坏模式来自于荷载方面和结构自身。当作用在渡槽上的荷载超过结构设计所考虑的最不利荷载时，梁式渡槽的控制截面可能会发生正截面破坏和斜截面破坏。

作用在渡槽上的荷载主要是槽内水体重量，当设计时将满槽水深作为一个特殊工况加以考虑后，由荷载引起的破坏基本可以避免。与设计水深相比，满槽水深作用的时间较短，该工况的安全系数（或荷载分项系数）可适当降低。

温度变化也会在渡槽中产生一定的内（应）力，结构设计时采用合理温度工况和正确的计算参数，也是避免荷载引起破坏的措施之一。

对大型预应力混凝土渡槽，结构失效主要来自预应力体系，包括锚具失效、预应力束断裂、预应力损失、孔道灌浆失效等。

2.3 大流量预应力渡槽下部结构型式及优化设计研究[5-6]

在软岩嵌岩桩承载力的设计计算方法方面，通过软岩嵌岩桩荷载传递机理研究，在全面分析现行桩基设计规范基础上，推荐了大型渡槽桩基承载力的设计计算方法；提出按扩孔理论确定软岩嵌岩桩承载力的方法，进行了计算结果与实测结果的对比分析，计算了洺河渡槽嵌岩桩竖向承载力；提出了确定大型渡槽软岩嵌岩桩超大承载力的静载试验方法，推荐采用缩尺真型试桩方案，进行实际工程的试桩方案设计。

在不等高基岩面软岩嵌岩桩群承载力的计算方法及优化方面，提出了不等高基岩面上长短桩方案、等长桩方案＋后灌浆两种方案及桩基优化方案；结合工程实例，进行了超大承载力群桩-土-承台三者的工作性状有限元计算，提出了桩基承载力不足及不均匀沉降的对策，进行了长短组合桩方案中短桩对相邻较长桩的影响、群桩效应与桩间距等研究；研究后灌浆提高软岩桩承载力的机理，提出了后压浆的施工工艺与要求、灌浆压力、灌浆量和浆液配比

等关键技术与参数，推荐了后灌浆钻孔桩极限承载力的计算方法。

分析了大型渡槽槽墩及基础的破坏机理和破坏形式，以及典型震害，进行了防止破坏的对策研究，针对不同的破坏形式提出了预防和补救措施。

2.4 大流量预应力渡槽新材料，止水、支座等新结构研究[7-9]

针对渡槽结构对混凝土材料的要求开展高强度、抗渗、抗冻、抗裂和耐久性等高性能的混凝土配比试验研究，提出满足施工要求、具有高耐久性的高性能混凝土配比。

南水北调工程跨越南、北方广大地区，环境条件变异性大，对混凝土结构将产生不同的影响。为保证混凝土对不同的环境条件有较好的适应性，特采用不同地区原材料进行混凝土配合比设计和混合料制备试验，并开展了特殊性能试验，包括大流量渡槽混凝土配合比设计、混凝土混合料性能试验、混凝土结构表面温度相容性试验研究三个部分，并对高性能混凝土的高性能形成亚、微机理进行了研究。

结合对大型渡槽伸缩缝止水失效原因分析和市场上止水材料的种类和性能的调查，指出止水材料耐候性、耐久性差是造成渡槽伸缩缝止水失效的一个重要原因。针对大型渡槽伸缩缝的特点，选用耐候、耐老化性优良的硅橡胶作为大型渡槽伸缩缝止水材料。从原材料、制备工艺、材料配方进行了优选，制备出了能满足大型渡槽伸缩缝止水基本性能要求的硅橡胶止水材料。对所制备的渡槽伸缩缝止水硅橡胶的自身材料性能进行了常规物理性能测试（密度、硬度、表干时间、抗渗性、高低温稳定性），并着重对力学性能（拉伸强度、断裂伸长率等）进行表征，得出各因素对硅橡胶性能的影响规律。对硅橡胶自身进行拉伸疲劳性能测试，并通过微观表征方法表征其拉伸后的疲劳破坏情况。

通过制备硅橡胶黏结水泥块试样，对所制备硅橡胶进行应用情况研究。对所制备的黏结试样进行耐化学腐蚀性（酸性、碱性、Ca^{2+}溶液）测试和耐久性（冻融循环、高低温稳定性）研究来表征其稳定性；通过模拟渡槽伸缩缝温缩导致的伸缩变形，对硅橡胶黏结水泥混凝土试样进行拉伸-压缩黏结疲劳及热压冷拉测试，从而进一步来表征其性能；通过对黏结界面的研究，表征硅橡胶与水泥块的相互作用情况。

从材料性能、施工工艺、环保性等角度考虑，所制备的渡槽伸缩缝止水用硅橡胶为具有一定自流平性、触变性和自黏结性的止水材料，它属于一种柔性嵌缝密封材料。另外，通过与渡槽常用止水材料聚硫密封胶的签黏结疲劳性能对比，得出：硅橡胶比聚硫密封胶具有更好的黏结疲劳特性和耐候、耐老化性，能很好地取代聚硫密封胶的密封止水作用。大型渡槽伸缩缝的主要止水结构型式可选用压板式新型复合止水结构型式。

通过试验研究，得出了安装减震支座后渡槽隔震体系的结构动力特性，并对大流量预应力渡槽支座的选型进行了研究，推荐采用减震球形钢支座。该支座中的受力部件均采用钢材，可保证100年以上无老化问题，减震支座可万向承载，即可承受压力、上拔力、任意方向的剪力，承载力的大小可根据要求设计，地震时，减震支座可使地震力峰值大大减小，特别适合于地震高裂度区。该支座已在大跨度空间结构、大跨度桥梁、大型水工结构等方面成功应用。

2.5 渡槽抗震性能及减震措施研究[10-11]

大型渡槽结构的地震响应是非常复杂的问题，采用拟静力方法计算可能低估了结构的地震响应，在进行大型渡槽结构抗震分析计算时应该采用振型分解反应谱方法和时程分析方法，不宜采用拟静力法进行渡槽结构抗震计算分析。

在进行渡槽结构抗震分析时宜考虑水体与槽体的耦合作用，可采用 Housner 附加质量法，该法相对简单，结果也较为可靠。在采用该方法分析时应该对于槽体内无水、中槽有水、两边槽有水、三槽有水并且取设计水位等工况进行计算分析，一般情况下三槽有水工况的结构动力响应最大。

采用不同减震支座和各种不同水体模拟方法计算得出的渡槽结构前三阶模态分别为顺槽向一阶、横槽向一阶和扭转一阶。水体与槽壁的相互作用对渡槽结构自振频率的影响比较明显，水体越多，结构频率下降得越多。

采用 Housner 附加质量法和静流体单元模拟水体时，结构纵向一阶频率和横向一阶频率非常接近。考虑水体与槽身的耦合作用进行渡槽动力特性分析时，可采用 Housner 附加质量和静流体单元模拟水体。渡槽槽身一水体的耦合作用对减震的影响不是十分明显。

渡槽结构地震动力计算结果与静力计算结果叠加后，整个模型系统应力较大部位为：横槽向，边槽横梁中部底部（拉），支座处中间纵梁底部（压）；竖向，边墙中段下部（拉），支座处中间纵梁底部（压）；顺槽向，中间纵梁中段底部（拉），中墙中段上部（压）。拉应力过大可以通过采用施加预应力的方法来解决。

安装减震支座后渡槽结构的最大动应力和加速度得到了不同程度的抑制，减震支座的减震效果同输入地震波的频率相关。横槽向和顺槽向滞回曲线有明显的滞回环，减震支座具有较明显耗能效果。支座刚度随着竖向力的增大而增大、滞回曲线包围的面积也随之增大；摩擦力大于支座橡胶片所能提供的恢复力，支座所能提供的恢复力实际是很小的。在设置减震支座时应进行考虑减震支座非线性响应的时程分析计算，以获得比较准确的减震支座设计参数。

考虑不同桩土作用模型的三维模型，采用 M 法和 Mindlin 方法考虑桩土作用差别不大，特别是槽身影响不大，前三阶频率均为槽身的运动频率，保持不变，槽身的位移也不变。说明对此大型渡槽结构，桩土作用的影响对上部结构影响较小。桩的加载位移、卸载残余位移、桩端转角、土压力与水平力基本上呈线性关系，经拟合后可得到桩土综合刚度、最大弯矩截面、弯矩零点截面等结果。

采用 M 法和 Mindlin 方法分别计算桩一土水平作用弹簧刚度的两种二维简化模型，其对应的动力分析结果相差不大，但 M 法比 Mindlin 方法要简单。与时程分析法相比，Pushover 方法概念清晰，实施相对简单，同样能使设计人员在一定程度上了解结构在强震作用下的反应，迅速找到结构的薄弱环节。

采用有限元方法对拟动力试验进行了数值模拟分析，表明渡槽结构拟动力试验结果能较好地模拟及反映渡槽结构在地震波作用下的响应特性。

2.6 渡槽施工技术及施工工艺，施工质量控制指标及控制方法研究

南水北调中线工程渡槽与特大型桥梁除和一般输水渡槽有共同特点外，更有自己独有的特点，渡槽设计流量大，荷载/恒载比例大。根据现有国内外桥梁和渡槽施工经验，现有施工方法、施工机械及施工工艺能够满足南水北调中线一期工期全线渡槽施工的要求。对于规模

较小渡槽采用支架施工方法，大型渡槽可根据实际情况分别采用移动模架造桥机施工和节段拼装箱梁移动支架造桥机施工，对于多线U型渡槽可采用架桥机法施工。

对矩形横截面渡槽，在河床要求不断流、或墩身较高，满堂支模现场浇筑困难的条件下，可考虑采用叠合式施工工艺。利用部分预制构件作为底模，再在其上筑剩余混凝土的“二次受力叠合结构”是解决现场浇筑困难的有效途径。这种结构具有整体刚度好、抗震性能优越（与装配式结构比较）、节省材料、施工简便且能缩短工期（与现浇结构比较）等优点。支架法作为常用施工方法，通常作为施工方案首先方案。随着大型、特大型工程机械的设计、制造及应用，整体预制吊装、造桥机施工技术在许多工程中显示其在质量控制、施工安全、施工可靠性、施工可行性、施工造价、环境保护等方面优于支架施工方法。在渡槽设计中综合考虑，加强渡槽施工方法研究，结合渡槽施工要求和施工方法综合设计，避免设计与施工脱节。在施工图设计工作的同时开展施工机械的设计研发工作，以利于渡槽的顺利开工建设。

开展了预应力张拉控制技术研究，包括预应力孔道成型、预应力筋制作、预应力筋张拉和锚固等技术研究，进行了施工张拉顺序研究的有限元分析。对布置多向多束预应力钢筋的矩形渡槽，为了保证渡槽的空间整体作用，预应力钢筋应分批分向张拉。其顺序为：先张拉40%～50%的纵向预应力钢筋，使槽身具有承受其自重的承载能力，然后拆除模板和支撑，分别将竖向预应力钢筋、横向预应力钢筋张拉完毕，最后张拉剩余的纵向预应力钢筋。

当预应力钢筋采用分批张拉时，应考虑后批张拉钢筋所产生的混凝土弹性压缩（或伸长）对先批张拉钢筋的影响，将先批张拉钢筋的张拉控制应力值 σ_{con} 增加（或减小）$\alpha_E\sigma_{pci}$（σ_{pci} 为后批张拉钢筋在先批张拉钢筋重心处产生的混凝土法向应力，α_E 为预应力钢筋弹性模量与混凝土弹性模量的比值）。

在分析影响渡槽施工期温度应力大小和造成结构早期裂缝因素的基础上，结合渡槽的结构型式及施工特点，开展了渡槽施工期温控指标和可应用于渡槽混凝土施工的温控措施研究，提出了能够指导工程现场施工和控制施工质量的具体温控控制方法和控制指标。

2.7 裂缝预防和补救措施以及与此相关的新型涂料开发[12-13]

开展了高性能混凝土防裂技术研究和基于抗裂耐久的渡槽高性能混凝土主要原材料控制指标研究，提出了初步的数据，进行了渡槽高性能混凝土抗裂性提高技术研究。

通过对多个典型大型渡槽开展结构静应力和动应力计算，分析了自重荷载、水荷载、温度荷载和地震荷载对结构裂缝形成的影响，并提出了相应的处理方案和措施。

通过对施工措施及养护的研究，给出了大型渡槽施工期裂缝的预防措施。针对典型工程的情况，通过计算初步确定了施工防裂方案。

对混凝土凝结时间及早期热膨胀系数、混凝土早期导温和导热系数、混凝土早期强度及弹性模量及混凝土早期开裂、声发射特性进行了试验研究；建立了现代混凝土裂缝控制数据库；对非杆系混凝土结构空间三维非线性分析、非杆系混凝土结构施工期温度场和温度徐变应力仿真计算与混凝土徐变温度应力场计算进行了研究，提出了相应的计算方法；建立了混凝土早期裂缝控制仿真分析系统；并提出了混凝土相应早期裂缝控制方法。

以渡槽的结构和环境特点为前提，渡槽保温结构从内侧到外侧拟由防渗层、保温层和防水抗裂层组成。针对大流量渡槽的特点，进行了大流量预应力渡槽水泥基渗透结晶防渗涂料的研制，研究了渗透结晶型防水涂料对混凝土抗渗、抗冻性和防钢筋锈蚀性的影响。

进行了大流量预应力渡槽保温材料的基础配方设计研究，研制了新型单组分无机复合保温涂料，开展了保温防水抗裂层的研究。优选保温隔热性能好的玻化微珠为基本原料，水泥及有机材料为胶结料，制备出了具有优良隔热保温性能的渡槽混凝土保温材料；研制出了保温材料表面防水抗裂材料，以降低保温材料的吸湿率，从而提高该材料的保温性能；采用研制的混凝土液态防渗抗裂剂，研究了该材料对混凝土表面裂缝的自修复功能。

2.8 大流量预应力渡槽的耐久性及可靠性研究[14-16]

渡槽的破坏主要表现在混凝土的劣化及钢筋锈蚀，耐久性不良主要由碳化及冻融两大因素所引起，影响耐久性的因素错综复杂，往往为多因素共同作用导致钢筋混凝土结构的老化破坏。在单因素作用下钢筋混凝土强度衰减模型的基础上，建立多因素作用钢筋混凝土的强度衰减模型，进而建立构件抗力衰减模型。

对于提高钢筋混凝土耐久性，应综合多种方法，提高混凝土的抗渗性，从而减少环境对混凝土的侵蚀，其次掺入阻锈剂，可以消除氯离子的侵蚀，保护钢筋；再次就是避免混凝土的开裂。这要求从选材一混凝土设计一施工一管理等各方面的协调。

针对基于可靠度理论的渡槽结构分析方法，提出了基于可靠度理论的渡槽时变可靠性分析方法和灌注桩无损检测可靠性分析方法，建立了含有缺陷的灌注桩可靠度分析模型。

灌注桩广泛应用于水利工程基础处理中，然而由于施工质量等各种不确定性因素的影响，灌注桩中经常出现各种缺陷，这些缺陷将会影响桩的完整性和承载能力。因此，为了确保基桩的安全性，在施工完毕后通常要进行基桩完整性检测。由于检测不确定性、检测人员的素质等因素的影响，灌注桩中的缺陷不一定能够被声波透射法检测到。为此，提出了评估基桩完整性检测最常用的声波透射法可靠性的方法，从而从理论上对现有的试验结果给出了证明。声波透射法的检测可靠性采用遇到缺陷的概率和检测到缺陷的概率的乘积表示，分别提出了计算遇到缺陷的概率和检测到缺陷的概率的方法。算例结果表明声波透射法的可靠性取决于遇到缺陷的概率和检测到缺陷的概率。声波透射法检测存在最小可测缺陷尺寸，当基桩中缺陷尺寸小于一定值时，声波透射法不能检测到缺陷。当声测管数目一定时，最小可测缺陷尺寸随桩直径的增大而减小。最优的声测管数目可以通过遇到缺陷的概率来确定，当给定遇到缺陷的目标概率为095时，3或4个声测管就能够遇到大于15%或5%桩截面积的缺陷。

基桩的完整性检测不一定都能够检测到基桩中的缺陷，这些缺陷将会影响到基桩的安全性。为此，提出了考虑基桩可能出现缺陷时的基桩可靠度分析方法。以单桩桩底可能出现的沉渣缺陷为例，采用全概率理论将完整桩的失效概率和桩底含有沉渣的桩的失效概率有机地结合起来得到了单桩的失效概率。采用基桩承载力折减系数来定量地考虑沉渣对基桩承载力的影响，并进一步推导了桩底含沉渣的基桩承载力偏差系数和变异系数的计算公式。算例分析表明，报告中所提方法能够定量地反映基桩中可能出现的沉渣对基桩可靠度的影响。桩底沉渣对桩的可靠指标具有明显的不利影响。随着沉渣厚度和桩的直径的增加，桩底含有沉渣的桩的可靠指标逐渐减小；桩的可靠指标随着桩长的增加逐渐增大。如果不考虑桩可能出现沉渣的质量问题，基桩的安全性将明显地被高估。基桩的完整性检测可以有效地提高基桩的安全性。

由于施工技术水平、岩土工程条件等不确定性因素的影响，基桩中经常出现各种缺陷。为此，提出了基于贝叶斯理论的灌注桩多个缺陷统计特性的分析方法。在考虑钻芯法检测不确定性的基础上，采用泊松分布模型模拟基桩中多个缺陷的出现概率，并推导了缺陷平均出现率后验分布的计算公式。提出了估计缺陷尺寸的修正的贝叶斯抽样方法。然后给出了评价钻芯法检测概率的方法。算例分析表明，钻芯法的检测概率对准确地估计缺陷平均出现率有明显的影响，如果不考虑检测不确定性因素的影响，缺陷平均出现率将被低估。随着检测到缺陷数目的增加，更新的缺陷平均出现率的均值逐渐增加，更新的变异系数逐渐减小。此外，先验的信息能够有效地减小缺陷平均出现率和缺陷尺寸估计的不确定性。

3 成果应用情况

本研究成果对南水北调大型渡槽工程的设计和施工起着一定的指导性的作用，可优化渡槽结构型式及尺寸，节省工程投资；提高渡槽的设计和施工质量，增加渡槽结构的可靠性。部分成果已应用到当前的设计中，如多厢梁式渡槽新型结构及设计计算方法在南水北调中线大型渡槽工程设计中广泛应用；U 型槽身结构在湍河渡槽和沙河渡槽设计中应用；大型渡槽温度边界条件及温度应力计算方法、大型渡槽桩基优化方案及承载力计算方法已在南水北调中线大型渡槽示范工程湍河、沙河及洺河等渡槽设计计算中应用；混凝土裂缝控制技术在南水北调漕河渡槽工程施工中应用。本研究成果为大型渡槽工程的设计和施工提供了新的结构型式、新的设计理论和新的施工技术、方法。

4 结语

大流量预应力渡槽是南水北调中线工程的重要组成部分，工程的建设势必带来巨大的社会效益和经济效益，实现中国南北水资源的可持续利用，支撑华北地区及黄淮海平原社会、经济的可持续发展。

本研究经过高等学校、建设管理及设计单位联合组成的课题组的攻关，在大型渡槽设计和施工技术研究上取得了如下的理论技术创新。

（1）提出了施工期和运行期各种复杂气候条件下渡槽温度边界条件和温度场的计算方法，较全面地研究了温度荷载对不同结构型式的渡槽所产生的影响。

（2）提出充分利用材料潜力、结构自身跨越能力、自重小、承载力大的大流量预应力渡槽新结构（多厢矩形和多槽 U 型预应力渡槽）。

（3）提出了大型渡槽的平面二维和空间三维相结合的优化设计计算方法。

（4）提出了提高软岩嵌固桩基础承载力的工程措施及不等高基岩面长短桩设计方法。

（5）研制出适合大流量预应力渡槽的高强度、高抗裂混凝土材料，高可靠性止水材料和高承载减震支座。

（6）建立了大型渡槽抗震的分析计算方法，包括渡槽拟动力分析、渡槽内水体和结构的液固耦合计算、桩一土动力相互作用及相应的结构避震措施研究。

（7）提出了可行的大型渡槽槽身、基础和预应力的施工技术和工艺，以及相应的施工质量控制指标和控制方法及措施。

（8）在研究各种大流量预应力渡槽失效和破坏模式的基础上，提出了相应监测预防与加固补强措施与方法。

（9）揭示了大流量预应力渡槽裂缝形成的机理，形成了裂缝控制成套技术。

（10）研制出新型渡槽保温、防渗涂料。

（11）提出了大流量预应力渡槽混凝土材料耐久性指标及设计要求。

参考文献

[1] 王长德，夏富洲，等．大型渡槽结构优化设计及动力分析［R］．武汉：武汉大学，2007.

[2] 冯晓波，夏富洲，王长德，等．南水北调中线大型渡槽运行期温度场的计算［J］．武汉大学学报，2007（2）：25-28.

[3] 季日臣，夏修身，陈尧隆，等．骤然降温作用下混凝土箱形渡槽横向温度应力分析［J］．水利水电技术，2007（1）：50-52.

[4] 竺慧珠，陈德亮，管枫年．渡槽［M］．北京：中国水利水电出版社，2004.

[5] 蒋建平，汪明武，高广运．桩端岩土差异对超长桩影响的对比研究［J］．岩石力学与工程学报，2004，23（18）：3190-3195.

[6] 陈斌，卓家寿，周力军．嵌岩桩垂直承载力的有限元分析（下）［J］．水运工程，2001，333（10）：25-27.

[7] 宋宏伟，郭玉顺．高性能轻骨料混凝土的力学和抗冻性能研究［J］．混凝土与水泥制品，2005（5）：17-20.

[8] 徐宁．C100高强高性能混凝土的制备及性能试验研究［D］．南京：河海大学，2007.

[9] 张耀庭，刘再华．小型叠层橡胶支座水平刚度的实验研究［J］．振动与冲击，1998，17（4）：66-70.

[10] 刘云贺，胡宝柱，闫建文，等．Housner模型在渡槽抗震计算中的适用性［J］．水利学报，2002（9）：94-99.

[11] 吴轶．大型梁式渡槽地震反应分析及设计方法研究［D］．广州：华南理工大学，2004.

[12] 李书群，和秀芬．南水北调中线洺河渡槽运行期温度影响及对策［J］．南水北调与水利科技，2006，4（6）：22-24.

[13] 耿运生，施炳利，和秀芬．南水北调渡槽侧壁温度场计算及保温材料应用分析［J］．南水北调与水利科技，2005，3（12）：22-23.

[14] 林宝玉，蔡跃波，单国良．保证和提高我国港工混凝土耐久性措施的研究与实践［C］．2004：26-33.

[15] 贾超，刘宁，等．南水北调中线工程渡槽结构风险分析［J］．水力发电，2003，29（7）：23-27.

[16] 李典庆．基于贝叶斯理论的灌注桩多个缺陷的统计特性分析［J］．岩土力学，2008，29（9）：2492-2497.

科学研究

漕河渡槽项目Ⅱ标段基桩静载试验探究

刘国华

（河北省水利水电勘测设计研究院，石家庄 050011）

摘要： 随着社会的发展，工程的建设规模在不断地加大，与之相对应的建筑地基基础的承载力的指标也在不断加大。漕河渡槽是南水北调中线工程的标志性建筑物之一，其每跨自身重量加过水重量达 6300t。设计要求每根基桩最大加载量为 13000kN，大吨位静载试验的特点是安全性差、成本高，如何能既安全又能相对降低成本完成此类试验已备受关注，文章从大吨位静载试验的过程及对取得的成果进行分析和总结，为将来开展大吨位静载试验提供一个借鉴的平台。

关键词： 大吨位静载；试验；基桩；承载力；检测

漕河渡槽是南水北调中线干线总干渠工程上的标志性建筑物之一，是应急段的控制性工程，其位于河北省满城县城西约 9km 的神星镇与荆山村之间，渡槽主体工程包括槽身段和出口段检修闸，其设计起始桩号 375＋357，终止桩号 377＋657，全长 2300m。该工程槽身段基础采用端承桩独立承台基础，设计要求静载试验最大加载量为 13000kN，作为大吨位静载试验要经过严密的组织和方法论证，实施起来才能达到预期的结果。

漕河渡槽项目 2005 年 6 月 10 日正式开工，当时计划 2008 年 4 月向北京供水。因施工工期较紧，该渡槽分为两个标段进行施工招标，漕河渡槽项目Ⅱ标段的起始桩号 375＋357 到桩号 375＋660.4 段为渡槽落地槽段，从桩号 375＋660.4 到终点桩号为 376＋370.4，长度为 710m，为渡槽 20 跨槽身段，该标段由中国水利水电工程四局中标施工。槽身段基础采用端承桩独立承台基础，采用 CZ-30 型冲击钻成孔、泥浆护壁、水下导管灌注混凝土成桩工艺，钢筋笼为通长配筋，桩径 1.5m，混凝土的强度等级为 C25，每个承台下布置 8 根，深度为入弱风化基岩 0.5m，总桩数 248 根，为确保施工质量及渡槽建成后能够安全运行，需对基桩进行桩身完整性和单桩承载力的检测。

作者简介： 刘国华（1969—），吉林榆树人，主要从事应用地球物理，研究方向工程物探、基础检测。

依据《建筑基桩检测技术规范》(JGJ 106－2003) 中："单桩竖向抗压静载试验受检桩数应不少于总桩数的1%且不少于3根"的规定，Ⅱ标段应抽检3根桩进行单桩竖向抗压静载试验。

由监理单位中水北方勘测设计研究有限责任公司抽选的3根试验桩的情况见表1。

表1 试验桩成桩情况一览表

桩号	桩长/m	桩径/m	混凝土强度	成孔日期/(年-月-日)	灌注日期/(年-月-日)	灌注历时/min	入岩深度/m
22-5	17.18	1.5	C25	2005-08-28	2005-08-31 2005-09-05	2次接桩	0.5
25-6	43.09	1.5	C25	2005-09-20	2005-09-21	135	0.5
33-6	41.79	1.5	C25	2006-12-01	2006-12-03	240	0.5

所抽检的三根桩的地质条件简述如下：

22-5号桩：0～1.28m壤土、1.28～5.08m壤土碎石、5.08～6.18m黏土、6.18～15.38m黏土碎石、15.38～26.68m全风化、强风化基岩、26.68～27.18m弱风化基岩。

25-6号桩：0～2.99m壤土、2.99～5.19m黏土、5.19～10.99m黏土碎石、10.99～11.89m黏土、11.89～12.99m黏土碎石、12.99～42.59m全风化、强风化基岩、42.59～43.09m弱风化基岩。

33-6号桩：0～11.47m黄土状壤土、11.47～11.82m含碎石黏土、11.82～33.67m全风化基岩、33.67～44.00m强风化、弱风化基岩。

1 检测依据

《建筑基桩检测技术规范》(JGJ 106－2003)、《建筑桩基技术规范》(JGJ 94－94)、《混凝土结构设计规范》(GB50010－2002)、《公路桥涵地基与基础设计规范》(JTJ024－85) 及《漕河渡槽原位桩基试验技术要求》(冀漕Ⅱ、Ⅲ技第6号)(水利部河北水利水电勘测设计研究院) 2005年8月和《漕河渡槽基础桩试验技术方案》等有关的技术文件。

2 反力方案的选择

单桩承载力采用单桩竖向抗压静载荷试验确定，因为高应变是一种间接确定桩承载力的一种方法，对于大口径灌注桩来说准确度远不如静载试验。

静载荷试验的反力装置可采用堆载、堆锚结合、锚桩等方案。

2.1 堆载法

采用压重平台反力装置，因本次静载试验加载最大荷载为13000kN，考虑1.2倍的安全系数，堆载重量应为15600kN，即1560t的堆载物（包括主梁和次梁的重量），可采用预制混凝土块或钢锭。采用预制混凝土块，按照堆载平台高度10m，吊装困难、试验周期长、安全无保证；采用钢锭堆块，堆载平台高度6m，采取措施可保证安全，但是其成本较高。

2.2 堆锚结合法

锚桩可利用相邻1根工程桩，再新打1根锚桩，提供部分反力，不足部分用堆块补足。

根据《建筑桩基技术规范》(JGJ 94—94):5.3 单桩竖向极限承载力中的经验参数法结合地质钻孔资料确定大直径灌注桩总极限侧阻力标准值:

$$Q_{sk}=u\Sigma\psi_{si}q_{sik}l_i$$

式中:Q_{sk} 为总极限侧阻力标准值;q_{sik} 为桩侧第 i 层土极限侧阻力标准值,如无当地经验值时,可按本规范表 5.3.5-1 取值;ψ_{si} 为大直径桩侧阻、端阻尺寸效应系数,按表 5.3.6-2 取值;u 为桩身周长,当人工挖孔桩桩周护壁为振捣密实的混凝土时,桩身周长可按护壁外直径计算;l_i 为桩周第 i 层土的厚度。

经过测算加锚桩自身重量,15m 的锚桩可提供反力近 330~360t,在预留 10%及以上的安全储备的情况下,其可提供 300t 的反力,这样还需堆载 960t。堆载物可采用预制混凝土块或钢锭。采用预制混凝土块堆载平台高度 8m,采取措施可保证安全。如果采用钢锭堆块,堆载平台高度接近 5m,可保证安全。

2.3 锚桩法

可采用在受试桩周围新打四根锚桩或利用 3 根工程桩新打 1 根锚桩方案。

采用新打四根锚桩方案需考率锚桩与工程桩间距过小对工程桩的影响并与设计协调,反力梁可选用 1 根 8~9m 长主梁和 2 根次梁。

采用利用 3 根工程桩新打 1 根锚桩方案,反力梁可选用 2 根 11~12m 主梁十字交叉,稳定性、安全性较差。

通过对上述三个反力方案的横向比较,最终确定使用性价比和安全性均较高的堆锚结合方案进行静载试验,并编制了检测大纲。因该标段工程桩排距 4.5m,桩径 1.5m,反力钢梁最小长度为 11m。

3 试验的准备

在试验前准备阶段要进行主梁加工及配重块的准备、补打锚桩、桩头的处理等。

3.1 主梁

主梁钢梁强度应满足:$M\leqslant m_u$

式中:M 为反力平台堆重或拉力施加于钢梁的截面弯矩计算值;M_u 为钢材正截面受弯承载力。

堆载主梁弯矩:$M=Q\,l_0{}^2/2\,l$

式中:Q 为大试验荷载;l 为主梁的长度;l_0 为主梁单边悬臂端计算长度,一般为主梁长度减去垫箱宽度的 1/2。

主梁正截面受弯承载力:$M_u=\gamma_X\,f\,W_{nx}$

式中:γ_X 为截面塑性发展系数,对于工字钢或箱型取 1.05;f 为钢材的强度设计值,Q235 钢为 215N/mm^2,Q345 钢为 295~315N/mm^2;W_{nx} 为正截面抵抗拒。

主梁正截面受弯承载力要大于等于反力平台的堆重,经结构强度计算利用牌号 Q345 厚度 400mm 的钢板为正受力面,侧面为牌号 Q345 厚度 16mm 的钢板加工焊接成 11m×0.8m×1.88m 的主梁两根,每根主梁正截面受弯承载力至少为 15000kN,有足够的安全储备。

3.2 配重

在现场加工总重量近 900t 的混凝土配重块,规格有 1.5m×0.9m×0.9m 和 1.2m×0.9m×

0.6m两种，其中大的配重块200块，小的为120块，因漕河附近卵石较多，在制作过程中在配重块的中间加入少量的卵石，这样既可以节约成本又可以增加其密度，使得加工后的混凝土配重块的平均密度为2.78kg/m³，另外60t利用现场的钢筋材料充当。

3.3 补打锚桩

在监理单位确定了试验桩后，在试验桩的另一侧补打15m长的锚桩，其桩径、配筋及工艺与工程桩相同，利用与试验桩在一横排的工程桩作为另一根锚桩。试验桩、锚桩平面布置示意图见下图。

3.4 桩头的处理

应先凿掉试验桩顶部的破碎层和软弱混凝土。桩头直径与设计桩径相一致，桩头顶面应平整，桩头中轴线与桩身上部的中轴线应重合；在距桩顶1.5倍桩径范围内设置箍筋，间距不宜大于100mm。桩顶应设置钢筋网片2～3层，间距60～100mm。桩头混凝土强度等级宜比桩身混凝土提高1～2级，本试验不得低于C30。

4 方案的实施

基桩的静载试验是由加荷系统、反力系统、观测系统三个系统密切配合来完成的。加荷系统控制并稳定加荷大小，通过反力系统将荷载反作用于桩顶，桩顶将荷载均匀传递给桩身，桩体的沉降由观测系统测定。

4.1 加荷系统

利用四个规格型号相同并经过率定合格的100t的千斤顶经并联同步工作，加载数值由并联于油路中的压力传感器控制。（高压油泵）

4.2 反力系统

采用堆锚结合方法，利用一根相邻工程桩和补打一根桩作为锚桩。两根锚桩提供6000kN的反力，其他9600kN由配重块及钢筋提供。

4.3 测试系统

采用武汉岩海工程技术有限公司研制的RS-JYB基桩静载试验分析系统，试桩在加载过程中的竖向沉降采用量程为50mm的位移传感器测量。在试验桩桩头处对称安置4支位移传感器，位移量取其平均值。位移计通过磁性表座分别支撑在基准梁上，所采用主机和位移传感器均在有效计量检定期内。

图1为堆锚结合静载试验的现场图片。

在试验过程中在锚桩中心各安置一支位移传感器对锚桩的上拔量进行监测。

图1 堆锚结合静载试验的现场图片

5 检测方法

试验采用慢速维持荷载法，设计要求试验最大加载量为13000kN。

试验加荷分级为13级，每级加荷1000kN。

（1）每级荷载施加后按第5、第15、第30、第45、第60min测读桩顶变形量，以后每隔30min测读一次。

（2）试桩沉降相对稳定标准：每一小时内的桩顶沉降量不超过0.1mm，并连续出现两次（从分级荷载施加后第30min开始，按1.5h连续三次每30min的沉降观测值计算）。

（3）当桩顶沉降速率达到相对稳定标准时，再施加下一级荷载。

（4）卸载每级2000kN，每级荷载维持1h，按第15、第30、第60min测读桩顶沉降量后，即可卸载下一级荷载。卸载至零后，测读桩顶残余沉降量，维持时间为3h，测读时间为第15、第30min，以后每隔30min测读一次。

当出现下列情况之一时，可终止加载。

（1）某级荷载作用下，桩顶沉降量大于前一级荷载作用下沉降量的5倍。

（2）某级荷载作用下，桩顶沉降量大于前一级荷载作用下沉降量的2倍，且经24h尚未达到相对稳定。

（3）以达到设计要求的最大加载量。

（4）当工程桩作锚桩时，锚桩上拔量已达到允许值。

（5）当荷载沉降曲线呈缓变型时，可加载至桩顶总沉降量60～80mm，在特殊情况下，可根据具体需要加荷至桩顶累计沉降量超过80mm。

6 测试结果及分析

在各试验桩进行静载试验前对试验桩和两侧的锚桩进行了低应变反射波法检测，各受检桩均为Ⅰ类完整桩。因为扩颈桩对加大桩承载力有利，因此规范上未将其归为缺陷，检测结果见表2。

表2 试验桩及锚桩低应变检测结果一览表

检测试验桩号	桩长/m	波速/（m/s）	类别
22-4	23.62	3859	Ⅰ
22-5	27.18	3987	Ⅰ
补打锚桩1	15.00	3902	Ⅰ
25-3	26.39	3862	Ⅰ
25-6	43.09	3986	Ⅰ（8m轻微扩径）
补打锚桩2	15.00	3956	Ⅰ
33-3	43.47	3867	Ⅰ
33-6	41.79	3807	Ⅰ
补打锚桩3	15.00	3926	Ⅰ

依据单桩抗压静载试验观测数据，将各试验桩的主要试验数据汇总为表3。

表3 各试验桩试验数据汇总表

试验桩号	桩长/m	长径比	最终荷载/kN	最大沉降量/mm	最大回弹量/mm	回弹率/%	锚桩最终上拔量/mm	历时/h
22-5	27.18	18.12	13000	6.76	3.37	49.90	0.09	34.5
25-6	43.09	28.73	13000	4.25	2.8	65.90	0.26	32
33-6	41.79	27.86	13000	3.8	2.49	65.50	0.42	34

试验结果表明在1000kN到13000kN的各级荷载作用下，依据判稳标准，3根试验桩的沉降在各级均能够收敛稳定。加荷到13000kN后以满足6检测方法中的终止加荷的条件3)，因此该级稳定后，开始卸压，试验桩的回弹成果见表3。各组试验桩的锚桩最终上拔量都小于15mm，依据规范不对工程桩承载力造成影响。

根据试验数据，绘制各试验点的荷载-沉降（Q-s）曲线、位移-时间对数（s-lg$t$）曲线。图2、图3为25-6号试验桩的实测Q-s曲线及s-lg$t$曲线。

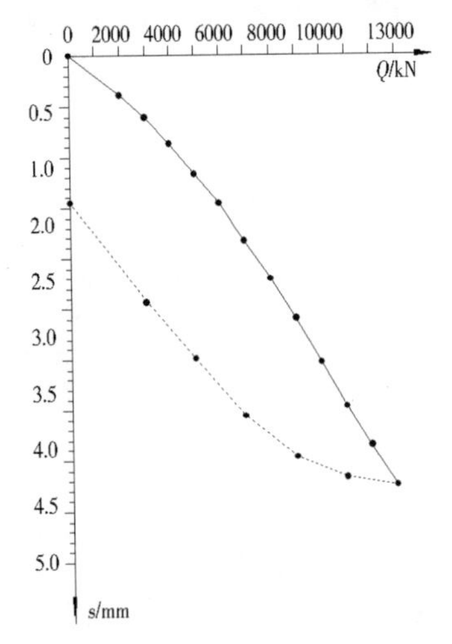

图2　25-6号试验桩荷载-沉降曲线

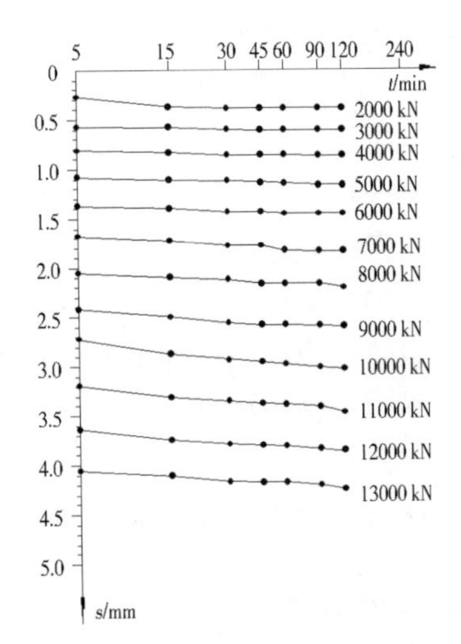

图3　25-6号试验桩位移-时间对数曲线

试验桩桩径1.5m的大直径桩，各试验桩（Q-s）曲线均为典型缓变型曲线，没有发现明显的陡降点同时某一级荷载s-lgt曲线尾部出现明显向下弯曲，图1、图2分别为25-6号试验桩实测Q-s曲线和s-lg$t$曲线。依据《建筑基桩检测技术规范》（JGJ 106－2003）第四章4.4.2的第四条："单桩竖向抗压极限承载力取值标准：取$s=0.05D$（$D=1.5$m）为75mm，对应的荷载为单桩竖向抗压极限承载力"，根据该规范的取值规定，可判定在13000kN的最终荷载作用下，各试验桩均未达到其极限承载力状态，由于三根试验桩的最大沉降量为22-5号试验桩为6.76mm，因此判定3根试验桩的单桩竖向抗压极限承载力Qu均大于13000kN。

7　结论及建议

22-5、25-6、33-6号试验桩的单桩竖向抗压极限承载力Qu均大于13000kN，满足设计要求。

从试验结果上看，试验桩的安全系数较高，具备较高的安全储备，在加荷到设计要求的最大加荷量后，沉降很小。如果在施工前进行试桩破坏性试验，在满足设计要求的情况下可以调整施工方案，降低一定的工程造价是完全有可能。

大吨位堆载静载试验存在着成本高、危险性高缺点。试验的每个关键环节都相当重要，若其中某个关键环节出现纰漏，都可能导致试验的失败，严重时甚至发生重大安全事故。例如在试验过程中基准桩的位置也是试验成败的关键，其应固定在试验桩影响范围以外，一般为大于等于4倍桩径的位置，以保证观测系统的稳定。基准梁应具有一定的刚度，梁的一端固定在基准桩上，另一端应简支在基准桩上，这样可以有效地防止气温、振动等的影响而发

生的竖向变位。配重块要以千斤顶出力的中心对称安装，否则有可能最后几级荷载加不上压，而导致整个试验的失败，严重时反力平台有被顶翻的危险。

本次静载试验没有在桩身及桩底预埋量测元件，这对于随机抽取试验桩及试验结果更具代表性来说是有利的，但是没有取得桩身的侧摩阻力及桩端阻力，这也是有些遗憾。

目前对于大吨位的工程桩采用基桩自平衡静载试验的方法渐渐多了起来，该方法的优点是省时、省力、不受场地条件限制和综合费用低等诸多优点，在2012年7月1日起河北省工程建设标准《基桩自平衡静载试验法检测技术规程》[DB13（J）/T 136－2012]开始实施，这无疑给大吨位的基桩静载试验及方案多了一种选择。

科学研究

不确定型层次分析法在渡槽结构状态评估中的应用

夏富洲，刘富奎，陈栋梁

（武汉大学水资源与水电工程科学国家重点实验室，武汉 430072）

摘要： 以渡槽结构综合状态为总目标，建立以安全性、耐久性和适用性为子目标的评估模型，采用不确定型层次分析法（AHP）对渡槽结构进行状态评估，首先构造以区间数表示的不确定型判断矩阵，采用最小二乘法计算指标权重，然后根据专家对底层指标的缺损状况给出的扣分值，逐层计算上级从属指标的状态分值，进而确定渡槽的结构状态，从定性或定量的分析给出了渡槽各指标的评估标准。

关键词： 渡槽；状态评估；不确定型 AHP；最小二乘法；权重

渡槽在建成运行后，由于各种自然因素和人为因素的作用，其结构及其构件的状态随着时间的推移会受到不同程度的影响，降低了渡槽的使用性能。为保证渡槽的安全运行和尽可能延长其使用寿命，应实时了解渡槽的病害情况，并对其结构的状态进行评估。

目前，国内外对渡槽结构状态评估方面的研究工作还很少。由于其他结构相关的状态评估方面的研究相对比较成熟，因此进行渡槽结构状态评估时可以参照其他相关方面的研究。

1 应用 AHP 进行渡槽结构评估

层次分析法（Analytic Hierarchy Proces，AHP）是 20 世纪 70 年代初期由美国运筹学家 T L Saty 教授首次提出来的，是一种定性分析和定量分行评估。析相结合的系统分析方法[1]。应用 AHP 对渡槽结构状态进行评估，首先要把问题条理化、层次化，构造出一个层次分析的结构模型，然后通过加权综合的方法逐层评估，最终得到渡槽的综合状态。

由于判断信息的模糊性和不确定性，使得专家评判所得的判断值通常是不确定的，而是

第一作者简介： 夏富洲（1963—），副教授，主要从事水工结构优化、水工建筑物安全分析与整险加固研究。

以区间的形式给出。因此，在 AHP 法中，构造以区间数表示的判断矩阵，即不确定型判断矩阵。不确定型判断矩阵更能反映事物的实际状态，使得评估结果更加客观、可信。

1.1 建立递阶层次结构

渡槽的结构状态评估包括安全性、耐久性和适用性 3 个方面。其中，安全性是防止结构破坏倒塌的能力，是渡槽结构最重要的质量指标；耐久性要求构件、建筑物表面与内部被侵蚀、磨损的速度缓慢，结构产生局部损坏后，渡槽仍能满足规定的服务期限；适用性要求结构总体及其构件损坏不得影响渡槽的正常使用[2-3]。

根据渡槽结构的特点及结构损伤破坏的机理，建立渡槽结构状态评估模型，如图 1 所示。

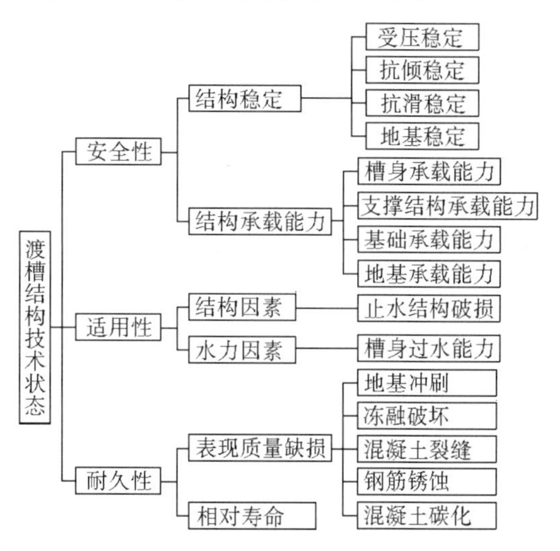

图 1　渡槽结构状态评估模型

1.2 计算指标权重

(1) 构造不确定型判断矩阵。不确定型判断矩阵，又称为区间数判断矩阵，能够较好地反映事物的实际状态，使评价结果客观、可信。在区间数判断矩阵中，每个评判指标的判断值（相对重要程度）采用一个区间数表示，如 $[a_{ij}^-, a_{ij}^+]$。采用九分位相对重要程度的比例标度，其中$\frac{1}{9} \leqslant a_{ij}^- = \frac{1}{a_{ij}^+} \leqslant 9$，$a_{ij}^- = a^+ ij = 1$，构造区间数判断矩阵如下[4]：

$$A = \begin{bmatrix} [1, 1] & [a_{12}^-, a_{12}^+] & \cdots & [a_{1n}^-, a_{1n}^+] \\ [a_{21}^-, a_{21}^+] & [1, 1] & \cdots & [a^- 2n, a_{2n}^+] \\ \vdots & \vdots & [1, 1] & \vdots \\ [a_{n1}^-, a_{n1}^+] & [a_{n2}^-, a_{n2}^+] & \cdots & [1, 1] \end{bmatrix}$$

(2) 计算指标权重。目前关于区间数判断矩阵的权重计算方法有：区间数特征根法（IEM)、区间数梯度特征向量法（IGEM)、区间数广义梯度特征向量法（IGEM)、区间数对数最小二乘法（ILLSM）和最优传递矩阵法。其中，区间数对数最小二乘法应用广泛，且较为合理。因此，采用区间数对数最小二乘法来计算指标的权重[5]。

采用最小二乘法计算 $w^- = (w_1^-, w_2^-, \cdots, w_n^-)$，$w^+ = (w_1^+, w_2^+, \cdots, w_n^+)$，其中

$$w_k^- = \frac{\left[\prod_{i=1}^{n} \frac{a_{ki}^- a_{kk}^-}{a_{ik}^- a_{ii}^-}\right]^{\frac{1}{2n}}}{\sum_{j=1}^{n} \left[\prod_{i=1}^{n} \frac{a_{ji}^- a_{jj}^-}{a_{ij}^- a_{ii}^-}\right]^{\frac{1}{2n}}} \qquad (k=1, 2, \cdots, n) \tag{1}$$

$$w_k^+ = \frac{\left[\prod_{i=1}^{n} \frac{a_{ki}^+ a_{kk}^+}{a_{ik}^+ a_{ii}^+}\right]^{\frac{1}{2n}}}{\sum_{j=1}^{n} \left[\prod_{i=1}^{n} \frac{a_{ji}^+ a_{jj}^+}{a_{ij}^+ a_{ii}^+}\right]^{\frac{1}{2n}}} \qquad (k=1, 2, \cdots, n) \tag{2}$$

由 $A^- = (a_{ij}^-)_{n \times n}$、$A^+ = (a_{ij}^+)_{n \times n}$ 计算：

$$t = \sqrt{\sum_{j=1}^{n} \frac{1}{\sum_{i=1}^{n} a_{ij}^+}}, \quad m = \sqrt{\sum_{j=1}^{n} \frac{1}{\sum_{i=1}^{n} a_{ij}^-}} \tag{3}$$

则权重向量区间为 $w=[tw^-, mw^+]$，根据上述所求的权重区间，取其平均值作为评价指标的权重，即 $w_j=\frac{(tw_j^-+mw_j^+)}{2}$，对上述指标权重进行归一化处理可以得到各指标的权重。

2 渡槽结构状态评估

2.1 结构状态评级标准

参照我国现行《城市桥梁养护技术规范》（CJJ99－2003/J281－2003）[6]，将渡槽的结构状态分为一类、二类、三类和四类 4 个等级，建立渡槽结构状态的评定标准，见表 1。

表 1 渡槽结构状态评定标准

评价等级	结构状态评分值	状态
一类	100～85	良好状态
二类	85～70	合格状态
三类	70～55	轻微损坏状态
四类	＜55	危险状态

2.2 主要指标评级标准

评级指标作为评估渡槽结构状态的准则，应该对各指标的结构状态划分相应的标准（表 2～表 4），标准可以作为专家评估结构状态的基础。同样，基于各构件的破坏机理，将各个指标的结构状态分为四类。在安全性指标中，结构稳定包括支撑结构受压稳定、槽身和渡槽整体抗倾稳定、槽身和基础抗滑稳定以及地基稳定。受压稳定评估、抗倾或抗滑稳定评估指标为实测求得的稳定安全系数与规范值的比值；结构承载能力包括槽身、支撑结构、基础和地基的承载能力，为实际承载能力与规范值的比值。在适用性指标中，结构因素主要指止水结构的损伤状况，可以通过观察进行评估；水力因素指槽身的相对过水能力，为实际过流能力与设计过流能力的比值。在耐久性指标中，地基冲刷和冻融破坏可以通过观察评估，钢筋截面完好率为钢筋剩余截面积占原钢筋截面积的百分比，相对碳化深度为最大碳化深度与混凝土保护层厚度的比值，裂缝宽度通过实际测量获得；相对剩余寿命为渡槽剩余使用年限与设计使用年限的比值[7-9]。

表 2 安全性指标评级标准

结构稳定评估指标				结构承载能力（承载能力完好率）				结构状态评分
受压稳定	抗倾稳定	抗滑稳定	地基稳定	槽身	支撑结构	基础	地基	
≥1.0	≥1.0	≥1.0	地基沉降停止；无不均匀沉降	≥1.0	≥1.0	≥1.0	≥1.0	100～85
1.0～0.93	1.0～0.92	1.0～0.93	地基沉降不超过允许值，沉降速度≤2mm/月；不均匀沉降值很小，且不再发展	1.0～0.93	1.0～0.95	1.0～0.92	1.0～0.95	85～70
0.93～0.86	0.92～0.83	0.93～0.85	地基沉降值略超过允许值或沉降速度＜2mm/月；不均匀沉降虽较大，但修复工程量不大	0.93～0.90	0.95～0.90	0.92～0.88	0.95～0.90	70～55
＜0.86	＜0.83	＜0.85	地基沉降超过允许值过大，且继续发展；不均匀沉降过大，部分结构严重破坏	＜0.90	0.90	0.88	0.90	＜55

表3　适用性指标评级标准

止水结构因素	相对过水能力	结构状态评分
止水基本完好无漏水现象	≥1.0	100～85
止水有轻微破损无漏水现象	1.0～0.95	85～70
止水破坏有少量漏水	0.95～0.9	70～55
止水破坏严重有严重漏水	<0.9	<55

2.3　结构状态评估值的计算

（1）底层从属指标的评估值计算。参照参考文献［6］和专家的意见，对底层指标进行扣分，可以得到底层指标的从属指标评估值：

$$D=100-\sum_i w_i C_i \tag{4}$$

式中：D 为底层指标的从属指标得分值；w_i 为第 i 个底层指标的权重；C_i 为第 i 个底层指标的扣分值。

（2）其他从属指标及结构状态评估值计算。对于非底层指标的其他从属指标的计算，采用各项评估指标加权得分进行计算：

$$F=\sum_i w_i D_i \tag{5}$$

式中：F 为上一级评估指标或最终指标评估得分值；w_i 为第 i 个从属指标的权重；D_i 为第 i 个从属指标的得分值。

表4　耐久性指标评级标准

表现质量缺损					相对剩余寿命	结构状态评分
地基冲刷	冻融破坏	钢筋截面完好率	相对碳化深度	裂缝宽度/mm		
无冲刷或冲刷范围很小	无冻融迹象	≥0.97	≤0.53	≤0.02	≥0.6	100～85
局部范围有冲刷，但对结构影响很小	刚有冻融迹象	0.97～0.92	0.53～1.75	0.02～0.05	0.6～0.3	85～70
冲刷破坏范围较大	已冻融面积与可能冻融面积比<0.1	0.92～0.81	0.75～1.05	0.05～0.20	0.3～0.1	70～55
冲刷破坏非常严重	已冻融面积与可能冻融面积比 0.1	<0.81	>1.05	>0.20	0.1	<55

2.4　一票否决制评估结构状态

渡槽结构状态评分值很好地反映渡槽及其分部结构的损坏状况，但无法反映严重损坏的单个或个别构件对总体结构状态的影响程度，引入“一票否决制”，即当某些对渡槽结构状态起重要作用的构件的损坏程度达到某一严重的程度，就直接判定渡槽结构状态评分值小于55分，并且最终选取实际损坏情况评分和一票否决评分的较小值作为渡槽结构的综合状态评分值[10]，参考文献［11］，当渡槽出现下列任一情况：①承载能力比设计降低达到25%以上；②基底冲刷深度大于设计值，冲空面积达20%以上；③地基沉降超过允许值很大，不均匀沉降非常严重，丧失稳定性；④墩台不稳定，下沉、倾斜、滑动现象严重，抗倾、抗滑稳定性丧失，依据“一票否决制”直接评定渡槽的结构状态评分值小于55分，结构处于危险状态。

3 工程实例

某渡槽，对其结构进行检测分析，其病害情况如下：①混凝土质量破坏严重，各个构件有不同程度的混凝土剥蚀现象，局部有冻融破坏；混凝土保护层较薄，局部钢筋裸露，面积不大。②槽身、槽墩和基础均出现裂缝，槽墩混凝土疏松严重，墩帽混凝土表面出现网状裂缝。③地基冲刷范围较大，地基沉降停止，不均匀沉降较小。④止水结构有轻微破损，有少量漏水现象，槽身过流能力基本满足设计要求。

3.1 各指标权重的确定

为保证结构状态评估结果的准确性，一般由多位专家给出各指标相对重要程度的区间判断值。根据多位专家给出的不确定型判断矩阵求解权重，然后，利用群判断、极值统计和重心决策理论相结合的方法确定评估指标的最优权重[12]。根据渡槽的结构特点和渡槽结构状态评估模型由专家对各指标进行评判，由于篇幅有限，仅给出某位专家对渡槽各指标相对重要程度的区间判断值，见表5～表11据此可以构造不确定型判断矩阵A，将矩阵A^-和A^+中相应的值代入权重计算公式，求得相应指标的权重见表12。

表5 渡槽结构稳定指标判断矩阵

指标	受压稳定	抗倾稳定	抗滑稳定	地基稳定
受压稳定	[1，1]	[1，1]	[1/2，1]	[1/2，1]
抗倾稳定	[1，1]	[1，1]	[1/2，1]	[1/2，1]
抗滑稳定	[1，2]	[1，2]	[1，1]	[1/2，1]
地基稳定	[1，2]	[1，2]	[1，2]	[1，1]

表6 渡槽结构承载能力指标判断矩阵

指标	槽身承载能力	支撑结构承载能力	基础承载能力	基础承载能力
槽身承载能力	[1，1]	[1/2，1]	[1/2，1]	[1/2，1]
支撑结构承载能力	[1，2]	[1，1]	[1/3，1/2]	[1/2，1]
基础承载能力	[1，2]	[1，2]	[1，1]	[1/2，1]
基础承载能力	[1，2]	[1，2]	[1，2]	[1，1]

表7 渡槽结构安全性指标判断矩阵

指标	结构稳定	结构承载能力
构稳定	[1，1]	[1/3，1]
结构承载能力	[1，3]	[1，1]

表8 渡槽结构适用性指标判断矩阵

指标	水力因素	水力因素
水力因素	[1，1]	[1/3，1]
水力因素	[1，3]	[1，1]

表 9　渡槽表观质量缺损指标判断矩阵

指标	地基冲刷	冻融破坏	混凝土裂缝	钢筋锈蚀	混凝土碳化
地基冲刷	[1，1]	[1，2]	[1，2]	[1，2]	[1，2]
冻融破坏	[1/2，1]	[1，1]	[1，2]	[1，2]	[1，2]
混凝土裂缝	[1/2，1]	[1/2，1]	[1，1]	[1，2]	[1，2]
钢筋锈蚀	[1/2，1]	[1/2，1]	[1/2，1]	[1，1]	[1，2]
混凝土碳化	[1/2，1]	[1/2，1]	[1/2，1]	[1/2，1]	[1，1]

表 10　渡槽结构耐久性指标判断矩阵

指标	表观质量缺损	相对寿命
表观质量	[1，1]	[2，3]
缺损相对寿	[1/3，1/2]	[1，1]

表 11　渡槽结构综合状态指标判断矩阵

指标	安全性	适用性	耐久性
安全性	[1，1]	[3，4]	[3，4]
适用性	[1/4，1/3]	[1，1]	[1，2]
耐久性	[1/4，1/3]	[1/2，1]	[1，1]

3.2　结构状态评估

根据上述渡槽的检测结果，对照上述各底层指标的评级标准，由专家对各底层指标的结构状态进行评分，给出各指标破损状况的扣分值，通过式（4）、式（5）计算得出各级指标的状态评分值，见表 12。

表 12　渡槽结构状态评估表

总目标	总目标得分	子目标			第一级指标			底层指标		
		类别	权重	得分	类别	权重	得分	类别	权重	扣分
渡槽结构状态	69.7	安全性	0.63	69.1	结构稳定	0.37	68.9	受压稳定	0.17	25
								抗倾稳定	0.17	30
								抗滑稳定	0.17	30
								地基稳定	0.27	25
					结构承载能力	0.63	69.3	槽身承载能力	0.39	25
								支撑结构承载能力	0.19	30
								基础承载能力	0.22	30
								地基承载能力	0.32	35
		适用性	0.21	74.4	结构因素	0.37	65	止水结构破损	1.0	35
					水力因素	0.63	80	相对过水能力	1.0	20
		耐久性	0.16	65.7	表现质量缺损	0.71	68.1	地基冲刷	0.35	35
								冻融破坏	0.25	30
								混凝土裂缝	0.17	32
								钢筋锈蚀	0.12	28
								混凝土碳化	0.11	30
					相对寿命	0.29	60			40

从表 12 可以看出渡槽综合状态评分值为 69.7，根据表 1 可以确定渡槽等级为三类，处于轻微损坏状态，应进行小修或中修，对其存在的病害提出相应的处理，恢复渡槽原有的结构状态。

4 结论

（1）通过构造不确定型判断矩阵，求得各指标所占的权重，然后对底层指标采用扣分、非底层指标加权的方法计算渡槽结构综合状态评估值，从而对结构状态进行评级，还从定性和定量方面给出渡槽的底层指标的评级标准，使得渡槽结构状态的评估更具有科学性和合理性。

（2）采用不确定型 AHP 方法评估渡槽的结构状态，在构造判断矩阵时，能更好地表达专家的意见，且能更好地反映事物的实际状态，该方法具有一定的科学性和实用性，能够为渡槽的养护管理提供科学依据。

参考文献

[1] 张吉军. 模糊层次分析法（FAHP）[J]. 模糊系统与数学，2000（2）：80-88.

[2] 柯敏勇，王先山，胡震. 中小型水工混凝土建筑物安全检测与评估［J］. 南昌水专学报，2002（1）：30-33.

[3] 陈肇元，徐有邻，钱稼茹. 土建结构工程的安全性与耐久性［J］. 建筑技术，2002（4）：248-253.

[4] 刘文龙. 基于不确定型层次分析法桥梁安全性评估研究［D］. 武汉：武汉理工大学，2005.

[5] 张彩然，朱尔玉，程京甫. 不确定型 AHP 在单轨桥梁状态评估中的应用［J］. 北京交通大学学报，2010（6）：16-20.

[6] 中华人民共和国建设部. CJJ 99-2003/J281－203 城市桥梁养护技术规范［S］. 北京：中国建筑工业出版社，2003.

[7] 杨华舒，施颜华，杨志刚. 用设计指标直接诊断水工混凝土结构的老化［J］. 大坝与安全，2002（4）：3-7.

[8] 刘柏青，周素真，雷声隆，等. 灌区混凝土建筑物老化病害评估指标及其标准的研究［J］. 中国农村水利水电，1998（5）：16-18.

[9] 中华人民共和国交通运输部. JTG/T J21－2011 公路桥梁承载能力检测评定规程［S］. 北京：人民交通出版社，2011.

[10] 曾胜男，孙立军. 基于构件的桥梁损伤状况分层加权评价方法［J］. 同济大学学报，2006（11）：1475-1478.

[11] 中华人民共和国交通部. JTG H11－2004 公路桥涵养护规范［S］. 北京：人民交通出版社，2004.

[12] 高强，耿方方，芦杉. 基于不确定型 APH 的电力光缆线路模糊综合评估［J］. 电力系统保护与控制，2009（3）：46-49.

科学研究

南水北调中线湍河渡槽工程汛期施工水力学分析

李　蘅，胡田清，郭鸿俊

（长江勘测规划设计研究院 枢纽设计处，武汉 430010）

摘要： 湍河渡槽是南水北调中线一期工程总干渠大型跨河建筑物之一，渡槽槽身为相互独立的3槽预应力混凝土U型结构，单跨40m，共18跨54槽。该工程原计划利用枯水期分两期施工，为实现2013年底主体工程完工的目标，右岸主河槽部位2～5号槽16榀槽身调整至2013年汛期施工。本文在考虑施工现状水力条件变化影响的基础上，主要对推荐采用的两联跨钢平台方案，进行汛期施工水力计算分析，并结合分析成果提出了相应的度汛措施，以确保工程施工安全度汛。

关键词： 南水北调；渡槽；度汛；水力学

1　工程概况

湍河渡槽是南水北调中线一期工程总干渠大型跨河建筑物之一，位于河南省邓州市小王营与冀寨之间。西距内乡至邓州公路3km，南距邓州市26km，北距内乡县20km。

湍河渡槽顺渠水流向总长1030m，主要建筑物由右岸渠道连接段（包括退水闸在内）、进口渐变段、进口闸室段、进口连接段、槽身段、出口连接段、出口闸室段、出口渐变段、左岸渠道连接段9段组成，在右岸渠道连接段右侧设有退水闸一座。

渡槽槽身段长720.00m，坡比1∶2880。槽身为相互独立的3槽预应力混凝土U型结构，单跨40m，共18跨54槽，单槽内空尺寸为7.23m×9.0m（高×宽）。进口槽顶高程146.48m，槽底面高程139.25m，出口槽顶高程146.23m，槽底面高程139.00m，下部结构依次为盖梁、墩柱、承台和桩基。

第一作者简介： 李蘅（1978—），江苏南京人，高级工程师，研究方向为施工导截流设计。

2 汛期施工实施方案

渡槽原计划利用11月至次年4月枯水期分两期施工，一期围左岸，利用原河槽过流，二期围右岸，利用增加了渡槽墩台的束窄河床过流。2013年汛前，湍河渡槽工程左岸槽身已施工完成，右岸主河槽部位2～5号槽槽身尚未施工，施工现状平面布置示意见图1。而湍河渡槽工程计划2013年底主体工程全部完工，为此剩余槽身必须在汛期施工。为确保该目标的实现，工程施工单位结合三台造槽机施工布置，保证2～5号槽身在汛期顺利施工，提出了两联跨钢平台方案。

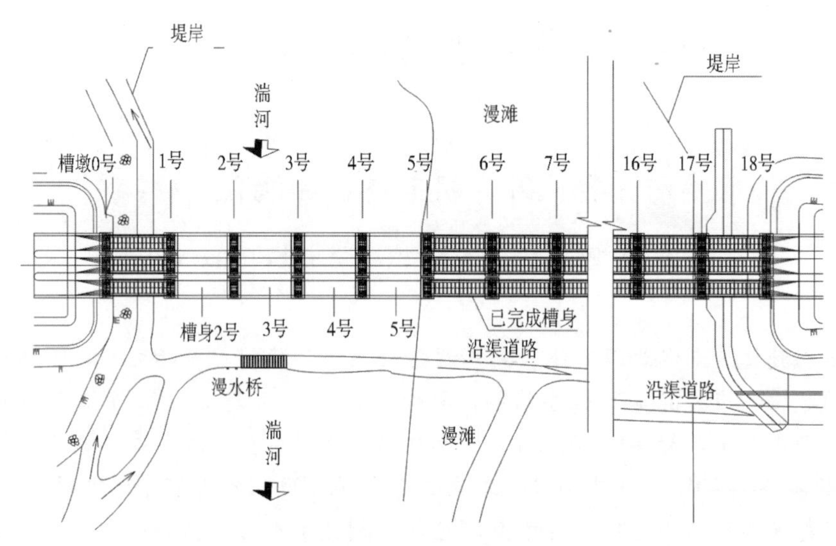

图1 2013年汛前施工现状布置示意图

2.1 施工期度汛标准

湍河渡槽主要建筑物为1级建筑物。按《水利水电工程施工组织设计规范》（SL303－2004）要求，2013年汛期槽身施工导流标准采用10年一遇设计洪水3030m^3/s，相应下游天然水位为132.7m。

2.2 两联跨钢平台施工方案

拟实施的两联跨钢平台施工方案如图2所示，采用贝雷桁架在1号槽身左半部和2号、3号槽身下部搭设钢平台，同时在4～5号槽身下部填筑土石施工平台相结合的方式形成干地作业面。

该方案汛期洪水主要由1号槽身左半部和2号、3号槽下部约105m范围束窄河床进行泄流，河漫滩6～18号槽下部的已有施工平台及道路漫水，汛期洪水来临时槽身部位暂停施工，洪水退却以后可快速恢复施工。

3 施工现状水力学影响分析

3.1 部分河床底高程降低影响分析

主河床在渡槽上、下游各200～500m范围内受采砂、冲刷等影响，河床高程降低了约

4m，天然水位流量关系发生了一定的改变。采用分段累计法，选择下游未受采砂影响的断面作为控制断面向上游推算水面线。考虑到工程区范围河床较为平坦，坡降很缓，因此控制断面水位流量关系取原渡槽处天然水位流量关系，经分析计算，渡槽处水位流量关系变化见表1。

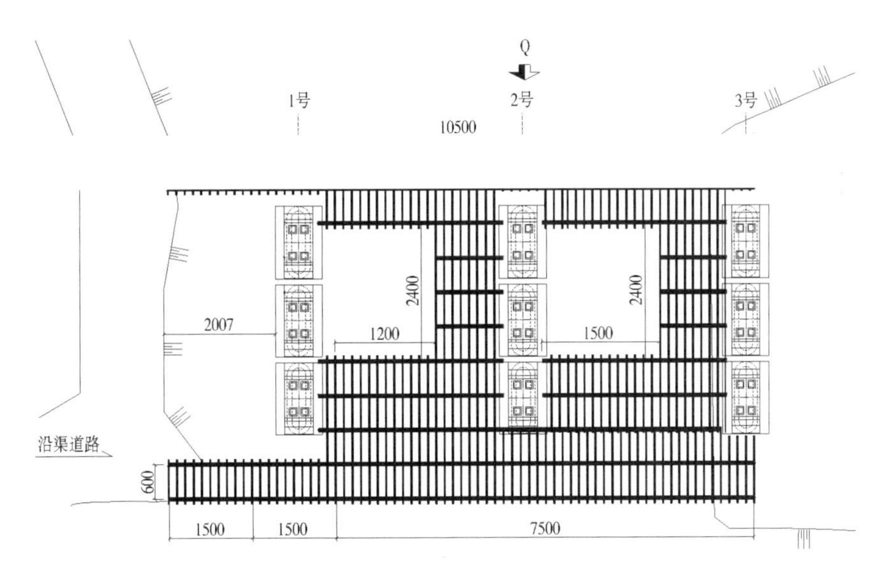

图2 拟实施钢平台施工方案平面布置图（单位：mm）

表1 渡槽处水位流量关系变化

流量/（m^3/s）	变化后水位/m	原天然水位/m
3030	132.88	132.7

从表1可知，受采砂、冲刷影响，渡槽处的水位较天然情况略有壅高，主要原因为，如忽略水头损失，断面能量为水头和流速水头之和，而河床底高程降低后，流速减小，水头有所增加。

3.2 下游漫水桥壅水计算

渡槽下游修建了漫水桥和施工道路等，漫水桥顶高程约为126.5m，长约30m，设11孔直径1.5m的预埋管。漫水桥与两端施工道路连接，施工道路路面高程在主河槽部位高程约为126.5m，总长约200m，在漫滩部位高程约为132.5m，总长约400m。

漫滩及漫水桥上部过流为宽顶堰流，其泄流能力可按式（1）计算。

$$Q=\sigma m B_k \sqrt{2g}H_0^{3/2} \tag{1}$$

式中：Q为泄流量；m为流量系数，取0.32；B_k为闸孔宽度；H_0为堰上水头；σ为淹没系数。

漫水桥下部预埋管按孔流计算，因为在设计流量下出口已淹没，因此可用有压淹没流公式，其泄流能力按式（2）计算。

$$Q=\mu A_d \sqrt{2gZ} \tag{2}$$

式中：Q为泄流量；Z为上下游水位差；μ为流量系数，计算取0.8；A_d为过流断面面积。

预埋管、漫水桥上部及漫滩联合泄流的上游水位计算过程为：查找 Q 流量相应的下游水位 h_d，假定上游水位 H，分别计算此时预埋管的泄流量 Q_k、漫水桥的过流量 Q_l 和漫滩的过流量 Q_m，使 $Q_k+Q_l+Q_m=Q$ 的上游水位 H 即为所求。

通过试算，按宽顶堰和孔流联合泄流计算水位壅高的结果见表 2。

表 2　漫水桥水位壅高计算值

流量 / (m^3/s)	下游水位 /m	上游水位 /m	漫水桥及道路顶部泄流量/ (m^3/s)	漫水桥桥孔泄流量 / (m^3/s)	漫滩部位泄流量 / (m^3/s)	漫水桥及道路顶部流速 / (m/s)	漫滩部位流速 / (m/s)
3030	132.88	132.98	2340	24	667	1.8	1.68

由计算成果可知，由于漫水桥顶高程较低，漫水桥泄流能力较强，其水位壅高值很小，按水力学公式计算在设计流量下壅高约为 0.1m，因此度汛期间可不考虑对漫水桥及两端道路进行拆除处理等。漫水桥和道路顶部平均流速约为 1.8m/s，可不考虑进行防冲保护，即使发生漫水桥道路冲刷破坏，由于另有沟通两岸交通，对汛期施工基本没有影响。

4　渡槽及钢平台度汛水力学分析

4.1　水位及流速计算

对于两联跨钢平台施工方案，当发生 10 年一遇洪水时，洪水主要由钢平台下部约 105m 范围束窄河床、左岸 6～18 号渡槽下部河漫滩漫水泄流。上游水位及流速计算根据实际地形利用明渠泄流能力分段累计法进行水面线计算，求得设计流量相应的上游水位、流速等水力学指标。钢平台下部束窄断面底高程根据现场情况考虑防护后按 125m 计算。由于左侧 6～18 号槽下部漫滩地形与原有地形图相比有一定变化，因此结合实际情况计算考虑按地形图高程（在 132～133m 范围内）和 131m 两种方案。

两联跨钢平台施工方案的水位及特征流速计算结果见表 3。计算得到钢平台上游水位为 133.63～133.15m，因此钢平台底部高程应大于上游水位，并考虑一定安全超高。

表 3　两联跨钢平台施工方案水位及流速计算值（流量 3030m^3/s）

计算断面		方案 1（漫滩高程为地形图高程）			方案 2（漫滩高程为 131m）		
编号	与渡槽轴线距离/m	水位 /m	钢平台下部流速/ (m^3/s)	漫滩顶部流速/ (m^3/s)	水位 /m	钢平台下部流速/ (m^3/s)	漫滩顶部流速/ (m^3/s)
9	−61	133.75	1.65	0.63	133.38	1.83	0.62
8	−30	133.63	2.64	1.04	133.15	3.3	1.1
7	−20	133.3	3.27	1.04	133.1	3.1	1.13
6	−6.8	132.97	3.89	0.91	133.12	2.84	1.16
5	0（轴线）	132.89	4.03	0.90	133.10	2.86	1.16
4	6.8	132.81	4.17	0.89	133.08	2.88	1.16
3	20	132.82	3.97	1.03	132.94	3.21	1.15
2	50	132.98	3.49	1.11	132.98	3.49	1.11
1	63	132.98	1.85	0.53	132.98	1.85	0.53

4.2 河床冲刷计算

渡槽处河床及漫滩主要为中砂和砂砾层，参考有关松散体河床抗冲流速资料，砂砾层的抗冲流速在 1m 左右[1]，因此两联跨钢平台施工方案左岸漫滩基本不冲，防冲保护主要部位为钢平台两岸填筑的施工平台堤头、钢平台处下部河床和渡槽槽墩基础周围河床。

钢平台两岸填筑堤头可视做丁坝，其局部冲刷可采用式（3）计算[2]。

$$\Delta H=27K_1K_2\left(\tan\frac{a}{2}\right)\frac{v^2}{g}-30d \tag{3}$$

式中：ΔH 为冲刷坑深度；K_1 为丁坝在水流方向的投影长度 l 有关的系数，$K_1=e^{-5.1\sqrt{\frac{v^2}{gl}}}$；$K_2$ 为与丁坝边坡系数有关的系数，$K_2=e^{-0.2m}$，边坡坡比按 1∶1.5 考虑；v 为丁坝前水流的行近流速；a 为水流轴线与丁坝轴线交角，对于本工程 $\tan\frac{a}{2}=1$；d 为河床砂粒粒径。

钢平台下部河床以及渡槽槽墩基础周围河床局部冲刷，可采用式（4）计算[2]。

$$h_p=\left[\left(\frac{v}{v_{允}}\right)^n-1\right]h \tag{4}$$

式中：h_p 为从河底算起的局部冲深；h 为水深；v 为水流的平均流速；$v_{允}$ 为河床面上允许不冲流速，取 1m/s；N 为槽墩系数，一般取 1/4。

冲刷计算结果见表 4。由计算结果可知，钢平台下部束窄河床冲刷严重，对渡槽槽墩基础、钢平台桩基础及两岸施工平台堤头稳定有影响，因此建议钢平台下部河床底部采取全护方案，对两岸施工平台堤头进行裹头防护。

表 4　两联跨钢平台施工方案施工方案冲刷计算值（流量 3030m³/s）

计算方案	左漫滩高程/m	钢平台下部过流断面两岸堤头冲刷深度/m	钢平台下部河床及槽墩局部冲刷深度/m
1	132～133	4.83	4.05
2	131	3.69	2.95

参照类似工程经验，渡槽轴线上、下游护底长度可取水深的 2～4 倍，结合流速计算结果，考虑对束窄河床流速大于 2m/s 范围进行防护，钢平台下部河床护底范围为轴线上游 35m 和下游 50m，即护至渡槽槽墩上游 15m、槽墩下游 30m。

根据冲刷计算结果，两岸施工平台堤头冲刷深度为 3.69～4.83m，其裹头护脚防护宽度一般按冲刷深度的 2 倍考虑，取为 10m；裹头防护范围考虑冲刷后，堤头与钢平台衔接段不被冲毁，防护长度按 2 倍护脚宽度考虑，堤头向左、右岸防护不少于 20m。

4.3 防冲保护计算

防冲保护采用钢筋石笼等柔性结构，相当于单体石笼的块石尺寸根据抗冲流速的大小而定，采用伊兹巴什公式计算[3]。

$$D=\frac{\gamma_w}{2g(\gamma_m-\gamma_w)}\cdot\frac{V_{\max}{}^2}{K^2} \tag{5}$$

式中：D 为折算成圆球体的直径；$V_{\max}$ 为作用于块石的最大流速 $v_{\max}=v/a$，a 为流速换算系数，一般取 0.8m/s；γ_w 为水的容重，10kN/m³；γ_m 为抛投体容重，块石取 26kN/m³；K 为综合稳定系数，取1.02；

针对不同计算方案，分别计算设计流量下束窄河床断面所需的防冲保护块石粒径，计算结果见表5。根据现场情况，防护采用钢筋石笼，石笼单体体积大于计算的块石体积，取0.5m³。钢筋石笼实施时宜采用分两层错缝搭接，并连接在一起，避免出现空缺。

表5　两联跨施工方案防冲保护计算值（设计流量3030m³/s）

计算方案	钢平台下部河床最大平均流速/（m/s）	块石粒径/m	块石体积/m³
1	4.17	0.83	0.3
2	3.30	0.52	0.1

5　结论

通过对两联跨钢平台方案汛期施工水力分析，得到了水位、流速、冲刷深度等计算成果，并提出了相应的度汛防护措施，为汛期施工方案的详细设计提供参考依据，确保了湍河渡槽工程2013年施工安全度汛。

参考文献

[1]　《水利水电工程施工手册》编委会．水利水电工程施工手册第5卷．施工导（截）流与度汛工程[M]．北京：中国电力出版社，2005.

[2]　武汉大学水利水电学院水力学流体力学教研室．水力计算手册（第二版）[M]．北京：中国水利水电出版社，2006.

[3]　郑守仁，王世华，夏仲平，刘少林．导流截流及围堰工程[M]．北京：中国水利水电出版社，2005.

科学研究

沙河渡槽施工期温度场分析

唐献富

（河南省水利勘测设计研究有限公司，郑州 450016）

摘要： 根据热传导理论，对渡槽槽身在蒸汽养护条件下施工期温度场进行了分析。结果表明：预养期，混凝土内外温差相对较小，且混凝土弹性模量较小，槽身不会产生较大的温度应力；升温期，混凝土温差多为外层温度高于内部温度，主要表现为压应力，可适当放宽该时段温差要求；恒温期，受水化热影响内部温度继续上升，内外温差逐渐减小，一般由负温差转为正温差，有些工况又出现温差进一步加大现象，大多数工况都能满足 15℃温差限值的要求；降温期，降温结束后混凝土内外温差不能满足 15℃限值的要求，降温期混凝土外层会产生较大的拉应力。因此，应采用较慢的降温速度，并且应延长混凝土在蒸汽养护蓬中的静置时间。

关键词： 温度场；施工期；预应力混凝土；蒸汽养护；沙河渡槽

南水北调中线一期工程总干渠有多处河渠交叉型式为渠道渡槽方案。渡槽结构尺寸大、跨度大，材料强度高（一般采用 C50 预应力混凝土），结构较为复杂。在施工期内，混凝土结构受到外界温度和混凝土材料、拌制、浇筑、养护等诸多因素的影响，温度荷载是引起结构裂缝的主要因素之一，尤其是对于渡槽这样的薄壁结构影响更大。笔者对沙河渡槽槽身施工期温度场进行了分析，提出了渡槽施工期温度控制及防止结构出现温度裂缝的重点。

1 工程概况

沙河渡槽[1]是南水北调中线一期工程总干渠跨越沙河、将相河及大郎河 3 条河流的交叉建筑物，位于河南省鲁山县东约 3km，建筑物全长 9050m、设计总水头差为 1770mm，由沙河梁式渡槽、沙河-大郎河箱基渡槽、大郎河梁式渡槽、大郎河-鲁山坡箱基渡槽及鲁山坡落地槽 5 部分组成。

作者简介： 唐献富（1965—），河南叶县人，教授级高级工程师，主要从事水利水电工程建筑结构方面的研究。

其中沙河梁式渡槽长1410m，双线输水，共4槽，4槽各自独立，每2槽支承于一个下部槽墩上，跨径为30m，共47跨；槽身为C50预应力钢筋混凝土U型槽结构，单槽内径为8m，直段高3.4m，U型槽净高7.4m，U型槽壁厚0.35m，槽底局部加厚至0.9m，宽2.60m；槽顶纵向每3m设拉杆，拉杆宽0.5m，高0.5m；槽两端设端肋，端肋部位总高9.2m、宽2.0m，跨径为30m。

沙河-大郎河箱基渡槽长3534m，双线双槽，单槽净宽12.5m，钢筋混凝土结构；大郎河梁式渡槽长300m，跨径及结构形式同沙河梁式渡槽；大郎河-鲁山坡箱基渡槽长1820m，结构形式同沙河-大郎河箱基渡槽；鲁山坡落地槽长1335m，矩形单槽形式，槽净宽22.2m，钢筋混凝土结构。

工程所处地区为温带季风气候区，多年平均气温为14.8℃，各月气温情况见表1。

表1　沙河渡槽工程区多年月平均气温

月份	1	2	3	4	5	6	7	8	9	10	11	12	平均
气温/℃	1.1	3.8	8.4	15.7	20.9	25.8	27.0	25.7	21.2	15.7	8.9	3.2	14.8

渡槽槽身为C50预应力混凝土结构，拟采用预制混凝土施工工艺和蒸汽养护制度。蒸汽养护温度分为45℃和60℃两个方案，升温及降温速度拟定为5℃/h、10℃/h、15℃/h三个方案。

2　温度场计算原理

根据热传导理论[2]，施工期渡槽结构非稳定温度场[3] $T(x, y, z, t)$ 在区域 A 内应满足下述方程：

$$\frac{\partial T}{\partial t}=a\left(\frac{\partial^2 T}{\partial^2 x^2}+\frac{\partial^2 T}{\partial^2 y^2}+\frac{\partial^2 T}{\partial^2 z^2}\right)+\frac{\partial \theta}{\partial t} \tag{1}$$

当 $t=0$ 时，$T=T_0(x, y, z)$，在边界 C_1 上 $T=T_b$，在边界 C_2 上有

$$\lambda\frac{\partial T}{\partial x}l_x+\lambda\left(\frac{\partial T}{\partial y}l_y+\lambda\frac{\partial T}{\partial z}l_z+\beta(T-T_a)\right)=0 \tag{2}$$

在绝热边界 C_3 上 $\frac{\partial T}{\partial n}=0$。

式中：$a=\lambda/c\rho$ 为导温系数，c 为比热，ρ 为容重，λ 为导热系数；β 为表面散热系数；θ 为绝热温升；n 为边界外法线方向；l_x、l_y、l_z 为边界外法线的方向余弦；T_0 为给定的初始温度；T_a、T_b 为给定的边界气温和水温。

考虑泛函数极值条件，将区域 A 离散为有限单元可推导出温度杨计算公式[3]：

$$\left(K+\frac{2}{\Delta t}P\right)T_t+\left(K-\frac{2}{\Delta t}P\right)T_{t-\Delta t}+Q_{t-\Delta t}+Q_t=0 \tag{3}$$

已知 t-Δt 时刻的温度场 $T_{t-\Delta t}$ 时，可求解式（3）得到 t 时刻的温度场。设定混凝土入仓时 $t=0$，根据该时刻结构内温度分布，可以依次求得各时刻的温度分布。

3　温度场分析计算

3.1　计算模型

沙河梁式渡槽槽身截面见图1。利用ANSYS有限元程序模拟槽身温度场。槽身为简支梁

结构，其结构和荷载具有对称性，因此取半跨槽身建模，坐标系按右手法则选定，即水流方向为 X 轴、横向向右为 Y 轴、向上为 Z 轴。槽身计算网格划分见图 2。

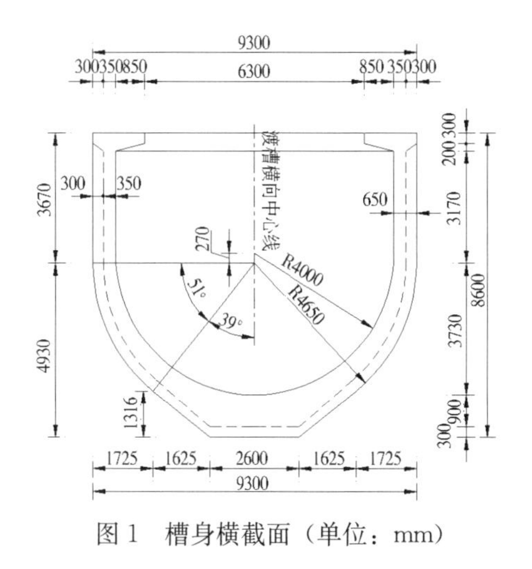

图 1　槽身横截面（单位：mm）

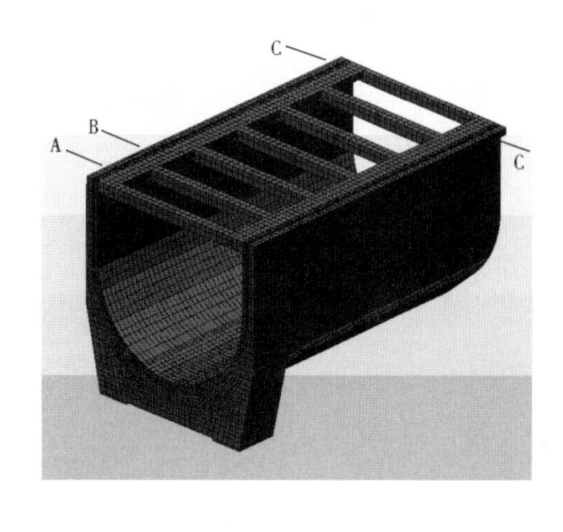

图 2　槽身计算网格

3.2　计算工况

槽身为薄壁结构，确定混凝土浇筑温度最低 5℃、最高 28℃，拆模时控制混凝土结构内外温差不超过 15℃[4]。

从工程区的气温资料来看，12 月、1 月、2 月的平均气温均低于 5℃，6 月、7 月、8 月的平均气温接近 28℃，但是时段气温高于 28℃。12 月、1 月、2 月采用的浇筑温度为 5℃，6 月、7 月、8 月采用的浇筑温度为 28℃。因此，选定浇筑温度 5℃和 28℃为典型计算温度，采取蒸汽养护，养护温度为 45℃和 60℃，升降温速度选取 5℃/h、10℃/h、15℃/h 三种。槽身施工期温度场计算工况见表 2。

表 2　槽身施工期温度场计算工况

工况	蒸汽养护温度/℃	升温速度/（℃/h）
1	45	5
2	45	10
3	45	15
4	60	5
5	60	10
6	60	15

3.3　计算结果

对不同计算工况进行了温度场分析计算，其中混凝土结构尺寸最厚的槽身端底部截面 *A*-*A* 及具有代表性的槽身中间截面 *C*-*C* 的温差分析结果分别见表 3、表 4，温差为正时表示内部温度高于表层温度，温差为负时表示内部温度低于表层温度。

表 3 *A-A* 断面底部混凝土内外部温差

浇筑温度/℃	工况	预养期温差/℃	升温期温差/℃	恒温期温差/℃	降温期温差/℃
5	1	23.12	−7.21	8.52	44.05
	2	23.12	−11.05	7.11	45.98
	3	23.12	−13.08	7.23	47.12
	4	23.12	−18.02	−1.01	49.16
	5	23.12	−22.11	−0.79	53.15
	6	23.12	−23.84	−0.58	54.90
28	1	17.05	7.02	24.72	36.06
	2	17.05	4.21	24.81	37.85
	3	17.05	2.11	24.93	39.22
	4	17.05	−2.67	15.86	41.88
	5	17.05	−6.13	16.17	43.02
	6	17.05	−7.45	16.23	44.71

表 4 *C-C* 断面侧壁混凝土内外部温差

浇筑温度/℃	工况	预养期温差/℃	升温期温差/℃	恒温期温差/℃	降温期温差/℃
5	1	6.18	−10.84	2.33	15.75
	2	6.18	−19.73	3.32	24.51
	3	6.18	−24.53	3.97	28.14
	4	6.18	−11.43	2.62	15.91
	5	6.18	−21.21	3.46	26.09
	6	6.18	−27.62	3.79	33.87
28	1	5.67	−6.46	4.02	10.01
	2	5.67	−10.12	4.89	11.85
	3	5.67	−11.73	4.98	13.16
	4	5.67	−8.51	3.52	14.88
	5	5.67	−13.85	4.43	18.37
	6	5.67	−16.84	4.38	20.54

4 温度场计算结果分析

总的来看，蒸汽养护对混凝土从浇筑到养护结束的施工期温度场有着较大的影响。

预养期，混凝土在浇筑后至蒸汽养护前 4～6h 持续水化，强度不断提高，内外温差加大，渡槽底部较厚，混凝土内外温差可达 20℃，侧壁混凝土内外温差约 10℃。此时混凝土弹性模量较小，因此槽身不会产生较大的温度应力[5]。

蒸汽养护期间，混凝土结构内温度变化历经升温期-恒温期-降温期。

升温期，表层混凝土随蒸汽升温均匀上升，内部混凝土主要在水化热作用下升温，由于混凝土是热的不良导体，内部温度上升滞后于蒸汽温度上升。升温结束时，表层混凝土达到

蒸汽养护温度（45℃或60℃），内部混凝土温度低于蒸汽养护温度（除了槽身端底部在浇筑温度28℃蒸汽养护温度45℃工况），升温速度越快，混凝土结构的内外温差越大。45℃蒸汽养护时混凝土内外温差为2～24℃，60℃蒸汽养护时混凝土内外温差为4～38℃。对于浇筑温度为5℃、养护温度为45℃、升温速度为5℃/h的工况以及浇筑温度为28℃、养护温度为60℃、升温速度为5℃/h的工况基本能够满足15℃的控制温差要求，对于其他升温速度工况大多不能满足温差控制要求，但是为负温差，即外部温度高于内部温度。

恒温期，蒸汽养护温度保持不变，混凝土持续水化，结构内部温度上升，蒸汽养护初期槽身混凝土内外温差逐渐减小。在恒温持续30h后，大部分截面的温差小于10℃，槽身底部温差也在15℃以内，仅有槽身端底部处内外温差较大，在夏季浇筑（浇筑温度为28℃）、45℃蒸汽养护时，温差达到24℃。

降温期，蒸汽降温时混凝土仍在持续水化，当蒸汽温度降至与外界气温一致时，内部混凝土温度仍然较高，结构内外温差达到最大。各工况温差基本上都大于15℃，尤其是混凝土截面较厚的端部槽底内外温差更大，在冬季浇筑（浇筑温度5℃）、60℃蒸汽养护时，温差达到55℃；而且降温速度越快，混凝土内外温差越大。针对该问题，在降温结束后，延长槽身在蒸汽养护蓬内的静置时间，亦即延长有效降温时间，从而达到减小结构内外温差的目的。对于较厚的渡槽底部混凝土，延长24h后混凝土内外部温差仍不能满足小于15℃的要求，而其他部位在经过约20h的静置后，基本可满足该限制温差设计要求。

5 结论

（1）预养期，混凝土温度持续上升，强度增加，水化热温升速率不大的情况，温度变化也不大，且浇筑后8～12h，混凝土强度尚低、弹性模量不大，不会产生较大的温度拉应力而引起槽身开裂。

（2）升温期，关键控制指标是升温速度，升温速度越快，升温结束时刻混凝土内外温差越大。从计算分析来看大部分工况下混凝土内外温差都超过15℃，但是升温期温差多为外层温度高于内部温度，混凝土主要表现为压应力，可适当放宽升温阶段的混凝土内外温差要求。

（3）恒温期，水化过程持续发展，混凝土强度快速增加，内部温度继续上升，内外温差逐渐减小，一般由负温差转为正温差，有些工况又出现温差进一步加大现象。升温结束时刻混凝土内部温度与设定蒸汽养护温度的差值决定了恒温期混凝土的内外部温差，该差值越大，就需要更长的恒温时间以降低混凝土内外部温差。因此宜适当延长恒温时间，对于夏季浇筑槽身宜适当降低浇筑温度，使用低热水泥等措施。

（4）降温期，由于混凝土是热的不良导体，受水化热内部温升的影响，降温结束后混凝土内外温差不能满足15℃限值的要求，降温期混凝土外层会产生较大的拉应力，因此应采用较慢的降温速度（宜控制5℃/h），并且在蒸汽降温结束后应延长不小于24h蒸汽养护蓬静置时间，等待结构内部温度下降，满足不超过15℃温差的设计要求。

（5）建议夏季采用浇筑温度不高于28℃、60℃蒸汽养护、恒温期36h、降温速度控制在5℃/h左右、降温后延长在蒸汽养护蓬静置时间不小于48h；其他季节采用浇筑温度不低于5℃、45℃蒸汽养护、恒温期36h、降温速度控制在5℃/h左右、降温后延长在蒸汽养护蓬静置时间不小于48h。

参考文献

[1] 河南省水利勘测设计研究有限公司. 沙河渡槽初步设计报告 [R]. 郑州：河南省水利勘测设计研究有限公司，2010.

[2] 胡汉平. 热传导理论 [M]. 合肥：中国科学技术大学出版社，2010.

[3] 张富德，薛慧，陈凤岐，等. 碾压混凝土坝非稳定温度场计算预测与工程实测的比较 [J]. 清华大学学报：自然科学版，1998 (1)：75-78.

[4] 陈福厚，周厚贵，等. DL/T 5144—2001 水工混凝土施工规范 [S]. 北京：中国电力出版社，2002.

[5] 高虎，刘光廷. 考虑温度对于弹模影响效应的大体积混凝土施工期应力计算 [J]. 工程力学，2001 (6)：61-67.

科学研究

沙河U型渡槽预应力张拉试验研究*

张玉明[1]，张明恩[1]，张高伟[2]，冯光伟[1]，马春安[2]

（1. 河南省水利勘测设计研究有限公司，郑州 450016；
2. 南水北调中线干线工程建设管理局 河南直管项目建设管理局，郑州 150046）

摘要：南水北调中线工程沙河渡槽为预应力渡槽。为了掌握预应力渡槽施加预应力后应力损失情况，于渡槽正式架设前，在施工现场建造了预应力锚索张拉试验台，对渡槽纵横向预应力锚固情况进行了测验与分析。介绍了张拉台的设计方案、测验过程及改进测试精度的措施。通过试验，获得了锚索孔道摩阻系数、锚固回缩损失、锚圈口锚力损失等重要参数，为设计和施工提供了依据。

关键词：U型渡槽；预应力锚固测试；预应力损失计算

1 工程概况

沙河U型渡槽为南水北调中线工程为数不多的U型预应力渡槽之一，是中线工程中最长的梁式渡槽，也是唯一采用预制吊装方式施工的渡槽。渡槽单跨30m，跨中断面净高7.4m，侧墙厚0.35m，底板厚0.9m，总高8.3m；端部断面侧墙厚0.6m，总高9.2m。槽身为双向有黏结预应力混凝土结构，纵向共布置27孔直线型预应力钢绞线，槽身底部布置21孔8Φ_s15.2钢绞线，采用圆形锚具、圆形波纹管；槽身上部两侧共布置6孔5Φ_s15.2钢绞线，采用扁形锚具、扁形波纹管安装。槽身环向布置71孔5Φ_s15.2钢绞线，采用扁形锚具、扁形波纹管安装；纵、环向预应力筋均为双向张拉，槽身预应力筋布置见图1。为监测预应力筋有效应力，沙河U型渡槽共设置13榀监测槽，每榀监测槽锚索测力计18台，其中纵向10台，环向8台。

* **基金项目：**“十一五”国家科技支撑计划重大项目“南水北调若干关键技术研究与应用之大流量预应力渡槽设计和施工技术研究”（2006BAB04A05）；南水北调中线干线工程科技项目“大型预应力U型预制槽1∶1原型试验和预应力张拉试验研究”（ZXJ/KY/YYL—001）。

第一作者简介：张玉明（1981—），工程师，河南省水利勘测设计研究有限公司，主要从事南水北调中线工程大型渡槽设计工作。

每榀渡槽预应力筋 98 孔，整个渡槽预应力筋共 22344 孔，如此众多的预应力筋，在大面积施工时，控制锚索张拉、保证施工质量尤为关键。为此，在现场张拉试验台座及实际工程槽上开展了张拉试验。

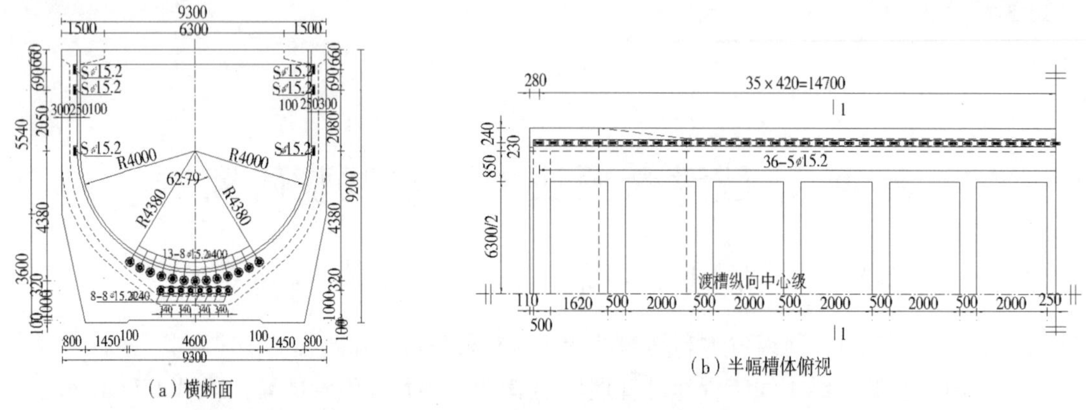

（a）横断面

（b）半幅槽体俯视

图 1　沙河梁式渡槽纵向、环向钢绞线布置图（单位：mm）

2　环形试验台张拉试验

考虑到纵向直线筋线形简单，张拉时预应力筋与波纹管基本无摩擦，没有必要完全对工程槽进行张拉试验，纵向直线筋长度选取为 10m。对比直线筋，环向筋由直线段＋半圆弧段＋直线段组成，线性复杂且张拉时半圆弧部分紧贴混凝土面，摩擦损失及回缩损失较大，张拉试验应完全按照实际工程槽进行。设计单位现场修建了张拉试验台座，详见图 2。台座内设环向锚索孔 2 孔，曲线半径 4.23m；设直线锚索孔 2 孔，一孔为圆形，一孔为扁形。

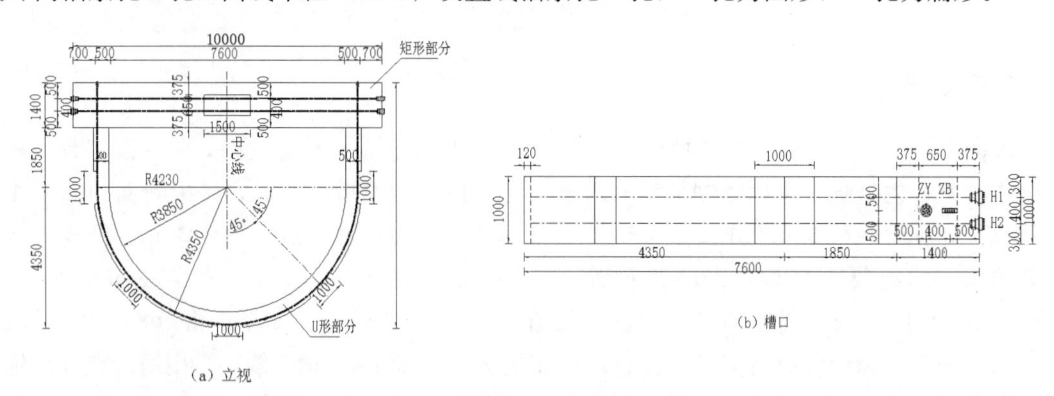

（a）立视

（b）槽口

图 2　环形张拉试验台（单位：mm）

2.1　孔道摩阻试验

孔道摩阻由两部分组成，偏摆系数 k 及摩擦系数 u。孔道摩阻系数是预应力筋回缩损失、摩擦损失及伸长量计算的重要参数，故首先进行孔道摩阻试验。实验时，分别对圆锚和扁锚直线筋进行张拉，预应力筋一端为主动张拉端，另一端为被动张拉端。根据张拉过程中的后三级主动端与被动端测力计读数得出直线筋 k 值；再对扁锚曲线筋进行张拉，根据后三级荷载主动端与被动端测力计读数及已求得的直线筋 k 值，可求得曲线筋 u 值，摩阻试验简图见图 3。

圆锚、扁锚的直线筋主动端、被动端张拉测试数据见表1和表2；扁锚环形筋主动端、被动端张拉测试数据见表3～表6。

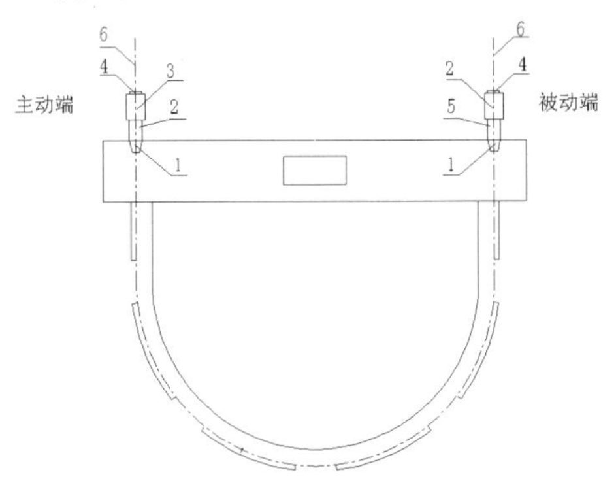

1-喇叭口；2-1号测力计；3-千斤顶；4-工具锚；5-2号测力计；6-钢绞线

图3　环形试验台摩阻试验

表1　圆锚直线筋孔道摩阻张拉数据

次数	荷载级别/160t	主动端 P_k/t	被动端 P_x/t
1	0.75	117.09	114.26
	0.9	140.67	137.04
	1.03	161.13	156.88
2	0.75	116.68	113.72
	0.9	139.92	136.24
	1.03	160.2	156.03
3	0.75	115.01	112.29
	0.9	137.87	134.72
	1.03	156.62	153.18
4	0.75	114.69	113.73
	0.9	139.76	135.32
	1.03	155.14	153.91
5	0.75	114.02	113.19
	0.9	136.18	135.17
	1.03	155.66	154.51
6	0.75	114.4	113.53
	0.9	135.63	134.63
	1.03	154.48	153.34

表2　扁锚直线筋孔道摩阻张拉数据

次数	荷载级别/160t	主动端 P_k/t	被动端 P_x/t
1	0.75	83.2	79.39
	1.03	105.41	100.31
2	0.75	81.08	78.11
	1.03	104.69	99.36

从表1和表2可以看出，无论是圆锚，还是扁锚，由于孔道为直线，摩擦损失小，主、被动端张拉力相差不大，扁锚摩擦损失略大于圆锚。由张拉数据可得：圆形波纹管 $k=0.00177$，扁形波纹管 $k=0.00465$。

表3　上部扁锚曲线筋孔道摩阻张拉数据（取直线圆形孔道 k 值）

次数	荷载级别/160t	主动端/t	被动端/t	圆弧主动端 P_k/t	圆弧被动端 P_x/t
1	0.75	72.22	44.33	71.09	45.04
	0.9	85.53	51.67	84.19	52.49
	1.03	97.94	60.22	96.40	61.18
2	0.75	71.88	45.1	70.75	45.82
	0.9	85.78	53.34	84.43	54.19
	1.03	98.91	61.71	97.36	62.69
3	0.75	72.54	45.14	71.40	45.86
	0.9	85.16	52.87	83.82	53.71
	1.03	97.62	59.89	96.09	60.85
4	0.75	74.13	43.86	72.97	44.56
	0.9	89.54	52.66	88.13	53.50
	1.03	100.05	58.73	98.48	59.67
5	0.75	73.97	44.76	72.81	45.47
	0.9	90.59	54.4	89.17	55.27
	1.03	100.77	60.43	99.19	61.39
6	0.75	72.79	44.2	71.65	44.90
	0.9	88.28	53.38	86.89	54.23
	1.03	99.83	60.05	98.26	61.01

表4　下部扁锚曲线筋孔道摩阻张拉数据（取直线圆形孔道 k 值）

次数	荷载级别/160t	主动端/t	被动端/t	圆弧主动端 P_k/t	圆弧被动端 P_x/t
1	0.75	72.22	44.33	71.79	44.60
	0.9	85.53	51.67	85.02	51.98
	1.03	97.94	60.22	97.35	60.58
2	0.75	71.88	45.1	71.45	45.37
	0.9	85.78	53.34	85.27	53.66
	1.03	98.91	61.71	98.32	62.08
3	0.75	72.54	45.14	72.10	45.41
	0.9	85.16	52.87	84.65	53.19
	1.03	97.62	59.89	97.03	60.25
4	0.75	74.13	43.86	73.69	44.12
	0.9	89.54	52.66	89.00	52.98
	1.03	100.05	58.73	99.45	59.08
5	0.75	73.97	44.76	73.53	45.03
	0.9	90.59	54.4	90.05	54.73
	1.03	100.77	60.43	100.17	60.79
6	0.75	72.79	44.2	72.35	44.47
	0.9	88.28	53.38	87.75	53.70
	1.03	99.83	60.05	99.23	60.41

从表 3 和表 4 可以看出，曲线段孔道长度较长，摩擦损失较大，主、被动端张拉力相差基本在 30t 左右。分析张拉数据及直线波纹管 k 值可得，扁形波纹管摩擦系数 $u=0.142$，处于《水工混凝土结构设计规范》（SL 191—2008）规定值 0.14～0.17 之间。目前，市场上塑料波纹管产品鱼龙混杂，有些类似预应力工程使用的塑料波纹管 u 值可达 0.2 左右，因此需进行现场测试。

2.2 锚固回缩试验

预应力筋张拉放张时，或多或少会产生一定的回缩量从而导致预应力筋应力降低，降低的部分称为回缩损失。回缩损失测试布置与图 3 类似。

2.2.1 直线筋回缩损失

直线筋与曲线筋锚固回缩损失的具体测试结果见表 5 和表 6。

表 5　直线扁锚回缩损失

次数	锚固放张前/t	锚固放张后/t	回缩损失/%
1	92.58	85.64	7.50
2	92.46	85.55	7.47
3	96.2	89.27	7.20
平均值	93.75	86.81	7.39

表 6　直线圆锚回缩损失

次数	锚固放张前/t	锚固放张后/t	回缩损失/%
1	153.62	139.39	9.26
2	156.66	142.06	9.32
3	157.91	143.11	9.37
平均值	156.26	141.52	9.32

从表 5 和表 6 可以看出，直线扁锚筋回缩损失在 7t 左右，直线圆锚筋回缩损失在 14t 左右。这是由于预应力筋实际放样时不完全成直线，或多或少会偏离理论位置，而圆锚的 k 值较扁锚相比偏小，扁形孔道阻力大，故同样长度的直线筋圆锚回缩损失较扁锚小。

由于工程槽上沿直线筋每隔 1m 设有辅助定位筋，以保证孔道基本为一条直线，故圆锚、扁锚直线筋回缩损失测试结果基本相当，为 6%左右，与 5.6%的设计值基本接近。

原设计纵向直线筋为两端张拉，同时放张，即两端均有回缩量。如果直线筋两端张拉，先锁定一端，再锁定另一端，则只有后放张的有回缩量，相当于一端张拉。在实际工程槽上，对上述两种张拉方式都进行了试验，结果表明，采用先锁定一端，另一端的预应力回缩损失为 3.5%，基本与 2.8%的理论分析值相当。在后期施工时，将纵向预应力筋放张方式调整两端同时张拉，一端先放，另一端补张再放张。但采用这种放张方式的前提是要严格控制预应力筋线形，如果线形偏差较大，则单孔预应力筋各处应力不均匀，对结构受力不利。

2.2.1 曲线筋回缩损失

扁锚曲线筋具体张拉测试数据见表 7。由表 7 可见，扁锚曲线筋回缩损失均值为

14.53%，理论值为16.2%，两者基本相当。与直线筋不同，曲线筋圆弧段只在一定范围内回缩，其余部分预应力筋因摩阻力的作用，与混凝土不产生相对滑移。曲线筋回缩理论计算值与孔道摩擦系数、回缩量等有关，实验结果表明，前期摩阻试验测得的孔道摩阻与实际值相差不大。

表7　曲线扁锚回缩损失

次数	锚固前/t	锚固后/t	回缩损失/%
1	98.75	83.84	15.10
2	98.76	84.04	14.90
3	92.36	80.59	12.74
4	100.00	88.38	11.62
5	100.84	84.17	16.53
6	103.60	86.86	16.16
7	100.80	84.62	16.05
8	97.26	83.73	13.91
9	94.64	80.73	14.70
10	101.22	85.71	15.32
平均值	98.82	84.27	14.52

2.3　锚圈口损失试验

张拉施工时，绞线与锚板间摩擦产生的应力损失为锚圈口应力损失。因各个生产厂家的锚板规格不同，现行规范中并没有锚圈口应力损失计算公式，只能通过张拉试验确定。试验时，在锚板两侧各安置1个测力器，张拉时在各级荷载下通过两侧测力计读数测定锚圈口应力损失（见图4）。

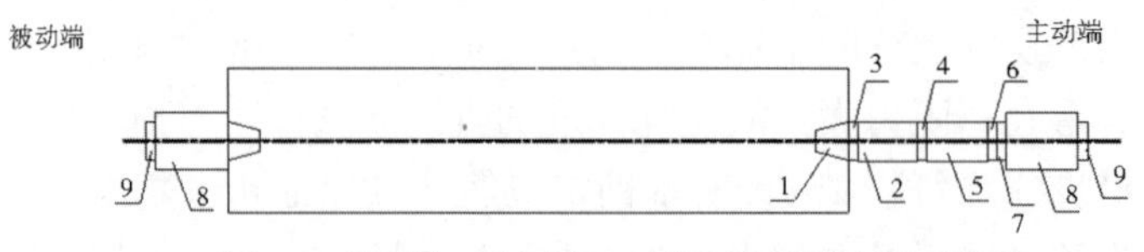

1—喇叭口; 2—1号测力计; 3—中空垫板; 4—试验用工作锚（装夹片）+限位板;
5—2号测力计; 6—工作锚（不装夹片）; 7—限位板; 8—千斤顶; 9—工具锚

图4　锚圈口损失试验

对圆锚与扁锚锚筋各进行了3次张拉测试，取后3级荷载、各9个样本数据进行锚力损失分析。结果见表8，9。从表中可以看出，圆锚锚圈口应力损失为3.43%，扁锚锚圈口应力损失为4.48%。由于穿过扁形锚具的5根绞线平行，其扩散角较圆形锚具大，故扁锚锚圈口损失比圆锚略大。具体张拉时，可根据应力损失情况相应提高张拉控制力，以保证锚下张拉力满足设计值。

表8　圆锚锚圈口损失

次数	荷载等级	锚具外测力计/t	锚具内测力计/t	损失/%
1	0.75	117.73	113.2	3.85
	0.8	140.5	136.19	3.07
	1.03	161.81	156.11	3.52
2	0.75	117.81	113.63	3.55
	0.8	140.54	136.32	3.00
	1.03	160.73	154.35	3.97
3	0.75	116.06	112.18	3.34
	0.8	138.52	133.7	3.48
	1.03	158.6	153.72	3.08

表9　扁锚锚口损失

次数	荷载等级	锚具外测力计/t	锚具内测力计/t	损失/%
1	0.75	76.49	72.73	4.92
	0.8	90.62	85.54	5.61
	1.03	102.9	98.02	4.74
2	0.75	77.06	72.67	5.70
	0.8	90.54	85.36	5.72
	1.03	102.68	98.13	4.43
3	0.75	75.13	72.65	3.30
	0.8	88.57	85.42	3.56
	1.03	100.92	98.52	2.38

3　测力系统研究

现场工程槽张拉施工预应力筋放张时，部分测力计数值较设计值偏差较大，最大时可达30t，改善测力计与锚垫板接触受压面后，测力计读数又能达到78t。此外，在环形试验台张拉试验中，有时还会出现测力计读数较设计值大12～18t的情况。这种情况几乎均出现在环向扁锚中，纵向圆锚张拉施工时，测力计读数基本与设计值相符。后期施工时，进行了大量扁锚张拉试验分析，得出影响扁锚测力计读数的主要原因如下：

(1) 测力计本身属精密仪器，对外面受力环境尤其是受压面平整度要求较高。受压面平整度是影响测力计精度的重要因素。施工中采用的扁锚锚垫板与测力计接触面未经过处理，较粗糙，个别锚垫板顶部凹凸不平；而圆锚锚垫板出厂前顶面经过重新处理，较为平整。因此，测力计测量值较设计值相差过大的情况均为扁锚。

(2) 预应力筋、锚垫板、测力计及千斤顶不同轴，导致张拉施工时测力计存在偏压现象，现场张拉施工时就发现测力计4根振弦读数较设计值相差过大。

(3) 测力计出厂前进行了单独率定，千斤顶与油表进行了联合率定；两套测力系统间需进行联合率定来消除系统间的误差。

(4) 单孔环向扁锚锚索为5根，各自单独穿过测力计，张拉或放张时锚索与测力计间会产生摩擦，从而会影响测力计读数。

通过以上原因分析，现场采取了一系列措施来提高测力计测量精度，具体措施为：

（1）联合率定测力计和油压千斤顶，减小两套系统间误差。

（2）改进方形测力计，将原来5个孔中间的3个合并为1个孔，减小绞线与测力计间摩擦。

（3）专门设计并定做定位器，保证工作锚与测力计的对中误差不超过2mm。

（4）利用水平尺逐步校核锚垫板、测力计、工具锚、限位板、垫块、过渡环及千斤顶等设备的安装情况，保证其受力面水平。

（5）加大扁锚锚垫板尺寸（较测力计尺寸大1～2mm），并铣平垫板凹槽，改善测力计受力面。

（6）设计并加工中空加厚（35mm）垫板，安装于测力计上下面部位，改善受力条件。

（7）更换压力表，将1.6级不防震压力表更换为1.6级防震压力表，后又更换为0.4级防震压力表。

4 结语

本次沙河U型预应力渡槽的现场预应力张拉试验，测得了锚孔塑料波纹管孔道摩阻系数、锚固回缩损失及锚具圈口损失等数据，为设计及施工提供了重要参数。同时，试验过程中，针对测量试验中的技术细节作了改进，为今后类似工程试验积累了宝贵经验。

参考文献

[1] 冯光伟，王彩玲，张玉明，等．南水北调中线一期工程总干渠沙河南-黄河南沙河渡槽段工程初步设计报告［R］．郑州：河南省水利勘测设计研究有限公司，2009.

[2] 冯光伟，张玉明，等．沙河渡槽环形试验台预应力张拉试验大纲［R］．郑州：河南省水利勘测设计研究有限公司，2011.

科学研究

大流量薄壁渡槽槽身张拉工艺仿真研究*

张 利[1]，王玉华[2]，王彩玲[1]，张玉明[1]

（1. 河南省水利勘测设计研究有限公司，郑州 450016；
2. 河南省水利第一工程局，郑州 450000）

摘要：沙河渡槽工程是南水北调中线的主要控制性工程，渡槽槽身为预应力钢筋混凝土梁式结构，单跨30m，槽身U型，直径8m，槽身壁厚35cm，共228榀槽。槽身纵向预应力钢绞线27束，采用两端同时施加预应力方式，环向预应力初步设计119束，张拉施工量大，按老的张拉方法，待张拉全部完成后再将槽身起吊、移动，占用预制台座的时间长，必将严重制约槽身预制的施工进度，进而会影响整个渡槽工程的完工时间。研究项目通过建立张拉仿真模型，对渡槽预应力钢绞线的张拉施工顺序产生的应力场进行仿真研究分析，优化了环向预应力筋布置，优选出合适的张拉次序，采用分级、分步张拉方式，减少张拉工艺占用台座的时间，将大量张拉工作量放在存槽台座上完成，提高了预制效率及预制进度。

关键词：大流量；薄壁槽；分级张拉；仿真研究

1 工程概况

南水北调中线总干渠规划有几十座大型渡槽，沙河渡槽工程是南水北调中线规模最大、技术难度最复杂的控制性工程之一。其中沙河梁式渡槽长1410m，大郎河梁式渡槽长300m，均为双线4槽，单跨30m，共228榀槽，槽身为U型双向预应力混凝土简支结构，U型槽直径8m，壁厚35cm，局部加厚至90cm，槽高8.3～9.2m，槽顶每间隔2.5m设0.5m×0.5m的拉杆。槽纵向预应力钢绞线共27孔，其中槽身底部21孔为8Φ_s15.2，采用圆形锚具，圆形

* **基金项目：**“十一五”国家科技支撑计划项目“南水北调工程若干关键技术研究与应用”之“大流量预应力渡槽设计和施工技术研究”（2006BAB04A05-3）。

第一作者简介：张利（1976—），河南光山人，工程师，主要从事水利工程施工方案设计、概预算编制、人工砂石系统设计工作。

波纹管；槽身上部6孔为$5\Phi_s15.2$，采用扁形锚具，扁形波纹管。环向预应力钢绞线共119孔，钢绞线均为$3\Phi_s15.2$，采用扁形锚具，扁形波纹管。

2 槽身张拉施工仿真分析

渡槽在蒸汽养护结束后部分拆模进行预应力钢绞线的张拉，对渡槽进行预应力施加。因槽身为薄壁结构且体型较大，为保证槽身张拉工艺的施工质量和安全，减少对预制台座的占用时间，通过对渡槽预应力钢绞线的张拉施工顺序产生的应力场进行防真研究分析，优化预应力筋布置、优选出合适的预应力张拉次序，提高预制效率，加快进度。

2.1 初拟张拉顺序分析

纵向预应力钢绞线的布置见图1。底板布置两层纵向钢绞线，其中下层为A层，对称布置8根，上层为B层，对称布置13根；边墙布置三层纵向钢绞线，左右对称各布置2根，从下至上分别为C、D、E层。

环向预应力钢绞线的布置见图2。渡槽全跨对称布置，从端头到跨中对称面共布置60根钢绞线，间距为250mm，为H层。

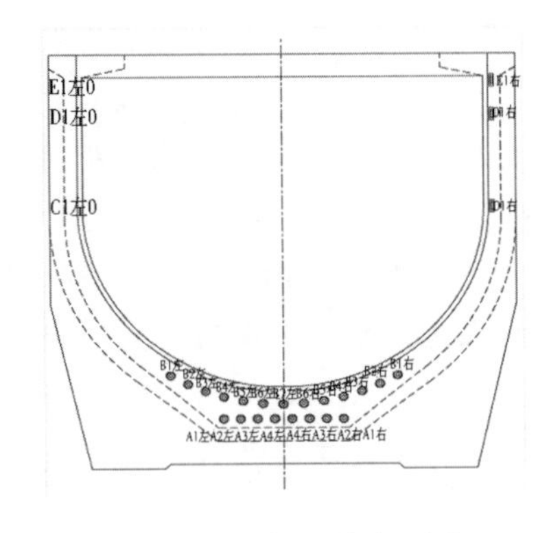

图1 纵向钢绞线布置图

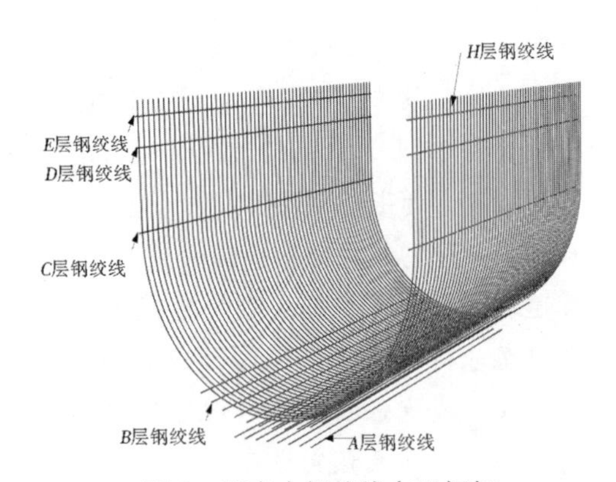

图2 预应力钢绞线布置框架

2.2 张拉计算模型

预应力钢绞线采用有黏结体系进行模拟分析[1-3]（图3），不考虑钢绞线与混凝土之间的相对滑移效应，认为二者黏结良好。预应力钢绞线采用2节点杆单元进行模拟，采用等效降温法模拟钢绞线张拉，从而能够考虑钢丝的刚度贡献。根据不同的张拉等级，其温降值可以表示为

$$\Delta_t=\sigma_s/(\alpha_s E_s)$$

式中：α_s为钢绞线的膨胀系数；E_s为钢绞线的弹性模量。

2.3 张拉计算方案

目前国内已建大型预应力渡槽有南水北调中线的漕河渡槽[4]、东深供水改造工程的樟洋渡槽等。漕河渡槽预应力[2]张拉施工总体顺序为先张拉纵向钢束、再横向、最后张拉竖向钢束；预应力钢束分4级张拉：$15\%\sigma_{con}$、$30\%\sigma_{con}$、$60\%\sigma_{con}$、$100\%\sigma_{con}$。樟洋渡槽的预应力

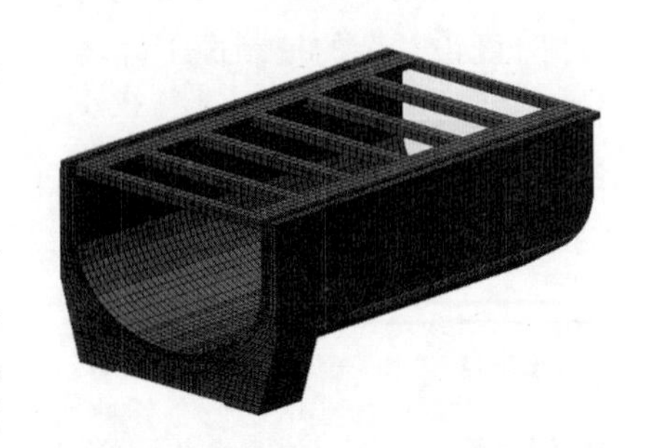

图3 张拉模型

张拉[5]施工总体顺序为先张拉纵向钢束、再张拉环向钢束；预应力钢束分 3 级张拉：10% σ_{con}、50%σ_{con}、100%σ_{con}。

根据上述工程的张拉施工经验及施工规范（DL/T 5144-2001《水工混凝土施工规范》、JTJ 041-2000《公路桥涵施工技术规范》）的要求，预应力钢绞线的张拉控制应力取为极限抗拉强度的 75%，各种钢绞线张拉控制应力及数量见表 1。按设计要求，预应力筋的张拉作业在混凝土强度达到设计强度的 80%后进行，故本预应力张拉有限元仿真分析时渡槽混凝土产生的允许最大拉应力取为 28d 混凝土允许抗拉强度 2.75MPa[6]的 80%，即 2.2MPa。

表 1　钢绞线张拉控制应力及数量

钢绞线型号	控制应力/MPa	单根控制张拉力/kN
1×7-15.2-1860	1395	195.3
底部纵向 21 孔，每孔 8 根	侧墙纵向 6 孔，每孔 5 根	环向 119 孔，每孔 3 根

预应力钢绞线采用“分期分批”的张拉顺序，遵循“对称”的张拉原则，即同一断面的预应力束必须左右对称张拉。张拉过程分为控制应力的 10%、60%、100%三级进行，初拟了连续张拉、间隔张拉等 7 个张拉方案。

总体采用连续张拉的顺序分为 2 种方案。

（1）方案 1：该方案采用从中间向两侧连续对称张拉。即底层纵向钢绞线从中间向两侧连续对称张拉，边墙纵向钢绞线从下至上连续对称张拉；环向钢绞线从跨中断面向两端连续对称张拉。

（2）方案 2：该方案采用从两侧向中间连续对称张拉。即底层纵向钢绞线从两侧向中间、环向钢绞线从两端向跨中连续对称张拉，边墙纵向钢绞线从下至上连续对称张拉。

总体采用奇偶间隔张拉的顺序有 5 种方案。

（1）方案 3：该方案采用先奇后偶的方式张拉预应力钢绞线。即底层纵向钢绞线从两侧向中间按先张拉奇数钢绞线、再张拉偶数钢绞线，边墙纵向钢绞线从下至上对称张拉；环向钢绞线从两侧至跨中先张拉奇数钢绞线、再张拉偶数钢绞线。

（2）方案 4：该方案采用先偶后奇的方式张拉。即底层纵向钢绞线和环向钢绞线先张拉偶数钢绞线、再张拉奇数钢绞线，边墙纵向钢绞线从下至上对称张拉。

（3）方案 5：该方案采用先奇后偶的方式张拉预应力钢绞线。即底层纵向钢绞线从中间向两侧、环向钢绞线从跨中至两侧按先张拉奇数钢绞线、再张拉偶数钢绞线，边墙纵向钢绞线从下至上对称张拉。

（4）方案 6：该方案采用先奇后偶的方式，即底层纵向钢绞线从中间向两侧、环向钢绞线从跨中至两侧按先奇后偶张拉钢绞线，边墙纵向钢绞线从下至上对称张拉；但对于倒数第二级张拉，环向钢绞线直接从控制应力的 10%张拉至 100%，从而简化张拉施工工序。

（5）方案 7：该方案采用先奇后偶的方式张拉预应力钢绞线。即底层纵向钢绞线从两侧向中间、环向钢绞线从两侧至跨中按先张拉奇数、再张拉偶数钢绞线，边墙纵向钢绞线从下至上对称张拉；但对于倒数第二级张拉，环向钢绞线直接从控制应力的 10%张拉至 100%，简化工序。

2.4 仿真研究结果分析

图 4、图 5 为 $C-C$ 断面单纯张拉预应力钢绞线所产生的预应力场结果，未叠加其余荷载所产生的场变量的典型断面应力等值线。

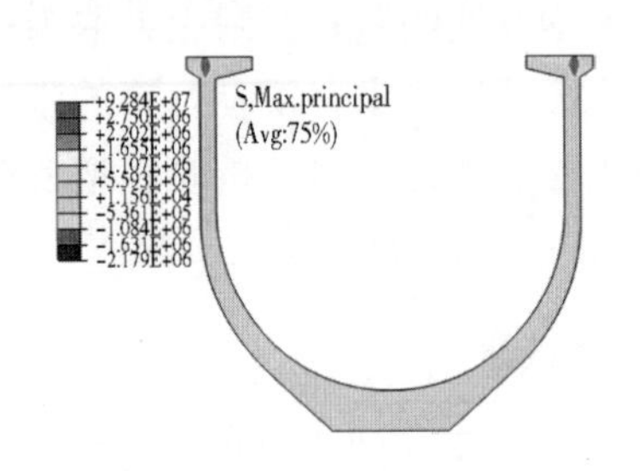

图 4　渡槽直管段断面 $C-C$ 大主应力等值线

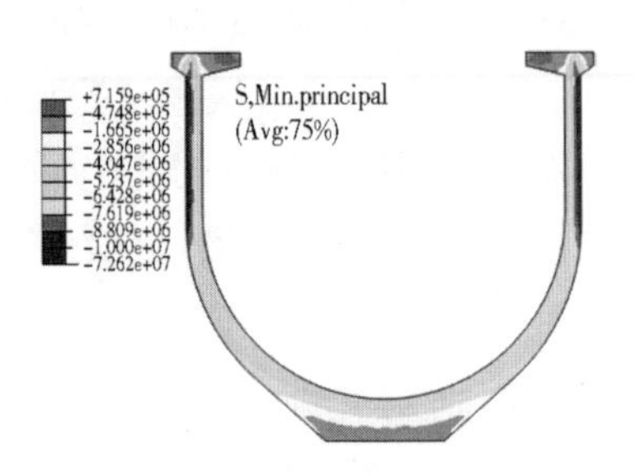

图 5　渡槽直管段断面 $C-C$ 小主应力等值线

各种计算方案的张拉顺序虽不同，但所有钢绞线张拉完成后所产生的预应力场均为同一结果，从中可以看出，张拉预应力钢绞线对渡槽主要产生预压作用，各典型断面除支座与钢绞线锚点的应力集中区外，大主应力均在 2.2MPa 以内，小主应力的最大值达到约－10MPa，能够较好发挥混凝土的抗压强度。

3　方案对比分析[7]

通过分析仿真结果，对于方案 1 和方案 2，经比较，认为方案 2 优于方案 1；对于方案 3、方案 4 和方案 5，认为方案 3 优于方案 4、方案 5；对于方案 6 和方案 7，认为方案 7 优于方案 6。

综上三次对比分析，得到三个优选方案分别为方案 2、方案 3 与方案 7。对此 3 个优选方案再次进行对比分析，比方案 2 和方案 3 可以看出，在钢绞线的张拉过程中，方案 3 所产生的渡槽的拉应力水平较低，应力状态变化平缓，受力较为均匀。故认为方案 3 优于方案 2。

对比方案 3 和方案 7 可以看出，在钢绞线的张拉过程中，二者具有基本相同的应力变化规律，但方案 7 的倒数第 2 级张拉，环向钢绞线直接从控制应力的 10%张拉至 100%，从而简化了张拉施工工序，有利于缩短施工进度，控制施工成本。故认为方案 7 优于方案 3。

4　预应力场对比分析小结

从单纯张拉预应力钢绞线所产生的预应力场的计算结果可以看出如下内容。

（1）各计算方案虽张拉顺序不同，但最终均产生完全相同的渡槽预应力场。

（2）各张拉方案对 $A-A$ 断面（端部）和 $B-B$ 断面（渐变段）所产生的拉应力较大，故总体上以从两端向中间的顺序张拉钢绞线为宜。

（3）各计算方案的应力时程变化不同。连续张拉方案所产生的应力变化不均匀，间隔张拉方案较之更具优势（表 2）。而间隔张拉方案中，方案 7 采取了跨级张拉的方式，从而简化了张拉施工工序，有利于缩短施工进度，控制施工成本。

（4）综上推荐采用方案 7 为最优张拉方案。即采用从两端向中间奇偶间隔张拉钢绞线，并可适当采用跨级张拉方式简化工序。

表 2　优选方案典型断面特征值

断面	方案	张拉级数	大主应力最大值			大主应力最小值		
			位置	时刻	大小/MPa	位置	时刻	大小/MPa
A—*A*	方案 2	18	*A*1	纵向 100%	1.05	*A*3	纵向 100%	-7.80
	方案 3	21	*A*1	纵向 100%	0.82	*A*3	纵向 100%	-7.80
	方案 7	20	*A*1	纵向 100%	0.82	*A*3	纵向 100%	-7.80
B—*B*	方案 2	18	*B*3	纵向 100%	1.90	*B*7	环向 100%	-5.20
	方案 3	21	*B*1	纵向 100%	1.55	*B*7	环向 100%	-5.20
	方案 7	20	*B*1	纵向 100%	1.55	*B*7	环向 100%	-5.20
C—*C*	方案 2	18	*C*1	环向 100%	0.80	*C*7	环向 100%	-10.8
	方案 3	21	*C*1	环向 21 级	0.60	*C*7	环向 100%	-10.8
	方案 7	20	*C*1	环向 19 级	0.72	*C*7	环向 100%	-10.8

5　槽身张拉顺序优化

为进一步方便施工，对槽身环向钢绞线结构布置做了优化[8]：将环向单孔 $3\Phi_s15.2$ 钢绞线改为单孔 $5\Phi_s15.2$ 钢绞线，孔数由 119 孔变为 71 孔，相邻孔中心间距由 250mm 变为 420mm。调整后，每节槽身环向钢绞线减少 0.047t，环向钢绞线布置调整后，根据槽身的架槽机安装方案[9]，又对张拉方案 7 进行了进一步优化。

对槽身从制槽台座至存槽台座吊装过程进行了计算，槽身未施加预应力吊装过程中槽身应力[10-11]分布见图 6、图 7。从计算结果可知，槽身未施加预应力吊装过程中，槽身端部迎水面均出现较大的拉应力，环向应力 3.12MPa，纵向应力 2.27MPa。因此，在槽身吊至存槽台座前，在制槽台座上需张拉一定数量的纵向及环向钢绞线。

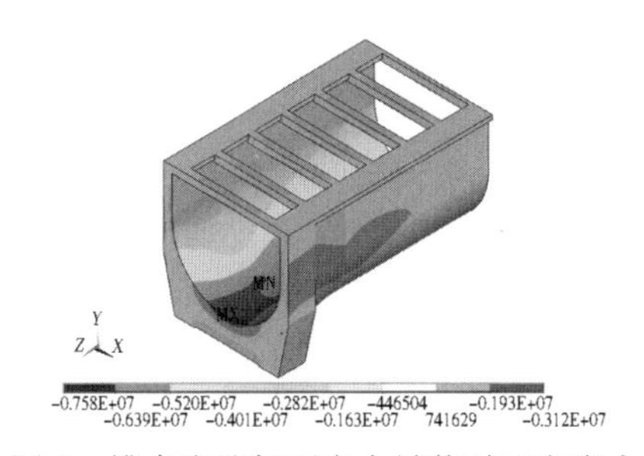

图 6　槽身未施加预应力吊装时环向应力

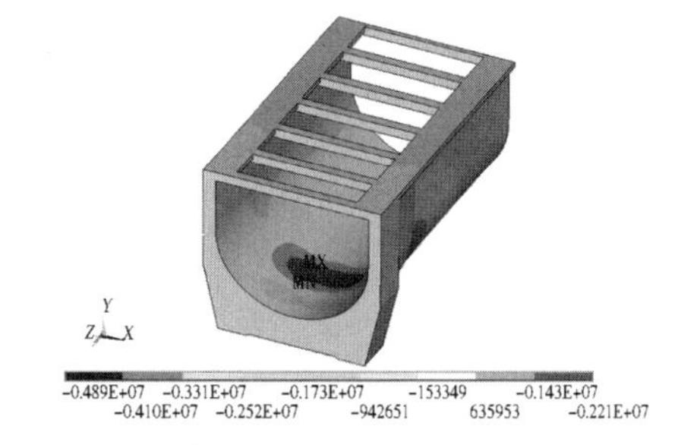

图 7　槽身未施加预应力吊装时纵向应力

为使钢束分级加载更为均匀，将原方案 7 纵向 3 级张拉，优化为纵、环向分为 5 级张拉：$10\%\sigma_{con}$、$25\%\sigma_{con}$、$50\%\sigma_{con}$、$75\%\sigma_{con}$、100 (103) $\%\sigma_{con}$。

优化后槽身吊装至存槽台座之前，槽身底部部分纵向钢束分级张拉至 $50\%\sigma_{con}$，*A* 层 4 孔，*B* 层 9 孔，在存槽台座上进行其余底部纵向钢束张拉；环向钢束从槽身两端至跨中部分（42 孔）分级张拉至 $103\%\sigma_{con}$，在存槽台座上进行其余环纵向钢束张拉。优化后的张拉顺序见表 3。

表3 槽身钢绞线张拉次序

<table>
<tr><th>张拉阶段</th><th>钢绞线编号</th><th>钢绞线应力值</th><th>张拉时混凝土要求</th><th>备注</th></tr>
<tr><td>预张拉</td><td>B7、B5、B3、B1中间向两边对称张拉</td><td>0.1σ_{con}→0.6σ_{con}，持荷3min，补张拉至0.6σ_{con}</td><td>蒸养结束后，≥65%设计强度</td><td rowspan="14">钢绞线张拉前都应单根预紧，预紧应力0.1σ_{con}，在各张拉阶段分别记录伸长量</td></tr>
<tr><td rowspan="4">初张拉</td><td>B6、B4左右对称张拉</td><td rowspan="3">0.1σ_{con}→0.6σ_{con}，持荷3min，补张0.6σ_{con}</td><td rowspan="4">≥80%设计强度</td></tr>
<tr><td>E1左右对称张拉</td></tr>
<tr><td>A4、A3、A1中间向两边对称张拉</td></tr>
<tr><td>H1、H2…H41两边向中间对称张拉</td><td>0.1σ_{con}→0.7σ_{con}，持荷3min，补张0.7σ_{con}</td></tr>
<tr><td colspan="4">初张拉后，将槽身调离制槽台座，放于存槽台座，释放自重终张拉</td></tr>
<tr><td rowspan="8">终张拉</td><td>B2、A2左右对称张拉</td><td>0.1σ_{con}→σ_{con}，持荷5min，补张拉至σ_{con}</td><td rowspan="8">设计强度，弹模达到设计值，且龄期不少于10天</td></tr>
<tr><td>B7、B6、B5、B4、B3、B1中间向两边对称张拉</td><td>0.6σ_{con}→σ_{con}，持荷5min，补张拉至σ_{con}</td></tr>
<tr><td>C1左右对称张拉</td><td rowspan="2">0.1σ_{con}→σ_{con}，持荷5min，补张拉至σ_{con}</td></tr>
<tr><td>D1左右对称张拉</td></tr>
<tr><td>E1左右对称张拉</td><td>0.6σ_{con}→σ_{con}，持荷5min，补张拉至σ_{con}</td></tr>
<tr><td>A4、A3、A1中间向两边对称张拉</td><td>0.6σ_{con}→σ_{con}，持荷5min，补张拉至σ_{con}</td></tr>
<tr><td>H1、H2…H41两边向中间对称张拉</td><td>0.7σ_{con}→σ_{con}，持荷5min，补张拉至σ_{con}</td></tr>
<tr><td>H42、H2…H60两边向中间对称张拉</td><td>0.1σ_{con}→σ_{con}，持荷5min，补张拉至σ_{con}</td></tr>
</table>

6 结语

目前沙河梁式渡槽已经按上述优化张拉顺序成功张拉、吊装了几榀槽身（图8），优化后槽身的张拉分级分批进行，简化了张拉施工工序，特别是在存槽台座上进行其余环纵向钢束张拉，提高了制槽台座使用效率，有利于缩短施工工期，加快进度，节约施工成本，同时有效避免了环向钢束张拉至60%σ_{con}、卸载再张拉时夹片二次夹持钢束的不利情况。

图8 渡槽初张拉后吊离预制台座

参考文献

[1] 潘旦光，张国栋，李峥，等. 超大型U型渡槽有限元分析［J］. 武汉水利电力大学（宜昌）学报，2000，(1).

[2] 陈华兵. 大型现浇预应力混凝土U型薄壳渡槽仿真模型试验研究［D］. 天津：天津大学，2007.

[3] 贾志营. 有黏结预应力技术在大型渡槽施工中的应用及控制［J］. 水利水电技术，2008，39（10）：65-68.

[4] 李向辉，张晓玉. 南水北调中线漕河渡槽试验跨三向预应力施工［J］. 水利与建筑工程学报，2007，5（1）：62-63.

[5] 李险峰，张伟. 樟洋渡槽预应力钢绞线安装与张拉［J］. 水利水电施工，2003，(S1).

[6] 马锋铃. 漕河渡槽槽身混凝土配合比优化及性能试验［J］. 中国水利水电科学研究院学报，2007，5

(2)：110-113.

[7] 王玉华，张利，宋谦．南水北调中线沙河渡槽施工方案研究及优选［J］．南水北调与水利科技，2011，9（3）：13-16.

[8] 赵瑜，陈长胜，刘宪亮，等．东深供水工程矩形渡槽优化设计及受力分析［J］．长江科学院院报，2002（5）.

[9] 夏富洲，王长德，曹为民，等．大流量预应力渡槽设计和施工技术研究［J］．南水北调与水利科技，2009，7（6）：20-25.

[10] 李友明，刘乃生，林原．杭州湾跨海大桥滩涂区50m箱梁施工关键技术［J］．桥梁建设，2006，35（3）：42-44.

[11] 罗业辉．大型预应力混凝土渡槽槽身有限元分析的研究及应用［D］．南京：河海大学，2005.

科 学 研 究

南水北调中线工程沙河渡槽水力学试验研究

张明恩，杨春治，买巨喆，张文峰

（河南省水利勘测设计研究有限公司，郑州 450016）

摘要： 南水北调中线沙河渡槽通过采用水工模型试验与数学模型计算相结合的复合模型研究方法对水流运动特性进行研究。水工模型试验主要包括：沙河梁式渡槽进口节制闸和出口检修闸的过流能力；沙河梁式渡槽和大郎河梁式渡槽段的水位变化、水头损失与渐变段及连接段的流速流态；典型弯道段的横向水面差。数学模型计算则用于研究沙河渡槽段整体的水流运动特性。研究成果为工程设计和渡槽的过流能力提供了有力支撑。

关键词： 沙河渡槽；水工模型；数学模型；水流运动特性

1 工程概况

沙河渡槽段全长 11.9381km 中，其中明渠段长 2.8881km，建筑物（渡槽段）长 9.050km，渡槽段由沙河梁式渡槽、沙河—大郎河箱基渡槽、大郎河梁式渡槽、大郎河—鲁山坡箱基渡槽和鲁山坡落地槽五部分组成。沙河渡槽段渠段起点设计水位 125.37m，与鲁山北段起点相接的终点设计水位 123.489m，总水头差 1.881m，其中渠道占用水头 0.111m，建筑物占用水头 1.77m，设计流量 320m^3/s、加大流量 380m^3/s。本文采用水工模型试验与数学模型计算相结合的复合模型研究方法。

2 数学模型

数学模型以沙河梁式渡槽进口节制闸至鲁山坡落地槽出口之间长 9.05km 的渠段作为二维数学模型的计算区域。采用基于水深平均的平面二维数学模型来描述水流运动。采用正交曲线坐标网格，在渠宽方向布置 100 条网格线，宽度约 0.5～0.7m；沿渠道纵向布置 910 条

第一作者简介： 张明恩，工程师，主要从事水利水电建筑物及安全监测设计研究工作。

网格线，长度约 10m，并在渡槽渐变段、连接段、节制闸、检修闸等复杂的地方进行了网格加密。

数学模型中为了准确模拟各种衔接段对渡槽内水流运动的影响，一方面在网格剖分时在边界变化比较大的各种渐变段与连接段对网格进行局部加密；另一方面则采用局部地形修正与局部糙率调整进行概化处理以反映其影响，对节制闸、检修闸等部分阻水部分按断面突然缩小的建筑物考虑，糙率系数为

$$nf=H^{1/6}\sqrt{\frac{\zeta}{8g}}$$

式中：H 为水深；ζ 为局部阻力系数。

3 物理模型设计与制作

物理模型试验选取沙河渡槽三个局部段进行试验，沙河梁式渡槽为验证两闸过流能力研究水流衔接情况，大郎河梁式渡槽为研究水流衔接情况，三个典型弯道段为研究弯道水头损失和横向水面差。模型比尺关系分别为：平面比尺 $\lambda_2=30$，流量比尺为 $\lambda_O=4929.5$，流速比尺为 $\lambda_U=5.477$。模型上除了节制闸与检修闸则采用有机玻璃制作，其他采用水泥砂浆抹面处理。

供水系统主要用水泵从水池内抽水，由管道经过电磁流量计输送到模型进口，再通过前池流入模型；模型出口的回水，通过渠道回流到水池内，循环使用。在模型试验中，采用 IFM 4080K 型电磁流量计实测流量，水位用测针测量，流速用 HD-4B 型旋浆流速仪测量，地形采用水准仪测量。

4 物理模型试成果

物理模型采用两种工况设计流量与加大流量，对沙河渡槽内水位与流速的变化进行试验，试验中采用下边界水位由数学模型计算所得。

4.1 沙河梁式渡槽试验成果

（1）水流流态。在设计流量与加大流量条件下，沙河梁式渡槽段水流流态基本平顺。在渡槽进口段退水闸附近，虽然存在横向边界突变，但无明显回流；进口节制闸与出口检修闸附近水流流态基本平顺。

（2）水位变化与水头损失。在设计流量与加大流量条件下，根据试验成果整理得到的进口连接段（含进口渐变段、进口节制闸与闸渡连接段）与出口连接段（包括出口检修闸）的水头损失（不包括速度水头变化，下同）。在设计流量条件下，进口连接段与出口连接段的水头损失分别为 0.064m 和 0.030m；在加大流量条件下，进口连接段与出口连接段的水头损失均高于设计流量情况下的相应值，其值分别为 0.081m 和 0.045m。

（3）节制闸与检修闸的过流能力。沙河梁式渡槽进口节制闸在设计与加大流量条件下上、下游水位差分别为 0.019m、0.031m，沙河梁式渡槽出口检修闸在设计与加大流量条件下上、下游水位差分别为为 0.007m、0.013m，进口节制闸的上、下游水位差要高于出口检修闸的上、下游水位差；加大流量条件下闸体段的上、下游水位差要高于设计流量条件下闸体段的上、下游水位差。

（4）流速变化。在设计流量与加大流量条件下，各测流断面上垂线平均流速（以下简称流速），沙河渡槽进、出口连接段流态平顺，各断面上流速最大值的试验成果为：进口段流速变化于1.02～1.84m/s的范围内；渡槽段流速变化于1.72～2.08m/s的范围内；出口段流速则变化于1.67～2.03m/s的范围内。

4.2　大郎河梁式渡槽试验成果

（1）水位变化与水头损失。在设计流量条件下，进、出口连接段的水头损失分别为0.024m、0.028m；在加大流量条件下，进、出口连接段的水头损失分别为0.026m和0.029m，加大流量的水头损失均略高于设计流量的水头损失。

（2）流速流态。在设计流量与加大流量条件下，大郎河梁式渡槽段水流流态基本平顺；试验各断面上流速：进口段流速变化于1.44～1.75m/s，渡槽段流速变化于1.63～1.90m/s，出口段流速则变化于1.54～1.84m/s。

4.3　典型弯道段试验成果

（1）水位变化。沙河一大郎河箱基渡槽在设计、加大流量条件下弯道段横向水面差成果：在设计流量下，左槽弯道段横向水面差0.015～0.018m，右槽弯道段横向水面差0.012～0.017m，横向水面差以弯顶为最大；在加大流量条件下，左槽弯道段横向水面差0.013～0.019m，右槽弯道段横向水面差0.012～0.016m，横向水面差以弯顶为最大。

（2）流速流态。在设计流量与加大流量条件下，典型弯道段内水流流态基本平顺，流速变化于1.98～2.30m/s的范围内。设计流量下，典型弯道左槽流速2.05～2.13m/s，右槽流速1.98～2.13m/s；在加大流量下，典型弯道左槽流速2.01～2.28m/s，右槽流速2.14～2.30m/s。

5　数学模型计算成果

数学模型主要研究：水位变化与水头损失、节制闸与检修闸的过流能力、渐变段与连接段的流速流态，计算时下边界水位由设计资料来确定。

5.1　水位变化与水头损失

（1）水位变化。设计、加大流量条件下水位计算值见表1，计算水位值与设计水位值基本一致，且略低于设计值。

表1　设计、加大流量的下水位沿程变化表　　单位：m

分段	桩号	设计流量		加大流量	
		设计值	计算值	设计值	计算值
沙河梁式渡槽起点	2+838.1	132.261	132.243	133.107	133.085
沙河梁式渡槽终点沙河一大郎河箱基渡槽起点	4+504.1	131.681	131.658	132.354	132.331
沙河一大郎河箱基渡槽终点大郎河梁式渡槽起点	8+038.1	131.073	131.052	131.685	131.664
大郎河梁式渡槽终点大郎河一鲁山坡箱基渡槽起点	8+538.1	130.936	130.922	131.591	131.572
大郎河一鲁山坡箱基渡槽终点鲁山坡落地槽起点	10+358.1	130.635	130.621	131.262	131.249
鲁山坡落地槽终点	11+888.1	130.491	130.491	131.139	131.139
合计		1.77	1.75	1.968	1.946

（2）弯道段横向水面差。三个弯道段在设计加大流量条件下横向水面差详见表 2，设计流量横向水面差为 0.1～5.6cm，加大流量横向水面差为 0.3～6.6cm，最大横向水面差位置均在鲁山坡落地槽弯道 SH（3）11+260.0 附近。沙河-大郎河箱基渡槽弯道段横向水面差的水工模型试验成果与数学模型计算成果基本一致。

表 2　沙河渡槽弯道段横向水面差表　　单位：m

弯道名称	纵向位置	数模 设计流量		数模 加大流量		物模试验值 设计流量		物模试验值 设计流量		备注
		左槽	右槽	左槽	右槽	左槽	右槽	左槽	右槽	
沙河一大郎河箱基渡槽弯道	SH（3）5+944.7	0.001	0.001	0.003	0.003					
	SH（3）6+11.7	0.013	0.011	0.015	0.014					
	SH（3）6+113.1	0.016	0.015	0.018	0.016	0.015	0.012	0.019	0.016	
	SH（3）6+175.1	0.017	0.015	0.011	0.010	0.018	0.017	0.013	0.012	弯顶
	SH（3）6+237.1	0.012	0.013	0.013	0.013	0.015	0.013	0.015	0.013	
	SH（3）6+344.1	0.008	0.007	0.007	0.006					
	SH（3）6+404.1	0.003	0.003	0.010	0.010					
大郎河一鲁山坡箱基渡槽弯道	SH（3）9+436.0	0.006	0.006	0.008	0.007					
	SH（3）9+515.1	0.012	0.011	0.012	0.012					
	SH（3）9+593.1	0.021	0.022	0.026	0.026					弯顶
	SH（3）9+669.1	0.007	0.007	0.007	0.006					
	SH（3）9+758.1	0.001	0.001	0.003	0.003					
鲁山坡落地槽弯道	SH（3）11+158.0	0.007		0.008						
	SH（3）11+260.0	0.056		0.066						
	SH（3）11+360.0	0.023		0.030						
	SH（3）11+444.0	0.026		0.038						
	SH（3）11+536.0	0.025		0.036						
	SH（3）11+634.0	0.020		0.025						

（3）水头损失。沙河梁式渡槽、沙河一大郎河箱基渡槽、大郎河梁式渡槽、大郎河一鲁山坡箱基渡槽、鲁山坡落地槽五分段的，设计流量下水头损失分别为 0.585m、0.601m、0.133m、0.301m、0.130m，合计 1.75m；加大流量下水头损失分别为 0.754m、0.667m、0.092m、0.323m、0.110m，合计 1.946m。沙河和大郎河梁式渡槽进、出口连接段水头损失的水工模型试验成果与数学模型计算成果基本一致，详见表 3。

5.2　节制闸与检修闸的过流能力

对沙河梁式渡槽进口节制闸，在设计、加大流量下节制闸的上、下游水位差分别为 0.021m、0.029m，水工模型的上下游水位差分别为 0.019m、0.031m；对沙河梁式渡槽出口检修闸，在通过设计流量与加大流量的条件下闸体段上下游水位差分别为 0.005m 和 0.011m，水工模型的上下游水位差分别为 0.007m、0.013m；对鲁山坡落地槽检修闸，在通过设计流量与加大流量的条件下闸体段上、下游水位差分别为 0.006m 和 0.008m。沙河梁式渡槽进口节制闸与出口检修闸闸体段过流能力的数值计算与物理模型试验成果吻合甚好。

表 3　进、出口连接段水头损失对比表

渡槽及分段		数学模型		水工模型	
		设计	加大	设计	加大
沙河梁式渡槽	进口连接段	0.044	0.076	0.064	0.081
	出口连接段	0.024	0.047	0.030	0.045
大郎河梁式渡槽	进口连接段	0.023	0.025	0.024	0.026
	出口连接段	0.025	0.027	0.028	0.029

5.3　渐变段与连接段的流速流态

各渐变段与连接段内水流衔接良好，无回流出现。在设计流量条件下，沙河渡槽内的水流流速变化于 1.62～2.32m/s，最大值为 2.32m/s，出现在鲁山坡落地槽段；在加大流量条件下，沙河渡槽内的水流流速变化于 1.75～2.51m/s，最大值为 2.51m/s，出现在鲁山坡落地槽段。

沙河和大浪河梁式渡槽各分段水流流速数学模型计算值和水工模型试验值基本吻合，详见表 4。

表 4　水流流速对比

分段		数学模型水流流速/（m/s）		水工模型水流流速/（m/s）	
		设计	加大	设计	加大
沙河梁式渡槽	进口渐变段	1.62	1.75	1.59	1.79
	进口节制闸	1.69	1.81	1.52	1.64
	闸渡连接段	1.72	1.84	1.75	1.63
	渡槽段	1.77	1.89	1.97	1.99
	出口连接段	1.85	1.99	1.73	1.81
	弯道段	2.20	1.75	2.05	1.79
大郎河梁式渡槽	进口连接段	1.66	1.76	1.59	1.90
	渡槽段	1.75	1.88	1.90	1.97
	出口连接段	1.86	2.15	1.68	2.04

6　结论

（1）采用水工模型试验与数学模型计算相结合的复合模型研究方法对沙河渡槽内的水流运动特性进行研究，数学模型试验成果与数值计算成果吻合较好。

（2）设计流量与加大流量条件下沙河渡槽内的水头损失设计值分别为 1.77m 和 1.968m，而其计算值则分别为 1.75m 和 1.946m，设计值略大于计算值，表明从总体上来看预留水头略有富余，节制闸、检修闸及渡槽其余各段的过流能力满足设计要求。

（3）设计流量与加大流量条件下渡槽各渐变段与连接段内水流衔接良好，无回流出现。

科学研究

南水北调中线沙河梁式渡槽基桩抗压承载力试验研究

申　鲁[1]，张文峰[1]，李　钊[2]

（1. 河南省水利勘测设计研究有限公司，郑州 450016；
2. 南水北调中线工程建设管理局 河南直管项目建设管理局，郑州 450016）

摘要：为了验证沙河梁式渡槽桩基设计成果，在渡槽工程场区布置了3组试验桩，采用自平衡法检测基桩竖向抗压承载力。经现场检测，3组试桩的单桩竖向抗压承载力平均值分别为27211kN、48755kN和49342kN。根据试桩实测成果与采用前期勘测资料计算成果对比分析，沙河梁式渡槽桩基设计是安全可靠的。

关键词：南水北调；沙河梁式渡槽；基桩；抗压承载力；自平衡法

1　概况

1.1　工程概况

南水北调中线沙河渡槽工程全长9050m，其中沙河梁式渡槽长1410m，共47跨，单跨跨度为30m[1]。沙河梁式渡槽下部支撑结构为空心墩，基础采用桩基。空心墩墩帽长22.4m，宽5.6m，高2m；墩身长22m，宽5.6m，墩高5～12m；墩底承台长23.2m，宽7.6m，高3m。每个槽墩下顺槽向设2排灌注桩，每排桩数5根，共10根，桩径1.8m，单桩桩长22～33m，总桩数940根。梁式渡槽下部支撑结构主要结构尺寸见图1。

1.2　工程场区地质情况

根据前期勘测资料[2]，沙河梁式渡槽跨越沙河右岸Ⅰ级阶地和漫滩、河床和左岸漫滩等不同地貌单元。地质结构由第四系覆盖层和上第三系基岩组成。上部覆盖层为黏砾多层结构，由壤土（重粉质壤土、砂壤土）、砾砂和卵石组成，薄厚不均，下伏上第三系基岩由泥质砂砾

第一作者简介：申鲁（1977—），高级工程师，主要从事水利水电工程规划设计工作。

岩、砾质泥岩组成，局部为黏土岩和砂岩，揭露最大厚度54m。

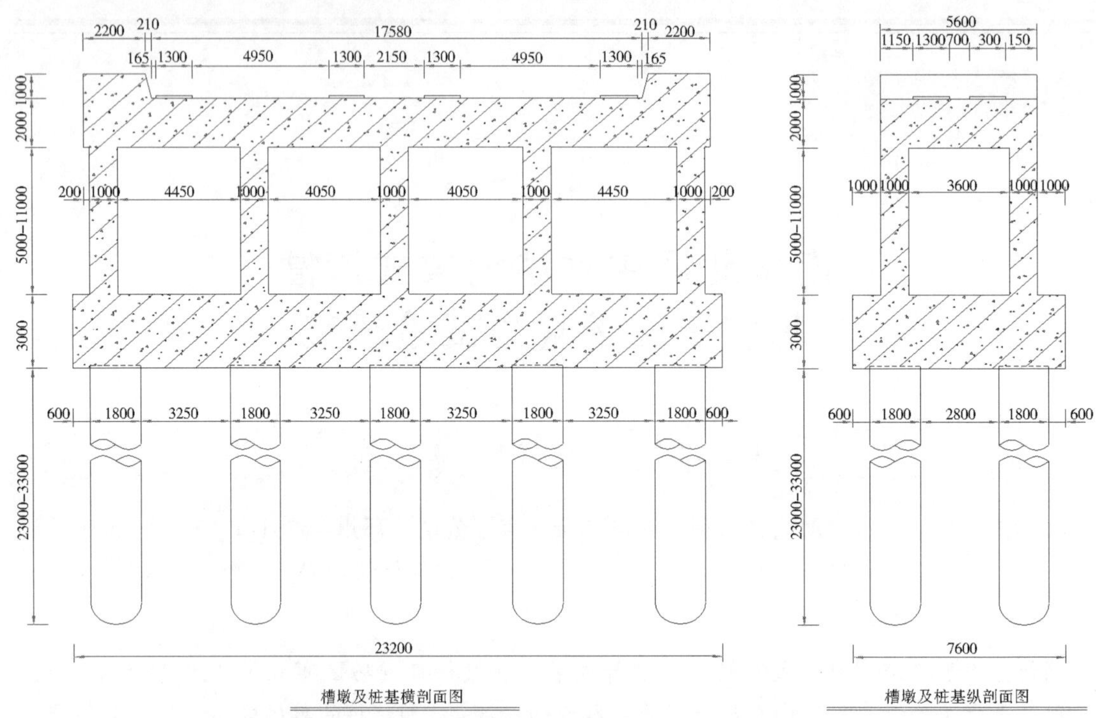

图1　沙河梁式渡槽槽墩及桩基结构图（单位：mm）

沙河梁式渡槽桩基灌注桩穿过的主要岩（土）层包括：第③层砾砂、第⒀-1层卵石、第⒁-1层泥质砂砾岩、第⒁-2层砾质泥岩。桩基设计采用各层岩（土）的桩侧摩阻力标准值以及桩端承载力容许值见表1。

表1　沙河梁式渡槽地基（岩）土层力学指标参数表

土层编号	土层名称	桩侧摩阻力标准值/kPa	桩端承载力容许值/kPa
第③层	砾砂	70	
第⒀-1层	卵石	240	450
第⒁-1层	泥质砂砾岩	140	500
第⒁-2层	砾质泥岩	140	500

2　试验目的及试验方法

2.1　试验目的

沙河梁式渡槽桩基设计时采用的桩侧土层摩阻力标准值以及桩端土层承载力容许值均为根据相关规范及经验取值，并无现场试验成果。对于南水北调中线沙河渡槽这种特大型工程，其桩基施工前有必要进行现场承载力试验，检测基桩的抗压极限承载力，以验证桩基设计成果的可靠性，这也是保证渡槽工程的安全重要举措。

2.2　试验方法

目前工程领域常用的基桩抗压承载力试验方法包括：堆载法、锚桩法、自平衡法等等。

其中堆载法和锚桩法均为直接在测试桩桩顶加载，由此确定桩的抗压承载力，这种方法优点是检测结果直观，缺点是对于承载力较高的大型桩，检测成本较高，当单桩抗压承载力大于20000kN时，检测的难度很大。自平衡法是近些年引入国内的一种基桩承载力检测方法，该方法是将装有千斤顶的荷载箱焊接在桩身钢筋笼上预埋入桩体中，利用荷载箱上部土层摩擦力与下部土层摩擦力及桩端承载力平衡进行加载，进而确定桩的抗压承载力。自平衡法的优点是可加载的吨位大，对于承载力较高的大型桩，检测成本低，缺点是确定荷载箱安装位置（即向上与向下力的平衡点）存在一定难度，且检测结果不如前两种方法直观，需要进行换算。

沙河梁式渡槽设计桩径1.8m，最大桩长33m，最大预估极限承载力超过20000kN。采用堆载法和锚桩法检测难度都比较大，且费用高、周期长，经综合比较，最终选择自平衡法作为基桩的抗压承载力试验方法。自平衡法检测装置布置见图2。

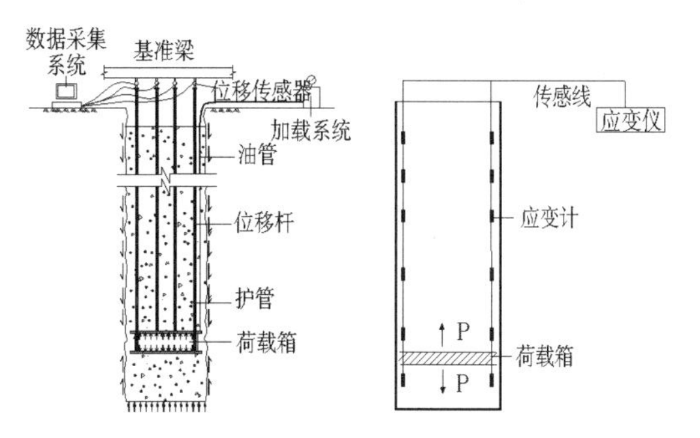

图2　基桩承载力自平衡试验示意图

3　基桩现场抗压承载力试验

3.1　试验桩总体布置

对于基桩现场抗压承载力试验的试验桩布置有两种比选方案。

方案一：先期施工部分工程桩，将其作为试验桩，在桩体中埋设荷载箱等试验装置，待试验完成后，基桩抗压承载力满足设计要求时，利用灌浆等手段对加载破坏后的试验桩进行修复。

方案二：在工程桩之外，地质条件有代表性的位置专门布置若干根试验桩，试验桩的桩长、桩径与该处渡槽基桩完全一致。

以上两种方案各有其优、缺点，方案一的优点是利用部分工程桩作为试验桩，节省了试验桩施工的费用，缺点是对破坏后的试验桩进行修复存在一定风险，一旦修复不当可能影响整个桩基的承载能力，且若发现试验桩承载力未达到设计要求，还需进一步加固桩基。方案二的优点是在工程场区单独布置试验桩，试验中一旦发现问题可及时调整，缺点是需要增加试验桩施工的费用。考虑到沙河渡槽工程的重要性，为了保证渡槽基桩的安全可靠，经综合比较，最终选择方案二作为试验桩的总体布置方案。

根据工程场区地质情况以及渡槽桩基设计情况，本次试验共布置三组试桩，每组3根，共9根。第1组试桩布置在渡槽第6跨跨中（即沙河右岸河滩），桩长23m，桩径1.8m；第2组试桩布置在渡槽第27跨跨中（即沙河主河槽），桩长32m，桩径1.8m，第3组试桩布置在渡槽第41跨跨中（即沙河主河槽），桩长32m，桩径1.8m。

试验桩在工程桩正式施工前先行施工并检测，当试桩抗压承载力检测结果满足设计要求时，再开始工程桩施工。每组试桩施工前先在桩位处进行地质钻探，掌握试桩区地层情况，再进行试桩施工及检测。

3.2 荷载箱初步选型

采用自平衡法检测基桩抗压极限承载力，首要问题就是合理选择荷载箱的加载吨位，荷载箱加载吨位偏小可能出现荷载箱已达到加载极限，而基桩尚未破坏，荷载箱加载吨位偏大，又可能造成比较大的浪费。由于此前没有渡槽工程场区基桩检测资料，想要一次性准确确定试桩荷载箱加载吨位存在一定难度，经分析，最终确定分步走策略，先施工并检测第1组试桩，根据第1组试桩检测结果进而调整后续试桩荷载箱加载吨位。

（1）预估试桩极限承载力。第1组试桩桩长23m，穿越的地层主要包括：第③层砾砂、第⒀-1层卵石、第⒁-1层泥质砂砾岩和第⒁-2层砾质泥岩。根据表1中岩（土）层力学指标参数，首先预估第1组试桩单桩抗压极限承载力。单桩抗压极限承载力按下式[3]计算：

$$[R_a]=\frac{1}{2}u\sum q_{ik}l_i+A_p q_r$$

$$q_r=m_0\lambda\left[[f_{a0}]+k_2 r_2(h-3)\right]$$

式中：$[R_a]$ 为单桩轴向受压承载力容许值，kN，桩身自重与置换土重（当自重计入浮力时，置换土重页计入浮力）的差值作为荷载考虑；u 为桩身周长，m；A_p 为桩端截面面积，m^2；n 为土的层数；l_i 为承台底面或局部冲刷线以下各土层的厚度，m；q_{ik} 为与 l_i 对应的各土层与桩侧的摩阻力标准值，kPa，采用表1中数值；q_r 为桩端处土的承载力容许值，kPa，当持力层为砂土、碎石土时，若计算值超过下列值，宜按下列值采用：粉砂1000kPa，细砂1150kPa，中砂、粗砂、砾砂1450kPa，碎石土2750kPa；$[f_{a0}]$ 为桩端处土的承载力基本容许值，kPa，采用表1中数值；h 为桩端的埋置深度，m，对于有冲刷的桩基埋深由一般冲刷线起算，对无冲刷的桩基埋深由天然地面线或实际开挖后的地面线起算，h 的计算值不大于40m，当大于40m时，按40m计算；k_2 为容许承载力随深度的修正系数；γ_2 为桩端以上各土层的加权平均重度，kN/m^3，若持力层在水位以下且不透水时，不论桩端以上土层的透水性如何，一律取饱和重度，当持力层透水时，则水中部分土层取浮重度；λ 为修正系数，取0.7；m_0 为清底系数，取0.7。

（2）荷载箱初步选型。经计算，第1组试桩（桩长23m）预估单桩抗压极限承载力为22000kN，最终确定第1组试桩荷载箱加载吨位为22000kN（荷载箱自身有一定的超载能力，实际最大加载量可达25000kN）。第1组试桩荷载箱额定最大加载值及安装位置见表2。

表1　沙河梁式渡槽第1组试桩荷载箱主要参数指标表

组号	荷载箱额定最大加载值/kN	荷载箱安装位置	每组试桩荷载箱数量
第1组	2×11000	距桩顶18m	3

3.3 第1组试桩试验

3.3.1 试验规程[4]

（1）加载。加载应分级进行，每级加载值取荷载箱额定最大加载值的1/15，按15级14次加载，即第一次按两倍荷载分级加载。

（2）位移观测。每级加载后在第1h内分别于5min、15min、30min、45min、60min各测读一次，以后每隔30min测读一次。电子位移传感器连接到电脑，直接由电脑控制测读，在

电脑屏幕上显示 Q-s、s-lgt、s-lgQ 曲线。

（3）稳定标准。每级加载下沉量，在最后 30min 内如不大于 0.1mm 时即可认为稳定。

（4）终止加载条件。①总位移量大于或等于 40mm，本级荷载的下沉量大于或等于前一级荷载的下沉量的 5 倍时，加载即可终止。取此终止时荷载小一级的荷载为极限荷载。②总位移量大于或等于 40mm，本级荷载加上后 24h 未达稳定，加载即可终止。取此终止时荷载小一级的荷载为极限荷载。③总下沉量小于 40mm，但荷载已达荷载箱加载极限或位移已超过荷载箱行程，加载即可终止。

（5）卸载及测试。①卸载应分级进行，共分 5 级卸载。每级荷载卸载后，观测桩顶的回弹量，观测办法与沉降相同。直到回弹量稳定后，再卸下一级荷载。回弹量稳定标准与下沉稳定标准相同。②卸载到零后，至少在 1.5h 内每 15min 观测一次，开始 30min 内，每 15min 观测一次。

3.3.2 试验过程描述

第 1 组试桩现场检测情况如下：①1-1 号试桩荷载箱加载至 2×13200kN 时，加载设备达到破坏，向上、向下 Q-s 曲线变化正常，试桩承载力仍有发展潜力；②1-2 号试桩荷载箱加载至 2×13200kN 时，加载设备达到破坏，向上、向下 Q-s 曲线变化正常，试桩承载力仍有发展潜力；③1-3 号试桩荷载箱加载至 2×13933kN 时，加载设备达到破坏，向上、向下 Q-s 曲线变化正常，试桩承载力仍有发展潜力。

第 1 组试桩 3 个荷载箱均已达到最大加载量，此时试桩尚未达到终止加载条件，根据检测结果判断，试桩抗压极限承载力高于预估极限承载力，后续试桩荷载箱加载吨位应在预估值基础上适当加大。

（3）试验成果。第 1 组试桩的检测成果见表 3。

表 3　沙河梁式渡槽第 1 组试桩实测成果表

编号	第 1 组		
	1-1 号	1-2 号	1-3 号
预定加载值/kN	2×11000	2×11000	2×11000
最终加载值/kN	2×12467	2×12467	2×13200
实测加载值/kN	2×12467	2×12467	2×13200
荷载箱最大向上位移/mm	16.87	22.66	23.17
荷载箱最大向下位移/mm	26.29	47.35	57.01

3.4 第 2、第 3 组试桩试验

3.4.1 述荷载箱调整

第 2、第 3 组试桩桩长均为 32m，穿越的地层主要包括：第③层砾砂、第⒀-1 层卵石、第⒁-1 层泥质砂砾岩和第⒁-2 层砾质泥岩。根据第 3.3 节中公式计算，第 2 组试桩预估极限承载力为 30000kN，第 3 组试桩预估极限承载力为 31000kN。

根据第 1 组试桩检测情况，按照预估单桩抗压极限承载力确定的荷载箱加载吨位偏小，为了实际测定试桩单桩抗压极限承载力，需要在预估值的基础上适当加大荷载箱加载吨位。

经综合分析，最终确定荷载箱加载吨位为50000kN。第2、第3组试桩荷载箱额定最大加载值及安装位置见表4。

表4　沙河梁式渡槽第2、3组试桩荷载箱主要参数指标表

组号	荷载箱额定最大加载值/kN	荷载箱安装位置	每组试桩荷载箱数量
第2组	2×25000	距桩顶24m	3
第3组	2×25000	距桩顶24m	3

3.4.2　验过程描述

第2组试桩现场检测情况如下：①2-1号试桩荷载箱加载至2×25000kN时，向下Q-s曲线变化正常，向上Q-s曲线变化迅速增大，且压力无法稳定，试桩达到极限承载力；②2-2号试桩荷载箱加载至2×13200kN时，荷载箱出现意外，停止加载，此时Q-s曲线变化正常，试桩承载力仍有较大发展潜力；③2-3号试桩荷载箱加载至2×23333kN时，向上Q-s曲线变化正常，向下Q-s曲线变化迅速增大，且压力无法稳定，试桩达到极限承载能力。

第3组试桩现场检测情况如下：①3-1号试桩荷载箱加载至2×25000kN时，向上、向下Q-s曲线变化迅速增大，出现明显陡降段且压力无法稳定，试桩达到极限承载力；②3-2号试桩荷载箱加载至2×23333kN时，向上Q-s曲线变化正常，向下Q-s曲线变化迅速增大，且压力无法稳定，试桩达到极限承载力；③3-3号试桩荷载箱加载至2×25000kN时，向上、向下Q-s曲线变化迅速增大，且压力无法稳定，试桩达到极限承载力。

3.4.3　试验成果

第2、第3组试桩的检测成果见表5。

表5　沙河梁式渡槽第2、第3组试桩实测成果表

编号	第2组			第3组		
	2-1号	2-2号	2-3号	3-1号	3-2号	3-3号
预定加载值/kN	2×25000	2×25000	2×25000	2×25000	2×25000	2×25000
最终加载值/kN	2×25000	2×13200	2×23333	2×28000	2×26133	2×26133
实测加载值/kN	2×23333	2×13200	2×21667	2×26133	2×24267	2×24267
荷载箱最大向上位移/mm	>62.79	13.23	32.97	37.44	29.48	35.07
荷载箱最大向下位移/mm	46.51	12.34	>79.64	82.03	67.81	68.58

3.5　试验成果分析

根据自平衡法检测成果，实际单桩竖向抗压承载力可按下式进行换算[5]：

$$Q_u=\frac{Q_{us}-W}{\gamma}+Q_{ux}$$

式中：Q_u为单桩竖向抗压承载力，kN；Q_{us}为荷载箱上段桩的实测加载值，kN；Q_{ux}为荷载箱下段桩的实测加载值，kN；W为荷载箱上部桩有效自重，kN；γ为荷载箱上部桩侧摩阻力修正系数，取$\gamma=0.8$。

经计算，各组试桩的单桩竖向抗压承载力见表6。

表 6　沙河梁式渡槽试桩单桩竖向抗压承载力成果表

编号	第 1 组			第 2 组			第 3 组		
	1-1 号	1-2 号	1-3 号	2-1 号	2-2 号	2-3 号	3-1 号	3-2 号	3-3 号
单桩竖向抗压承载力/kN	26668	26668	28297	50629	—	46880	50591	46843	50591
单桩竖向抗压承载力平均值/kN	27211			48755			49342		

注　2-2 号试桩其单桩竖向抗压承载力不再计算。

4　结语

（1）对于沙河梁式渡槽这种单桩承载力较高的桩基，只要合理地选择荷载箱型号及安装位置，采用自平衡法检测基桩竖向抗压承载力是可行的，且检测成本远小于堆载法和锚桩法这类传统检测方法。

（2）沙河梁式渡槽共布置 3 组试桩，第 1 组试桩预估单桩抗压承载力为 22000kN，选定荷载箱额定最大加载值为 2×11000kN，实测单桩竖向抗压承载力平均值为 27211kN，且第 1 组试桩荷载箱达到最大加载量时，试桩承载力仍有发展潜力；第 2 组试桩预估单桩抗压承载力为 30000kN，选定荷载箱额定最大加载值为 2×25000kN，实测单桩竖向抗压承载力平均值为 48755kN，检测中试桩承载力达到极限；第 3 组试桩预估单桩抗压承载力为 31000kN，选定荷载箱额定最大加载值为 2×25000kN，实测单桩竖向抗压承载力平均值为 49342kN，检测中试桩承载力达到极限。现场试验成果可以看出，沙河梁式渡槽桩基的设计是安全可靠的。

（3）根据试桩实测单桩抗压承载力与采用前期勘测资料计算的单桩抗压承载力对比可以看出，沙河梁式渡槽桩基设计采用的岩（土）层桩侧摩阻力标准值略偏保守，渡槽桩基设计成果还有进一步优化的空间。

参考文献

[1]　翟渊军，朱太山，等. 南水北调中线一期工程总干渠沙河南-黄河南沙河渡槽工程招标设计报告［R］. 郑州：河南省水利勘测设计研究有限公司，2009.

[2]　赵健仓，陈全礼，等. 南水北调中线一期工程总干渠沙河渡槽段施工图阶段工程地质勘察报告［R］. 郑州：河南省水利勘测有限公司，2009.

[3]　张喜刚，鲍卫刚，等. JTGD63－2007 公路桥涵地基与基础设计规范［S］. 北京：人民交通出版社，2007.

[4]　龚维明，薛国亚，等. 南水北调中线一期工程沙河渡槽工程基桩检测报告［R］. 南京：南京东大自平衡桩基检测有限公司，2011.

[5]　龚维明，薛国亚，等. JTT738－2009 基桩静载试验自平衡法［S］. 北京：人民交通出版社，2009.

科学研究

后张法预应力混凝土渡槽冻胀处理

王玉龙

（南水北调中线干线工程建设管理局 河北直管项目建设管理部，石家庄 050035）

摘要：大型输水渡槽现多采用预应力结构，因施工、气温等原因，产生混凝土冻胀、结构裂缝等危害建筑物结构安全的质量问题。在冻胀处理中，又因各种原因，而造成处理效果不佳，严重影响了混凝土建筑物的内在质量。本文试图通过分析混凝土冻胀产生的机理，结合当前冻胀处理的常规方法，根据材料特点，进一步探索在缺陷处理中应注意的工序，以提高此类问题处理的质量和效率，使建筑物符合安全运行要求。

关键词：预应力混凝土；渡槽；冻胀；处理；浅析

在后张法预应力渡槽中，由于施工、气温等原因，产生预应力混凝土冻胀，在混凝土内部胀裂，形成不规则的空腔，混凝土表面出现裂缝，严重影响结构的承载力、结构的耐久性，甚至危及建筑物的运行安全。

1 混凝土冻胀空腔产生的机理

在后张法预应力混凝土施工中，预应力筋张拉到规定的张拉力后，须对管道进行压浆。管道压浆的主要作用是将混凝土与预应力筋形成整体，共同受力，同时也起着防止水汽渗入管道锈蚀预应力筋的作用。目前，国内工程上采用的方法是在结构混凝土内预埋塑料波纹管成孔，用压浆机在0.5～1.0MPa的压力下，将水泥浆液压入到预埋管道。当水泥浆液水灰比过大偏稀，或者压力不够时，压入管道的水泥浆就容易离析，干硬后收缩产生孔隙，致使凝固体不密实，不饱满，管道内滞留着不能再被参与水化反应的多余水分以及可能渗入水分[1]。进入冬季，管道内自由水在夜间低温受冻，冰体积变大、膨胀，拉裂周边混凝土。当白天气温升高时，融化的冰水往外渗透到混凝土裂隙中，夜间温度再次骤降，裂隙内的水分再次结冰膨胀，裂隙继续变大，形成下空腔。这样，反复多次后，沿预应力管道会出现一道细微裂

作者简介：王玉龙（1974—），辽宁昌图人，高级工程师，主要从事土建工程施工管理工作。

缝，在其周边混凝土内部形成腔胀空腔，用锤击后，有空腔状闷响，如图1、图2所示。

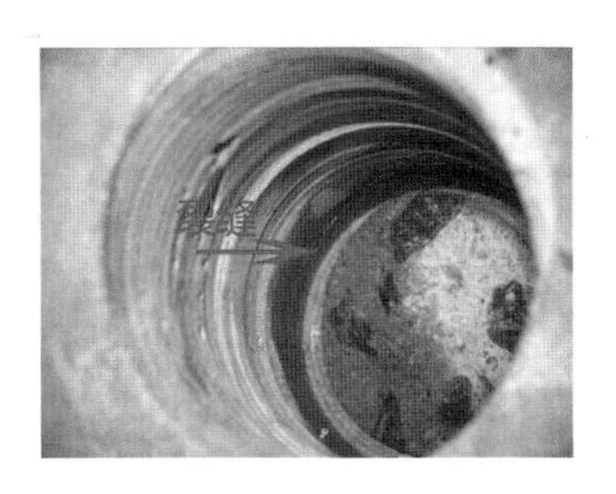

图1

图2

另外，在设计和施工方面还有一些原因，如渡槽侧墙截面设计较薄，按照一定间距和线形布置竖向预应力筋和横向预应力钢绞线，在跨中部位的下部则预应力管道较为集中，并且其与结构钢筋之间的净距较小。在浇筑混凝土过程中，大骨料很容易集中卡在每根预应力管道的上方，致使管道下方细骨料偏多造成混凝土不密实，强度达不到设计要求，在预应力管道处形成一道薄弱带。管道内若滞留有水分，或者养护时因混凝土不密实而渗入水分，在冻胀后也极易在该预应力管道处出现裂缝。另外在进行钢筋绑扎或焊接搭接时，波纹管被焊渣等损坏而未进行有效处理，浇筑混凝土时，水泥浆液从孔中流入到波纹管内，造成局部堵塞，而导致在预应力压浆中局部形成空腔，如有外水渗入，形成聚集，在低温时也形成冻胀破坏。

2 冻胀空腔的处理措施

混凝土冻胀空腔处理应结合混凝土裂缝处理时进行，目前在混凝土冻胀空腔处理中多采用灌浆方法，灌浆材料可用超细水泥和化学材料。相对于水泥灌浆，化学灌浆有其独特的优势，首先灌浆材料是由化工材料配置的真溶液，无颗粒、无沉淀，具有更好的渗透性和扩散性；其次化学灌浆材料的胶凝性、物理力学特性可通过各组分配比调节，具有更好的可控性；再者，化学浆液固化后收缩小，可避免再次出现空洞[2]。在南水北调中线工程中，输水渡槽出现冻胀情况的处理方案都是采用了环氧基化学灌浆的处理措施。

3 环氧基化学灌浆处理方法

3.1 灌浆工艺流程

确定空腔裂缝区范围→布孔→空腔裂缝区钻灌浆孔→灌浆孔通气性检查、编号→空腔裂缝除湿→灌浆孔埋管及表面裂缝封闭→灌前吹气除湿检查→空腔裂缝区化学灌浆→表面裂缝灌浆→灌浆质量检查、验收。

3.2 灌浆作业方法

3.2.1 确定空腔范围

可采用锤击和采用超声波成像系统仪相结合的方式进行。

3.2.2 布孔

混凝土表面未出现裂缝的空腔区：根据空腔面积大小，一般孔位间距不超50cm，采用梅花形布置。若空腔范围是不规则图形，可灵活布孔，但空腔下缘和上缘都必须布置灌浆孔，有利于浆液能充满整个空腔。空腔下缘孔为注浆孔，上缘孔为出浆孔。

混凝土表面有裂缝的空腔区：灌浆孔可骑缝布置，并结合空腔区形状和范围，按照下少上多的原则，梅花形布置。

3.2.3 钻孔

目前施工工艺朝小型化发展，当前钻孔孔径多为14mm，垂直混凝土表面，深度超过空腔裂缝深度2cm。

3.2.4 灌浆孔通气性检查编号

空腔区的灌浆孔钻孔完成后，先从上部选取1个孔作为进气孔，通入压缩空气逐一检查其它各孔是否与该孔有串通，并将串通孔进行标记，作为一个灌浆组。如此直至该灌区内所有孔通风检查完毕。对于不与其他孔串通的独孔，可再进一步确定该部位的空腔范围，视空腔范围增布灌浆孔或不增加。

串通性检查完成后，再次采用压缩空气对空腔裂缝自上而下吹气，直到空腔内吹出干燥空气为止。

3.2.5 灌浆孔埋管及表面裂缝封闭

（1）对于每一个空腔灌浆组，最下方的钻孔为灌浆孔，埋设注浆座，其余孔为通气排浆孔，埋设出浆管。对于空腔独孔，埋设注浆座单独注浆。对于裂缝，间距20～30cm骑缝埋设注灌孔，最底部埋设注浆座。因同条裂缝在各处的裂缝深度不一，仅靠从最下方注浆就充满整条缝隙的几率是很小的，因此可再按照3～4孔的间隔埋设注浆座，其余埋设排浆通气管。

埋设注浆座前，需将黏注浆座的孔口周围直径6cm范围内的混凝土表面打磨，涂抹封口胶，将注浆座对正注入孔加力按压，使胶与底座黏结牢固，黏好后不得再移动注浆座。

（2）缝面封闭。缝面封闭可采用水泥砂浆或净浆嵌缝或者表面涂抹环氧泥浆等封闭。因现渡槽表面处于干燥状态，可采用表面涂抹环氧泥浆等材料进行封闭，这样可缩短固化时间、保证封闭强度。在表面封闭前，缝面周边各5cm范围内打磨后，再涂抹厚度为2mm的封口胶。自然固化一般12h即可，固化中要防止其接触水。

3.2.6 灌浆前通气除湿与检查

由注浆口间歇吹入压缩空气，将空腔内部吹干，压力一般为0.8倍的灌浆压力。并在裂缝封闭表面涂抹肥皂泡沫检查裂缝表面封闭质量。在吹入压缩空气的同时要再次检查各孔的连通情况，若有堵塞，则重新划分灌浆组。

3.2.7 浆液配置与灌浆

目前使用的化灌浆液多属于二组份的混合物，应依照产品说明书取料配置，并按照相关要求进行保存。

灌浆时，按照先灌下部后灌上部的原则进行，灌浆压力以出浆管的出浆时压力为基准，最大值控制在0.2～0.3MPa以内。对于一个灌组（裂缝），待出浆管排出的浆液质地与灌入的浆液相同时，就可将此出浆管绑扎封闭，直至最后最上方的通气孔排出与灌入相同的浆液。当全部的排浆通气孔封闭后，不吃浆的情况下保持灌浆压力不变持续10min进行屏浆（有的

项目环氧化学灌浆屏浆 2min 及结束，因输水渡槽的特殊性，建议提高至 10min)，即可结束灌浆。屏浆结束后，封闭注浆孔，确保在 3d 内不得受到撞击或者破坏。

灌浆时，记录好不同压力下的吃浆量，当单位面积吃浆量较大，且压力长时间升幅值达不到 0.1MPa 时，应考虑浆液流入波纹管内的可能。另外时刻观察灌浆区域混凝土有无异常，如发现异常，立即停止灌浆。

如灌浆过程中混凝土表面或对拉螺栓孔有渗浆时，应暂停进浆并及时进行封堵，暂停灌浆。暂停灌浆时间要小于浆液的初凝时间。恢复灌浆时，采用低压限流的方式，逐步升压到设计压力。

3.2.8 验收及质量检验

灌注的强度发展与环境温度有很大关系，固化时间一般需要 3～7d，等胶液固化后再进行检测。检测采用锤敲击、混凝土超声波层析成像仪（A1040mIRA）、钻孔取芯等方法。

4 其他注意事项

（1）做好灌前的排水工作。造成渡槽预应力混凝土冻胀的主要原因是波纹管中有多余水分，在化学灌浆处理前要排查波纹管中的积水位置，排出多余水分。

（2）做好缝面处理工作。浆液在裂缝中的渗入深度由黏度、表面张力、灌浆压力、时间、被处理对象的状况来决定。化学灌浆材料是把两个不相连的物体或许多松散的微粒黏接成具有一定物理力学性能的整体。因此除了灌浆材料对黏接对象具有很好的浸润性能外，对表面处理要求特别严格，又因环氧灌浆材料具有憎水性，即使潮湿状态也会降低环氧材料与被粘表面之间的黏结力，影响灌浆处理效果。因此环氧化学灌浆时要求被粘表面粗糙，不含油污、水分和松散杂质。目前对于界面清理多采用压力风吹干，或者用丙酮等材料清洗，各有优缺点。风力除湿不容易吹尽，丙酮属于有毒液体，可能会对操作者造成身体伤害。

（3）做好屏浆、闭浆工作。经有关研究表明，对微粒及细裂隙的渗透和与微量附着水、结合水进行分子扩散，都要在保持灌浆压力较长时间的条件下进行。另外灌浆材料在液态向固状变化的过程中会有体积收缩，在较高的压力下不断灌注，可补入浆液，使其收缩影响降至最低程度。因此要使灌浆效果更好，需在建筑物容许的较高压力下长期缓慢灌注。这就需要作好屏浆、闭浆工作，而在现场实施中，很容易忽视这一点。

（4）控制灌浆压力。灌浆时要防止对混凝土的二次破坏，出现隆腔变形、破裂等现象。经有关单位研究，灌浆压力小于 0.2MPa 时浆液已具有良好的扩散性，故在 0.1～0.2MPa 压力下稳定 2min 仍不明显吃浆，则认为已将缝隙填充密实。因此灌浆中要控制好灌浆压力，既不欠压有不超压。

5 结语

目前，化学灌浆在混凝土裂缝、冻胀等缺陷处理中被越来越广泛使用，施工工艺也向小型化、简单化发展，但因灌浆材料的性质不同，各种材料的施工工艺还有较大区别，这需要管理以及作业人员掌握项目的施工工艺、质量重点，以能更好地完成缺陷处理工作。

另外，在环氧基的灌浆材料需要用丙酮等危险化合物进行界面处理，不仅会造成环境的污染，也可能对作业人员造成伤害，因此还需要改进化灌材料。

参考文献

[1] 杨思忠. 后张法预应力工程孔道注浆质量通病与对策［J］. 市政技术，2005（23）.

[2] 聂彦翔，高松. 混凝土裂缝灌浆修补的选材和处理［J］. 混凝土，2003（5）：56-58.

科学研究

南水北调中线沙河梁式渡槽结构选型与跨度分析研究

冯光伟[1]，左丽[2]，王彩玲[1]，陈小光[1]，张玉明[1]

（1. 河南省水利勘测设计研究有限公司，郑州 450016；
2. 南水北调中线干线工程建设管理局，北京 102407）

摘要：对已建输水渡槽工程结构与跨度以及南水北调中线大流量预应力渡槽工程本身的特点进行分析的基础上，研究沙河梁式渡槽上部结构型式、受力体系、槽数与跨度，并结合满堂架、造槽机、架槽机施工方法，对不同结构与跨度方案的优缺点从结构受力、过流条件、防洪影响、施工技术水平与施工质量、施工工期、经济性、安全性等多方面进行综合对比，论证沙河渡槽经济合理的上部结构型式与跨度。

关键词：南水北调中线工程；渡槽；结构型式；跨度；施工方案

南水北调中线一期工程沿线规划有几十座大型渡槽，与此前灌区输水渡槽不同：①低水头大流量造成过水断面超大，输水流量 60～420m^3/s，纵比降 1/2900～1/5700，横向 2 槽至 4 槽，单槽净宽 6～10m，净高 4.6～7.8m；②受净空高度、地形地质条件限制加上水荷载较大，难以形成拱渡槽，基本为梁式渡槽。渡槽规模超大，特别是沙河渡槽总长达 9km，属南水北调中线工程中规模最大、黄河南段控制工期的建筑物，综合规模亚洲第一。渡槽上部结构型式与跨度直接影响到工程投资、安全与施工工期控制，因此对沙河渡槽槽身设计方案进行研究十分必要，意义重大。

1 工程概况

沙河渡槽属南水北调中线总干渠沙河南-黄河南段，工程位于河南省鲁山县城东，全长 9.05km，由跨越沙河、大郎河的梁式渡槽（梁槽长 2166m）、跨越河道间低洼地带的箱基渡

第一作者简介：冯光伟（1969—），河南临颍人，教授级高级工程师，主要从事水工结构工程设计研究工作。

槽（长 5354m）以及绕鲁山坡的落地槽（长 1530m）组成，总设计水头 1.77m[1]。沙河与渡槽工程交叉断面以上流域面积为 1918km^2，百年一遇洪峰流量为 8190m^3/s，相应洪水位 120.84m，三百年一遇洪峰流量为 10160m^3/s，相应洪水位 121.23m[2]。常年有水河流，河地 114～115m，河谷宽浅开阔。

渡槽设计流量 320m^3/s，加大流量 380m^3/s，跨沙河梁式渡槽槽身采用双线 4 槽预应力混凝土 U 型 30m 跨简支结构，单槽净宽 8m，净高 7.4m，每两槽支承于一个墩上，共 47 跨，1410m；下部为空心墩、桩基，桩径 1.8m，主要穿过卵石、泥质砂砾岩及砾质泥岩，桩端位于砾质泥岩中[3]。大郎河梁式渡槽长 300m，10 跨，结构与沙河梁式渡槽类似。

沙河-大郎河箱基渡槽长 3534m，大郎河-鲁山坡箱基渡槽段长 1820m，槽身采用矩形双线双槽，单槽净宽 12.5m，两槽相互独立。下部为箱形涵洞。鲁山坡落地槽轴线长 1530m，矩形单线单槽布置，底宽 22.2m[1]。

2 沙河梁式渡槽槽身结构选型

2.1 槽身受力结构体系

渡槽上部槽身常用的结构形式有梁式渡槽、拱式渡槽、桁架拱式渡槽、工字梁组合渡槽等，输水断面有矩形、U 型。早期渡槽工程，尤其是流量稍大、断面宽的渡槽大多做成底宽较大的单箱多纵梁或桁架拱型式，如河南省陆浑灌区溢洪道渡槽，流量 77m^3/s，双曲拱支撑结构；河南省鲇鱼山灌区灌河渡槽，流量 100m^3/s，矩形简支结构，净宽 10m，跨度 10m。近年来随着大跨度整体受力预应力箱梁在公路、铁路尤其是高铁工程中成功采用，渡槽结构设计多倾向于输水槽体与承重结构体系一体化。

沙河渡槽渠底与河道设计洪水位间高差 3.5～4m，流量大，净空小，河谷宽浅，因此对沙河而言，渡槽上部宜为梁式渡槽。连续梁槽可有效地降低跨中弯矩，结构受力合理，但适应不均匀沉降变形能力较低，施工难度、裂缝控制较难[4]，更主要的是渡槽为开口截面，如此大的截面支座负弯矩难以满足，所以沙河渡槽选择梁式简支结构渡槽。

2.2 渡槽的槽数选择

沙河梁式渡槽上部槽数可选有 2 槽、3 槽、4 槽 3 种，对于 3 槽方案，因为跨河梁式渡槽进出口均存在与箱基渡槽的衔接问题，槽型变化为：沙河梁式渡槽-沙河至大郎河段箱基渡槽-大郎河梁式渡槽-大郎河出口箱基渡槽-鲁山坡落地槽。同时由于箱基渡槽长 5.35km，对工程量影响巨大，若箱基渡槽对应采用 3 槽，不论梁式渡槽采用何种结构，与箱基采用 2 槽相比总体工程量都增加很多，不经济，因此，梁式渡槽槽数不宜用 3 槽方案。

2 槽及 4 槽方案断面为：采用 2 槽矩形，单槽净宽 11m，净高 7.7m；采用 U 型 2 槽，单槽净宽 11.8m，净高 7.7m；采用矩形 4 槽，单槽净宽 7m，净高 7.8m；采用 U 型 4 槽，单槽净宽 8m，净高 7.4m。

从结构设计及安全性分析，结构断面之大都是前所未有的，4 槽的安全性优于 2 槽；从施工难度及施工质量分析，由于槽身断面尺寸过大，施工难度均比一般渡槽要大得多。从目前的施工技术看，国外已建的大型渡槽有印度戈麦蒂渡槽，矩形过水槽宽 12.8m、槽高 7.45m[5]，渡槽上部采用预应力承重框架支承非预应力输水槽身的布置形式。国内已建大渡

槽有东深漳洋渡槽，槽身为U型薄壁预应力钢筋混凝土结构，直径7m跨度24m[6]；刚刚建成的南水北调漕河渡槽，3槽预应力矩形，单槽宽6m跨度30m[7]。从已建工程的结构型式和规模看，不管U型槽还是矩形槽，都已有成功的施工经验，但也存在一些施工技术问题，南水北调工程的特点是输水保证率要求较高，因此，从施工技术及工程安全考虑，宜采用4槽方案。

2.3 槽身上部结构选型、跨度研究

2.3.1 方案拟定

槽身多槽时常见的结构型式一般为矩形和U型，因此沙河梁式渡槽槽身结构型式比较矩形4槽和U型4槽两种型式。作为预应力结构，跨度应较传统的钢筋混凝土结构有所突破，选择30m及40m两种，共组合4种结构方案，即：矩形4槽跨度30m、矩形4槽跨度40m、U型4槽跨度30m、U型4槽跨度40m。

渡槽的施工方案对渡槽的投资影响很大，应纳入结构方案一并比较。渡槽施工方法较多，比较常用的有满堂支架现浇法、造槽机法、架槽机法[8]等。沙河渡槽规模较大，矩形槽身单槽自重3240～3680t，U型槽身单槽自重1200～1700t。根据目前的施工技术，矩形槽比较适合的施工方法有满堂法和造槽机法，但由于矩形槽两槽一体，结构复杂，造槽机法施工难度较大，因此，矩形槽施工方案采用满堂支架法。U型槽4槽各自独立，几种方法都可以采用，因此U型槽施工方案选择满堂法、造槽机法及架槽机法3种施工方案。

(1) 矩形4槽跨度30m。双线4槽，每两槽支撑在一个墩上。单槽净宽7m，侧墙净高7.8m，总高9.5m，双联间两侧墙内壁相距9.2m。槽内设计水深6.38m。槽身侧墙厚0.60m，底板厚0.4m。纵向每2.95m设底肋，肋宽0.5m，底肋净高1.0m，槽顶部设横拉杆。侧墙和中隔墙兼做纵梁，中隔墙厚0.8m。槽身为三向预应力混凝土结构，混凝土采用C50。槽身纵向为简支梁型式，跨径30m，共48跨，槽底比降为1/4600。下部支承采用钢筋混凝土空心墩，圆端头截面，长21m，宽5.6m，空心墩壁厚1m；基础为灌注桩，桩径1.8m，每个基础下顺槽向设两排，每排5根，单桩长19～27m。

(2) 矩形4槽跨度40m。双线4槽预应力结构，上部槽身及下部支承结构型式及尺寸同矩形4槽，下部共36跨，单桩长20～34m。

(3) U型4槽跨度30m。槽身采用U型双向预应力结构，双线4槽，单槽直径8m，U槽净高7.4m，4槽各自独立，每2槽支承于一个下部槽墩上。U型槽壁厚0.35m，槽底局部加厚至0.9m，宽2.60m。槽顶设拉杆，槽两端设端肋，跨径30m共48跨，槽底比降为1/4600。下部支承采用钢筋混凝土空心墩，采用圆端头截面，长21m，宽5.6m，基础为灌注桩，每个基础下顺槽向设两排，每排5根，桩径1.8m，单桩长17～25m。

(4) U型4槽跨度40m。上部槽身壁厚0.4m，其余部位尺寸基本与30m跨度相同。下部与40m跨矩形槽相同。各方案工程量及投资（仅为跨沙河梁式渡槽段的投资）见表1。

2.3.2 上部结构型式、跨度方案论证比选

(1) 从结构受力特点分析。U型槽和矩形槽两种结构型式均有整体性好，刚度大，受力明确等优点。二者相比，U型槽水力条件较好，外形线条流畅，轻巧，同时U型槽为双向预应力，矩形槽为三向预应力，U型槽预应力施工比矩形槽相对简单。另外，从结构应力状态

分析，U 型槽结构流畅不像矩形槽有那么多转折、边角，U 型槽环向预应力筋可以沿着结构面布置，不像矩形槽贴角部位钢绞线根本控制不住，与矩形槽比，基本无应力集中现象。

表 1　各方案工程量及投资对比表

跨度			U 型 30m			矩形 30m	U 型 40m			矩形 40m
施工方案			满堂支架	造槽机	架槽机	满堂架	满堂架	造槽机	造槽机	满堂红
工程量		上部结构混凝土/m^3	82752	82752	82752	114000	94172	94172	94172	105110
		上部钢筋/t	9930	9930	9930	13680	11301	11301	1130	112613
		钢绞线/t	2350	2350	2350	3662	2611	2611	2611	4247
		下部结构混凝土/m^3	170888	187497	1739714	188439	139782	157206	147179	158976
		下部钢筋/t	12056	13044	12691	13757	9657	10789	10272	10959
		灌注桩钻孔/m	21105	23593	22246	23322	222271	224287	23111	26598
		土方/万 m^3	89．6	102．79	90．97	93．33	50．4	77．09	68．22	51．58
投资/万元	一	建筑工程	34247	36233	39642	42457	33053	35255	37490	38778
		①上部结构投资	14235	14235	18631	20177	16115	16115	191448	19765
		②下部结构投资	20012	21998	21011	22280	16938	19140	18043	19013
	四	临时工程	10343	10239	11039	10727	10465	12745	13855	10486
		其中脚手架\造槽机\架槽机	6194	6040	6754	6371	6345	8571	9624	6233
	一至四部分合计（二、三分金结电气表中示显示，各方案基本相同）		46298	48180	52389	45255	49708	53053	50972	

（2）从不同跨度对防洪安全、工程安全、质量影响分析。从跨度对河道行洪的影响分析，在 1440m 渡槽长度内，30m 跨径有 48 个槽墩，40m 跨径有 37 个槽墩，槽墩多，槽下过流断面小，对河道的影响相对就大。沙河为宽浅形河道，两种跨度水位变化不明显。30m 跨河道 20 年一遇洪水工程后水位比工程前水位壅高 0.05m，河道百年一遇洪水比工程前水位壅高 0.10m；40m 跨 20 年一遇洪水工程后水位比工程前水位壅高 0.07m，河道百年一遇洪水比工程前水位壅高 0.12m。因此，从对河道行洪影响看，30m 跨和 40m 跨方案之间没有本质的差别。

从沙河的地质条件分析，沙河基础持力层主要为卵石及第三系软岩，卵石层不均匀，相变较大，第 14 层泥质砂砾岩和砾质泥岩物质组成不均匀，胶结成岩差[3]，因此小跨度较大跨度为优。

从不同跨度的结构安全性分析，一般情况下，渡槽跨径小，施工难度亦小，安全性也高。但近几年来，随着设计水平及施工技术的提高，许多大型、超大型结构不断涌现，如前所述，漳洋渡槽、漕河渡槽，给大型渡槽设计及施工提供了宝贵的施工经验。另外，南水北调 145 亿 m^3 调水规模规划阶段，河南省水利勘测设计研究有限公司委托华北水利水电学院进行的双洎河渡槽仿真模型试验，40m 跨、单槽净宽 10.5m、槽高 9.8m[9]，实验槽身为矩形双隔墙形式，实验表明槽身各构件处于受压状态[10]。从理论上分析，两种跨度都是可行的，但 30m 跨施工质量保证程相对高些，且 30m 跨国内大型渡槽具有成功建设经验。

（3）从工程量及投资分析。从建筑工程投资看，两种跨度 8 个方案中，矩形槽方案投资

最大，比其他方案多2000万～8000万元；从工程总投资看，30m跨度矩形槽投资次大，40m跨度矩形槽投资最大，因此，从投资方面U型槽优于矩形槽。

对U型槽身结构，从建筑工程投资看，各种施工方法中，大跨度优于小跨度；施工方案投资，不管30m还是40m跨度，满堂支架方案投资最小，架槽机方案投资最大；从跨度比较，满堂支架方案大跨度优于小跨度，造槽机及架槽机方案，由于施工设备增加，则是小跨度优于大跨度。

（4）从施工方案、施工质量保证程度分析。从施工角度分析，满堂支架法是在水利工程中最常见，但脚手架和模板工作量大，施工期较长并受河道洪水影响较大，一般适用于上部荷载相对较小，下部基础承载力较高，净空较低的情况。对上部荷载较大的大跨度、大吨位渡槽且槽身为薄壁结构，存在施工时模板脚手架变形偏大问题工程质量不易保证，安全风险大，因此，对沙河渡槽来说，不应是较优方案。

造槽机法优点是不受河滩软弱地基或河水影响，可以节省大量的落地支架和临时基础及地基处理的费用，可以汛期施工。但是，由于造槽机外模移动需要，槽身之间需要较大的空间（至少4m），下部支承长度加大，增加了下部支撑的工程量。

架桥机法优点同造槽机基本不受河道、河床地质条件影响，同时采用地面预制，蒸汽养护，施工周期短，施工质量可以得到保证，相邻槽身之间需要的空间也较小，只需0.4m[11]。其缺点是架槽机架设导梁需支撑在墩帽上加大下部支撑的长度，增加下部支承的工程量，设备投资也较大。另外，沙河渡槽是渠首陶岔-黄河南控制工期的建筑物，其施工工期决定着南水北调中线工程在2013年能否通水，从这个角度分析，地面预制吊装对工期优化有利。

综上所述，对南水北调沙河渡槽而言，各方案总体上投资相差不大，下部支撑结构河道行洪影响基本相同，考虑U型槽水力条件好，结构基本无应力集中现象，造型轻巧美观；地面预制便于施工且混凝土浇筑质量易于保证，预制架设不受河道条件制约，实施中工期有优化的空间便于南水北调建设总工期的控制；30m跨度的施工机械设备容易解决，因此，沙河梁式渡槽上部结构采用双线4槽30m跨U型简支预制架设方案。

3 结语

（1）对大流量大断面预应力沙河梁式渡槽结构型式，通过结构受力、过流条件、施工质量与施工技术水平、防洪影响、投资分析、安全性等角度充分论证的前提下，综合多方面因素选定沙河渡槽上部结构30m跨预应力U型槽架槽机施工方案，应该是科学经济合理的。

（2）在大型渡槽结构选型方案分析比较时，应结合施工方案。大型渡槽施工方案对总体投资、工程质量安全影响很大，甚至直接影响设计方案的可行性，不同结构适宜的施工方案也不同，同一种施工方案对不同结构的施工难度、质量安全影响程度不一样，纳入施工方案进行的结构选型才是较为客观全面的。

参考文献

[1] 河南省水利勘测设计研究有限公司．南水北调中线一期工程总干渠沙河南-黄河南沙河渡槽段工程初步设计报告［R］．郑州：河南省水利勘测设计研究有限公司，2009.

[2] 河南省水利勘测设计研究有限公司．南水北调中线一期工程总干渠交叉河流水文气象报告（沙河南-

黄河南）[R]. 郑州：河南省水利勘测设计研究有限公司，2007.

[3] 河南省水利勘测总队. 南水北调中线一期工程沙河渡槽工程地质勘察报告 [R]. 郑州：河南省水利勘测总队，2007.

[4] 夏富洲，王长德，曹为民，等. 大流量预应力渡槽设计和施工技术研究 [J]. 南水北调与水利科技，2009（6）：20-25.

[5] 王光谦，欧阳琪，张远东，等. 世界调水工程 [M]. 北京：科学出版社，2009.

[6] 广东省东江-深圳供水改造工程建设总指挥部. 东深供水改造工程 [M]. 北京：中国水利水电出版社，2005.

[7] 牛桂林，袁浩，王志刚. 漕河渡槽结构型式选择和论证 [R]. 水利水电技术，2005（4）：41-43.

[8] 戴毓，于军. 南水北调中线工程沙河梁式渡槽架槽机施工方案 [J]. 河南水利与南水北调，2010（2）：18-19.

[9] 孙明权. 双洎河渡槽矩形梁式方案槽身应力分析研究 [J]. 人民黄河，1999（9）.

[10] 赵瑜，赵平，李树瑶，等. 大型预应力混凝土箱形渡槽结构三维有限元分析 [J]. 长江科学院院报，1999（2）.

[11] 郑州大方桥梁机械有限公司. 南水北调中线一期工程总干渠沙河南-黄河南沙河渡槽施工方案 [R]. 郑州：河南省水利勘测设计研究有限公司，2009.

工程设计

南水北调中线新型多厢梁式渡槽结构设计

王长德[1]，朱以文[1]，何英明[1]，雷声昂[2]，赵立敏[2]

（1. 武汉大学，武汉 430072；2. 河北省水利水电第二勘测设计研究院，石家庄 050021）

摘要： 针对南水北调中线渡槽流量大，荷载大的特点，提出了预应力多厢梁式渡槽新型结构及其设计方法，该种型式渡槽刚度大，承载能力大，跨越能力大，是一种经济适用的新型结构。

关键词： 预应力；多厢；梁式渡槽

1 南水北调中线工程渡槽结构的特点

南水北调中线工程总干渠自流输水，水头紧张，在技术经济比较之后，分配给渡槽的水头损失亦较小，因而在大流量，小水头损失的条件下，槽身过水断面势必很大。据可研阶段计算分析，大部分渡槽底宽在25m以上，水深大于5m，因而荷载特别巨大，槽身每延米荷载（不包括自重）为铁路荷载的十几倍乃至二三十倍，在如此巨大的荷载作用下，在确保安全可靠的前提下，使工程设计经济合理，是本研究的任务和目的。

南水北调中线渡槽由于荷载很大，河北段渡槽每延米在250t以上（黄河以南段大部分在400t/m以上），考虑地基承载力和槽身跨越能力的限制，槽身跨度不宜太大。但也不宜太小。跨度太小，河道中墩架林立、下部结构造价增大，河道的断面减少过大，河床冲刷加剧，上、下游河势变化及影响范围增大，治导工程的费用亦随之增加；跨度过大，槽身及支承结构强度、刚度、抗裂、变形等要求难以满足，或造价过高，亦不经济。因而合理的设计思路是将输水结构和承重结构相结合，选用结构整体刚度大，跨越能力大的槽身结构型式，在此基础上选用合理跨度，使设计做到经济、合理。

第一作者简介： 王长德（1946—），陕西西安人，教授，博士生导师．从事灌排工程结构及运行自动化等方面的研究。

2　多厢梁式渡槽结构

2.1　多厢梁式渡槽结构

20世纪70年代以来，矩形断面渡槽大多做成侧墙兼做纵梁，充分利用侧墙刚度大的特点，使横向挡水与纵向承重结合在一起，这在中小型渡槽设计中比较经济合理[1]。对于南水北调中线渡槽，由于槽宽大（一般都大于25m），如果沿用过去的侧墙挡水兼承重的方式，底板横向跨度大，弯矩大，底板尺寸过大也不经济，因而对于南水北调特大型渡槽，提出加设纵向隔墙的多厢矩形断面形式。

多厢矩形断面形式，同多纵梁式矩形断面相比，犹如将设在底部的数个纵梁叠加在一起形成隔墙，其工程量变化不大，但承载能力却大大增加，因而渡槽的纵向跨越能力也大大增强。由于底板跨度减小，底板受力条件也大为改观，如果在侧墙和隔墙顶部设置拉杆或作成箱形，则槽身整体刚度更大，工作性能更好。

多厢矩形断面渡槽由于隔墙的设立，增加了水头损失，减小了槽身过水的水力半径，因而过流能力有所下降。据对洺河渡槽的计算，当单厢变双厢时，通过同样的设计流量，过水断面增大约8%，三厢约增加17%，四厢约增加27%。但当渡槽长度短，进出口水头损失所占份额较大时，槽身过水断面的变化趋小。如滏阳河渡槽，二厢过流断面较单厢增加35%，三厢增加69%。（滏阳河渡槽长150m，流量345m^3/s；洺河渡槽长680m，流量335m^3/s）。根据以上原因，在采用多厢结构时厢数不宜过多，以免过水断面增大，总荷载加大，对基础工程不利。

多厢矩形槽按断面形式又可分为：矩形带拉杆、侧墙底板均为平板型；矩形带拉杆，侧墙及底板采用肋板结构；箱形断面等3种基本型式。

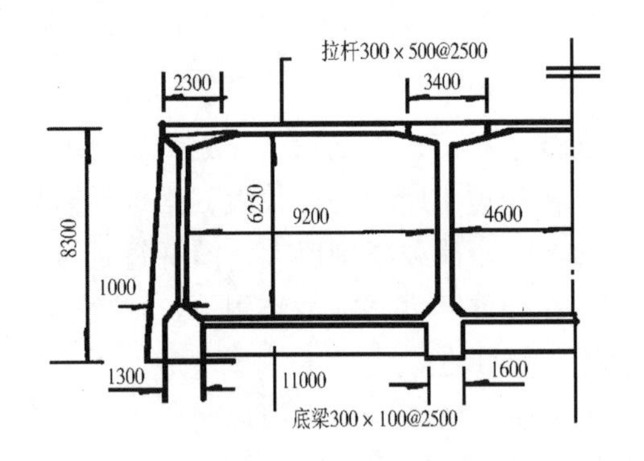

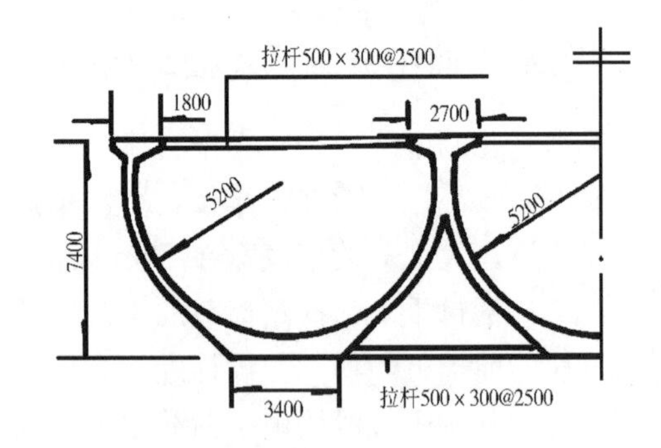

图1　渡槽横截面（单位：mm）

对于多厢断面，U型槽也可以数槽相连，作成多厢梁式U型槽，同矩形槽相比，它水力条件好、适用、美观，横向受力条件也比矩形槽要好，横向弯矩及拉应力小，对横向抗裂有利，其缺点是计算复杂，施工立模不便，不利于预制装配施工。

2.2　预应力结构方案

梁式渡槽纵向有简支、双悬臂及连续支承三种主要形式。南水北调渡槽由于其荷载大，尤其是水荷载与槽身自重的比值较大（据对洺河、牤牛河、滏阳河初步计算，水荷载为自重

的16倍左右），要求结构变形小，槽身抗裂，很难满足使用要求。据设计研究，当跨度超过25m时，简支多厢钢筋混凝土矩形渡槽难以满足抗裂要求。因此，有必要在渡槽设计中应用预应力结构方案。采用预应力混凝土结构可以减小结构尺寸，减轻自重，获得较大的跨度，并具有良好的抗裂性能。

采用上承式预应力混凝土结构渡槽方案时，对于矩形和U型渡槽，由水力计算确定过水断面水深和净宽，在此基础上确定立墙高度，立墙和底板厚度（或U型槽壁厚）等结构尺寸，最后确定纵向跨度，因此能充分发挥材料的作用。

在处理渡槽底板与纵墙的联结方式时，有意识地将底板布置在距纵墙底面以上有一定的高度外，并将底板以下的纵墙尺寸加以扩大。这种将底板抬高的联结方式具以下优点：

（1）改善了槽身底板水荷载的传递条件，使底板水荷载传到纵墙的途径由传统的间接加载传递（竖向吊筋）方式改变为部分直接与部分间接相结合的传递方式，即底板上的水荷载可部分直接传到纵墙底部的扩大部位，借以改善纵墙的受力状态。

（2）改善了纵墙底部所处的环境条件，由于纵墙底部最大拉应力区远离渡槽临水面，因而使其裂缝控制等级要求可以降低。

3　水力设计

水力计算是渡槽设计的基础，也是渡槽设计是否经济合理的关键。南水北调中线工程由于分配给渡槽建筑物的水头损失小，为减少渡槽结构尺寸，就必须作好进出口水力设计，合理选定各项局部水头损失，以使分配给渡槽槽身的水头损失值尽可能变大。南水北调中线渡槽一般在进口设在节制闸，因而进出口水头损失主要包括闸槽的水头损失，进出口渐变段的水头损失，当设计为多厢槽身互联型式时，尚应计入隔墩造成的水头损失。

4　渡槽的结构分析方法

采用过水断面与纵向支承结构相结合的多厢梁式超大型渡槽，目前国内外尚无工程实例。在以往的中小型工程中的单槽单跨结构，是近似地将它简化为纵向与横向两个平面问题来进行分析，对于这种大型渡槽结构而言，结构的三维受力效应明显，用这种简化处理方式来分析，必将带来很大的误差。这次设计研究中，采用按平面问题的结构力学方法与空间问题的有限元方法结合的分析方法，以便做到相互补充与验证，为正确判断结构的实际受力状态，提供合理依据。

4.1　结构力学方法

首先，采用结构力学方法，按纵向、横向分别计算出控制截面的弯矩和剪力，对纵向三跨连续矩形渡槽，当$l/h\leqslant 4.5$时，考虑剪切变形影响后，用力矩分配法计算，对横向三槽连续结构，按铰接刚架计算内力，以此初步确定结构尺寸及预应力筋数量。其次，根据初步确定的结构尺寸及预应力筋数量，分别利用结构力学方法按平面杆系结构和三维有限元模型按空间结构进行应力分析，计算在外荷载及预应力作用下截面上的应力，结果见表1、表2。计算中考虑了槽身自重、三槽满水时的水重2种主要荷载，接平面杆系结构计算横向应力时，还考虑了由于边墙和中墙产生相对位移的影响（取$\Delta V=5$mm，其相对位移数值参考有限元计算成果），对于多厢互联 U 型渡槽，由于按杆系计算横向计算简图难以建立、可直接采用有限元计算成果。

表 1　矩形带拉杆渡槽纵向应力计算结果（σ_2）（牤牛河渡槽）　　单位：N/mm²

应用位置			Ⅰ－Ⅰ截面		Ⅱ－Ⅱ截面		Ⅲ－Ⅲ截面	
			墙顶	墙底	墙顶	墙底	墙顶	墙底
σ_{ak}	按平面杆计算		－4. 12	3. 38	8. 09	－6. 64	－5. 47	4. 48
	三维有限元计算	边墙	－2. 74	2. 92	6. 04	－10. 88	－4. 13	4. 21
		中墙	－3. 39	3. 84	8. 35	－17. 86	－4. 86	5. 19
$\sigma_{ak}+\sigma_{pc}$	按平面杆计算		5. 63	－0. 52	1. 11	－8. 89	－6. 74	1. 20
	三维有限元计算	边墙	－4. 15	－0. 35	1. 08	－11. 85	－5. 80	1. 50
		中墙	－3. 38	0. 43	1. 22	－18. 74	－4. 76	2. 28

注：1. σ_{ak} 为三槽满水和自重作用下的计算应力；
2. σ_{pc} 为在预应力作用下的计算应力；
3. 截面位置见下图。

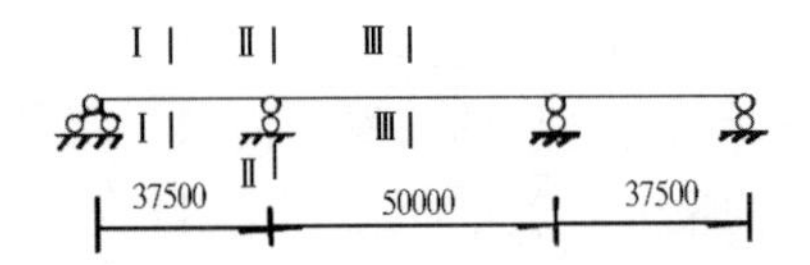

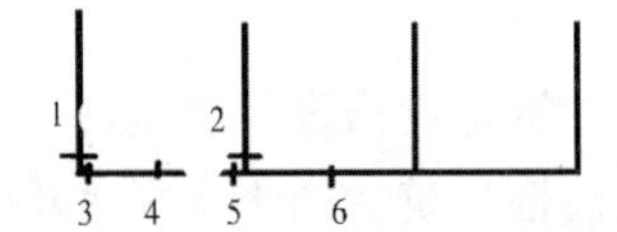

表 2　矩形带拉杆渡槽横向应力计算结果（牤牛河渡槽）　　单位：N/mm²

应力及位置		σ_{ak}			$\sigma_{ak}+\sigma_{pc}$		
		按平面杆系计算	三维限元计算		按平面杆系计算	三维限元计算	
			Ⅰ－Ⅰ	Ⅲ－Ⅲ		Ⅰ－Ⅰ	Ⅲ－Ⅲ
边墙 $1\sigma_y$	内边缘	5. 20	2. 53	2. 84	1. 13	－0. 60	－0. 40
	外边缘	1. 54	01. 0	0. 02	－2. 25	－2. 30	－3. 00
中墙 $2\sigma_y$	中槽侧	2. 50	1. 20	1. 36	－2. 99	－1. 90	－2. 00
	边槽侧	0. 90	0. 90	0. 55	－4. 59	－2. 70	－3. 10
底墙 $3\sigma_x$	梁顶	3. 14	2. 04	2. 31	－0. 06	－0. 47	0. 10
	梁底	－6. 87	－2. 23	－290	－1478	－5. 20	－6. 10
底墙 $4\sigma_x$	梁顶	－2. 31	－0. 97	－0. 80	－1. 68	－3. 27	－3. 15
	梁底	9. 10	6. 65	6. 62	－2. 10	1. 28	1. 22
底墙 $5\sigma_x$	梁顶	3. 19	3. 10	2. 74	0. 32	－1. 32	－1. 50
	梁底	－6. 15	－3. 80	－3. 30	－15. 39	－4. 53	－4. 60
底墙 $6\sigma_x$	梁顶	－2. 22	－0. 50	－0. 56	－1. 61	－3. 40	－3. 40
	梁底	8. 86	5. 40	6. 02	－1. 89	2. 15	2. 43

注：见表 1 注。

4.2　有限元模型的建立

U 形与矩形截面渡槽的厚度远小于长、宽、高方向的尺度，符合采用薄板、薄壳单元的

假定，若采用板、壳元可大大减少题目的规模。但板、壳元难以描述渡槽结构中的局部加强部位的应力分布，而这些局部加强部位的作用是十分重要的；另外板壳元内难以考虑预应力钢筋的布置，所以我们采用三维实体元来建立网格，预应力钢筋采用三维杆元。

由于渡槽结构纵向比较均一的特点，除了每隔一定距离设置加劲肋板以外，各横截面的尺寸是不变的，容易在一个平面内生成单元形态合理的网格，然后用网格纵向拷贝堆积起一个包括两个肋板的三维网格单位，对此网格单位再进行拷贝就可以生成全部模型，这一网格生成操作在 SuperSAP 的前处理工具 Superdraw 的可视化平台上进行，十分简明方便。

由于预应力钢筋的存在，有限元网格的剖分在很大程度上需服从钢筋的分布。由于配筋密度较高，加上连续梁支承方式反弯点的存在，必然设置斜肋，从而网格分布较密。在考虑了结构的对称性，纵向、横向各取一半后，有限元离散后的方程还可达到八万以上，由于微机软硬件技术的飞速发展，在微机平台上进行这种规模的计算已经可以实现。

4.3 预应力施加

由于采用后张法施加预应力，即先浇灌混凝土，等达到规定强度后再张拉预应力钢筋，预应力通过锚头传给混凝土，钢筋与混凝土之间的黏结力是在张拉后，对孔道灌入水泥浆来形成的，随着离锚具的距离增大，预应力有所损失。计算假定混凝土与钢筋之间的黏结很好，不会产生相对滑移，混凝土单元与钢筋单元之间的连接是节点上的铰接，两者在公共节点上协同工作，所以预应力只能以节点的沿钢筋杆元的轴向外荷载形式施加，而且必须计及预应力损失。这一损失的计算方法如下：计算中考虑的预应力损失因素有四项，它们是张拉端锚具变形损失 σ_{11}、预应力钢筋与孔道壁摩阻损失 σ_{12}、预应力钢筋松驰损失 σ_{14}、混凝土收缩与徐变损失 σ_{15}。扣除上述 4 种预应力损失后的预应力 σ_{y1} 为实际施加于节点上的预应力，即

$$\sigma_{y1}=\sigma_{\omega i}-\sigma_{11}-\sigma_{12}-\sigma_{14}-\sigma_{15}$$

实际施加的节点预应力为

$$N_{y1}=\sigma_{y1}A_p$$

式中：A_p 为预应力钢筋的横截面积。

加在同一根预尖力钢筋上各个杆元节点处的 N_{y1} 是一个变量，其衰减变化值由沿程损失 N_{y1} 以反向荷载的形式实现：

N_{y1} $(\Delta N_{y1})_1$ $(\Delta N_{y1})_2$ … $(\Delta N_{y1})_2$ $(\Delta N_{y1})_1$ N_{y1}

N_{y1} 与各个节点的 ΔN_{y1} 值作为外荷载形式，事先算出，然后可利用 SuperDraw 的可视化平台直接加到各节点上，充分利用 SuperDraw 中的各种工具，在节点施加 N_{y1} 与各个 ΔN_{y1} 并不困难，考虑预应力损失的计算模型的实现，是我们运用有限元法进行预应力渡槽设计的一个重要步骤。

4.4 温度荷载

温度荷载是水工渡槽设计的主要荷载，对于简支（或连续）支承渡槽，由于采用盆式橡胶支座，支座对渡槽纵向均匀温度工况下的变形约束很小，基本上可以不考虑，但对非均匀温度情况，如考虑不同部位日照情况不同的温差，气温与水温的影响等，由于槽身本身为空间板梁体系，这些工况所造成的横向温度应力不容忽视，对这一问题，我们将另文予以介绍。

5 结论

（1）南水北调中线渡槽上部结构比较经济的结构型式为输水结构和承重结构相结合的型式，在此指导思想下，为了克服槽宽较大，底板内力大的困难，提出了新型的多厢互联梁式渡槽型式，结合牤牛河和洺河工程实际，对具体的结构布置、计算方法、结构设计方法作了研究探讨，进行了成功的设计，在设计中，我们充分利用该种型式渡槽刚度大、承载能力大、跨越能力大的优点，采用大跨度，结合预应力技术，大幅度减少槽身自重，减少了下部结构工程量，获得了良好的技术经济效益。

（2）虽然预应力技术已广泛应用于土木工程的各个领域，但在渡槽工程中应用很少，而且一般仅只是纵向施加，尚未形成完整的设计方法。在南水北调中线渡槽工程应用预应力技术，可以减少结构尺寸，减轻自重，获得较大的跨度，增强结构的抗裂性能，使结构更加经济合理。本设计研究中，我们应用部分预应力技术于渡槽结构设计，采用结构力学方法和有限元计算相结合的方法，解决了南水北调中线渡槽复杂空间结构设计问题，并在预应力钢筋结构体系，适用规范规程等方面作了较为深入的探讨，比较完整地提出了超大型预应力渡槽结构设计理论及方法。

（3）南水北调中线工程的超大型预应力渡槽结构。由于其巨大复杂的空间体型和工程重要性，有必要采用先进的力学分析手段去了解它在各种工况下的实际应力和变形情况。由于采用预应力技术于如此复杂的空间结构，还有必要对施加预应力后的结构应力和变形情况进行分析，以判断预应力体系设计是否正确合理。本研究在微机平台上，利用有限元结构设计软件，建立了渡槽结构的有限元分析模型，发展了可视化处理软件，建立了施加预应力后结构体系的反分析的计算模型，为渡槽工程的结构设计。

参考文献

[1] 赵文华．渡槽［M］．北京：水利电力出版社，1984．

工程设计

南水北调中线干线工程沙河箱基渡槽结构设计研究

王彩玲

（河南省水利勘测设计研究有限公司，郑州 450008）

摘要： 南水北调中线沙河箱基渡槽过流量大、结构尺寸大、形式复杂，进行结构设计时必须考虑渡槽的空间整体性及槽身与涵洞之间的相互作用。本文结合有限元仿真分析，研究沙河箱基渡槽结构设计中需要解决的若干问题，提出相应的设计模式，为以后类似工程的设计提供借鉴。

关键词： 渡槽；有限元；南水北调工程

1 工程概况

沙河渡槽工程是南水北调中线总干渠穿越沙河、将相河、大郎河及该段低洼地带的大型综合式交叉建筑物，全长 9050m，渡槽设计流量 $320m^3/s$，加大流量 $380m^3/s$，规划设计水头 1.77m。建筑物设计级别为 1 级，地震设计烈度 6 度。

沙河渡槽工程由梁式渡槽、箱基渡槽、落地槽三种结构型式组成，分为 5 个设计段，即沙河梁式渡槽，长 1666m；沙河一大郎河箱基渡槽，长 3534m；大郎河梁式渡槽，长 500m；大郎河-鲁山坡箱基渡槽，长 1820m；鲁山坡落地槽，长 1530m。由于在沙河渡槽工程中箱基渡槽总长 5354m，其长度占沙河渡槽总长的二分之一多，因此，在设计过程中对其结构型式、结构应力进行比选及分析是非常必要的。

2 结构型式选择

沙河一鲁山坡段滩地地面高程低于渡槽槽底高程 6～8m，可选择的渡槽结构型式有梁式渡槽和箱基渡槽，经过比较，箱基渡槽在工程投资方面优于梁式渡槽，因此，该段采用箱基渡槽结构型式。

作者简介： 王彩玲（1960一），河南，高级工程师，主要从事农田水利工程。

箱基渡槽槽身采用矩形双槽布置，单槽净宽 12.5m，两槽相互独立；槽身侧墙高 7.8m，下部箱基涵洞净高 5～8.5m，每节槽身长 20m。采用普通钢筋混凝土结构。

2.1 上部槽身型式选择

由于南水北调中线干线调水量大，水头紧缺，造成了沙河涵洞式渡槽荷载较大、体型复杂。合理选择涵洞式渡槽的结构形式使其受力明确，安全可靠是进行沙河涵洞式渡槽结构设计的首要问题。

考虑到箱基渡槽单槽净宽达 12.5m，净高 7.8m，如在槽顶设置拉杆，侧墙加肋，则拉杆自重过大，需配置较多受力钢筋，既增加工程造价，又造成槽身侧墙内力分布复杂。因此，对沙河箱基渡槽这种大断面结构，采用独立的变截面侧墙，不设拉杆及侧肋，这样可使结构受力明确，便于施工，又可降低投资。

2.2 下部支承涵洞型式选择

下部支承采用涵洞式基础，对涵洞式支承，分横箱及纵箱两种型式进行比较，比较对象取一节槽身，长 20m，涵洞净高取 7.7m，两种渡槽结构型式如图 1、图 2 所示。

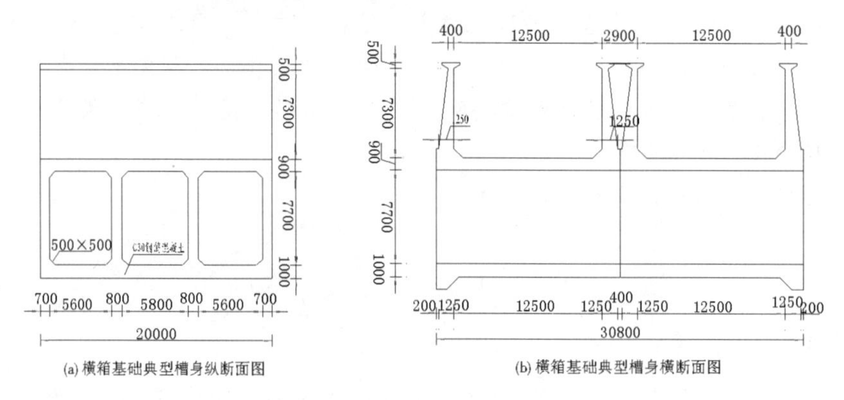

(a) 横箱基础典型槽身纵断面图　(b) 横箱基础典型槽身横断面图

图 1　横箱涵洞典型断面图（单位：mm）

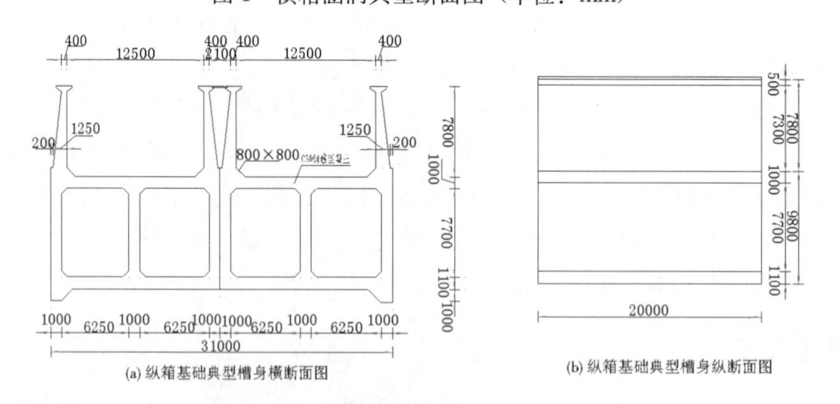

(a) 纵箱基础典型槽身横断面图　(b) 纵箱基础典型槽身纵断面图

图 2　纵箱涵洞典型断面图（单位：mm）

2.2.1 横箱方案

横箱方案即涵洞轴线垂直渡槽水流方向，单联洞身长 15.5m，3 孔一联，每联涵洞宽即每节槽身长 20m，侧墙净高 7.8m，侧墙顶宽 0.5m，底宽 1.25m，涵洞顶板厚 0.9m，底板厚 1.1m，侧墙厚 0.7m，中隔墙厚 0.8m，槽身底板即涵洞的顶板。横箱典型结构图如图 1

所示。

2.2.2 纵箱方案

纵箱方案即涵洞轴线方向与渡槽水流方向一致，每联2孔，单联宽15.5m，涵洞长20m，上部侧墙尺寸同横箱，涵洞顶板厚1m，底板厚1.1m，侧墙及中隔墙均为1m。纵箱典型结构图如图2所示。

2.2.3 方案比较

首先从从工程安全角度分析，两种型式均能满足工程安全运行的要求；其次从对河道的影响分析，大郎河及将相河交叉断面以上流域面积均超过20km^2，河道断面较小，两岸地形平坦，汛期洪水漫滩，采用横箱方案，平时沟道小水从涵洞中下泄，不打乱原有水系布局，汛期洪水可以迅速从涵洞中通过，基本不影响排水现状，而纵箱方案因水流不能从涵洞中通过，局部设置排水及导流工程，会壅高水位，可能对当地防洪带来不利影响；第三，从工程的景观效果看，横箱方案两侧通透，其景观效果优于纵箱；第四，从投资方面，两方案基本相当。综合分析，横箱基础方案优于纵箱方案，因此，沙河渡槽箱基渡槽采用涵洞垂直水流方向的横箱基础方案。

3 箱基渡槽设计

3.1 渡槽稳定性计算

渡槽水平向仅受风荷载，其水平力与槽身重量相比很小，因此，箱基渡槽稳定性计算主要计算地基承载力及沉降问题。

(1) 地基承载力验算。渡槽基础沿线主要置于第②层重粉质壤土、第③层砾砂、第④层中砂、第⑨层黄土状重粉质壤土、第⒀-2层卵石之上，除第⒀-2层卵石地基外，其余各土层承载力均不能满足渡槽压应力要求，需要进行地基处理，根据地质分层及周边环境，分段采用强夯、换填级配砂卵石、CFG桩及灌注桩地基处理方式。

(2) 沉降验算。沉降计算主要验算槽身之间沉降差是否满足止水带拉伸要求，如果沉降差过大，将会拉断裂缝间止水带，造成渡槽渗漏或大面积出水破坏。因此，根据地基及荷载情况共选取了53个断面验算渡槽沉降量及相邻槽身沉降差，经计算，单槽最大沉降量为5.9cm，纵向相邻两槽最大沉降差为2.14cm，满足止水带的拉伸要求。

(3) 渡槽横向两槽之间分缝。渡槽横向两联间沉降虽对止水带影响不大，但如果横向沉降差过大，会引起两联渡槽向中间倾斜，导致渡槽侧墙发生碰撞挤压。因此，应根据沉降计算结果合理确定两槽分缝间距，根据沉降计算结果分析，箱基渡槽横向两槽水平向最大位移3.6cm，为保证两槽不会接触，两槽间距应设置为8cm。

3.2 渡槽结构设计

箱基渡槽实际上为空间受力结构，采用空间结构力学计算非常复杂，因此在进行结构计算时，首先采用平面结构力学计算，再用有限元法进行应力分析，对结构力学法计算成果进行复核、验证及补充。

结构应力控制条件为基本组合下渡槽迎水面抗裂，其余部位限裂。

3.2.1 槽身结构尺寸拟定

箱基渡槽槽内设计水深6.50m，加大水深7.155m，满槽水深7.255m[1]，以涵洞净高7.7m槽身为例，对渡槽结构内力进行分析。初拟槽身结构尺寸为：上部槽身侧墙净高7.8m，上部厚0.4m，下部厚1.25m，墙顶设1.5m宽人行道；下部箱基涵洞分为3孔，中孔净宽5.8m，边孔净宽5.6m，中隔墙厚0.8m，边墙厚0.7m，涵洞净高7.7m，单节槽身横向涵洞长15.2m，纵向槽身长20m。

渡槽槽身及下部涵洞均采用C30混凝土，受力筋及主要构造筋均采用Ⅱ级钢筋。建筑物级别为1级。

3.2.2 温度作用

温度对渡槽的作用分为施工期和运行期两种情况，对箱基渡槽这种薄壁结构，施工期可通过采取温控措施或结构措施控制框架封拱期温度应力，因此结构计算时只考虑运行期的温度作用。

运行期温度应力计算时，外部温度取多年月平均最高、最低气温，槽内外温差分别为夏季6℃、冬季2.9℃。同时考虑渡槽底板不受太阳直射，下部涵洞通风良好，底板夏季温差取4℃。

3.2.3 结构力学法计算

（1）渡槽上部侧墙结构计算。上部侧墙为悬臂结构，横向计算时顺水流方向取1m长度进行。考虑到侧墙底部靠近底板部位在内外温差作用下的变形不能完全释放，则适当考虑该部位的竖向温度应力，同时在渡槽侧墙顺水流方向的中间部位，会出现不能完全释放的顺槽向温度应力，这在结构力学简化计算中无法考虑，因此对该部位的温度应力结合有限元法的分析结果确定。

经计算，槽内设计水深时上部侧墙内侧由荷载产生的弯矩为280kN·m，夏季月平均温度产生的力矩为217.89kN·m，说明温度荷载引起的内力不容忽视。

（2）渡槽下部涵洞结构计算。涵洞轴线垂直渡槽水流方向，其上部荷载主要为水重及侧墙自重，结构设计时，横向和纵向分别计算。对于温度应力，考虑涵洞隔墙厚度80cm左右，且通风条件好，因此下部涵洞只考虑顶板温度的影响，不计隔墙及底板自身温差。同时考虑涵洞顶板不受太阳直射，其夏季温差采用按4°。

横向计算：取1m长涵洞横断面，作为搁置在地基上的三孔静力平衡框架，地基反力假定按直线分布，不考虑上部侧墙对箱涵刚度的影响。

纵向计算：取涵洞隔墙为脱离体，将其简化为相互独立的工字梁，按作用于地基上的弹性梁计算，侧墙自重及水荷载产生的弯矩作为弹性地基梁的端荷载计算。计算结果表明，箱涵刚度较大，按构造要求配置钢筋即可，不必另配受力钢筋。

4 有限元分析

有限元分析采用solid45单元，温度场计算采用solid70单元，建立两槽一联20m长度有限元模型。基础土体取地面以下12m深，第一层换填级配砂卵石深度2m，第二层重粉质壤土土体深度3.3m，第三层天然中砂深度2.1m，第四层天然卵石深度4.6m。槽体两侧各取

30m 宽度建模。模型中两槽之间节点无相互作用。地基节点在两槽结合部位相互耦合，地基底面及四个侧面分别法相约束。渡槽与地基接触部位共用节点，涵洞内土体以土压力考虑[2]，在计算箱基渡槽造成的地基沉降量中，为避免地基土层及卵石层自重沉降的干扰，取基础土体及卵石的密度为 0。有限元模型如图 3 所示。

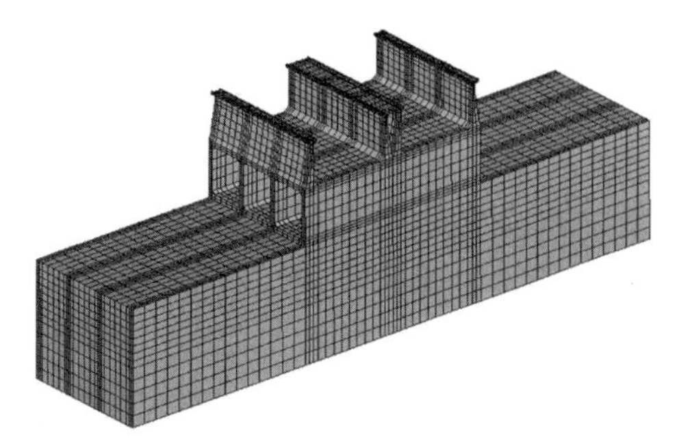

图 3　沙河箱基渡槽有限元模型

有限元分析计算了 12 种工况，现选取典型工况（渡槽设计水深＋涵洞无水＋夏季温差）加以分析。图 4～图 6 为渡槽各方向应力分布云图。

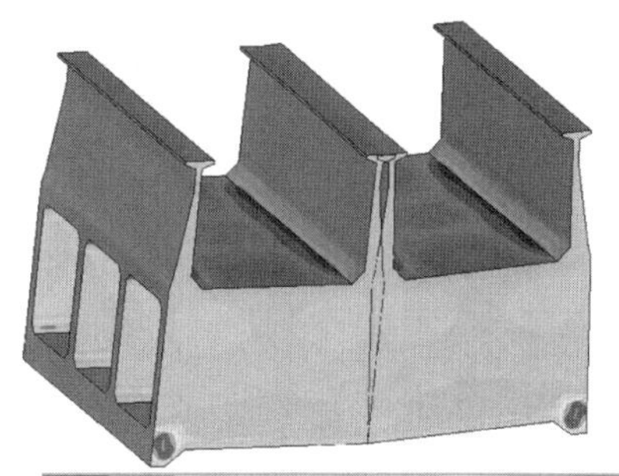

图 4　渡槽横向（X 向）应力分布

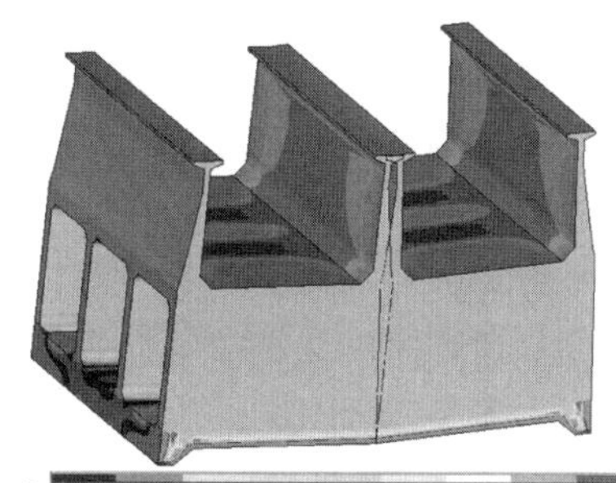

图 5　渡槽竖向（Y 向）应力分布

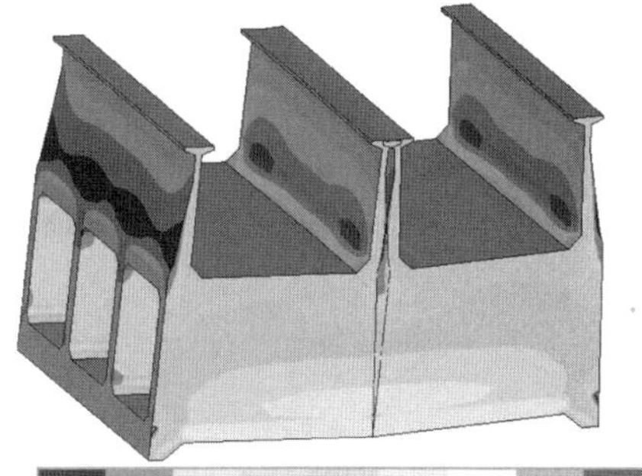

图 6　渡槽纵向（Z 向）应力分布

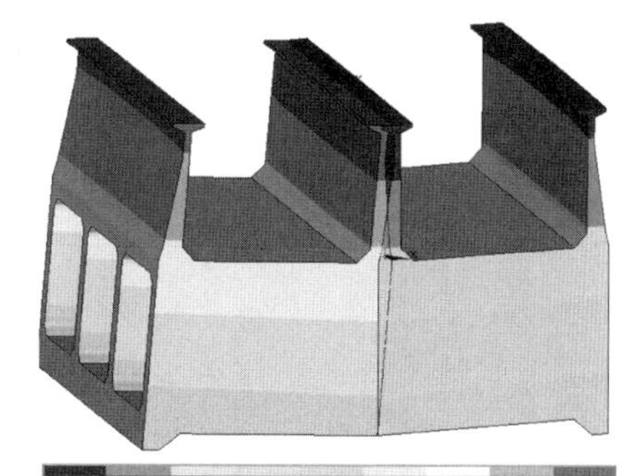

图 7　渡槽横向（X 向）位移

有限元分析结果显示，渡槽横向应力 SX 最大值为 3.54MPa，发生在渡槽侧墙内侧与底板的交接处，最小应力为－2.08MPa，发生在涵洞顶板内侧与渡槽侧墙交接部位。竖向应力 SY 最大值为 2.63MPa，发生在渡槽底板与涵洞中隔墙相交的槽内表面上，最小应力为－2.72MPa，发生在涵洞顶板内侧与涵洞中隔墙相交处。纵向应力 SZ 最大值为 4.55MPa，发生在渡槽侧墙内侧与底板相交的贴角上边缘局部区域内，最小应力为－3.81MPa，发生在渡槽侧墙外侧与底板相交的局部区域内。通过对有限元仿真计算结果的分析可以得出以下结论：

（1）箱基渡槽结构有限元计算表明渡槽在发生不均匀沉降后会向中间倾斜，如图 7 所示，两个渡槽相对横向位移达 5.25cm（侧墙顶部），两槽相互靠拢；竖向最大变形 UZ 为 7.4cm，涵洞及渡槽下沉。这与结构计算结果基本一致，设置 8cm 的缝间距是合适的。

（2）渡槽槽壁及涵洞的最大应力发生部位与结构力学法计算一致，最大应力略大于C30混凝土的抗拉强度，这是由于有限元计算未考虑结构中钢筋的作用；结构总体应力分布比较均匀，说明箱基渡槽的结构尺寸设计是合理的。

（3）有限元温度应力仿真计算显示在渡槽侧墙内侧顺水流向中部会出现较大的温度应力，这是结构计算中难以考虑到的，应在该部位适当增加顺槽向温度钢筋。

（4）涵洞横向及纵向应力分布相对比较均匀，说明上部侧壁对涵洞的集中荷载及端弯矩作用影响并不显著，不必进行构造加强。

5 结语

箱基渡槽的结构设计研究优化了渡槽的结构型式及尺寸，采用结构力学与有限元分析相结合的方法，对温度及地基沉降对结构的影响进行了分析，根据分析结果对结构局部进行加强，增加了渡槽结构的可靠性。目前，沙河箱基渡槽工程已进入施工阶段，该工程的顺利施工将为我国大型箱基渡槽工程的设计和施工提供有益的借鉴。

参考文献

［1］ 南水北调中线一期工程总干渠沙河南-黄河南沙河渡槽段工程初步设计报告［R］．郑州：河南省水利勘测设计研究有限公司，2009.

［2］ 吴鸿庆．结构有限元［M］．北京：中国铁道出版社，2001.

工程设计

南水北调中线干线工程沙河渡槽水头优化分配设计

买巨喆，张明恩，郭晓萌

（河南省水利勘测设计研究有限公司，郑州 450016）

摘要：沙河渡槽工程线路长，槽型复杂，共分5段，各段相互间影响较大，每段渡槽断面尺寸的变化，都会影响整座建筑物的工程量，为使工程投资最小，对各段进行水头优化分配。水头分配主要考虑建筑物型式、工程单价、建筑物长度以及工程投资等因素，在满足工程要求的前提下，力求使投资最小。

关键词：沙河渡槽；水头优化；水力计算；南水北调

1 工程概况

沙河渡槽是南水北调中线一期工程总干渠的组成部分，位于河南省平顶山市的鲁山县。沙河渡槽由沙河梁式渡槽、沙河一大郎河箱基渡槽、大郎河梁式渡槽、大郎河一鲁山坡箱基渡槽，鲁山坡落地槽组成，总长9050m，其中沙河梁式渡槽长1666m，沙河一大郎河箱基渡槽长3534m，大郎河梁式渡槽长500m，大郎河-鲁山坡箱基渡槽1820m，鲁山坡落地槽长1530m。

2 水头优化条件

沙河渡槽共分5大设计分段，各段相互间影响较大，每段渡槽结构形式及断面尺寸的变化，都会影响整座建筑物的工程量，因此，需要从投资、水头对各段渡槽的敏感性、不同渡槽比降合理性等方面进行分析论证，对水头进行科学分配。水头优化的条件为：

（1）除进口渐变段反坡外，其余各段间均以顺坡连接，以保证渡槽检修时能够放空。

（2）梁式渡槽采用U型4槽形式，下部支承采用空心墩；基础采用灌注桩。

（3）箱基渡槽采用单槽矩形双联布置型式。

第一作者简介：买巨喆（1980—），工程师，主要从事水工结构、安全监测设计。

（4）鲁山坡落地槽采用单槽矩形型式。

3 水力计算

3.1 设计条件

本段总干渠设计流量为320m³/s，沙河渡槽分配的总水头为1.77m。水力计算的设计条件为，当通过设计流量时，从上游进口渐变段起点到下游出口渐变段终点的总水头损失为1.77m。计算中闸室、连接段及槽身部分糙率采用0.014，进出口渐变段的糙率采用0.015。

水力计算时将其分为11段计算，分别为进口渐变段（包括节制闸）、沙河槽身段、沙河一大郎河箱基渡槽连接段（包括检修闸）、沙河一大郎河箱基渡槽段、箱基渡槽与大郎河连接段、大郎河槽身段、大郎河渡槽连接段、大郎河一鲁山坡箱基渡槽段、鲁山坡连接段（包括检修闸及其进出口段）、鲁山坡落地槽段、出口渐变段。

根据水头优化限制条件，选择4种U型槽直径进行比较，即直径分别为6.4m、7m、8m、9m。

3.2 水力计算公式

（1）渡槽水力设计的基本公式为

$$Z_1+\frac{V_1^2}{2g}=Z_2+\frac{V_2^2}{2g}+h_{w1} \tag{1}$$

式中：Z_1、Z_2为计算段段前、段后水位，m；V_1、V_2为计算段段前、段后断面流速，m/s；h_{w1}为计算段水头损失，m。

渡槽的水头损失包括：①沿程损失；②进口墩、墙侧收缩引起的水头损失；③局部损失；④弯道附加水头损失沙河一大郎河箱基渡槽段中包括420m的弯道段，大郎河出口箱基渡槽段中包括320m的弯道段，鲁山坡落地槽包括499m弯道段。

（2）各种水头损失的计算。

1）沿程损失。

槽身段：由于各段槽身段都较长，其设计流量下槽身段按明渠均匀流计算水面降落ΔZ为

$$\Delta Z=i\cdot L \tag{2}$$

式中：L为槽身长度，m；i为槽底纵坡。

渐变段、连接段、闸室段：

$$\Delta Z_1=J_{1-2}\cdot L_1 \tag{3}$$

式中：J_{1-2}为计算段始末端断面间的平均水力坡降；L_1为计算段的长度，m。

2）进口闸墩引起的水面降落值ΔZ_2为

$$\Delta Z_2=2K(K+10\omega-0.6)(a+15a^4)\frac{V^2}{2g} \tag{4}$$

式中：K为隔墩头部形状系数，半圆形墩头取0.9；ω为束窄断面流速水头与水深之比；α为隔墙总厚度与槽身净宽之比；V为槽内流速，m³/s。

3）局部水头损失。

闸槽水头损失按$\xi_{槽}\frac{V^2}{2g}$计算，V为闸槽断面平均流速，$\xi_{槽}$取为0.05。

渐变段、连接段水头损失按下式计算：

$$\Delta Z_3=\xi\frac{|V_2^2-V_1^2|}{2g} \tag{5}$$

收缩渐变（连接）段 $\xi=0.15$，扩散渐变（连接）段 $\xi=0.25$，V_1、V_2 为渐变（连接）段首末端的流速。

4）弯道附加水头损失。

$$\Delta h_j=190\frac{BHV^2}{r_0^2C^2R}L \tag{6}$$

式中：V 为断面平均流速，m/s；B 为水面宽，m；H 为水深，m；r_0 为弯道半径，m；C 为谢才系数，$C=\frac{1}{n}R^{\frac{1}{6}}$，$m^{0.5}/s$；$R$ 为水力半径，m；L 为弯道长度，m。

（3）槽身过流能力计算。槽身过设计流量时，过流能力按明渠均匀流计算，其计算公式为

$$Q=CA\sqrt{Ri} \tag{7}$$

式中：Q 为通过渡槽的流量，m^3/s；i 为槽底纵坡；A 为槽身过水断面面积，m^2；n 为糙率，采用 $n=0.014$。

沿程取 11 个计算段、12 个控制断面，逐段列能量方程进行计算。

3.3 优化方案水力计算结果

通过进行水力计算，各方案各段设计水力要素见表 1。

表 1　各方案水力要素表

渡槽分段	项目	方案 1	方案 2	方案 3	方案 4
		U 型槽直径 6.2m	U 型槽直径 7m	U 型槽直径 8m	U 型槽直径 9m
沙河梁式渡槽	单槽直径/m	6.4	7	8	9
	水深/m	6.2	6	6.05	6.1
	比降	2800	3200	4600	6100
	水头/m	0.536	0.469	0.326	0.246
沙河-大郎河箱基渡槽	单槽宽度/m	15	14.5	12.5	12.5
	水深/m	6.3	6.1	6.4	6.1
	比降	9000	7500	5900	5200
	水头/m	0.397	0.476	0.604	0.685
大郎河梁式渡槽	单槽直径/m	6.4	7	8	9
	水深/m	6.3	6	6.45	6.2
	比降	2800	3200	5400	6400
	水头/m	0.096	0.084	0.050	0.042
大郎河-鲁山坡箱基渡槽	单槽宽度/m	15	14.5	12.5	12.5
	水深/m	6.4	6.4	6.5	6.2
	比降	9000	8500	6100	5400
	水头/m	0.209	0.221	0.307	0.347
鲁山坡落地槽	槽宽/m	25	23.7	22.2	22.5
	水深/m	6.8	6.8	6.8	6.8
	比降	10000	8900	7600	7900
	水头/m	0.146	0.164	0.191	0.184

4 工程量对比及投资分析

根据计算的各段槽身的断面参数，分别对 4 种方案的工程量及投资进行计算，工程量及投资对比见表 2。

表 2 各方案工程量及投资对比表

项目			方案 1	方案 2	方案 3	方案 4
			U 型槽直径 6.2m	U 型槽直径 7m	U 型槽直径 8m	U 型槽直径 9m
梁式渡槽	上部槽身	C50 混凝土槽身/m^3	113224	113224	118203	126109
		钢筋/t	13587	13587	14184	15133
		钢铰线/t	4074	4074	4260	4540
		投资/m^3	17531	17531	18315	19531
	下部基础	C30 混凝土墩身/m^3	22615	22615	23831	25047
		C30 混凝土承台/m^3	35627	35627	35627	35627
		C25 混凝土灌注桩/m^3	54796	56813	62573	68073
		C30 混凝土墩帽/m^3	16142	16142	17662	17662
		灌注桩造孔/m	21534	22326	24590	26751
		钢筋/t	8849	8970	9565	9992
		投资/万元	12580	12866	13880	14741
	合计/万元		30112	30397	32195	34272
箱基渡槽		C30 混凝土槽身/m^3	328146	323186	305197	303348
		C30 混凝土涵洞/m^3	421909	410538	365057	365057
		钢筋/t	81568	79836	73129	72908
		投资/万元	58840	57579	52688	52534
鲁山坡落地槽		C30 混凝土槽身/m^3	73698	71244	68414	68978
		钢筋/t	8844	8549	8210	8277
		投资/万元	6121	5917	5682	5729
总投资/万元			95073	93893	90565	92534

从表 2 中可以看出，对于梁式渡槽，方案 1 投资最小，为 30122 万元，方案 4 投资最大，为 34272 万元。对箱基渡槽，方案 4 投资最小，为 52534 万元，方案 1 投资最大，为 58840 万元；对每段渡槽而言，比降越陡，断面越小，工程量也越省；但对于整座渡槽而言，由于箱基渡槽比较长，其比降的变化对工程投资影响较大，因此，从整座建筑物工程投资比较，方案 3 投资最小。

5 方案选择

根据投资最小的原则，最终选择沙河渡槽断面尺寸为：沙河梁式渡槽槽底比降 1/4600，单槽直径 8m，净高 7.4m；沙河-大郎河箱基渡槽槽底比降 1/5900，单槽净宽 12.5m，净高 7.8m；大郎河梁式渡槽槽底比降 1/5400，单槽直径 8m，净高 7.8m；大郎河-鲁山坡箱基渡槽槽底比降 1/6100，单槽净宽 12.5m，净高 7.8m；鲁山坡落地槽槽底比降 1/7600，单槽净宽 22.2m，净高 8.1m。

工 程 设 计

南水北调中线干线工程漕河渡槽槽身混凝土温控计算分析

左丽[1]，庞敏[1]，冀荣贤[2]，李玲[1]

（1. 南水北调中线干线工程建设管理局，北京 100038；
2. 南水北调中线干线工程建设管理局 河南直管项目建设管理局，郑州 450046）

摘要：本文通过对漕河渡槽槽身结构进行温度应力三维有限元分析计算，得出槽身水化热温升、墙体温度和间歇面温度，根据施工后裂缝出现的实际情况，通过三维有限元非线性计算，可以获得槽身任意部位的应力，也可以获得槽身的裂缝产地。同时，通过渡槽温度裂缝控制三维有限元模拟，对渡槽不同间歇期和渡槽混凝土内外温度的不同变化分析计算，提出控制温度裂缝的工程措施。

关键词：预应力；温度应力；裂缝；温度控制

1 工程简介

漕河渡槽是南水北调中线总干渠上的一座大型交叉建筑物，全长2300m，为Ⅰ级建筑物，地震设计烈度为6度，设计流量为125m^3/s，加大流量为150m^3/s，相应槽内水深分别为4.15m和4.792m，渡槽进、出口底高程分别为62.414m、61.848m。

漕河渡槽由进口渐变段、进口闸室段、落地槽段、渡槽槽身段、出口闸室段和出口渐变段等部分组成。其中渡槽槽身段包括20m跨旱渡槽段和30m跨河槽段两部分。渡槽槽身段总计76跨，上部槽身均采用简支梁式三槽一联整体多纵墙三向预应力结构，单孔过水断面净宽6.0m，槽深5.4m。槽身外侧加设底肋和侧肋，间距2.5m，底肋断面（$b\times h$）0.5m×0.9m，侧肋断面（$b\times h$）0.5m×0.7m。槽身顶部设拉杆，断面尺寸（$b\times h$）0.3m×0.4m。槽身底板厚0.5m，侧墙厚0.6m，中墙厚0.7m。中纵墙顶部设2.7m宽人行道板，边纵墙顶部设

第一作者简介：左丽（1979—），河北邯郸人，工程硕士，主要从事工程项目管理研究。

2.0m宽人行道板。

2 漕河渡槽温度应力三维有限元计算

2.1 计算假定及参数

2.1.1 结构假定

在X方向，渡槽横顺水流方向看作三跨连续梁，正视图中向右为正。

在Y方向，渡槽铅直方向看作悬臂梁，以向上为正。

在Z方向，渡槽横向看作简支梁，以向跨外为正。

2.1.2 计算参数

混凝土强度等级为C50，根据《水工混凝土结构设计规范》（DL/T 5057—1996），有关结构计算设计参数如下。

设计强度：$f_c=23.5\text{N/mm}^2$，$f_t=2.00\text{N/mm}^2$，$f_{ck}=32.0\text{N/mm}^2$，$f_{tk}=2.75\text{N/mm}^2$；泊松比：$V=0.167$；密度：$\rho=2400\text{kg/m}^2$。

计算温度时混凝土，线膨胀系数：$\lambda=8\times10^{-6}/℃$；导热系数：10kJ/（m·h·℃）；比热：0.84kJ/（kg·℃）。

2.1.3 水化热

水泥的水化热是影响混凝土温度应力的一个重要因素，混凝土绝热温升最好由实验测定，在缺乏直接测定的资料时，可根据水泥水化热估算如下：

$$\theta(r)=\frac{Q(\tau)(W+kF)}{c\rho} \tag{1}$$

式中：W为水泥用量；c为混凝土比热；ρ为混凝土密度；F为混合材用量；$Q(\tau)$为τ天水泥水化热；k为折减系数，对于粉煤灰，可取$k=0.25$。

绝热温升$\theta(\tau)$与龄期τ的关系用双曲线表示：

$$\theta(\tau)=\frac{\theta_0\tau}{N+\tau} \tag{2}$$

经对P·O42.5水泥水化热直接测定：3d为272kJ/kg，7d为314kJ/kg。

2.1.4 初始条件与边界条件

混凝土的允许平均浇筑温度25℃作为初始条件，以第一类边界条件施加在混凝土的所有节点上。

渡槽结构整体对称，采用1/4跨进行模拟计算，对称面施加第二类边界条件。

渡槽外表面的边界条件和体内的温度场都是随时间不断地发生着变化，渡槽外表面边界条件：在被空气包围的外表面上，发生2种彼此独立的热交换：由辐射引起的热交换以及由传导和对流引起的热交换。这2种热交换可综合起来按第3类边界条件来处理。

第三类边界条件中的热交换系数根据以下公式求得：

$$\alpha=23.9+14.50v \tag{3}$$

式中：α为热交换系数；v为风速，m/s。

2.2 ANSYS有限元技术选择

建模方式采用自顶向下的方法。渡槽算例选74跨。

实体剖分采用映射网格方法。混凝土实体共划分单元24319个，网格模型如图1所示。

热载荷主要包括：温度（即浇筑温度）、对流、生热率、热流密度。

根据施工进度，将混凝土的浇筑大致分为两大层12小层进行模拟。模拟时，先将所有混凝土单元“杀死”，再依据层号分别激活单元。

新旧混凝土接触面的温度采用热传导的传递方式模拟。

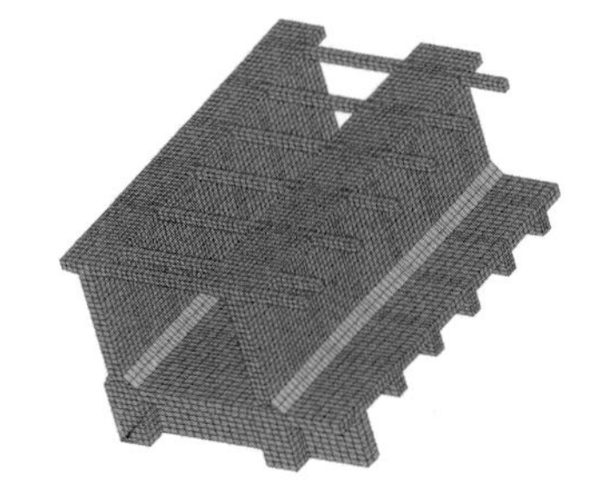

图1 渡槽模型（1/4跨）网格图

2.3 澧河渡槽温度有限元计算分析

2.3.1 槽身水化热温升

（1）第一层水化热温升。混凝土收仓后的第1天混凝土内部最高温度可达59.059℃，第2天，内部温度达到最高峰，峰值为64.188℃，第3天混凝土内部温度开始下降，温度值为61.537℃，第10天混凝土内外温差只6.964℃，水化热基本稳定。

最大温差产生在第3天，温差值为41.848℃。底梁某点温度、时间曲线变化历程如图2所示。

（2）第二层水化热温升。混凝土入模后，第1天混凝土内部最高温度可达55.313℃，第2天内部温度达到最高峰，峰值为56.926℃，第3天混凝土内部温度开始下降最高温度为52.874℃，第10天混凝土内外温差达4.868℃，水化热不在引起温升。影响第一层最大温差产生在第2天，温差值为29.398℃。

混凝土浇筑后近2天水化热温升值最大，引起混凝土内部温度升高，次后降低，10天左右基本稳定。墙体上某点温度、时间曲线变化历程如图3所示。

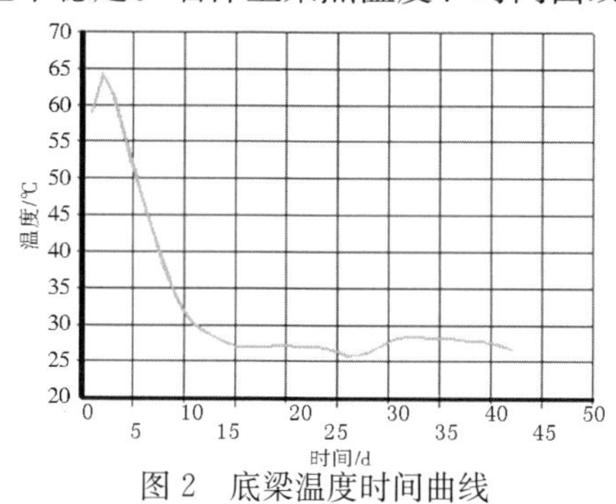

图2 底梁温度时间曲线

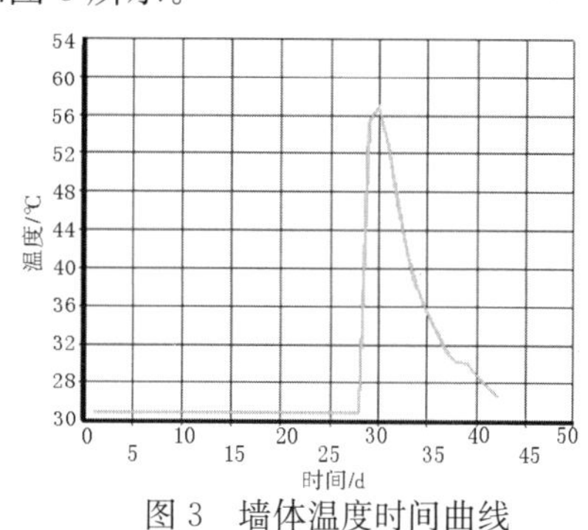

图3 墙体温度时间曲线

2.3.2 槽身温度

74跨槽身施工温度计算成果见表1。

表1 **槽身温度成果**

时间/（月-日）	最高温度/℃	出现部位	最低温度/℃	出现部位	最大温差/℃	环境温度/℃
05-21	59.059	跨中底梁中部	25.318	底肋及侧肋底部底板右端	33.741	20
05-22	64.188	跨中底梁中部	25.318	底肋及侧肋底部底板右端	38.87	21
05-23	61.537	跨中底梁中部	19.689	底肋及侧肋底部底板右端	41.848	16
05-31	30.083	跨中底梁中部	23.119	底肋及侧肋底部底板右端	6.964	26
06-18	55.313	墙体中部	26.260	浇筑第一层	29.053	30
06-19	56.926	墙体中部	27.528	浇筑第一层	29.398	30
06-20	52.874	墙体中部	28.143	浇筑第一层	24.731	25
07-01	26.868	墙体中部	24.096	浇筑第一层	2.772	24

由表1可见，槽身最高温度64℃发生在纵梁，墙体最高温度57℃，均发生在浇筑第2天，内外温差受环境影响较大，第一层前三天温差在30～40℃，第二层前三天温差在25～30℃。

2.3.3 墙体温度

由于墙体实际裂缝数多于其他部位，故将74跨墙体温度计算成果见表2。由表2可知墙体最大温差为27℃，出现在第二层收仓后二天。

表2 槽身墙体温度成果

时间/（月-日）	最低温度/℃	最高温度/℃	温度梯度/℃
06-18	30.208	55.313	25.105
06-19	30.368	56.926	26.558
06-20	30.275	52.874	22.599
07-01	24.252	26.868	2.616

2.3.4 间歇面温度

第二层收仓后2d间歇面下0.25m处温度值为29.044℃；间歇面上0.25m处温度值为32.491℃。间歇面上下0.5m处的温差为3.447℃。

2.4 渡槽施工温度应力与裂缝的有限元非线性计算

根据施工后裂缝出现的实际情况，通过三维有限元非线性计算，可以获得槽身任意部位的应力，也可以获得槽身的裂缝产地。经分析在渡槽顺水流方向（即 *X* 方向）混凝土的拉应力较大。由于混凝土弹性模量随时间而变化，浇筑7d时间内温升基本达到稳定状态，所以以下分析槽身上下两层主要取底梁、底板及墙体在7d内的应力变化，并分析裂缝的可能产地。

2.4.1 槽身第一层温度应力与裂缝

第一层收仓后7天内底梁及底板顺水流方向计算应力值与第1主应力值列入表3和表4。

表3 底梁底板最大拉应力　　单位：MPa

时间/d	1	2	3	4	5	6	7
底梁	2.231	1.842	1.793	1.062	0.786	0.354	0.205
底板	1.586	2.602	1.831	1.243	0.752	0.528	0.324

由表3可知：底梁的最大拉应力大于底板。底梁的最大拉应力出现在浇筑的当天，最大拉应力值为2.231MPa；第2、第3天拉应力值也较大。底板的拉应力最大值出现在浇筑后的第2天，应力值为2.602MPa；第1、第3天的拉应力值也较大，此后减小。

表4 底梁底板第1最大主应力　　单位：MPa

时间/d	1	2	3	4	5	6	7
底梁	1.90	2.80	2.31	2.22	2.14	2.09	1.74
底板	1.68	2.72	2.19	1.86	1.78	1.73	1.66

由表4可知：底梁表面在第2天主应力最大，应力值2.80MPa；第7天拉应力最小，应力值为2.01MPa。底板最大主应力出现在第2天应力值2.72MPa；第7天应力值最小，值为1.66MPa。

可见，混凝土内部最高温度向外部逐渐导热，温度梯度越大，温度应力也增大。

另外混凝土表面温度还受环境气温影响，环境气温低，散热效果好，表面温度降低快，但混凝土温度梯度大，产生的应力大；环境气温高，散热效果差，表面温度降低慢，但混凝土温度梯度小，产生的应力小。

2.4.2 槽身第二层温度应力与裂缝

第二层浇筑7天内槽身墙体顺水流方向最大拉应力与第1主应力值见表5和表6。

表5　第二层最大应力　　单位：MPa

时间/d	1	2	3	4	5	6	7
应力/MPa	1.645	1.891	1.582	1.526	1.483	1.459	1.426

由表5可知：墙体7天内拉应力区间在1.4～1.9MPa小于第一层。这与墙体横截面结构及散热等条件有关。

表6　第二层墙体最大主应力　　单位：MPa

时间/d	1	2	3	4	5	6	7
δ_1/MPa	2.91	2.95	2.71	2.44	1.91	1.89	1.85

由表6可知：墙体在收仓后第1天主应力较大，主要分布在间歇层处；第2天主应力达到最大值2.95MPa，主要分布在间歇层和墙面。随后应力值逐渐减小。应力分布和温度梯度分布相一致。

3 渡槽温度裂缝控制三维有限元模拟

3.1 渡槽不同间歇期有限元模拟计算分析

上下层浇筑间歇时间一般为5～10d。对于早强混凝土渡槽的间歇时间多久合适？为了确定合理的间歇期，以74跨槽第一层浇筑收仓为基础，进行了间歇4d、5d、7d和27d（实际施工）的三维有限元计算分析。

通过有限元计算，结果是渡槽第一层在不同间歇期时段的最高温度相同。但不同间歇期浇筑第二层会影响第一层的温度分布，尤其是对两层间的间歇面温度有直接的影响，间歇时间越长，间歇面温度越高。

为分析4d、5d、7d、27d为间歇期的温度分布情况，取间歇面上、下各0.25m高的一段墙体以及槽身最高温度，将结果见表7，以供对比分析。

表7　第二层收仓后两天间歇段温度统计表

间歇期/d		27	7	5	4
中墙	间歇面上温度/℃	32.491	24.755	24.163	25.284
	间歇面下温度/℃	29.044	23.197	23.142	25.284
	温差/℃	3.447	1.558	0.944	0
边墙	间歇面上温度/℃	32.491	24.755	24.163	25.114
	间歇面下温度/℃	29.044	23.197	23.142	22.458
	温差/℃	3.447	1.558	0.944	2.656
槽身	最高温度/℃	56.926	52.252	50.859	52.237

由上表可见：间歇期在4d时中墙间歇段温差为0℃，但边墙间歇段温差为2.656℃，温差值相对较大；间歇期在5d时墙体间歇段温差较小，差值为0.944℃；间歇期在27d时墙身间歇面温差较大，差值为3.447℃。这一计算说明，要严格控制层间歇，若延长则提高了间歇段的温差。

渡槽槽身在第二层收仓后第2d最高温度也是随着间歇期的改变而有明显变化。其中间歇期为27d时最高温度为56.926℃，间歇期为5d时最高温度值为50.859℃；间歇期为7d时最高温度值为52.252℃；可见7d、5d时新老混凝土能很好地导热，间歇面温度成下降趋势。当间歇期为4d时最高温度为52.237℃，这是因为第一层水化热释放不够，与第二层的温度相加的缘故。

可见槽身间歇期为5d时温度场分布理想，比实际27d间歇的温度降低了6.067℃，间歇面温度缩小了2.503℃。

3.2 渡槽混凝土内外温度不同有限元模拟

通过3.1节的研究，槽身裂缝主要原因之一就是混凝土的浇筑温度、水化热温升和环境温度差引起的。当混凝土级配已定时，就应改善混凝土浇筑温度与环境温度，以防止裂缝的出现。

3.2.1 改变内外温度有限元计算

由3.1节可知，74跨槽身混凝土在第一层收仓后第1天水化热温升会达到最大值，温差也达到最大值，所以选取该跨该天进行计算分析，计算结果见表8。

表8　改变内外温度计算成果表

措施	浇筑温度/℃	内部最高温度/℃	表面最低温度/℃	温差值/℃
不采取措施	25	64.188	25.318	38.87
提高环境温度2℃	25	64.590	27.138	37.452
浇筑温度	22	61.815	25.079	36.736
浇筑温度	20	60.265	24.959	35.306
两者结合	22	62.265	26.959	35.306

由此可见，当5月混凝土浇筑温度为25℃时，温差值为38.87℃。

当5月混凝土浇筑温度为25℃，环境温度提到2℃时，温差值为37.45℃。

当5月混凝土浇筑温度为22℃时，温差值为36.74℃。

当5月混凝土浇筑温度遵循设计为20℃时，温差值为35.3℃。

当5月混凝土浇筑温度为22℃，环境温度提到2℃时，温差值为35.31℃。

浇筑温度每降低一度，温差可降低0.7℃。尽管这样，温差还是超过设计值（24℃）。因此，必须加强措施降低浇筑第二天的内部温度高峰。而加强保温措施减小温度梯度其效果不明显。

3.3 渡槽温度应力与裂缝控制模拟

温差是产生温度应力的根源，混凝土温度应力产生两种早期裂缝，一种是温升阶段的表面裂缝，另一种是降温阶段的收缩裂缝。混凝土温度上升阶段的温度控制，是防止混凝土早期开裂的主要手段。

混凝土浇筑后，混凝土内部达到的最高温度等于其入模温度与水泥水化热引起的混凝土温升之和。根据混凝土的最高绝热温升，即可求得混凝土内部实际最高温升，而混凝土的水化热绝热温升值可以计算求得。

混凝土内部最高温度的计算式为

$$T_{max}=T_1+T(t)\xi \tag{1}$$

式中：T_1 为混凝土入模温度；$T(t)$ 为由水化热引起的温升；ξ 为降温系数。当选定水泥及混凝土级配后，要避免或减小温度裂缝的最有效且最现实的方法是降低混凝土入模温度，以获得低温混凝土，其次是改善散热条件。或采取混凝土内外降温方法，减小混凝土内外温差。

3.3.1 低浇筑温度时混凝土温度变化

仍以74跨渡槽作为计算模型，层间间歇期为5d，在原入仓温度25℃的基础上考虑采用冷却水管等措施进行初期冷却（混凝土温度与水温差不宜超过25℃），降低浇筑温度7℃为18℃（第1层低于设计值2℃，第2层低于设计值4℃），进行三维有限元模拟计算（3.2计算浇筑温度降低5℃时温差还高达35℃）。

C50混凝土收仓后3d温度最高，计算成果见表9和表10进行分析。

表9　第一层温度计算值　　单位：℃

时间/d	最高温度	最低温度	内外温差	表面最高温度	环境温度	表面与环境温差
1	52.672	37.954	14.718	34.632	20	14.632
2	58.715	39.962	18.753	36.132	21	15.132
3	57.022	37.203	19.819	31.97	16	15.97

表10　第二层温度计算值　　单位℃

时间/d	最高温度	最低温度	内外温差	表面最高温度	环境温度	表面与环境温差
1	47.114	31.069	16.045	34.808	18	16.808
2	47.085	29.241	17.844	30.431	16	14.431
3	42.14	25.322	16.818	28.817	18	10.817

由表9、表10可知：第一、第二层内外温差基本上控制在20℃以内，表面与环境温度控制在15℃左右。说明降低浇筑温度能有效地控制混凝土内外温差及表面与环境的温度梯度。

3.3.2 降低浇筑温度混凝土温度应力变化

由34可知渡槽温度应力大值主要在收仓后6d，因此取两层浇筑后6d的非线性有限元计算成果见表11和表12。

表11　第一层收仓后6d温度应力计算值

时间/d		1	2	3	4	5	6
纵梁/MPa	σ_x	0.752	0.923	0.832	0.541	0.402	0.352
	σ_1	1.16	1.592	1.483	1.621	1.628	1.540
底板/MPa	σ_x	0.793	0.891	0.746	0.725	0.621	0.501
	σ_1	1.340	1.895	1.832	1.542	1.435	1.354

表 12 第二层收仓后 6 天温度应力计算值

时间/d		7	8	9	10	11	12
墙体/MPa	σ_x	0.370	1.22	1.02	1.132	1.120	0.873
	σ_1	0.796	1.592	1.460	1.421	1.326	1.208

由表可知，当混凝土的浇筑温度降低 70℃时混凝土温度梯度明显减小，第 2 天混凝土内部温度应力达到最高，底板应力接近 1.9MPa。但是，两层温度应力都小于混凝土的抗拉强度，混凝土不会出现由温度应力引起的裂缝。

4 结论与建议

通过对早强混凝土裂缝产生机理的理论研究；对 74 跨渡槽的施工温度、温度应力和裂缝产地的有限元计算，针对渡槽裂缝实际和渡槽施工中存在的问题，进行了间歇时间，混凝土浇筑温度以及温度应力与裂缝控制的研究，获得了一些有益的结论，同时提出了几点建议。

4.1 漕河渡槽裂缝类型

槽身裂缝在较薄的梁板中多沿其短向分布；宽度多在 0.05～0.2mm 之间；长度随内外温度变化而变化；收缩不可逆，符合干缩裂缝特征。

槽身墙体有裂缝沿长边分段出现，中间较密，这于槽身表面温度应力过大有关。

根据渡槽裂缝性状和设计槽身的混凝土保护层为 50mm 的实际，可以对已发现的裂缝认定为由混凝土温度应力过大和干缩作用为主因素所引起的浅层裂缝。

4.2 渡槽施工期温度

采用 C50 早强混凝土，以 74 跨为例，浇筑温度取实际浇筑的平均温度为 25℃，环境气温用满城日均气温，最高 30℃，最底 16℃。历时 42d 后开始拆模。

计算表明，浇筑近 2d 水化热达到最高，次后开始下降，10d 左右水化热温升基本稳定，与理论吻合。

槽身最高温度 64℃发生在纵梁，墙体最高温度 57℃，均发生在浇筑第 2 天，内外温差受环境影响较大，第一层前三天温差在 30～40℃，第二层前三天温差在 25～27℃。若使用日低气温温差会更大，说明混凝土浇筑温度过高，混凝土内外温度梯度过大。

4.3 渡槽施工期温度应力

通过有限元计算，应力分布和温度梯度分布相一致。

底梁在浇筑当天出现最大拉应力，值为 2.231MPa。

底板的在浇筑第 2 天出现最大拉应力，值为 2.602MPa。

墙体 7 天内拉应力区间在 1.4～1.9MPa，小于第一层。这与墙体横截面结构及散热等条件有关。

底梁表面在第 2 天主应力最大，值为 2.80MPa；第 7 天拉应力最小，值为 2.01MPa。

底板在第 2 天主应力最大，值为 2.72MPa；第 7 天应力值减小。

墙体在收仓后第 1 天主应力就较大，主要分布在间歇层处；第 2 天主应力达到最大，值为 2.95MPa，主要分布在间歇层和墙面。随后应力值逐渐减小。

4.4 渡槽施工期裂缝

在主应力较大的底梁侧面和底板上表面出现裂缝，而且底梁裂缝多于底板。边墙内八字角部位也可能出现裂缝。中腔、左（右）腔墙面在第 2、第 3 侧肋之间出现裂缝。这与工程中出现的裂缝部位相一致。

工 程 设 计

南水北调中线干线工程泲河渡槽槽身结构计算分析

左丽[1]，冀荣贤[2]，庞敏[1]，郝泽嘉[1]

（1. 南水北调中线干线工程建设管理局，北京 100038；
2. 南水北调中线干线工程建设管理局 河南直管项目建设管理局，郑州 450046）

摘要： 本文通过对泲河渡槽槽身结构进行三维有限元分析计算，得出在各工况下渡槽槽身重要部位应力成果，通过有限元计算分析，槽身在各工况作用下大部分处于压力区，拉应力均在允许范围以内，说明槽身结构设计合理。

关键词： 三维有限元；预应力；应力；位移

1 工程概况

泲河渡槽是南水北调中线工程总干渠上的一座大型交叉建筑物，位于河北省高邑县南焦村西北约1.5km的泲河上。泲河发源于赞皇县西南部山区大石门村西北，流经赞皇、高邑两县，在高邑县铁路桥附近汇入午河。总干渠交叉断面以上流域面积265km²，100年一遇洪峰流量为2102m³/s，300年一遇洪峰流量为2938m³/s。

泲河渡槽为1级建筑物，防洪标准为100年一遇洪水设计，300年一遇洪水校核。建筑物主要由进口渐变段、进口检修闸、进口落地槽段、槽身段、出口落地槽、出口检修闸和出口渐变段七部分组成，全长440m。渡槽设计流量220m³/s，加大流量240m³/s。

渡槽槽身段长240m，分8跨，每跨长30m，简支型式，槽身断面为三槽一联多侧墙矩形槽，采用三向预应力钢筋混凝土结构。进、出口槽底高程分别为74.68m、74.623m，纵坡1/4225。单槽断面尺寸7.0m×6.6m，底板厚0.4m，边墙和中墙厚0.6m，中墙顶部设2.6m宽的人行道板，边墙顶部设宽1.8m的人行道板；槽身加设底肋，肋宽0.5m，肋高0.9m。为抵抗冰压力墙顶设拉杆，拉杆宽0.3m，高0.4m。肋和拉杆间距均为2.7m。槽底纵梁高1.8m，端部加高至2.3m，边纵梁宽1.0m，端部加宽至1.2m，中纵梁宽1.1m。端部加宽

第一作者简介： 左丽（1979—），河北邯郸人，工程硕士，主要从事工程项目管理研究。

至1.3m。

2 渡槽槽身三维有限元线弹性分析

2.1 计算假定及设计参数

2.1.1 结构假定

在X方向，渡槽横向看作三跨连续梁，垂直水流向右为正。

在Y方向，渡槽铅直方向看作悬臂梁，以向上为正。

在Z方向，渡槽顺水流方向看作简支梁，以向跨内为正。

2.1.2 设计参数

（1）混凝土。强度等级为C50，有关结构计算设计参数如下。

设计强度：$f_c=23.1\text{N/mm}^2$；$f_t=1.89\text{N/mm}^2$

$f_{ck}=32.4\text{N/mm}^2$；$f_tk=2.64\text{N/mm}^2$

弹性模量：$E_c=3.45\times10^4\text{N/mm}^2$；泊松比：$V=0.167$

考虑温度时混凝土，线膨胀系数：8E—006/℃；导热系数：10kJ/（m·h·℃）

（2）1860级钢铰线。

设计强度：$f_c=1860\text{N/mm}^2$；弹性模量：$E_c=1.8\times10^5\text{N/mm}^2$

初始应变：$\varepsilon_s=0.007233$；泊松比：$V=0.30$

钢铰线采用ϕf15.2；密度：$\rho=7850\text{kg/m}^3$

（3）ϕ32精轧螺纹钢。

设计强度：$f_c=930\text{N/mm}^2$；弹性模量：$E_c=2.0\times10^5\text{N/mm}^2$

初始应变：$\varepsilon_s=0.003255$；泊松比：$V=0.30$

钢筋采用ϕf32；密度：$\rho=7850\text{kg/m}^3$

2.1.3 工况组合

在渡槽结构分析中，考虑了自重、水荷载、风荷载、静冰压力、预应力、人群和温度等7种主要荷载。根据漕河渡槽的检修工况不是控制工况的实际，沛河渡槽未设检修工况。其他荷载组合工况见表1。

表1 各种工况荷载

组合 工况	荷载						
	自重	人群荷载	风载	预应力	水压力	冰压力	温度
GK1	√			√	满槽水深		温升
GK2	√			√	满槽水深	√	温降
GK3	√	√	√	√	建成无水		温降
GK4	√	√	√	√	建成无水		温升
GK5	√	√	√	√	设计水深		温升
GK6	√	√	√	√	设计水深	√	温降
GK7	√			√	加大水深		温升
GK8	√			√	加大水深	√	温降

2.1.4 边界条件

根据图1支座约束情况（水平箭头代表支座在垂直水流方向可以运动，竖直箭头代表支座在顺水流方向可以运动），槽身施加的边界条件是：在槽身一端圆圈支座处施加 x，y，z 三向约束，其余三个支座施加铅直方向和顺水流方向（y 和 z）约束；在与圆圈对应的另一端支座施加铅直方向和垂直水流方向（y 和 x）约束，其余三个支座施加铅直方向（y）约束。

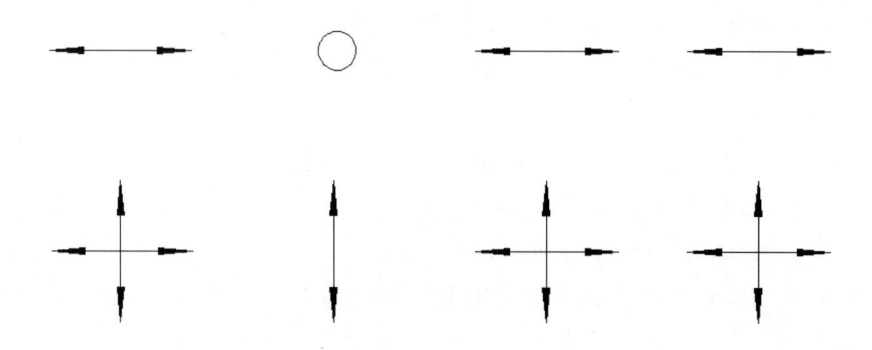

图1 支座约束

2.1.5 荷载施加

（1）自重。取C50混凝土容重 $\gamma=25.0\text{kN/m}^3$，作为惯性荷载来施加。

（2）静水压力。取水的容重 $\gamma=11.0\text{kN/m}^3$，作为表面力作用于槽身的内表面。

（3）风压力。作用在槽身侧面，迎风面按 1.95kN/m^3，背风面 -0.975kN/m^3。

（4）静冰压力。按62.4kN/m考虑，作用在冰面以下1/3冰厚处。

（5）温度。施加对流荷载时，可将环境温度，对流换热系数赋给结构表面。

（6）人群荷载。按 4.3kN/m^2 考虑，作为表面力作用于人行道板上。

（7）预应力。采用赋初始应变的方法施加。

前6种荷载均已考虑过分项系数。

2.2 ANSYS有限元线弹性计算关键技术

2.2.1 稳态传热原理

渡槽的顶部、边墙、底板受太阳辐射影响各不相同，对于顶部表面，南边墙外表面始终受到太阳直射、散射影响。北边墙外表面、中墙和南边墙背阳面始终只受太阳散射的影响。环境温度对槽身应力有一定影响，需要进行稳态热分析。

稳态热分析可以通过计算来确定由稳定的热载荷引起的温度、热梯度、热流率和热流密度等参数。

如果系统的净热率为0，即流入系统的热量加上系统自身产生的热量等于流出系统的热量，则系统处于热稳态。即热稳态的条件为：

$$Q_{input}+Q_{generate}+Q_{output}+=0 \tag{1}$$

在稳态热分析中任一点的温度都不随时间变化。稳态热分析的能量平衡方程为（以矩阵形式表示）：

$$[K]\{T\}=\{Q\} \tag{2}$$

式中：$[K]$ 为传导矩阵，包含导热系数、对流系数、辐射和形状系数；$\{T\}$ 为节点温度向量；$\{Q\}$ 为节点热流率向量，包含热生成。

在 ANSYS 中可利用模型几何参数、材料热性能参数以及所施加的边界条件，生成 $[K]$、$\{T\}$、$\{Q\}$。

2.2.2 热-应力耦合

ANSYS 不仅能解决纯粹的热分析问题，还能解决与热相关的其他诸多问题，如热-应力分析、热-电分析、热-磁分析等。一般称此类涉及两个或多个物理场相互作用的问题为耦合场分析。

ANSYS 提供了两种分析耦合场的方法，即直接耦合法与间接耦合法：

(1) 直接耦合解法。直接耦合解法是利用包含所有必须自由度的耦合单元类型，仅仅通过一次求解就能得出耦合场分析结果。

(2) 间接耦合法。间接耦合法又称顺序耦合法，是按照顺序进行两次或更多次的相关场分析。它是把第一次分析的结果作为第二次场分析的载荷来实现两种场的耦合。

本文采用热一应力分析间接耦合法，即将热分析得到的节点温度作为体力载荷顺序施加在后序的应力场分析中来实现热一应力耦合。

2.2.3 不同材料单元耦合

计算中，需要考虑混凝土和预应力筋这两种不同材料单元之间的耦合问题，在 ANSYS 中对预应力筋的模拟有两种处理方法：

(1) 等效荷载法。其基本思想是将预应力钢绞线的作用等效为加在结构上的外荷载。

(2) 实体力筋法。其基本思想是将预应力钢绞线作为抵抗外荷载的单元，认为预应力钢绞线与混凝土共同作用、共同变形。实体力筋法对混凝土结构一般采用 solid 系列。力筋可采用 link 系列来模拟。实体力筋法在 ANSYS 中可通过体分割法，节点耦合法、约束方程法来实现。

采用节点耦合法来实现两种材料的耦合。不过，耦合前要求实体单元划分要合适，否则预应力筋节点位置会有局部的走动，从而导致误差。

2.2.4 分网与单元信息

单元划分的依据是满足误差允许值。误差估计有两种方式。

(1) StruErrEnrg SERR：即结构离散能量误差，以等值线图表示，用能量来描述结构的离散误差。等值线图上显示结构离散能量误差较大的区域，说明该区域能量分布梯度较大，需要进一步加密网格；

(2) Strs deviat SDSG：即应力偏差。所谓应力偏差是指一个单元上六个应力分量值与应力平均值之差的绝对值的最大值。等值线图上显示应力偏差较大的区域，说明该区应力梯度较大，需要进一步加密网格。

渡槽所划分的网格经过以上方式检验，满足要求。所得单元信息见表 2。

槽身模型的有限元分网如图 2、图 3 所示。

表 2　槽身单元信息

单元类型	单元数	模拟材料
SOLID45	128672	混凝土
LINK8	25920	预应力钢筋

图 2　槽身分网图

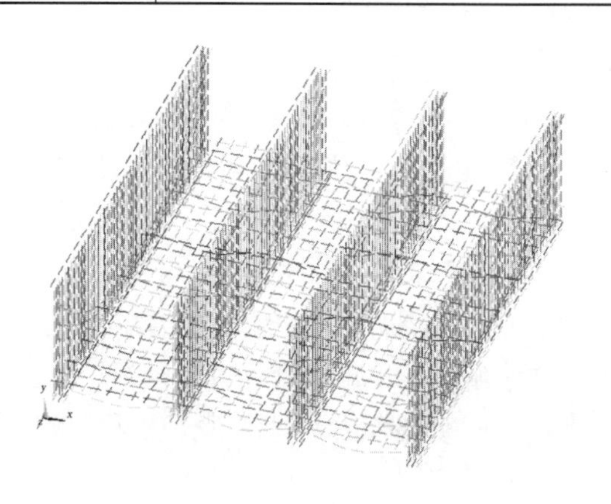
图 3　预应力筋分网图

2.3　稳态温度场计算分析

温度作为短期荷载对渡槽应力的影响不可忽视。因此，在进行沛河渡槽结构计算之前需先进行稳态温度场的计算，以得到槽身的温度分布情况，再在后续的结构计算中将节点温度作为短期荷载来施加。

温度场计算结果云图如图 4、图 5 所示。

从图 4 可看到：夏季渡槽槽身温度场高温区位于外墙阳面、人行道板及拉杆上，最高温度 41℃；低温区位于底板及中间隔墙上，最低温度 28℃。外墙温度梯度较大。

冬季渡槽槽身温度场高温区位于底板和中间隔墙上（图 3～图 5），温度为 1℃，低温区位于外墙阴面及渡槽底梁上，温度为－7.5℃，外墙和底板温度梯度均较大。

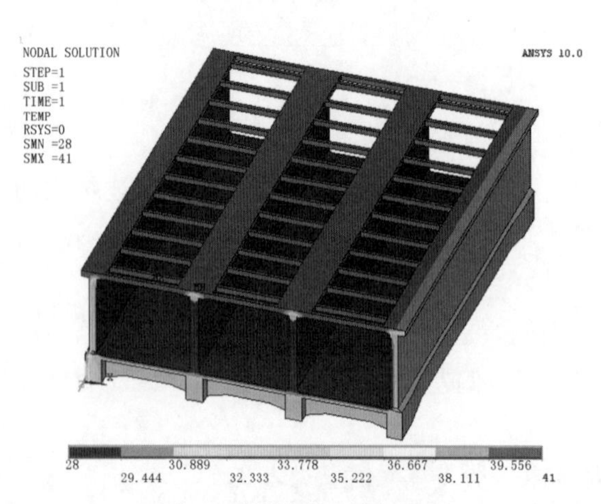

图 4　夏季稳态温度场云图

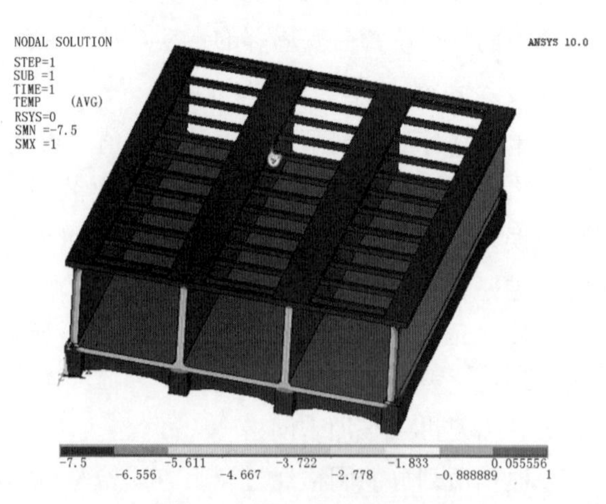

图 5　冬季稳态温度场云图

2.4 有限元结构计算成果

在各工况下渡槽槽身重要部位应力见表3，位移见表4。

表3 各工况控制断面的应力值 单位：MPa

工况		纵底梁跨中		底板		底肋跨中	边墙	拉杆	墙内侧与底板交接	
		中孔	边孔	上表面	下表面				中墙	边墙
1	x	0.92	0.86	−0.81	0.64	1.28	0.18	1.72	0.57	0.50
	y	0.04	0.02	−0.04	0.12	0.48	1.25	0.07	1.08	1.15
	z	0.96	0.97	−1.37	0.99	−0.66	0.87	0.03	0.57	0.44
2	x	0.94	0.85	−0.87	0.72	1.22	0.25	2.01	0.54	0.58
	y	0.05	0.04	−0.07	0.13	0.39	1.27	0.12	1.17	1.06
	z	0.94	1.01	−1.98	0.75	−0.36	0.86	0.05	0.47	0.41
3	x	0.16	0.15	0.41	−0.95	0.45	−0.96	0.47	−0.68	−0.69
	y	−0.45	0.09	0.57	−0.81	0.23	−0.42	0.09	−0.57	−0.60
	z	−1.54	−1.65	0.51	−0.83	−0.59	−0.58	0.02	−0.18	−0.17
4	x	0.25	0.15	0.16	−0.98	0.77	−0.92	0.25	−0.65	−0.61
	y	0.05	0.11	0.49	−0.92	−0.41	−0.40	0.18	−0.72	−0.51
	z	−1.67	−1.61	0.99	−0.95	−0.56	−0.53	0.01	−0.23	−0.15
5	x	0.67	0.65	−0.52	0.37	0.92	0.23	1.06	0.32	0.34
	y	0.05	0.03	0.06	0.11	0.34	0.92	0.04	1.04	0.99
	z	0.82	0.85	−1.93	0.80	−0.45	0.64	0.02	0.33	0.35
6	x	0.78	0.74	−0.68	0.61	1.09	0.22	1.91	0.32	0.35
	y	0.08	0.31	−0.17	0.07	0.37	0.97	0.11	1.10	0.97
	z	0.85	0.87	−1.99	0.80	−0.46	0.66	0.02	0.36	0.34
7	x	0.78	0.76	−0.59	0.50	1.11	0.34	1.23	0.41	0.46
	y	0.09	0.05	0.07	0.15	0.45	0.93	0.05	1.04	0.99
	z	0.91	0.87	−2.07	0.88	−0.47	0.63	0.02	0.37	0.35
8	x	0.86	0.73	−0.72	0.64	1.11	0.29	1.99	0.49	0.45
	y	0.10	0.31	−0.11	0.04	0.38	1.01	0.07	1.18	0.92
	z	0.88	0.89	−1.55	0.83	−0.38	0.64	0.03	0.39	0.39

计算时没有考虑预应力。

筋的锚具和盆式垫圈的作用，因此，表2中未提取预应力筋头部和支座处的应力集中值。

3 渡槽结构分析

3.1 关键部位应力

由计算可知，沣河渡槽槽身在各个工况作用下，大部分结构处于受压状态，但也有局部截面处于较小的受拉状态。各个部位的应力区间如下。

中孔底梁在：−1.67～0.96MPa（GK4顺水流方向、GK1顺水流方向）。

边孔底梁在：−1.65～1.01MPa（GK3 顺水流方向、GK2 顺水流方向）。

底板上面在：−2.07～0.99MPa（GK7 顺水流方向、GK4 顺水流方向）。

表 4　各工况下重要部位的最大位移值　　单位：mm

工况		边墙		中墙	
		顶部	底部	顶部	底部
1	x	2.14	0.84	1.06	0.27
	y	1.73	1.72	1.71	1.21
	z	2.73	2.10	2.99	2.56
2	x	2.99	1.04	1.32	0.99
	y	1.89	1.03	1.60	1.14
	z	2.22	3.33	3.01	3.34
3	x	0.50	0.52	0.53	0.47
	y	0.52	0.33	0.45	0.39
	z	1.38	1.92	1.99	1.02
4	x	0.78	0.54	0.61	0.48
	y	0.56	0.46	0.99	0.88
	z	1.20	1.32	1.55	1.09
5	x	1.56	1.18	1.05	0.98
	y	1.28	2.13	1.69	1.91
	z	1.78	1.74	2.20	2.01
6	x	2.50	1.33	1.45	0.75
	y	1.32	1.98	1.57	1.05
	z	1.63	1.16	1.61	1.64
7	x	2.03	1.60	1.12	0.79
	y	2.02	2.13	1.77	1.44
	z	1.51	2.13	2.18	2.17
8	x	2.35	1.33	1.35	0.96
	y	2.22	1.91	1.27	0.98
	z	1.40	1.77	1.63	1.66

底板下面在：−0.98～0.99MPa（GK4 垂直水流方向、GK1 顺水流方向）。

底肋跨中在：−0.59～1.22MPa（GK3 顺水流方向、GK1 垂直水流方向）。

边墙在：−0.96～1.27MPa（GK3 垂直水流方向、GK2 铅直方向）。

拉杆在：0.01～2.01MPa（GK4 顺水流方向、GK2 垂直水流方向）。

中墙底板交接处在：−0.72～1.17MPa（GK4 铅直方向、GK2 铅直方向）。

边墙底板交接处在：−0.69～1.15MPa（GK3 垂直水流方向、GK1 铅直方向）。

槽身在八种工况作用下，工况 1、工况 5、工况 7 下槽身的受力规律基本相同，工况 2、工况 6、工况 8 下槽身的受力规律基本相同。槽身所有部位的受力状况良好，在长期荷载作用下，拉应力均小于《水工钢筋混凝土结构设计规范》（DL/T 5057−2009）中所规定的允许

值，压应力不大，说明槽身结构设计合理。

短期荷载形成了控制工况，只有顶部拉杆在满槽水压力与冰荷载的共同作用下，垂直水流方向的应力值达到了2.01MPa。微超规范允许值。

3.2 关键部位位移

渡槽重要部位在各工况下的位移量区间如下：

边墙顶部垂直水流方向的最大位移值为0.50～2.99mm。

边墙顶部铅直方向的最大位移值在0.52～2.22mm。

边墙顶部顺水流方向的最大位移值在1.20～2.73mm。

边墙底部垂直水流方向的最大位移值在0.52～1.60mm。

边墙底部顺水流方向的最大位移值在1.16～3.33mm。

中墙顶部顺水流方向的最大位移值在1.55～2.99mm。

中墙底部顺水流方向的最大位移值在1.02～3.34mm。

槽身在长、短期荷载共同作用下，槽身的位移状况较好，所有部位的挠度均小于《水工钢筋混凝土结构设计规范》（DL/T 5057—2009）中所规定的允许范围。

4 结语

（1）渡槽夏季槽身温度在28～41℃；冬季槽身温度在－7.5～1℃。温差对结构影响比较大；风荷载和人群荷载对结构的影响比较小。

（2）冬季由于混凝土的收缩、冰压力的作用，槽身内侧顺水流方向压应力减小，外侧顺水流方向压应力增加，拉杆与人行道板结合部应力略超标，可能引起混凝土开裂，建议在冬季对冰层及时处理。

（3）位移较大的部位多集中在底板及渡槽底部纵向大梁处，当槽内水位增加时，边墙向外偏移的量增大，偏移最大的值位于边墙顶部，与此同时边墙的竖向位移也有所增大，主要发生在边墙和槽底板交界处。

（4）通过有限元计算分析，槽身在各工况作用下大部分处于压力区，拉应力均在允许范围以内，说明槽身结构设计合理。

（5）顶部拉杆在满槽水压力与冰荷载的共同作用下，垂直水流方向的应力值达到了2.01MPa，超出规范允许值0.01MPa。

工程设计

南水北调沙河渡槽预应力结构设计与配筋优化*

张玉明[1]，张高伟[2]，刘国龙[1]，冯光伟[1]

（1. 河南省水利勘测设计研究有限公司，郑州 450016；
2. 南水北调中线干线工程建设管理局 河南直管项目建设管理局，郑州 150046）

摘要：南水北调中线沙河渡槽为预应力U型渡槽，采用结构力学法初步配置该渡槽预应力筋，在叠加温度荷载后用三维有限元法进行复核。当考虑到实测的钢绞线预应力损失后，槽身局部出现了拉应力，不符合相关规范要求，为此，通过减少底部纵向钢绞线，略微增加顶部纵向钢绞线，略微减小槽端部环向钢绞线间距，同时加大跨中环向钢绞线布置，使槽身在各工况下均不出现拉应力。上述优化措施，在仅增加很少工程量的情况下，确保了渡槽的安全和施工工期。

关键词：预应力筋；预应力损失；U型渡槽；南水北调工程

1 工程概述

南水北调中线沙河渡槽工程位于河南省鲁山县，全长11.938km，设计流量320m^3/s，加大流量380m^3/s。由梁式渡槽、箱基渡槽及落地槽三种不同形式、不同跨度的渡槽组成，为目前世界上最大的渡槽群落。梁式渡槽为双向预应力薄壁U型槽结构，双线四槽，每两槽布置在一个槽墩上，下部结构为空心墩、灌注桩。该渡槽是目前行业内率先采取预制吊装施工的U型预应力渡槽。

沙河U型预应力渡槽单槽跨度30m，内径8m，净高7.4m，侧墙壁厚0.35m，跨中断面槽底厚0.9m；槽两端各设一个端肋，端肋底厚1.7m，端肋总高9.2m；槽顶有13根为0.5m×0.5m拉杆，间距为2.5m。

* **基金项目：**“十一五”国家科技支撑计划重大项目“南水北调若干关键技术研究与应用之大流量预应力渡槽设计和施工技术研究”（2006BAB04A05）；南水北调中线干线工程科技项目“大型预应力U型预制槽1∶1原型试验和预应力张拉试验研究”（ZXJ/KY/YYL-001）。

第一作者简介：张玉明（1981—），工程师，主要从事南水北调中线工程大型渡槽设计工作。

2 槽身预应力结构设计

沙河U型槽为简支结构，跨中断面高8.3m，跨高比为3.61，属于深梁。结构计算时将槽身纵向、横向分离计算，纵向简化为一简支梁，施加水重、自重、人群荷载后计算简支梁各横断面弯矩及剪力，计算出所需的预应力筋数量，使槽身各横断面满足承载能力极限状态及正常使用极限状态。采用简支梁模型计算时，跨中断面的弯矩值与三维有限元计算成果较为接近。

U型槽身横向内力计算目前还没有较为通用成熟的模型，对中小型渡槽，较为常用的为“曲杆”模型，即沿槽身取1.0m槽身作为隔离体，作用于单位长隔离体上的荷载有水重、自重、人群荷载等。这些向下的荷载与隔离体两侧横截面上的剪力差维持平衡。将槽顶拉杆“均匀化”，认为拉杆与槽壁是铰接的。求解此一次超静定结构，得到拉杆拉力，利用静力平衡求得槽壳直线段与圆弧段的内力。该模型对脱离体的不平衡剪力过于简化，认为大部分的剪力分布在槽身直墙上，且该模型无法考虑温度荷载。沙河U型渡槽横向计算也采用了此模型，温度荷载产生的内力由结构力学求解器计算，叠加静力荷载内力值后求得各断面内力后再进行配筋计算。得出初步预应力筋数量后再建立三维有限元模型进行复核，复核结果表明，“曲杆”模型估算的预应力筋量偏于“保守”。

采用平面法进行初步预应力筋估算，后期采用三维有限元法复核，最终确定的沙河U型预应力渡槽为双向有黏结预应力混凝土结构，槽身混凝土为C50F200W8。纵向共布置27孔预应力钢绞线，纵向预应力筋线型为直线，槽身底部布置21孔8Φ_s15.2钢绞线，底部钢绞线采用圆形锚具、圆形波纹管；槽身上部两侧共布置6孔5Φ_s15.2钢绞线，上部钢绞线采用扁形锚具、扁形波纹管。槽身环向布置71孔5Φ_s15.2钢绞线，采用扁形锚具、扁形波纹管；纵向、环向预应力钢绞线施工均为后张法，预应力筋为高强度、低松弛钢绞线，抗拉强度标准值1860MPa，具体布置如图1所示。

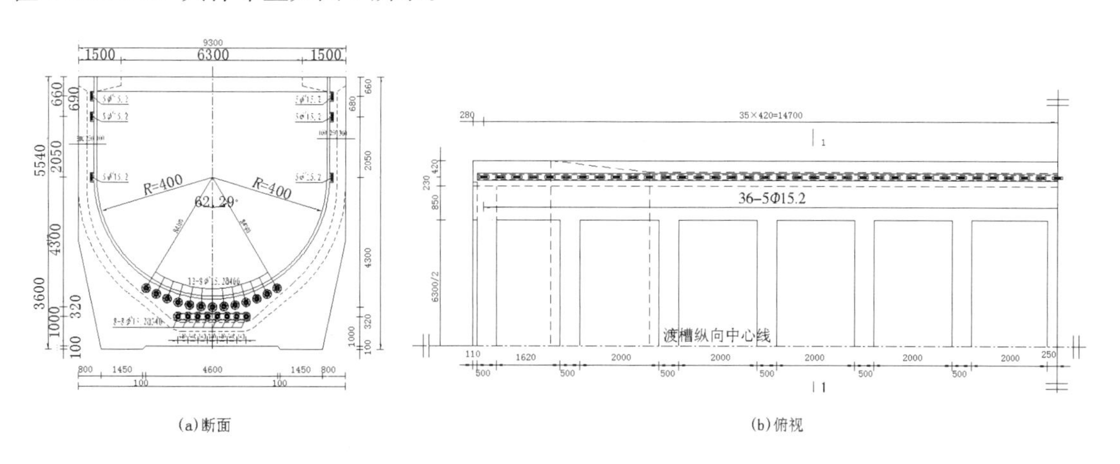

图1 沙河梁式渡槽纵向、环向钢绞线布置图（单位：mm）

3 槽身预应力监测

沙河U型预应力单榀渡槽纵向钢绞线共27孔，环向71孔，共98孔钢绞线；U型渡槽共228榀，即钢绞线共22344孔。如此众多的预应力钢绞线数量，有必要对槽身预应力进行监测，便于后期对绞线应力及槽身安全性进行评价。沙河U型槽共设置预应力监测槽13榀，单榀槽共监测9孔绞线，单孔两端各设一台锚索测力计，单榀监测槽锚索测力计18台，13榀共234台锚索测力计。

前两榀监测槽纵、环向钢绞线预应力监测成果见表1、表2。纵向绞线锚下损失即回缩损失设计值为8.75t，20组监测数据仅有3组达到设计要求；环向绞线锚下损失设计值为18.60t，15组监测数据均未达到设计要求。

表1　监测跨纵向测力计数据

监测槽	锚索编号	设计吨位/t	锚固力值/t	锚下损失/t
1	A2右	156.24	141.75	14.49
		156.24	143.66	12.58
1	A2左	156.24	142.34	13.90
		156.24	142.04	14.20
1	B3左	156.24	141.49	14.75
		156.24	141.27	14.97
1	B3右	156.24	145.75	10.49
		156.24	148.88	7.36
1	B7中	156.24	148.90	7.34
		156.24	149.36	6.88
2	A2左	156.24	144.66	11.58
		156.24	144.52	11.72
2	A2右	156.24	141.52	14.72
		156.24	139.91	16.33
2	B3左	156.24	131.75	24.49
		156.24	140.87	15.37
2	B3右	156.24	131.46	24.78
		156.24	140.78	15.46
2	B7中	156.24	141.83	14.41
		156.24	142.46	13.78

4　预应力筋布置优化

根据实测测力计数据，对渡槽进行了结构复核，由于锚固力损失，槽身内壁在端部小片区域出现拉应力，拉应力最大值为0.56MPa，不满足设计要求。故必须对渡槽体形或预应力体系进行调整。由于渡槽为预制施工，若改变渡槽体形必须改造整体预制模板，代价太高。槽身预应力筋仅在张拉端对槽身端模有影响，单独调整预应力布置，仅需对端部模板进行调整，对工期基本无影响。

4.1　实测锚下应力及锚固损失

实测锚下应力及锚固损失为预应力筋调整计算的重要参数，所采用的参数应能反应现场实

表 2　监测跨横向测力计数据

监测槽	锚索编号	设计吨位/t	锚固力值/t	锚下损失/t
1	H5 左	100.58	79.03	21.55
		100.58	80.94	19.64
1	H20 左	100.58	81.89	18.69
		100.58	81.08	19.50
1	H34 左	100.58	75.76	24.82
		100.58	75.84	24.74
2	H3 左	100.58	68.15	32.43
2	H3 左	100.58	79.64	20.94
		100.58	77.05	23.53
2	H20 左	100.58	73.41	27.17
		100.58	74.84	25.74
2	H34 左	100.58	77.72	24.81
3	H29 左	100.58	74.35	26.23
		100.58	78.11	22.47

际施工水平，故对纵、环向锚索锚下实测测力计数据进行了统计分析。90%保证率下纵向锚索锚固力置信区间为（140.48t，144.04t），相应锚下损失置信区间为（10.1%，7.81%）；90%保证率下环向锚索锚固力置信区间为（75.25t，78.72t），相应锚下损失置信区间为（25.2%，21.7%）。偏安全考虑，纵向锚索锚下取 140.48t，钢绞线应力为 1254.3MPa，相应锚下损失为 10.1%；环向锚索锚下为 75.25t，钢绞线应力为 1027.0MPa，相应锚下损失为 25.2%。

4.2　调整方案

对槽身建立三维有限元模型，依据数值分析，可通过以下方案消除端部小片拉应力：①增加槽身上部纵向预应力筋；②槽身底部纵向预应力筋上移；③加密端部环向预应力筋。相应确定了三个预应力筋调整方案，各方案如下：

方案 1。保持原设计中底部纵向钢束布置不变，槽身侧壁每侧由 3 孔扁锚 5Φ_s15.2 调整为 6 孔圆锚 6Φ_s15.2，槽身端部每侧 8 孔环向扁锚由 5Φ_s15.2@420 调整为 9 孔 5Φ_s15.2@360。方案 1 较原设计方案纵向增加 42 根钢绞线，环向增加 10 根钢绞线。

方案 2。将底部直线布置的纵向钢束由 8 孔圆锚 8Φ_s15.2 调整为 6 孔圆锚 8Φ_s15.2，底部弧形布置的纵向钢束由 13 孔圆锚 8Φ_s15.2 调整为 15 孔圆锚 8Φ_s15.2，弧形布置角度由 62.79°调整为 100.48°；槽身侧壁每侧由 3 孔扁锚 5Φ_s15.2 调整为 5 孔圆锚 6Φ_s15.2，槽身端部每侧 8 孔环向扁锚由 5Φ_s15.2@420 调整为 9 孔 5Φ_s15.2@360。方案 2 较原设计方案纵向增加 30 根钢绞线，环向增加 10 根钢绞线。

方案 3。保持底部直线布置的纵向钢束不变，底部弧形布置的纵向钢束由 13 孔圆调整为 11 孔，其中 9 孔为 8Φ_s15.2，2 孔为 6Φ_s15.2，弧形布置角度由 62.79°调整为 111.92°；槽身侧壁每侧由 3 孔扁锚 5Φ_s15.2 调整为 5 孔圆锚 6Φ_s15.2，槽身端部每侧 7 孔环向扁锚由

$5\Phi_s15.2$@420 调整为 8 孔 $5\Phi_s15.2$@360，其余环向钢束间距由 420mm 调整为 450mm。方案 3 较原设计方案纵向增加 10 根钢绞线，环向减少 10 根钢绞线。

4.3 方案比选及推荐方案

槽体端部渐变段处内壁直墙与圆弧相连处及端部底部 60°范围纵环向应力对比表见 3，各方案增加工程量对比表见表 4。

表 3 应力对比 单位：MPa

方案	设计水深＋温升		设计水深＋温降		满槽水深＋温升		满槽水深＋温降	
	位置 1 纵向	位置 2 环向	位置 1 纵向	位置 2 环向	位置 1 纵向	位置 2 环向	位置 1 纵向	位置 2 环向
复核	0.56	-0.43	-3.19	-2.93	0.13	-0.13	-3.31	-2.49
方案 1	-0.26	-0.62	-4.04	-3.11	-0.77	-0.32	-4.15	-2.68
方案 2	-0.18	-0.41	-3.97	-2.91	-0.69	-0.11	-4.08	-2.47
方案 3	-0.14	-0.44	-3.78	-2.81	-0.64	-0.13	-3.94	-2.35

注 “位置 1”为渐变段直墙与圆弧相连处内壁，“位置 2”为端部底部 60°范围。

表 4 方案 1～3 单榀槽工程量对比

项目	纵向钢绞线增加/根	环向钢绞线增加/根	钢绞线共增加/t
方案 1	42	10	1.68
方案 2	30	10	1.27
方案 3	10	-10	0.11

从消除拉应力效果分析，方案 1～方案 3 都是可行的。从单榀槽增加的钢绞线量来看，方案 3 增加的钢绞线量最少，因此最终推荐方案 3。

5 结语

实际现场施工中，纵向钢绞线预应力实测损失较设计值略大，环向钢绞线实测损失较设计值偏大很多。根据现场实测纵、环向预应力损失，对渡槽进行了有限元复核计算，槽身端部迎水面出现小片拉应力，不满足相关规范要求。为此，通过略微减小底部纵向钢绞线、略微增加原顶部纵向钢绞线，略微减小端部环向钢绞线间距、略微增大跨中钢绞线间距等措施，使槽身在各工况下迎水面均出现拉应力，满足相关规范要求，减小了工程投入，保证了渡槽质量与施工工期。

参考文献

[1] 冯光伟，王彩玲，张玉明，等. 南水北调中线一期工程总干渠沙河南－黄河南沙河渡槽段工程初步设计报告［R］. 郑州：河南省水利勘测设计研究有限公司，2009.

[2] 冯光伟，王彩玲，张玉明，等. 南水北调中线一期工程总干渠沙河 U 型预制槽预应力锚索变更报告［R］. 郑州：河南省水利勘测设计研究有限公司，2011.

工程设计

洛河渡槽大跨度三向预应力结构设计

和秀芬，赵立敏，李书群

（河北省水利水电第二勘测设计研究院，石家庄 050021）

摘要： 洛河渡槽设计采用输水结构与纵向承重结构相结合的三槽互联三向预应力钢筋混凝土矩形槽，渡槽跨度40m。该渡槽是目前世界上规模、跨度最大的梁式渡槽。本文介绍此渡槽设计的有关内容。

关键词： 三槽互联三向预应力渡槽；设计

1 工程概况

洺河渡槽是南水北调中线工程总干渠上的一座大型交叉建筑物，位于河北省永年县境内。渡槽设计流量230m³/s，加大流量250m³/s，渡槽总长829m，其中进口段长89m，槽身段长640m，出口段长100m。槽身为矩形三槽互联三向预应力简支结构，共16跨，单跨长40m，槽身过水断面为7.0m（宽）×6.8m（高）×3槽，槽内设计水深5.66m，加大水深6.06m。下部结构为重力墩灌注桩基础和扩大基础，最大墩高25.5m，墩厚3～4m，桩径1.7m。如图1、图2所示。

2 结构形式选择

目前国内外现有渡槽断面形式有矩形槽、梯形槽、U形或圆管形等。按支承形式分有梁式、拱式以及悬吊或斜拉式等。

洺河渡槽由于荷载大，水深6.06m时槽宽为25.1m，跨度小时渡槽纵横跨度失调，河道中墩架林立，河道行洪断面明显减小，加剧河床冲刷，对河道影响加大；但跨度过大，槽身及支承结构强度、刚度、抗裂、变形等要求难以满足要求。因此，设计合理的结构形式，并在此基础上选用合理跨度是渡槽设计首先应该解决的问题。

第一作者简介： 和秀芬（1958—），女，河北沧县人，高级工程师，从事水利工程设计施工及其相应结构理论研究工作。

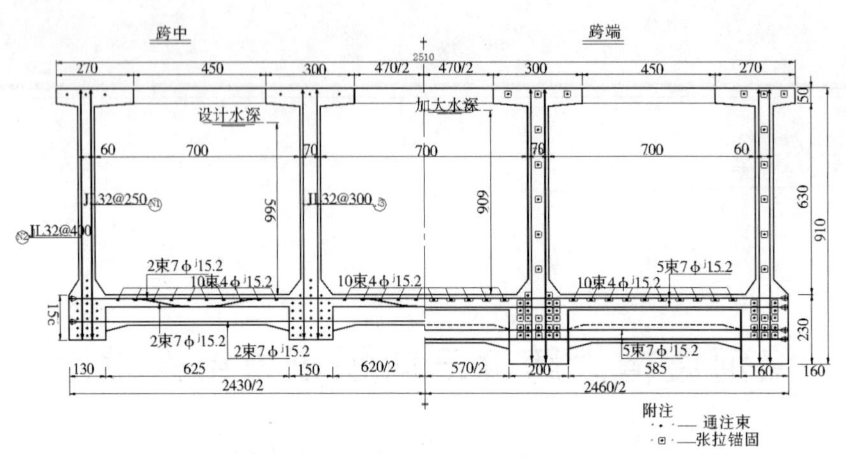

图1　结构横剖面及预应力筋布置图（单位：mm）

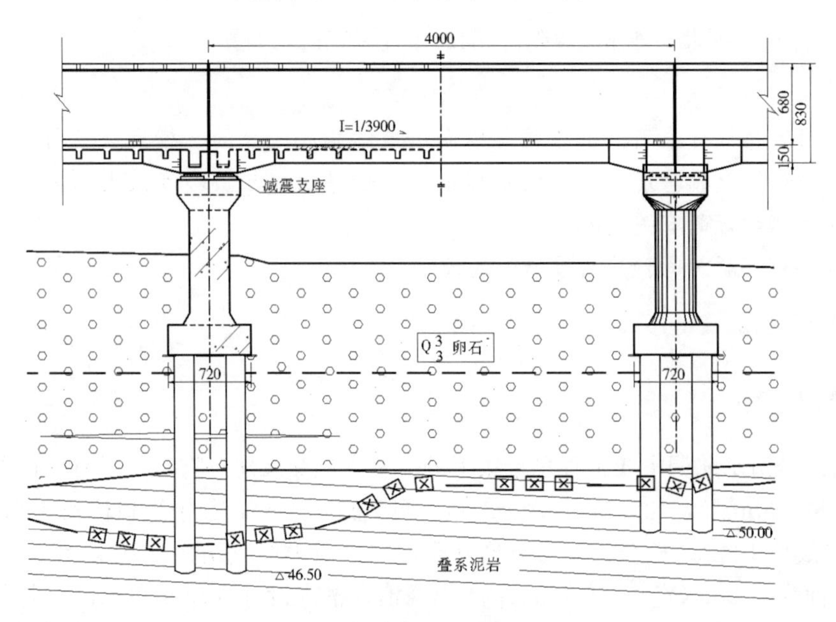

图2　结构纵剖面图（单位：mm）

根据洺河渡槽工程的上述特点，提出了将输水结构与承重结构相结合的横向三槽互联矩形槽结构形式。这种多槽矩形断面形式同多纵梁矩形断面相比，犹如将设在底部的数根纵梁叠加在一起形成隔墙，其工程量变化不大，但承载力却大大增加，因而渡槽的纵向跨越能力大大增强；其次由于底板跨度减小，底板受力条件大为改善，再加顶部拉杆的作用，使整体刚度更得到加强，工作性能更好。

3　结构设计

3.1　三向预应力

由于大型渡槽使用功能的要求，它所承受的水荷载大，尤其是水荷载与结构自重的比值很大，往往可达1.5倍以上。其次在使用阶段应保证结构不漏水。因此，要求结构变形小，水密性好。这些要求普通混凝土很难满足。根据洺河渡槽纵横向跨度比，采用三向预应力技

术，可成功地解决大流量、大荷载、大跨度的技术难题。

洛河渡槽采用预应力技术后，其纵向跨度可达 40m，且具有良好的抗裂性能，尤其是对于要求严格抗裂的迎水面，通过对结构施加三向预应力，可使其能达到不出现拉应力的效果，从而从根本上解决了渡槽裂缝漏水的问题。

3.2 结构计算

洛河渡槽纵向跨度 40m，横向总宽 25.1m，槽身侧墙总高（纵梁高）8.3m，其跨高比为 4.82，宽跨比 0.625，结构的三维受力效应明显，结构计算采用平面与空间相结合的方法，即常规的结构力学方法和三维有限元法计算，以便做到相互补充、验证，为正确判断结构的实际受力状态提供合理依据。计算过程如下：

（1）根据初步拟定的结构尺寸，用结构力学方法分别计算纵横向结构内力，计算配筋，在纵、横、竖三个方向布置预应力钢筋。

（2）根据初步配筋结果，验算结构控制部位的应力。渡槽正常运行时，槽身迎水面应满足一级裂缝控制等级，槽身背水面应满足二级裂缝控制等级。根据上述裂缝控制等级，调整预应力钢筋的数量和布置，使槽身各部位应力均满足要求。

（3）由于平面问题分析方法难以反映洛河渡槽这种大型预应力结构的应力分布和纵、横、竖向相互影响的空间效应，因此对施加预应力后的三维空间结构建立数学模型，进行三维有限元分析验证，分析槽身在自重、水荷载、风荷载、温度荷载等作用下的应力和变形，并根据计算结果再次对预应力筋的数量和布置进行修正、调整，直到满足设计要求。并通过调整渡槽纵向预应力筋的数量，使边墙和中墙的变形趋于一致，以减小由荷载不均衡而引起的横截面上的不平衡剪力，从而达到减小结构断面尺寸和配筋的目的。

3.3 施工期结构计算

通过对预应力结构施工过程的计算，进一步分析预应力结构在施加预应力过程中，由结构内力产生的变形和应力。并通过对预应力施加程序的研究，找出预应力筋最佳的张拉程序。在安装槽顶拉杆前，对中、边墙底部大梁及底板施加 40％的纵向预应力，然后从两端向跨中对底板 T 型横梁施加全部横向预应力，完成后即可拆除下部支承脚手架，释放自重，再从两端向跨中对中墙、边墙施加全部竖向预应力，最后再对中边墙底部大梁及底板施加剩余的 60％纵向预应力。全部预应力施加完毕后，再浇筑或者安装槽身顶部拉杆。

3.4 预应力筋布置

洛河渡槽采用有黏结预应力筋，根据计算结果，其预应力筋布置如下。

纵向：大梁底部配 $7\Phi_j15$ 钢绞线 96 束，其中两边梁各 18 束，两中梁各 30 束，梁顶部各配 $7\Phi_j15$ 钢绞线 3 束；底板配 $4\times7\Phi_j15$ 钢绞线 30 束。

横向：每根横梁顶部和底部分别配 4 束和 2 束 $7\Phi_j15$ 钢绞线。

竖向：竖向预应力筋采用直径 32mm 的高强精轧螺纹钢筋。边墙内侧钢筋间距为 25cm，外侧为 40cm。中墙两侧间距均为 30cm。

3.5 结构模型试验

洛河渡槽处于 7 度地震区，为确保洛河渡槽这种新型结构的安全可靠，在原 145 亿 m^3 调水规模（以下简称大方案）初步设计阶段，曾由武汉水电大学、中国水利水电科学研究院分别完成了洺河渡槽结构静力模型试验、结构抗震试验和动力分析。大方案洺河渡槽设计流量 $335m^3/s$，加大流量 $385m^3/s$。槽身过水断面为 8.3m（宽）×7.0m（高）×3 槽，纵向跨度 40m。

（1）结构静力模型试验 试验选一跨槽身制作模型，模型材料采用微混凝土，模型比尺为 1∶8。试验分别考虑了三槽不同的运用工况和槽内不同水深的影响。试验结果和有限元计算成果表明，在静力荷载作用下，结构满足一级裂缝控制等级要求。

（2）结构抗震模型试验 模型材料选用加重橡胶，模型比尺为 1∶20。模型由两个槽墩、一跨槽身和盆式橡胶支座构成。试验时用钢板制作了邻跨渡槽，准确模拟了邻跨渡槽的影响。试验选用迁安波（1976 年，唐山地震），EL-Ccetro 波及水工抗震规范中反应谱生成的人工地震波三种波进行。试验成果和三维有限元动力分析结果表明，这种新型渡槽结构从挠度变化的角度计算出的结构抗震可靠度指标是比较高的，在 7 度地震时不会出现比较严重的挠曲破坏，上部槽身结构满足二级裂缝控制等级要求。但是不能保证在渡槽下部结构局部部位因动应力过大而导致破坏现象的发生，必须采取一定的减震措施。

总干渠调水规模缩小为 95 亿 m^3 后，洺河渡槽设计流量 $230m^3/s$，加大流量 $250m^3/s$，槽身过水断面变为 7.0m（宽）×6.8m（高）×3 槽，与原规模方案相比，槽身横向单槽跨度减小了 1.3m，其受力条件有所改善，故认为上部结构采用 3 槽互联预应力结构是安全的。

4 减震设计

与传统的靠改变结构的强度和刚度的抗震设计方法相比，结构隔震、减震技术具有对地震的适应性强、减少材料用量、提高工程抗震安全可靠性等优点。因此，在大型桥梁工程建设中已广泛采用。

洺河渡槽地震基本烈度为 7 度。但考虑到南水北调中线工程是跨流域调水的超大型工程，关系到首都北京及沿线大中城市工业和居民的生活用水的大问题，渡槽除按 7 度进行设计外，还对 8 度地震情况进行了试验和分析计算。结果表明，渡槽遭遇 8 度地震时，采用传统的抗震设计方法，结构很难满足抗震安全要求，而且在 7 度地震时渡槽下部结构局部部位也出现过大动应力，必须采取隔震减震措施。我们通过设计、科研、生产厂家协作，联合研制出的 NKQZ 阻尼抗震球形支座具有抗震消能功能，该支座的工作原理是，当地震产生的水平力大于支座设计水平剪力时，支座抗剪销发生屈服断裂，这时阻尼抗震支座的弹性元件发生作用，缓冲地震冲击和消耗地震能量，以保证渡槽结构的安全。

5 防落梁和防碰撞设计

对于隔震渡槽，为了充分发挥隔震支座的减震作用，通常要求上部结构的可自由变形比较大，由于隔震渡槽上部结构较大的变形，会使各跨槽身间止水被拉坏或被剪坏。为了避免这种情况发生，需要在渡槽上部结构支承处设置挡块或机械等防落梁装置，在地震发生时，以限制上部结构与槽墩顶部的相对位移在设计允许的范围内。桥梁的研究结果表明，应变硬化型约束装置对限制上部结构相对变形和整个结构的响应比较有效。渡槽的防落梁设计是在横槽向墩顶两侧设置厚 0.75m，高 1.25m 的混凝土挡块，槽壁与挡块之间充填弹性垫层；在纵向则是通过 NKQZ 阻尼抗震球形支座自身的防落梁结构来实现。

洛河渡槽槽身段长640m，地质条件复杂，基岩埋深由进口的39m变为出口的16m，基岩上部风化程度差异较大，相邻槽墩之间基岩风化深度差达20m。1号槽墩至15号槽墩基础设计为桩基，16号槽墩至18号槽墩为坐落在岩基上的扩大基础。15号槽墩与16号槽墩高度相差4.5m，且基础形式不同。桥梁的研究表明，当梁式桥相邻跨动力特性相差较大时，在纵向地震作用下，伸缩缝处相邻跨产生非同向振动，并导致伸缩缝处相邻梁体发生较大的相对位移和发生碰撞。为防止渡槽相邻槽体在地震时发生碰撞，减小震后修复的难度，在渡槽伸缩缝处槽体端部设置厚3cm的橡胶垫层。

6 保温隔热设计

夏季渡槽槽身侧壁受阳光辐射，其表面温度会升至很高，冬季由于气温较低，槽壁外侧温度与气温相近，而槽内水温则相对变化不大，形成渡槽内外较大温差，使槽身结构产生很大的温度应力，造成渡槽开裂，影响使用。经计算，计入温度荷载后渡槽正常运用设计水深时，槽身结构均为压应力；加大水深或检修工况时，渡槽边墙内侧底部产生0.2～0.4MPa的拉应力，不能满足一级裂缝控制等级。

计算分析表明，要减小由温度变化产生的温度应力，靠加大结构断面和加大预应力度是很难做到的，也是不经济的。参照工民建节能保温设计的经验，确定采取在槽壁外侧增设保温隔热层的方法，来消减温度变化对结构的影响。通过广泛调研，并结合渡槽工程的运行条件，选择发泡聚氨酯保温材料作为渡槽的保温隔热层。

根据计算，渡槽外壁增设保温隔热层后，混凝土外表面温度夏季约29.8℃，冬季约0.5℃，大大减小了渡槽结构的内外温差，有效消减了非线性温度场对槽身结构的影响。使渡槽在设计和加大流量运行时，结构均处于受压状态。

7 宽缝止水设计

由于渡槽跨度大，由温度变化、混凝土收缩徐变产生的线性伸缩等，要求伸缩缝宽度60mm，缝内止水承受的水压力为0.07MPa，缩量为100mm，横向错动40～60mm，在上述条件下要求止水结构不漏水，并要求一旦止水破坏，应便于更换。以往的止水形式无论是埋入式、粘合式、压板式等均不能满足上述要求。在工程设计的同时，我们与生产厂家联合开展科研攻关，设计并试制出一种“镶嵌式可更换宽缝橡塑止水装置”。该止水装置由埋入混凝土中的硬质改性PVC U型锚固槽、L型硬质改性PVC嵌固板和m型橡塑止水带组成。更换时只需将L型嵌固板从U型锚固槽内拔出，即可更换m止水带，无需部分拆除槽身混凝土。压水试验结果，在0.2MPa水压力作用下持续72h，止水结构无渗水。

8 结语

洛河渡槽设计采用的输水结构与纵向承重结构相结合，三槽互联，三向预应力结构渡槽，采用了一系列创新技术，使我国超大型渡槽的设计水平上升了一个新台阶。这些创新技术的研制和运用，不仅解决了洛河渡槽设计中的一系列技术难题，还为南水北调中线工程设计起到了示范和推动作用，这些新技术和新成果已在其它大型渡槽设计中得到了广泛应用。

工程设计

洛河渡槽预应力施加顺序研究

李书群，和秀芬，杨锋

（河北省水利水电第二勘测设计研究院，石家庄 050021）

摘要：南水北调中线一期工程总干渠洛河渡槽槽身采用三槽一联大跨度预应力混凝土结构，槽身为纵、横、竖三向预应力体系，预应力数量多。同时，槽身三槽一联结构的受力特点使得预应力施加顺序对结构整体影响巨大，施加不合理将影响结构整体受力性能，甚至导致结构破坏。本文结合槽身受力特点，通过对槽身不同施加方案计算对比，并通过不同预应力施加顺序的过程模拟，制定出结构整体受力性能好、施工方便的压应力施加方案。

关键词：预应力施加顺序；有限元分析

1 引言

南水北调中线工程总干渠规模巨大，跨河渡槽分配水头小，布置宽度近 25m，考虑管理运用和结构对称受力等条件，邯邢段采用三槽一联大跨度矩形槽结构。渡槽设计为纵、横、竖三向预应力体系，后张法施工。纵、横向采用 1860MPa 级预应力钢绞线。竖向采用 $\varphi^{PS}32$ 螺纹钢筋。单跨槽身布置预应力一千余根（束），体系复杂。同时由于渡槽特有的输水要求，纵向钢绞线无法采用分散式锚固，锚固体系只能集中布置在梁端，是布置的难点，本文以河北省南段洺河渡槽为基础，对槽身预应力施加方案进行了分析研究，断面预应力分布如图 1 所示。

槽身为现浇空间预应力体系，预应力从哪个部位开始施加、每次施加多大预应力、按什么顺序施加、拉杆拼装时机等，直接影响结构的受力特性；而预应力何时施加、支承结构拆除时机关系到施工工期。本论文在保证结构安全、施工方便的前提下，寻找一种可行方便的预应力施加方案。

第一作者简介：李书群（1972—），教授级高级工程师，主要从事水利工程设计研究。

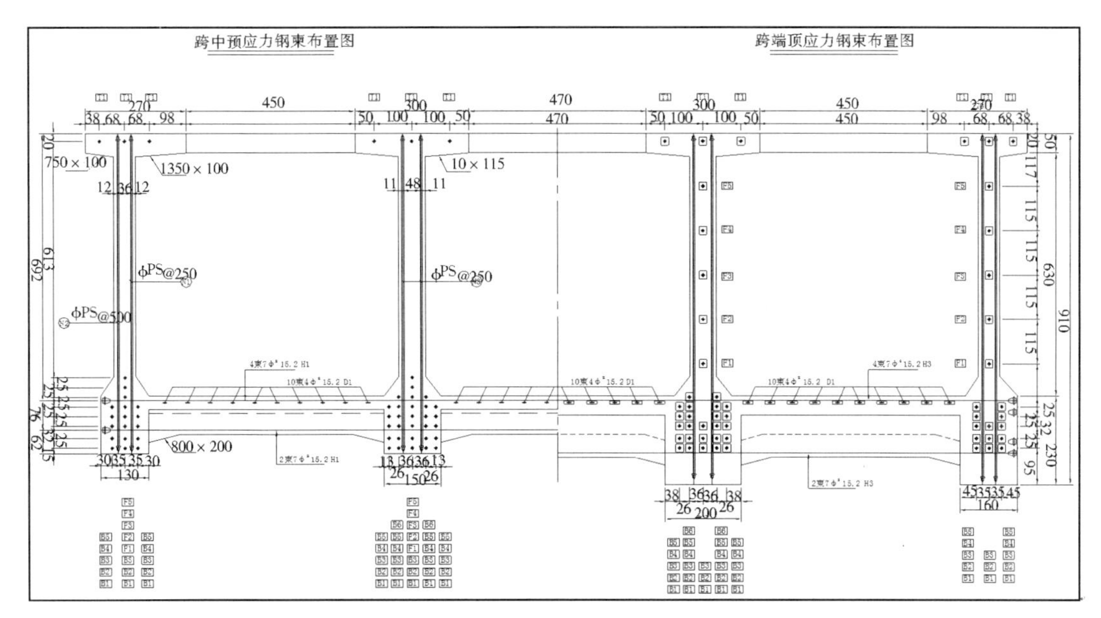

图 1　槽身预应力布置图（单位：mm）

2　预应力张拉程序优化

施工中，在支撑结构拆除前，所有竖向荷载由支撑结构承担。预应力施加后，槽身自重由预应力纵梁承担。

第一步：纵向预应力的施加顺序优化。

根据计算分析：最优过程是先对中、边墙底部大梁施加 40％的纵向预应力、底板施加 50％的纵向预应力后拆除底模板释放自重。模板拆除至完建期内力计算成果见表 1。

表 1　边梁、中梁内力计算成果表

计算工况		弯矩/（kN·m）	跨中应力/MPa		
			梁顶	底板顶缘	梁底
边梁	施工期	43274.71	−3.26	−0.80	−0.26
	完工期	40901.66	−2.90	−2.26	−2.12
中梁	施工期	59274.32	−3.46	−0.96	−0.41
	完工期	53579.00	−2.67	−3.01	−3.09

注：表中应力“−”表示压应力。

边梁和中梁张拉一期纵向预应力拆除底模板后，构件全断面受压，不会产生裂缝。

第二步：横向预应力的施加顺序优化。

分析采用对于施工过程模拟较好的《桥梁博士》软件，从槽身混凝土浇注过程、初始温度变化开始，进行施工过程模拟分析。渡槽横向结构由横梁、竖墙和拉杆形成超静定结构，为分析预应力施加对超静定结构的影响，分拉杆在预应力施加前浇筑和预应力施加后拼装两种方式进行对比分析，从混凝土浇筑开始，施工应力带入完建期和工程运行期。通过计算分析，拉杆与槽体一并浇筑条件下，运行期边墙底产生最大 3.4MPa 的拉应力；在预应力施加后拼装拉杆条件下，仅两边槽检修、中槽过水检修工况中墙底产生 1.5MPa 的拉应力。两者差异明显，因此提出拉杆在压应力施加后拼装。

优化结果：最优过程是从两端往中间对底板 T 型横梁按照底部先张拉 1 束，顶部再张拉 2 束的顺序依次滚动施加预应力，如图 2 所示。

第三步：竖向预应力的施加顺序优化。

由于最后拼装拉杆，竖墙为静定悬臂结构，中墙、边墙分开计算，分析结果：无论中墙还是边墙的最优预应力施加过程均是从两端往中间对中、边竖向施加预应力。边墙由于竖向预应力为不对称布置，张拉时可采用内侧先张拉 50%螺纹钢筋、最后补齐，避免墙体扭曲。

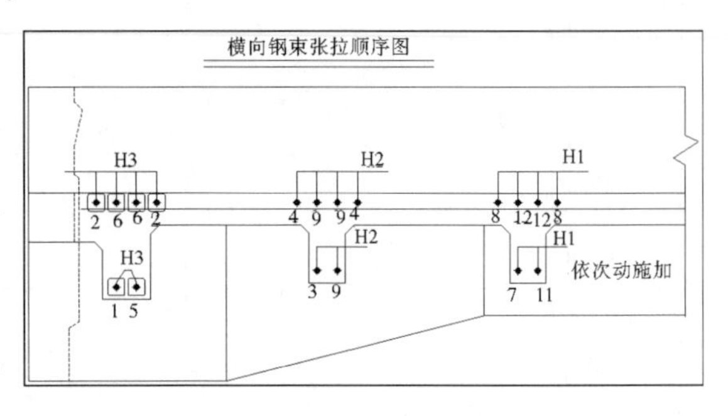

图 2　槽身横向预应力施加顺序图

根据结构各截面的控制内力，按受弯构件或偏心受拉构件进行施工阶段分析，施工过程混凝土应力分布见表 2。

表 2　施工期横向应力计算成果表　　单位：MPa

位置		施加预应力前		施加预应力后		浇筑拉杆后		完建期	
		计算值	允许值	计算值	允许值	计算值	允许值	计算值	允许值
第一支座 (2-2)	顶部	0.44	<2.45	−5.50	<2.45	−5.23	<2.45	−4.85	<0
	底部	−1.06	>−23	−2.88	>−23	−3.43	>−23	−2.63	>−19.2
第二支座 (4-4)	顶部	1.51	<2.45	−4.45	<2.45	−4.28	<2.45	−4.13	<0
	底部	−3.68	>−23	−5.79	>−23	−6.08	>−23	−4.64	>−19.2
第二支座 (6-6)	顶部	1.37	<2.45	−4.59	<2.45	−4.45	<2.45	−4.23	<0
	底部	−3.32	>−23	−5.42	>−23	−5.56	>−23	−4.41	>−19.2
第一跨中 (3-3)	顶部	−1.06	>−23	−3.72	>−23	−3.53	>−23	−2.91	>−19.2
	底部	2.62	<2.45	−8.36	<2.45	−8.71	<2.45	−8.13	<0
第二跨中 (7-7)	顶部	−0.33	>−23	−3.72	>−23	−3.86	>−23	−3.42	>−19.2
	底部	0.81	<2.45	−6.69	<2.45	−6.13	<2.45	−5.55	<0
边墙 (1-1)	外侧	−2.32	<0	−3.41	<0	−4.21	<0		
	内侧	−3.72	<0	−3.82	<0	−3.62	>−19.2		
中墙 (5-5)	最小	−4.92	>−19.2	−4.46	>−19.2	−4.29	>−19.2		
	最大	−3.72	<0	−2.98	<0	−2.82	<0		

注：1. 计算以压应力为“−”，拉应力为“+”；

2. 设计及加大水深应力计算均考虑了中槽过水、两边槽过水、三槽过水的组合；

3. 计算断面位置如图 3 所示。

施工期各构件在预应力施加后及完建期均不产生拉应力，拆除底模预应力施加前边槽跨中产生最大 2.62MPa 的拉应力，控制拆除底部模板时的混凝土强度不小于 85%设计值，防止施工期产生裂缝。

第四步：边、中墙、底板剩余纵向预应力钢绞线施加顺序优化。

边、中墙、底板剩余纵向预应力钢绞线张拉不占用直线工期，主要分析边、中梁反拱度对横向结构的影响。优化结果，张拉时边、中墙对称交替张拉，以刚度较大的中梁为主轴线，

以单束为控制，按照两中梁、两边梁交替原则进行。

3 有限元分析

由于渡槽的横向尺寸较大且三槽相连，传统结构力学方法难以反映超大型预应力渡槽三维受力特性，为研究渡槽的整体受力特性，采用大型通用有限元软件 ANSYS 进行模拟分析，分别计算渡槽预应力施加过程和对工程运行期的影响。

（1）计算模型。根据结构的对称性和荷载的对称性，沿纵向截取半跨槽身作为计算模型，将施工期横向非均匀温差引起的温度应力一并分析。采用有限元剖分网格如图 4 所示。

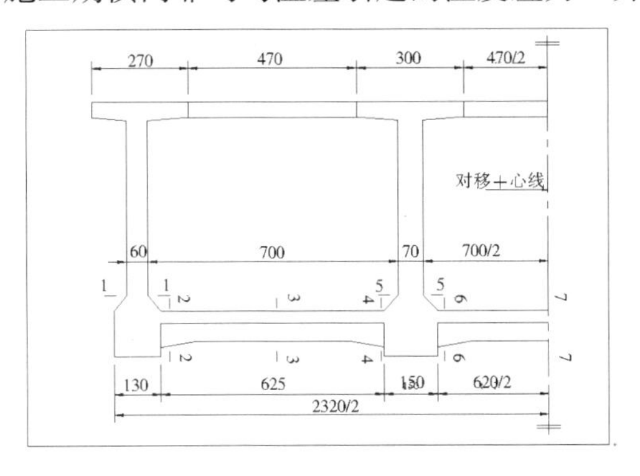

图 3　槽身横向应力计算计算点位置（单位：mm）

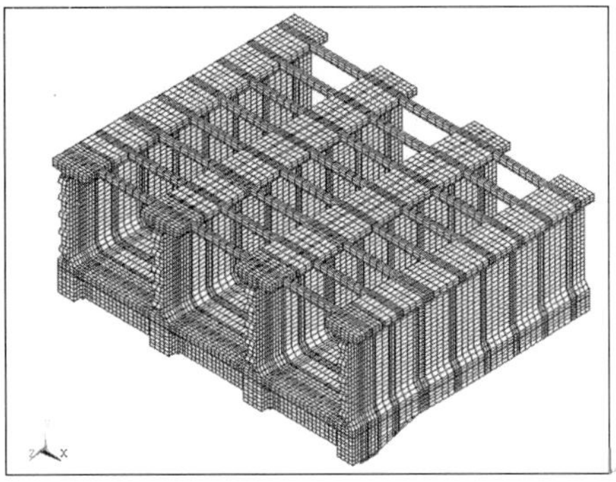

图 4　槽身有限元网格剖分图

（2）计算方法。渡槽结构的温度变化根据当地的水文气象条件、水温、混凝土的热学性质，按传热学原理进行温度场的三维有限元计算确定；预应力体系按照上述优化程序进行施加。

（3）结论。施工期，渡槽各部位全断面受压；运行期在加大过水两边槽检修工况下中墙内表面产生 1.4MPa 拉应力（温升组合），加大过水两边槽检修横梁底产生 0.9MPa 的拉应力（温降组合），满足一般要求不出现裂缝要求。通过调度运用控制，减少夏季最高温时段检修，使渡槽长期维持在受压状态。

上述施工方案有以下优点：

（1）方便施工。槽身混凝土一次浇筑完成，混凝土施工与预应力筋张拉互不干扰；下部支承结构在施加纵向预应力后拆除，模板周转加快。

（2）保证安全。根据各工况的计算结果，在施加第一序预应力后拆除底模板，横向预应力施加前横梁底槽身会产生一定拉应力。当槽身纵向施加第一序预应力、对横向施加了全部预应力，渡槽处于全断面受压状态；预应力施加完毕时，渡槽全断面受压。因此，采用优化的预应力施加程序，不会发生槽身开裂等不安全现象。

4 结论

通过桥梁博士软件对预应力施加程序模拟和有限元分析，确定预应力钢束张拉按同步、对称、两端同时张拉的原则，每次张拉不少于 2 根钢束。槽身预应力张拉程序如下：

（1）梁体混凝土在满铺施工桁架上浇筑完毕（未浇筑后浇带及拉杆），混凝土强度达到设计强度 85%后，先张拉边墙和中墙曲线钢束，之后张拉边梁、中梁底部 40%直线和底板 50%钢束，以刚度较大的中梁为主轴线，以单束为控制，按照两中梁、两边梁交替原则进行。

同一梁体内，应严格按照对称原则施加预应力。底板纵向预应力钢绞线张拉时对称从墙体向中间张拉。

(2) 张拉竖向螺纹钢筋及横向预应力钢绞线时从支点向跨中对称交替张拉。同一横梁横向钢绞线先张拉一束底部钢绞线，上下排对称于横梁中心线交替张拉。应保证四道竖墙预应力施加的同步性，从两端往中间对中、边竖向预应力筋施加预应力。边墙由于竖向预应力为不对称布置，张拉时可采用内侧先张拉50%螺纹钢筋、最后补齐，避免墙体扭曲（四道竖墙均可以按照50%螺纹钢筋间隔推进方式，使预应力稳定施加）。

(3) 浇筑拉杆，拆除施工桁架。

(4) 张拉边、中墙、底板剩余纵向预应力钢绞线。张拉时边、中墙对称交替张拉。同一墙中，也遵循对称交替张拉的原则。

(5) 相临两跨纵向预应力张拉完毕后，即可浇注后浇带二期混凝土，待混凝土后浇带达到规定强度后，张拉后浇带中竖向螺纹钢筋。

通过邯邢段各跨河渡槽施工过程验证，以上施工程序既缩短了工期，对槽体结构也未产生不利影响，取得了较好的效果。

工程设计

跨渠排水渡槽下部结构改造置换的设计与施工

王聪，尤岭，朱克兆，史召锋

（长江勘测规划设计研究有限责任公司，武汉 430010）

摘要：本文介绍了南水北调中线某跨渠排水渡槽的墩柱由柱墩改造为板式墩的设计及施工方案。为满足渠道阻水率要求，需将已建成渡槽在不中断其使用功能前提下，完成原有盖梁受力体系的转换，并进行板墩置换，同时对盖梁进行了增大截面法改造。该工程应用对不卸载状态下结构构件置换改造具有一定的借鉴意义。

关键词：排水渡槽；改造；置换；增大截面

1 工程实例

南水北调中线总干渠为带状输水建筑物，由于其布置跨度大，不可避免和沿线河流、公路、铁路、灌溉渠道相交叉。对交叉点以上汇流面积小于 $20km^2$ 的河流，与总干渠交叉时需设置排水建筑物，简称跨渠排水渡槽。

根据总体布置，某跨渠排水渡槽（以下简称渡槽）与总干渠斜交，交角为 52.61°。渡槽段长 90m，采取 3m×30m 布跨形式，设计为两个独立的并行双幅矩形槽。槽身截面为两个独立的开口箱形截面，单槽跨度为 30m。

渡槽下部结构采用斜槽正做，双柱式墩身，槽墩两柱连线与渠道夹角为 52.61°。单槽盖梁长 10.3m，宽 2.0m，高 1.6m，槽墩采用双柱式墩身，柱径 1.5m，柱中心间距 4.2m，柱下设承台，承台下设 6 根直径 1.0m 的摩擦桩。原槽墩双幅平立面布置如图 1 所示。

该渡槽施工完成后，对整个渠段内跨渠建筑物墩柱阻水情况进行了复核统计，复核过程中发现该建筑物的槽墩阻水率超过了 10%。为保证渠段内输水能力，减少建筑物柱墩阻水影响，需对该渡槽下部结构进行调整。经综合比选研究，最终采用的方案为：承台、桩基及上部结构保留，在承台上部植筋浇筑平行于渠道轴线的板式墩来代替原柱墩。新浇筑板式墩布

第一作者简介：王聪（1981—），河南人，工程师，主要从事桥梁结构工程的设计与研究。

置在原柱墩中间，置换后的新板式墩轴线与渠道平行，同时确保渡槽上部结构的正常使用。

2 槽墩改造置换方案

在渡槽和渠道已经完成施工的情况下，常规改造技术方案有两种：一是移除上部结构槽身，凿除现有柱墩，重新施工新板式墩；二是不移动上部结构槽身，就地顶升槽身，凿除现有柱墩，重新施工新板式墩。两种方案均为常规方案，但各有弊端。第一种方案需移除槽身，由于起重重量大，目前的起吊设备难以满足要求，定制设备周期长，造价昂贵，且难以确保总工期要求。第二种方案，若顶升设备支撑点设置在承台上，则占用了新柱墩布置位置，不可行；若支撑在承台外，由于渠道断面为土基，则需要进行基础处理。根据渠道土体的物理力学参数，采用的处理方案为浆砌石或素混凝土局部换填。该施工方案的缺点：一是基础换填、上部槽身顶升周期长，造价高；二是槽墩改造完成好，还要对渠道断面进行换填层清除、恢复渠道，该方案工期最长且不经济。为尽快实施工程改造，同时尽量缩短施工工期，本项目提出了第三种方案，即在暂不处理槽身及柱墩的前提下，于两圆立柱之间顺水流方向布置一薄壁板式墩，在板式墩及上部盖梁均改造完成，且混凝土满足设计要求时切除原柱墩。新浇筑板式墩根据现场布置情况，确定板墩厚度 1.1m，顺水流方向长度 5.9m，为减少板墩对水流的阻力，端部采用流线型布置，板墩布置平面图如图 2 所示。

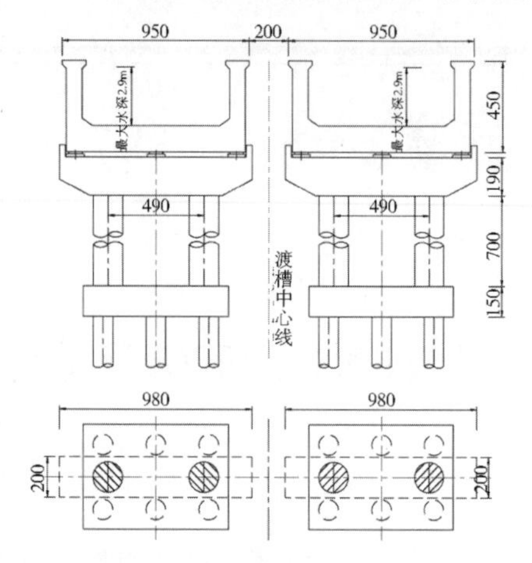

图 1 原槽墩平立面布置图（单位：cm）

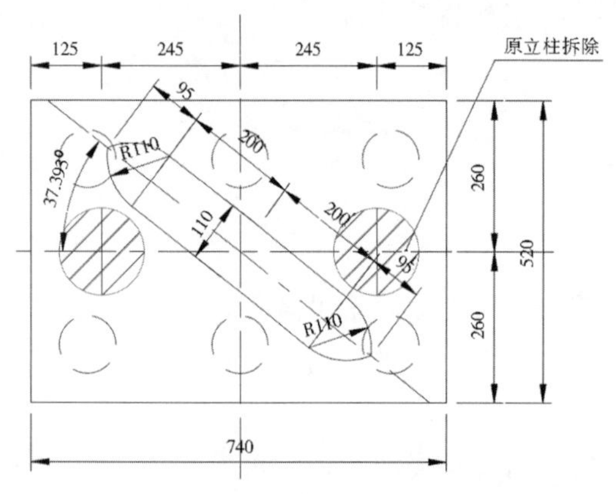

图 2 原柱墩与板墩结构图（单位：cm）

3 盖梁改造置换方案

盖梁的改造既要保证施工期不破坏既有的受力体系，又要确保改造后的盖梁能实现上部结构的受力传递，满足新的受力体系承载力要求。盖梁改造置换方案采用增大截面法设计，利用新板式墩顶部的一部分作为现状盖梁跨支撑，超出现状盖梁的两侧部分作为盖梁增大截面现浇加宽部分支撑。现状盖梁及其两侧外包加宽部分，利用现状渡槽盖梁端部横档位置、两槽墩盖梁之间的间隙设置横向联系结构形成整体。外包后整体盖梁长 22.7m，宽 4m，高 1.9m。

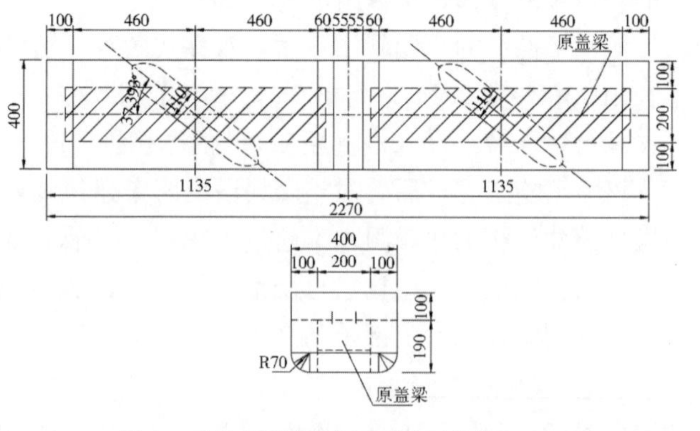

图 3 改造后盖梁平立面图（单位：cm）

改造后整体盖梁结构平面及横断面如图 3 所示。

改造后，原有独立的两个盖梁合并为一个受力整体。为满足盖梁的整体受力安全，增大截面盖梁设计为预应力钢筋混凝土结构，纵向预应力钢绞线的布置为适应板式墩的非对称布置两侧也为反对称布置。钢绞线布置如图 4 所示。

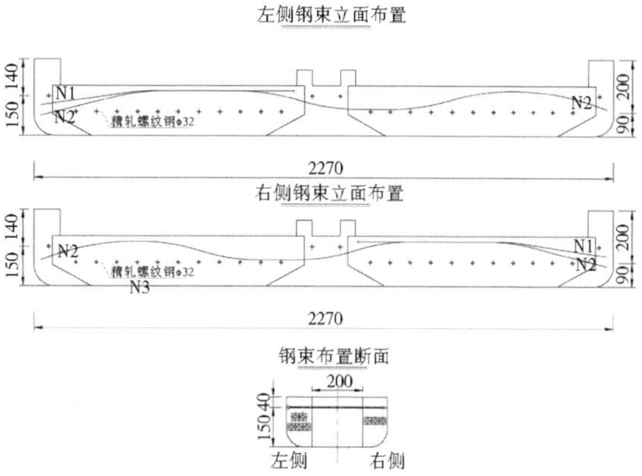

图 4　增大截面盖梁预应力钢绞线布置图（单位：mm）

为保证原盖梁和外包盖梁的协同受力、进一步增加新结合面的结合力布置横向预应力钢筋，使其结合面处受压状态，横向预应力粗钢筋布置如图 5 所示。

4　改造置换方案受力分析

槽墩改造置换受力分析采用桥梁博士软件建模，计算模型如图 6 所示。结构计算分别就承载力极限状态下的结构强度及正常使用极限状态下的结构应力进行了分析研究。

持久状况承载能力极限状态下盖梁的最大抗力及其对应的内力图如图 7 所示。

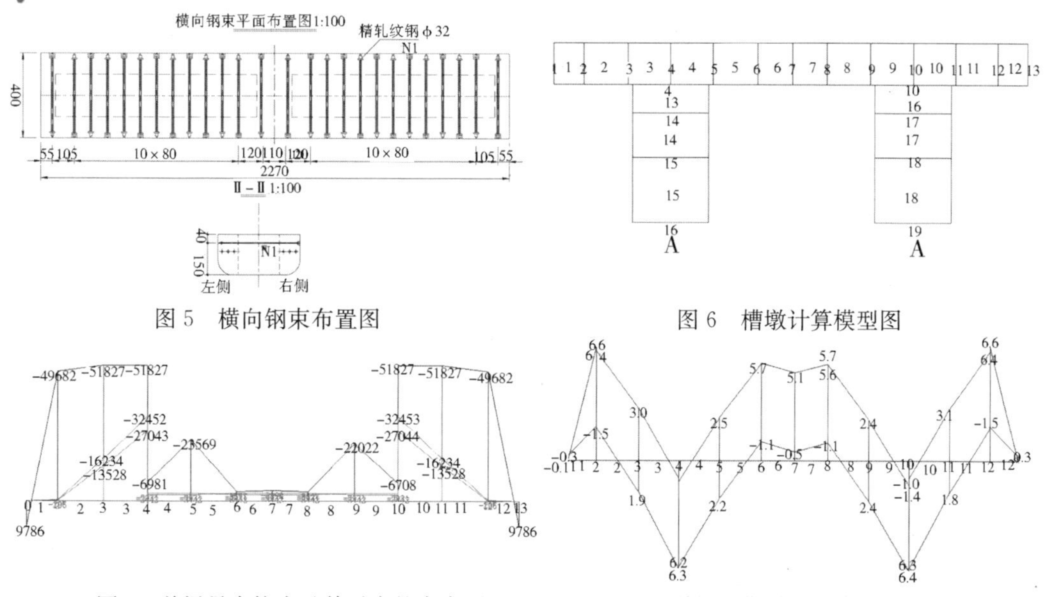

图 5　横向钢束布置图

图 6　槽墩计算模型图

图 7　盖梁最大抗力及其对应的内力图

图 8　盖梁长期效应组合应力包络图

正常使用极限状态盖梁长期效应组合应力包络图如图所示 8 且见表 1。

通过对改造后的盖梁进行强度、应力及抗剪计算，结果表明改造后的盖梁可以满足渡槽正常使用要求。

5　改造施工方案

5.1　施工流程

为节约工期，板式墩施工和外包盖梁改造同步施工，施工程序见流程如图 9 所示。

表1　盖梁长期效应组合应力

单元号	应力	上缘应力	下缘应力
2	应力属性	6.4	−1.54
	容许值	−1.68	−1.68
	是否满足要求	是	是
4	应力属性	−1.25	6.22
	容许值	−1.68	−1.68
	是否满足要求	是	是
6	应力属性	5.71	−1.14
	容许值	−1.68	−1.68
	是否满足要求	是	是
7	应力属性	5.13	−0.528
	容许值	−1.68	−1.68
	是否满足要求	是	是
8	应力属性	5.63	−1.06
	容许值	−1.68	−1.68
	是否满足要求	是	是
10	应力属性	−1.03	6.3
	容许值	−1.68	−1.68
	是否满足要求	是	是
12	应力属性	6.63	−1.54
	容许值	−1.68	−1.68
	是否满足要求	是	是

5.1　板式墩施工

新板式墩施工采用承台顶面处立模现浇工艺，为保证板式墩与承台形成受力整体，需在承台顶面植筋。植筋施工时应注意材料和配胶方式的相互配套，同时避开承台钢筋，避免植筋钻孔损伤承台钢筋。

新板式墩现浇施工时，所用模板应高出原盖梁底面约10cm。在混凝土浇筑至原盖梁底时，某单侧混凝土浇筑至模板顶部，然后加强对该单侧混凝土振捣，使混凝土慢慢填实盖梁底并流动至盖梁另一侧。

5.2　盖梁增大截面施工

盖梁增大截面施工采用如下工艺流程：

(1) 搭设支架进行现状盖梁表面凿毛，并刻抗剪槽，如图10所示。

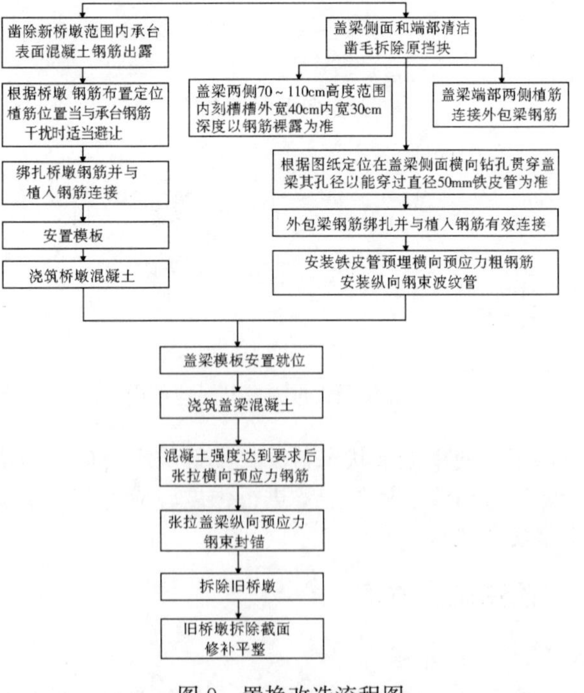

图9　置换改造流程图

（2）钻孔植筋，以与外包盖梁钢筋连接。

（3）横向预应力钢筋安装孔钻孔。

（4）绑扎外包盖梁钢筋。

（5）现浇加宽部分盖梁混凝土，并待龄期达到设计要求后进行预应力张拉。先张拉横向预应力，然后张拉纵向预应力。

在盖梁改造过程中，为确保原盖梁与外包盖梁的协同工作，对现状盖梁与盖梁外包部分结合面进行凿毛、凿槽和设置插筋。为确保后浇板墩对现状盖梁底部的支撑作用，在现状盖梁下方凿毛，露出钢筋，然后焊接 U 型钢筋插入后浇板墩中。

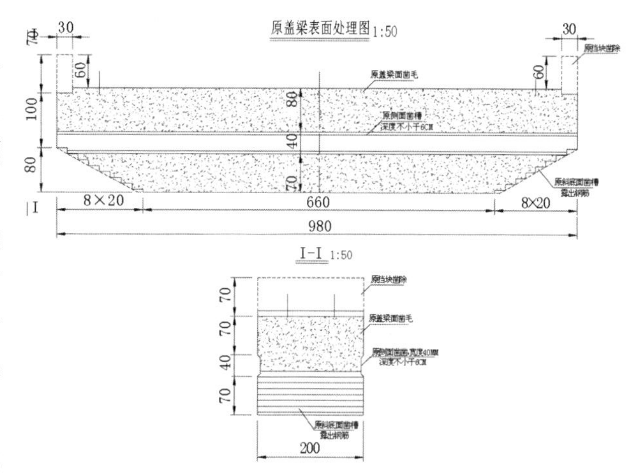

图 10　盖梁表面处理图图（单位：mm）

5.3　拆除原柱墩

待外包盖梁混凝土达到设计强度后，张拉横、纵向预应力，墩柱及盖梁达到养护龄期及强度后，拆除原圆柱墩，并用环氧砂浆修补平整。

整个置换改造流程如图 10 所示。

6　结束语

对现有渡槽建筑物、桥梁进行下部结构改造或替换为常见工程改造项目，施工方法较多。鉴于本工程工期较紧且施工空间限制较大，对常规结构替换方法进行了改进。改进后的下部结构置换方案，不仅对上部结构无干扰，下部结构占用空间也较小；同时工期可以明显缩短。该置换方法的难点在于局部施工空间不足，因此对施工细节要求特别严格，严控施工过程才能保证置换工程达到设计要求。该加固方案对类似工期紧张、空间受限的下部结构改造置换工程有一定的实际借鉴意义。

参考文献

[1]　史洪泉．上海北外滩景观景观支持称置换工程与监测［J］．建筑施工，2007（6）．

[2]　郑建岚．土木工程结构检测鉴定与加固改造［M］．北京：中国建材出版社，2008

工程设计

大流量预应力薄壁多厢矩形槽结构设计*

张玉明[1]，贾娟娟[1]，马春安[2]，张高伟[2]

（1. 河南省水利勘测设计研究有限公司，郑州 450016；
2. 南水北调中线干线工程建设管理局 河南直管项目建设管理局，郑州 450046）

摘要： 双洎河渡槽为南水北调中线工程上的一座大型渡槽，采用双厢预应力矩形槽结构形式，利用造槽机施工。在设计过程中，用平面结构力学法初步计算预应力筋配置，用三维有限元法进一步校核并优化槽身三向预应力布置。在槽身施工时，考虑到造槽机产生的施工期荷载，利用三维有限元法对槽身预应力筋提前张拉的顺序进行了优化。经上述设计优化，渡槽成功通过充水验证，证明了设计、施工的可靠性。

关键词： 矩形渡槽；造槽机；施工荷载；张拉顺序

1 工程概况

双洎河渡槽工程位于河南省新郑市内，是南水北调中线工程总干渠上的一座大型河渠交叉建筑物。渡槽总长 810m，进口段长 125m，槽身段长 600m，出口段长 85m，设计流量 $305m^3/s$，加大流量 $365m^3/s$。渡槽槽身为矩形断面形式，四槽输水，两槽一联，单跨长 30m，共 20 跨、40 榀渡槽。槽身过水断面为 7.0m（宽）×7.45m（高）×4（槽），设计水深 6.63m，加大水深 7.25m。施工方式为造槽机施工。

2 槽身结构形式选型与施工方式选择

槽身选择了跨径 30m 和 40m 矩形预应力单隔墙、跨径 20m 矩形多纵梁（非预应力结构）和跨径 20m 矩形无肋板（非预应力结构）3 种型式 4 个方案进行比较，从工程量、投资、安全、造型等方面综合分析后推荐跨径 30m 矩形预应力单隔墙方案。关于渡槽槽数，若采用矩

* **基金项目：**“十一五”国家科技支撑计划重大项目“南水北调若干关键技术研究与应用之大流量预应力渡槽设计和施工技术研究”（2006BAB04A05）。

第一作者简介： 张玉明（1981—），工程师，主要从事南水北调中线工程大型渡槽设计工作。

形断面，两槽方案采用双线双槽，单槽净宽 13m，槽高 7.6m；三槽方案单槽净宽 8.8m，槽高 7.7m；采用整体结构时，横向宽度过大，采用 3 槽分离结构，下部基础与之对应，显然不经济。

矩形预应力单隔墙槽身结构主要受力构件采用预应力钢筋混凝土结构，混凝土采用 C50。槽身下部支承采用空心墩和灌注桩基础。针对该种结构类型，在纵向分别比较了 30m 和 40m 两种跨径方案。由于矩形槽 30m 跨一联槽身自重达 3100t，考虑采用现浇满架或造槽机方案。

预应力 U 型槽为 4 槽输水，4 槽各自独立，槽身纵向为简支梁型式。槽身下部支承采用空心墩和灌注桩基础。对于 U 型槽，采用现浇方案，施工质量不易控制，为保证 U 型槽的施工质量，宜采用预制吊装方案。30m 跨 U 型槽单槽一跨自重 1200t，40m 跨 U 型槽单槽一跨自重 1700t，从目前的吊装运输架设设备分析，30m 跨相应的施工设备更成熟，因此对 U 型槽，选用 30m 跨架槽机方案作为比较方案。

从结构特点及结构安全分析，矩形槽和 U 型槽两种结构型式均有整体性好，刚度大，受力明确等优点。

从施工角度分析，U 槽预制架设方案及矩形造槽机方案可以减少占用河床时间，且就目前技术而言，运输、吊装、架设机械设备还是有保证的；造槽机方案对两槽一联单宽 7m 的矩形槽而言，造槽设备已有成功经验借鉴；满堂架方案最大的问题是严格控制自身变形，做好模架基础处理，因此满堂架施工只适于小跨度渡槽。

从投资角度分析，U 型槽方案由于预制场费用、运输吊装架设设备费用较多，加之因架槽需要，下部盖梁、槽墩有所加长，虽然上部投资减少，但总体投资仍相对较多。因双洎河河道表面为细砂，且分布不均，地基处理费用较高，矩形槽的满堂架方案与造槽机方案略基本相当，40m 跨现浇满堂架方案投资相对略省。

从对河道的防洪影响分析，30m 跨和 40m 跨均未缩窄河道，仅有槽墩占用少量河道断面，渡槽修建后，河道水位基本不壅高，且渡槽梁底远高于河道洪水位，洪水也不出槽，所以无论 30m 跨还是 40m 跨对河道流态、河势稳定和行洪安全基本无影响。

综合分析，30m 跨矩形槽方案投资较省，槽墩对河道防洪基本无影响。同时，对 30m 这样跨度的矩形槽，采用遭槽机方案后槽身的施工质量容易保证。因此双洎河渡槽槽身推荐采用 30m 跨遭槽机施工方案。

3　结构设计

3.1　预应力结构

双洎河渡槽单榀渡槽自重约 2500t，满槽水位下槽内水重约 3320t，水重与结构自重比较大，约 1.35。渡槽正常运行期若因结构限裂问题而出现漏水现象，一是不美观，影响渡槽整体形象；二是可能出现冰冻现象，冻融循环可能导致槽身混凝土胀裂；三是水体易对槽内部钢筋产生锈蚀，影响槽身结构耐久性与安全性。另外，双洎河渡槽槽身比降较缓为 1/5800，要求渡槽在水荷载作用下变形小。因此，需采用三向预应力技术解决上述难题。

双洎河渡槽槽身纵、横、竖向施加预应力后，可保证槽身迎水面不出现拉应力，具有良好的抗裂性能；满槽水位下，槽身跨中竖向仅出现微小位移。

3.2 结构计算

双洎河渡槽纵向跨度 30m，两槽一联，单槽净宽 7.0m，净高 7.9m，跨中断面中墙厚 0.75m，边墙厚 0.6m，底板厚 0.65m；端部断面中墙厚度不变，边墙加厚至 0.8m，底板加厚至 1.0m。槽身跨高比为 3.8，纵向属于深梁范畴；宽跨比为 0.53，槽身属三维结构，纵、横、竖向相互影响。结构采用传统结构力学计算内力，初步估算预应力筋数量，而后采用三维有限元法进行验证，评估槽身各部位应力能否达到设计要求。

结构力学法计算时，将槽身边墙、中墙纵向简化为一简支梁，边墙承受各水位下半槽水重、中墙承受各水位下一槽水重，得到槽身各断面内力值。槽身横向计算时，将中墙、边墙及底板按单宽简化为一平面刚架，横向计算简图如图 1 所示。

采用结构力学做初步计算后，对预应力槽身进行了三维有限元校核，分析槽身在自重、水重、温度荷载、风荷载等作用下的应力值、位移值，根据有限元计算结果调整预应力筋布置与线形，直至槽身各部位应力值、位移值满足设计要求。经平面结构力学初算及三维有限元法校核，最终槽身预应力筋布置详如图 2 所示。

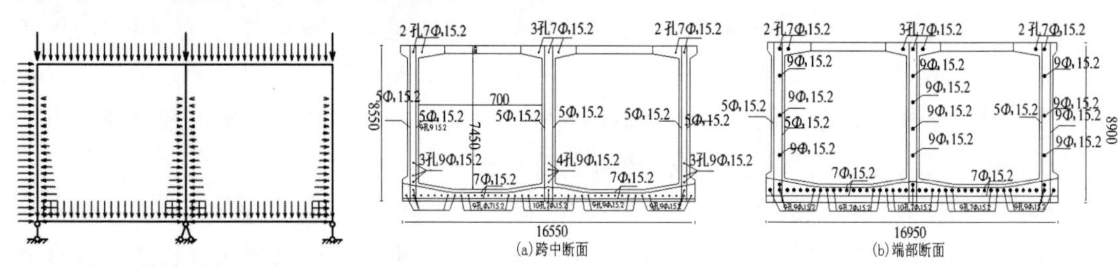

图 1　槽身横向计算简图　　　　图 2　渡槽预应力筋布置

3.3 施工期结构复核

双洎河渡槽槽身现场施工方式为造槽机施工，具体施工步骤为：槽身下部结构施工→安装造槽机外模→绑扎钢筋→安装造槽机内模→槽身混凝土浇筑、养护→张拉预应力筋→造槽机过孔→下一榀渡槽施工。造槽机过孔时，外模、内模将会有相当的移动荷载作用于槽身侧墙顶部、与槽身底板内表面，详如图 3 所示。

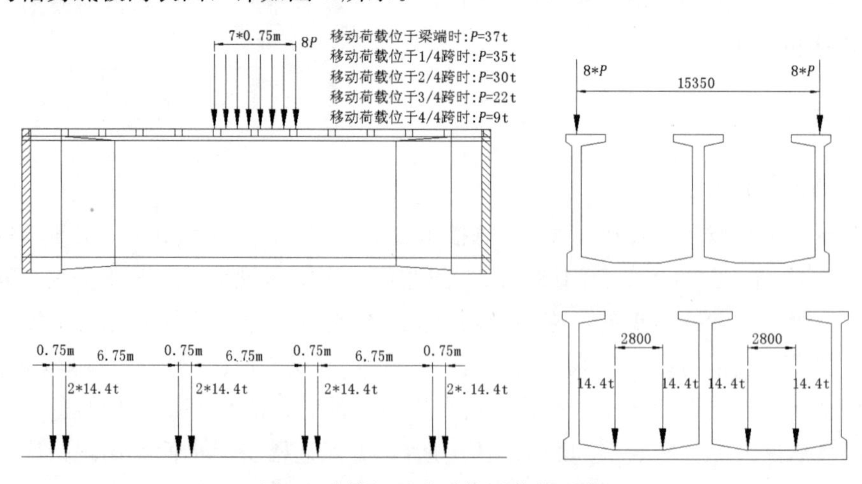

图 3　遭槽机过孔时作用荷载示意

根据平面结构力学法分析，造槽机外模移动荷载作用于两侧顶部时，侧墙、中墙及底板将在槽底部出现一定的纵向拉应力，造槽机内模移动荷载作用于底板内表面时，底板与侧墙连接部位及底板背水面会出现一定的横向拉应力。为满足“槽身在任何工况下，内壁不出现拉应力”的要求，造槽机过孔前需张拉部分的预应力筋。采用三维有限元法对未施加预应力的槽身在造槽机过孔工况下进行了验算，结果表明，造槽机过孔时，槽身三维效应明显，槽身内壁在纵、横、竖向均会出现一定数量的拉应力，因此，在造槽机过孔前，需张拉三个方向的预应力筋以保证满足应力要求。

最保守的张拉方案为造槽机过孔前张拉全部的预应力筋，但该张拉方案占用直线工期较长，张拉期间造槽机处于停滞状态，不经济；故对全部张拉方案进行了优化设计，逐步减少过孔前需张拉的各向预应力筋数量，最终确定如下张拉方案，先张拉纵向，再张拉横向，最后张拉竖向预应力筋。造槽机过孔前需张拉的预应力筋如下。

纵向：底板 33 孔直线筋，其中 18 孔为 $9\Phi_s$15.2 钢绞线，15 孔为 $7\Phi_s$s15.2 钢绞线，相对于中墙对称张拉。

横向：底板 34 孔曲线筋，其中 6 孔为 $9\Phi_s$s15.2 钢绞线，28 孔为 $7\Phi_s$s15.2 钢绞线；底板 34 孔直线筋，其中 6 孔为 $9\Phi_s$s15.2 钢绞线，28 孔为 $7\Phi_s$s15.2 钢绞线；横向曲线、直线筋由两槽端向跨中 Z 形对称张拉。

竖向：侧墙、中墙 58 孔直线筋，均为 $5\Phi_s$s15.2 钢绞线；侧墙、中墙竖向钢绞线由两槽端想跨中 Z 形对称张拉。

造槽机过孔后，同样按照纵向→横向→竖向顺序张拉余下预应力筋，张拉方式同造槽机过孔前。

4 止水结构设计

考虑到渡槽跨度大，由温度变化及槽身混凝土自身收缩变形等因素引起的槽身伸缩量约为 30mm，两槽间伸缩缝宽度为 40mm，止水带需承受的水压强为 0.08MPa。

双洎河渡槽两端各留有后浇带，止水结构在两槽后浇带间安装。设置了两道止水，靠近迎水面侧为可更换 GB 复合橡胶止水，后浇带迎水面预留止水槽，安装止水带时先将止水槽面打磨平整，植入不锈钢螺栓，安装 GB 复合橡胶止水带，再安装不锈钢压板，压板形式为角钢，安装方形不锈钢垫板、螺帽。止水带下部的 GB 复合材料为腻子型，用于找平止水槽面，该止水形式主要靠压紧来达到止水目的；靠近背水面侧为紫铜片止水，槽身后浇带浇筑时直接将铜止水浇至混凝土中。两道止水均在类似工程中成功应用，经充水验证，0.08MPa 水压强下，止水带结构无渗漏现象。

参考文献

[1] 陈玉英，张玉明，梁祥金，等．南水北调中线一期工程总干渠沙河南-黄河南双洎河渡槽段工程初步设计报告［R］．郑州，河南省水利勘测设计研究有限公司，2010.

[2] 陈玉英，张玉明，梁祥金，等．南水北调中线一期工程总干渠双洎河渡槽造槽机施工对渡槽结构影响安全复核报告［R］．郑州，河南省水利勘测设计研究有限公司，2011.

工程设计

南水北调中线湍河渡槽设计与施工*

郑光俊，吕国梁，张传健，夏国柱

（长江勘测规划设计研究有限责任公司，武汉 430010）

摘要：湍河渡槽为双向预应力薄壁构件，其输水流量及结构尺寸均位居同类工程之首，设计和施工技术难度高，控制工期的关键性工程之一，国家“十一五”也将其作为攻关课题专门立项研究。本文主要介绍湍河渡槽的布置、结构设计、1：1仿真模型试验和施工等关键技术，以资相关工程借鉴。

关键词：南水北调；湍河渡槽；设计；施工

1 概述

湍河渡槽工程是南水北调中线陶岔渠首至沙河南段总干渠上的一座大型河渠交叉建筑物，位于河南省邓州市小王营－冀寨之间的湍河上，西距邓州－内乡省道3km，北距内乡县20km，南距邓州市26km。经过多年论证和研究，推荐渡槽槽身为相互独立的三线三槽槽预应力混凝土U型结构，单跨40m，共18跨，渡槽结构轻巧美观、厚度薄，投资省，结构设计与施工工艺要求均较高。但湍河渡槽隶属特大型跨流域调水工程，规模和尺寸大，国内外工程实例不多，且无规程规范可依，存在诸多值得研究的课题，设计单位多年来对渡槽槽身段的布置、结构设计、模型试验和施工技术等方面均作了深入研究，本文予以简要介绍。

2 渡槽布置与选型

2.1 渡槽工程布置

渡槽工程布置方面的研究内容主要有渡槽轴线选择、长度选择和跨度选择等。

---

* **基金项目：**“十一·五”国家科技支撑计划“南水北调工程若干关键技术研究与应用”重大项目课题“大流量预应力渡槽设计和施工技术研究”（2006BAB04A05）。

第一作者简介：郑光俊（1977—），高级工程师，硕士研究生，主要研究方向为水工结构。

2.1.1 渡槽轴线选择

渡槽的轴线选择受南水北调总干渠总体走向、周围社会环境和河势等的制约，轴线选择遵循以下原则：

（1）根据总干渠轴线总体最优的原则，尽量避让现有村庄和重要建筑物。

（2）交叉断面处的天然河道主槽应水流集中，河势稳定。

（3）应考虑工程建成后壅水对上游造成的淹没影响，并通过综合比较确定。

（4）建筑物轴线与河道主流尽可能垂直，避免增加建筑物长度和工程投资。

（5）交叉位置应方便施工导流和施工场地的布置。

湍河渡槽跨越点右岸有王营村和孙和村，左岸有冀寨村，渡槽轴线选择从村落周边穿越，与河道基本正交，河道两侧岸坡稳定，且进出口地势平坦开阔，便于施工导流和施工场地的布置。

2.1.2 渡槽长度选择

渡槽长度需满足防洪影响评价报告及审批意见要求，应综合考虑河道行洪要求、河床地形条件及稳定性等。首先，河道防洪要求。一般情况下，在满足当地防洪标准允许的上游壅水高度和防洪影响评价报告要求的前提下，尽可能缩窄河床，以减少工程投资。其次，河床地形条件。对于具有明显河槽的河道，河槽宽度不大，为保证进出口建筑物的安全，减少对河势的干扰，渡槽长度一般直接取现有河槽宽度。

湍河渡槽工程轴线区域地势开阔，地形平坦，地面高程 129～138m，河谷切深 4～7m，地貌形态呈 U 型，河谷宽 700 多 m，河道上建渡槽后将引起上游河道洪水位壅高，考虑到湍河洪峰流量大，渡槽布置不宜缩窄河床，因此采用渡槽槽身段长度 720m 进行演算，复核上游水位壅高值，成果表明，采取合适的跨度，渡槽上游壅水高度将能够满足防洪影响评价和渡槽设计相关技术规定的要求，故确定渡槽长度为 720m。

2.1.3 渡槽跨度选择

渡槽跨度选择需分析工程规模、跨度对防洪影响、地形地质条件、渡槽施工条件及机械设备施工能力等因素经技术经济比较确定。

（1）防洪影响。就对防洪影响而言，跨度越大，槽墩越少，束窄行洪断面小，对防洪影响越小，跨度小则河床中槽墩较多，对防洪影响大。分别选择 20m、30m、40m 不同跨度进行比较。各方案对洪水壅高影响见表 1。

表 1　不同跨度对壅高影响

跨度/m	壅高/m	
	5%设计洪水	1%设计洪水
20	0.42	0.58
30	0.35	0.54
40	0.24	0.39

根据南水北调中线工程有关梁式渡槽设计技术规定“20 年一遇洪水时，渡槽上游洪水位壅高值控制在 0.3m 以内，同时应满足当地河流的防洪标准”，而《南阳市水利局关于南水北

调中线一期总干渠穿越滏河等河流建设项目防洪评价报告的批复》认为“可研阶段采用的16.6m跨的渡槽跨度太短，需修改设计。”表1中20m跨壅水高度太大，40m跨能满足要求，30m跨基本满足要求，因此，进行技术经济比较时仅考虑30m以上跨度方案。

（2）工程投资。投资比较需考虑下部结构型式的影响，一般而言，跨度加大，下部结构工程量会有所减少，但渡槽跨度增加，纵向预应力钢绞线大致按平方比增加，端部横向预应力钢筋因抗剪要求也相应增加，总体比较，渡槽跨度增加过多并不一定经济。分别选30m、40m和50m跨度进行比较（对应跨径布置为24m×30m、18m×40m和40m+13m×50m+30m)，相应主要工程量及投资见表2。

表2 不同跨度主要工程量及投资比较

方案	跨径布置	土方		混凝土	钢材		投资
		挖方/m³	填方/m³	槽体及下部结构/m³	普通钢筋/t	钢绞线/t	
1	24m×30m	76409	49099	116259	12535	1563	15906
2	18m×40m	58071	37315	102620	11008	2127	15389
3	40m+13m×50m+30m	48902	31423	99083	10732	2873	16278

由表2可见，三个方案中，方案1与方案2相比，因跨数较多，槽身端头所占比重较大，故槽身和下部结构混凝土方量均较大，但因跨度小，钢绞线工程量比方案2小，总投资略高于方案2；方案3与方案2相比，跨数仅减少3跨，但桩长加大，桩基混凝土工程量并未减少，槽身端头渐变段因抗剪要求长度较长，故槽身混凝土量也较大，同时因跨度增大，钢绞线比方案2多，故总投资比方案2大。

综合考虑防洪影响和工程投资各因素，选用40m跨度方案。

2.2 渡槽选型

渡槽选型需要考虑工程规模、工程地形与地质条件、上游壅水影响、槽下净空、结构受力、施工和结构可靠性等条件，经技术经济方案比选后确定。比选了拱式、斜拉式、桁架式、工字梁组合式及梁式等，各型式的结构特点和比较结果见表3。

表3 渡槽结构型式综合比选

结构型式	结构特点	综合分析
拱式	槽下净空要求大，两岸地基要求高	滏河河槽底至地面之间高5～9m，地形平缓，不适合建造拱式渡槽
斜拉式	适宜跨越深谷河流，跨度大，刚度小	不适合南水北调荷载较大的输水渡槽
桁架式	输水槽体位于桁架体系内，杆件纤细，整体刚度相对较小	杆件易开裂，若采用钢弦杆则造价高，有限高度内无法实现大跨度，后期维护困难
工字梁组合式	受力明确，梁体高度较大，占槽下净空大	梁体可工厂预制，质量有保证，但投资相对较大，同时由于后浇混凝土部位较多，整体性较差
梁式	整体性较好，受力明确	裂缝容易控制，水密性好，施工方便，造价相对较低

从表3的分析可知，对于输水流量大，跨越河流为宽浅式的北方地区河流，比较适宜的结构型式为梁式渡槽。梁式渡槽又分为简支梁式和连续梁式两种，连续梁式渡槽可有效降低

跨中弯矩，结构受力合理，可适应较大跨度，有利于行洪，还可减少渡槽薄弱环节止水的数量，但适应不均匀沉降变形的能力较低，另外，施工难度大，支座截面负弯矩造成的槽体应力难于满足要求，宜开裂，从简化结构受力条件的角度出发，简支梁式结构较为有利。尽管同跨度情况下，简支梁式结构跨中弯矩较大，但由于截面中性轴靠近底部，较大的弯矩在底板产生的拉应力增量不高，由此增加的预应力绞线工程量有限，比选后确定湍河渡槽采用简支梁式结构。

同时，对于槽型也研究了矩型槽和U型槽，经水力计算选取2矩和3U两种断面型式进行设计和比选。比较后认为，矩型槽单槽结构尺寸大，荷载大，同时边墙及底板要分别进行锚索张拉，施工工序相对较多；而U型槽可充分利用结构受力特点，体型相对轻巧，锚索张拉次数少，工程量比矩型槽相对较省，综合比较后选用U型槽。

3 渡槽结构设计与1∶1仿真模型试验

3.1 结构设计

3.1.1 结构设计控制标准

（1）正截面抗裂验算。在任何组合条件下槽身内壁表面不允许出现拉应力。槽身外壁表面拉应力不大于混凝土轴心抗拉强度设计值的0.9倍。

（2）斜截面抗裂验算。按严格不出现裂缝的构件进行控制，混凝土主拉应力和主压应力应符合下列规定：

$$\sigma_{tp} \leqslant 0.85 f_{tk}；\sigma_{cp} \leqslant 0.6 f_{ck}$$

式中：σ_{tp}、σ_{cp}为荷载效应短期组合下混凝土主拉应力及主压应力。

（3）槽身挠度要求：$f \leqslant L/600$。

3.1.2 槽身结构设计

湍河渡槽槽身段总长720.00m，纵坡1∶2880，为相互独立的三线三槽预应力混凝土U型结构。槽身两端简支，下部为内半径4.50m的半圆形，上部接2.73m高直立边墙，边墙厚0.35m。槽身顶部每间隔2.5m设置一拉杆，拉杆截面尺寸0.5m×0.5m。单槽内空尺寸（高×宽）7.23m×9.0m，底板厚1.0m，支座处底板加厚至1.47m。槽身按双向预应力结构设计，预应力钢筋均采用1860级$\varphi^s 15.2$高强低松弛钢绞线。在槽底加厚部位布置一层共8束（$12\times\varphi^s 15.2$）间距40cm的纵向预应力钢绞线，在槽身下部104.4°范围内布置一层共22束（$12\times\varphi^s 15.2$）间距40cm的纵向预应力钢绞线，在槽顶两侧直墙上各布置五束（$6\times\varphi^s 15.2$）的钢绞线；环向在跨中1/2跨区域内布置（$3\times\varphi^s 15.2$）间距18cm的钢绞线，而在两端1/4跨内，对钢绞线进行加密，布置（$3\times\varphi^s 15.2$）间距15cm的钢绞线。槽身段标准跨布置如图1所示，槽身断面及钢绞线布置如图2所示。

3.1.3 结构设计计算

（1）计算方法及模型。考虑到U型渡槽结构的重要性及复杂性，以及在自重、水重、风荷载、温度荷载及预应力等荷载作用下，用常规的力学方法难以对结构应力及变形情况进行精确的分析，采用通用软件ANSYS对槽身进行三维有限元分析计算。鉴于结构和荷载的对称性，取半跨渡槽槽身作为研究对象进行三维有限元分析。模型网格如图3所示。

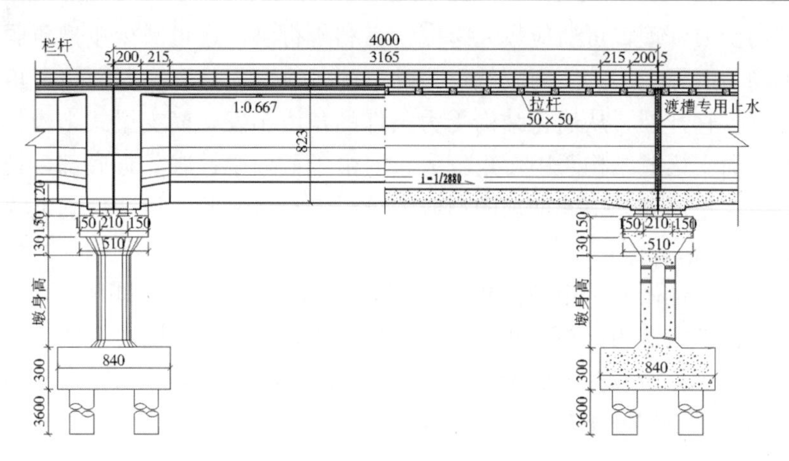

图 1　槽身段标准跨布置图

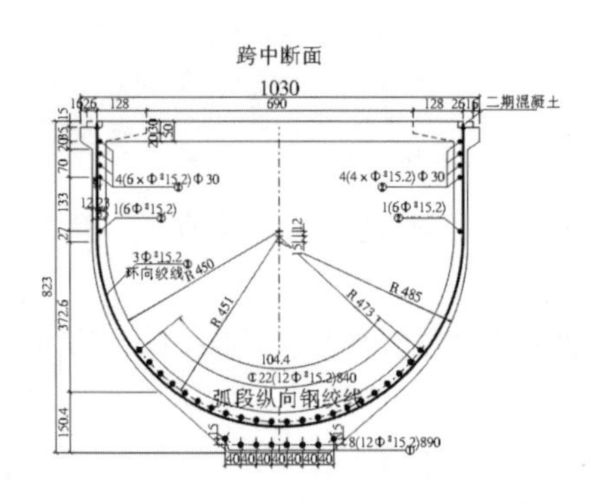

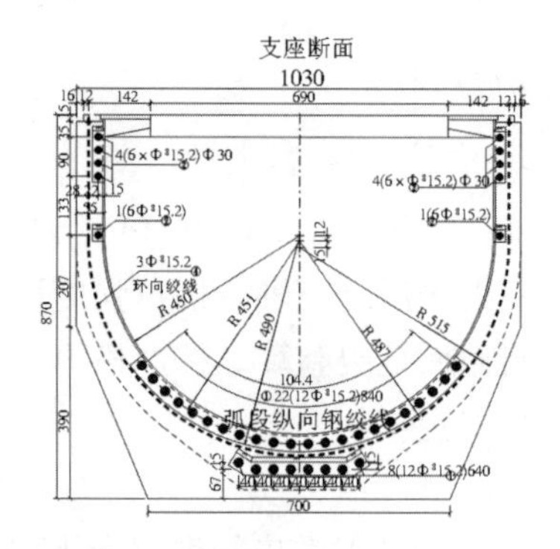

图 2　槽身断面及钢绞线布置图（单位：mm）

工况二：自重＋槽面活荷载＋风荷载＋温度荷载（温升）。

（2）计算工况及荷载组合。完建及检修期：

工况一：自重＋槽面活荷载＋风荷载。

工况三：自重＋槽面活荷载＋风荷载＋温度荷载（温降）。

运用期：

工况四：自重＋水荷载（设计流量）＋槽面活荷载＋风荷载。

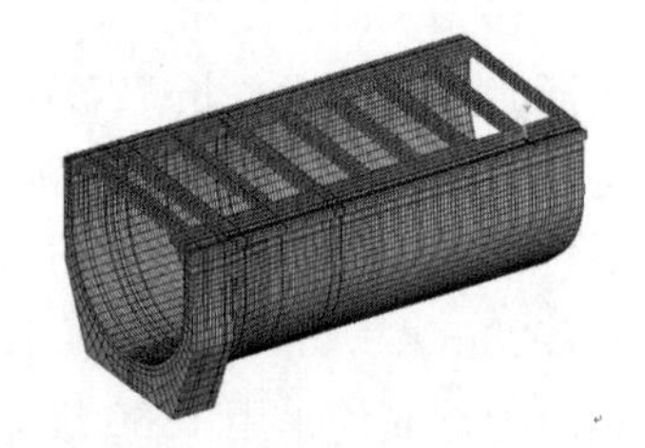

图 3　ANSYS 有限元分析计算网格

工况五：自重＋水荷载（加大流量）＋槽面活荷载＋风荷载。

工况六：自重＋水荷载（满槽水）＋槽面活荷载。

工况七：自重＋水荷载（满槽水）＋槽面活荷载＋温度荷载（温升）。

工况八：自重＋水荷载（满槽水）＋槽面活荷载＋温度荷载（温降）。

（3）计算分析结果。计算结果表明：槽体纵向除支座局部区域外，内外壁均处于受压状态；槽体横向内壁均处于受压状态，外壁槽底局部区域会出现拉应力，最大值出现在空槽温降工况，最大值为 0.80MPa，但小于混凝土轴心抗拉强度设计值的 0.9 倍；槽体最大主拉应力值为 1.74MPa，最大主压应力值为 15.12MPa；槽体跨中竖向最大挠度为 5.08mm（小于 $L_0/600$）；因此，槽体的应力和变形均能满足相关规程和规范要求，各种工况槽体工作性状良好。

3.2 1∶1仿真模型试验

湍河渡槽结构新颖，受力复杂，其设计和施工技术难度，在历次审查和咨询中都备受专家和领导关注。为验证设计，优化设计，完善施工工艺，促进大型渡槽设计及施工技术进步，故开展湍河渡槽1∶1仿真试验。

3.2.1 试验内容

湍河渡槽1∶1仿真模型试验的内容可以分为仿真结构试验和工艺试验两部分。其中，仿真结构试验的主要研究内容有：

（1）研究纵横向锚具系统的工作性能及局部受压承载力。

（2）通过试验测试获得摩阻系数、偏摆系数和锁定损失等设计参数。

（3）营造环境研究槽体工作性状，验证和优化设计。

（4）验证槽身细部构造的合理性。

工艺试验的内容主要有：落实槽身制作工艺，获得相关施工参数，完善和细化施工技术要求，以指导施工。槽身制作工艺包括：钢筋和钢绞线制安、混凝土浇筑、钢绞线张拉、孔道灌浆和止水安装等。

3.2.2 试验相关成果

（1）槽体纵环向锚具系统的局部受压承载力满足要求。其中，准备性试验槽的环向张拉试验中局部承压试验成果表明，设计采用的锚垫板在两种不同的布置情况下，通过配置局部承压钢筋，槽体环向局部承压是安全的，其中锚垫板长边横槽向布置时的局部承压能力更高。

（2）考虑到施工和设计保证率，建议环向无黏结预应力锚索的摩阻系数取0.07，该值较设计取值0.1小，预应力荷载比设计取值大，环向锚索的间距可适当优化。

（3）纵向预应力研究成果表明，正常施工情况下槽中预应力锚索的偏摆系数测试值与设计取值基本一致，而锁定损失约5%～6%比设计取值2.3%大；纵向锚索的预应力损失较设计取值稍大，预应力荷载比设计取值稍小，可将槽身纵向预应力锚索的张拉控制应力提高到0.75以使预应力效果达到设计要求。

（4）钢绞线及锚具安装精度误差对预应力损失影响明显，因此，在工程槽施工时应加强预应力锚索及锚具安装定位精度以保证工程安全。

（5）槽体工作性态研究成果表明：①监测数据与仿真计算数值比较接近，规律基本一致，试验成果是合理的，仿真计算方法是可靠的。②试验加载过程中仿真试验槽结构应力及变形能满足相关规范要求，槽体受力状态较好，且具有一定的超载能力。槽体环向预应力钢绞线可以进行适当优化。

（6）采用通水冷却对降低槽体混凝土最高温度有较好的效果，通水7d后混凝土温度水化热温升基本散发完毕。

（7）通过工艺试验落实了槽身制作工艺，为工程槽的施工提供了详实的施工技术参数。

4 渡槽施工方案研究

4.1 施工方案比选

湍河渡槽的施工方案应将当前业内的施工技术水平、工程区的水文地质条件和湍河渡槽结构尺寸大、单槽重（约1600t）、模板异型、施工质量要求高和施工工期紧等特点结合起来考虑。国内类似渡槽和桥梁工程，比较有代表性的先进施工方案及特性见表4。

表4　类似工程施工方案及特性表

结构型式		最大跨径/m	单跨重/t	施工方案或设备
东深供水渡槽	简支梁	24	500	移动模架造槽机
杭州湾大桥	连续梁	50	1600	LGB1600导梁式架桥机
杭州湾大桥	连续梁	70	2178	2500t"小天鹅"和3000t"天一"运架一体浮吊
生米大桥	连续梁	50	1500	MZ/1500移动模架造桥机
天津海河大桥	连续梁	65	2500	MSS-65型移动模架造桥机
珠江黄埔大桥	连续梁	62.5	2600	MSS62.5型移动模架桥机

从类似工程的施工方案来看，目前国内大跨度桥（渡槽）工程比较先进的施工方案主要有运架一体式浮吊、造桥（槽）机和架桥（槽）机。

湍河为非通航季节性河流，河床浅，漫滩较宽，大型运输船舶和浮吊无法进场，不适合湍河渡槽施工；若采用架槽机，渡槽应先在预制场预制，然后再通过运槽设备，转运至槽跨位置，吊装架设，其运输方案有两种：一种是地面运输，另外一种是空中运输。地面运输易受汛期的洪水影响，不仅工期没有保证，还需投入运输道路建造费用，空中运输则需要将预制好的渡槽从已架设的渡槽顶部转运至待架槽跨，由于渡槽自重1600t，加上运槽设备重量，整个重量将超过2000t，而湍河渡槽槽身直段部分厚仅35cm，运槽施工过程中槽身难于承受运槽荷载，故架槽机也不适合湍河渡槽施工。

以上分析表明，先进的施工方案中仅造槽机方案可供湍河渡槽施工选用。鉴于湍河河床浅，漫滩宽，季节性河流的特点，施工方案选用时还比选了满堂红脚手架施工方案。满堂红脚手架施工工艺成熟，架设灵活方便，该方案虽然不用造槽机的设计和制造费用，但需要大量的脚手架材料和劳力，同时还需要进行地基处理，综合起来两个方案施工费用基本相当。考虑到湍河渡槽工期紧迫，而满堂脚手架方案易受汛期洪水的影响，工期存在不确定性，另外，该方案人工和材料投入较多，高空作业多，安全隐患多，安全管理难度大，存在诸多不利因素，湍河渡槽最终未考虑选用满堂脚手架方案，而采用造槽机施工方案。

4.2　推荐施工方案

湍河渡槽三线三槽采用三台造槽机从出口向进口依次逐跨施工。造槽机由内梁系统、外梁系统、内模系统、外模系统、电气系统和液压系统等部分构成。造槽机的模板开启和闭合采用全液压系统控制，整个系统在电机驱动下可平稳移位过孔，全天候进行现浇施工作业。造槽机施工以空中作业为主，不需进行地基处理，也基本不受汛期洪水影响。

为保证三台造槽机施工作业空间的布置相互不受干扰，同时又能协调流水作业，先安装始发中间一线造槽机，待中间一线渡槽施工完成首榀槽身并移位过孔后，再依次安装始发左、右两个边线的造槽机。通过施工组织使三台造槽机将钢筋和钢绞线制安、混凝土浇筑、混凝土等强及预应力施工等各道工序有序的协调起来，逐跨完成整个工程渡槽的施工作业。湍河渡槽造槽机构造示意图如图4所示。

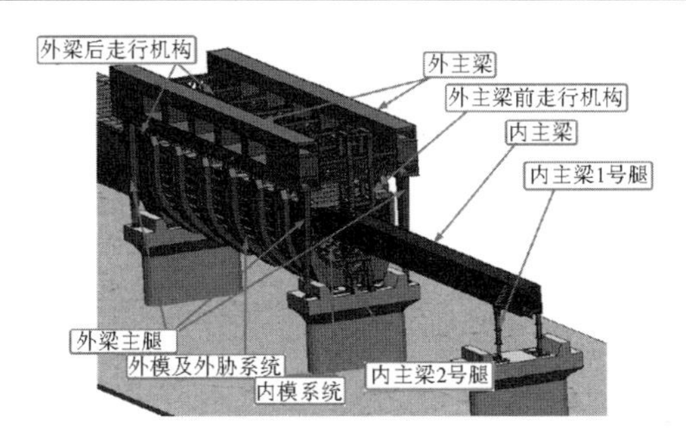

图 4　湍河渡槽造槽机构造示意图

5　结语

湍河渡槽主体工程已于 2013 年完工，工程槽已完成充水试验，监测数据表明槽体应力及变形与设计计算分析结果基本相当，槽身工作性状良好。湍河渡槽的工程设计与施工实践经验可供类似工程借鉴和参考。

工程设计

青兰高速交叉渡槽工程结构设计

郑光俊，张传健，刘磊，吕国梁

（长江勘测规划设计研究有限责任公司，武汉 430010）

摘要：南水北调青兰高速交叉渡槽工程在无额外水头分配的情况下兼顾高速公路引线的布置，过水断面为梯形断面，槽身结构为分离式扶壁梯形渡槽，在平面上顺流向呈不对称的斜平行四边形布置，结构布置和设计新颖而独特，是我国水利工程渡槽建设史上的一项新尝试，主要介绍渡槽结构布置和设计研究成果。

关键词：南水北调；青兰高速；渡槽；设计

1 概述

青兰高速交叉渡槽工程位于河北省邯郸市南环路、西环路以及青兰高速连接线互通立交桥处，是南水北调中线总干渠上的大型交叉建筑物，设计流量为 $235m^3/s$，加大流量为 $265m^3/s$，工程由渡槽、进口渠道连接段、出口渠道连接段和进出口挡墙等部分组成。因总干渠规划设计阶段未针对此渡槽工程额外分配水头，且受制于已建成青兰高速引线工程的布置，青兰高速交叉渡槽工程的布置（见图 1）和结构设计需要突破诸多常规以解决工程难题，常规的突破带来了新的问题，增加了设计难度，本文从工程设计实际出发，简述青兰高速交叉渡槽的结构设计。

2 渡槽设计难点

2.1 布置的特殊性

结合南水北调中线工程总干渠线路规划及青兰高速连接线已建成道路的布置，渡槽结构选型和布置需遵行以下原则：

（1）输水能力满足总干渠运行要求。

第一作者简介：郑光俊（1977—），高级工程师，硕士研究生，主要研究方向为水工结构。

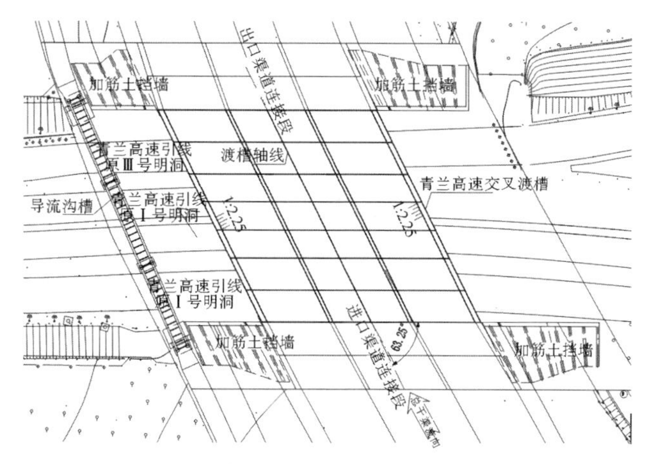

图1 青兰高速交叉渡槽总平面布置示意图

（2）不降低青兰高速连接线通行能力。

（3）不影响连接段渠道过水能力，不增加总干渠额外水头损失。

（4）工程布置应协调好高风险高填方渠道加强措施关系。

（5）确保建筑物工程安全运行，工程费用经济合理。

经分析论证，南水北调中线工程采用渡槽方案跨越青兰高速连接线工程，该渡槽采用单线单槽，三跨连续梁的型式，在平面上呈斜平行四边形布置。南水北调中线工程输水流量大，采用单通道跨越输水的交叉建筑物尚无先例，同时为兼顾跨越点原有青兰高速连接线的通行，渡槽在平面上的斜平行四边形的异形布置在南水北调中线工程中也是开创性的。

2.2 断面的特殊性

在水工结构设计中渡槽断面以矩形和U型为主，而梯形、半椭圆形和抛物线形甚少，其中梯形断面一般用于砌石槽身。在青兰高速交叉渡槽断面选择时主要考虑了矩形断面、U型断面和梯形断面，其中U型断面水力条件较好，但青兰高速渡槽整个槽身段长仅63m，槽身从U型断面向渠道梯形断面过渡时，过渡段长度大，占用工程总投资比例大，不仅经济上不划算，而且施工技术要求高，U型断面不适合。

设计中重点分析了梯形断面和矩形断面渡槽，断面选择不仅要求过流能力满足要求，无额外水头损失，同时还应结构受力合理，方便施工。对于梯形断面渡槽按式（1）计算进出口局部总水头损失，对于矩形断面渡槽按式（2）进行计算，过流能力按式3确定。

$$h_w=0.75\frac{|v_1{}^2-v_2{}^2|}{2g} \tag{1}$$

$$h_w=0.45\frac{v_1{}^2}{2g}+0.75\frac{|v_1{}^2-v_2{}^2|}{2g} \tag{2}$$

$$Q=N\frac{[H(B+Hm)]^{1.66667}}{n(2H\sqrt{1+m^2}+B)^{0.66667}}\sqrt{J} \tag{3}$$

式中：h_w为局部水头损失；v_1为渠道流速；v_2为渡槽流速；Q为过槽流量；N为渡槽数；n为渡槽过水表面糙率，取0.014；H为渡槽水深；B为渡槽过水断面底宽，按公式计算确定；m为渡槽过水断面边坡系数，矩形槽$m=0$，梯形槽$m=2.25$。

南水北调中线工程输水流量大，采用多槽方案跨越时，槽身断面小，受力条件更好，施工难度也相应减少，但因总干渠为单通道梯形断面，故渡槽只能采用单槽方案，否则会产生额外水头分配。对于矩形断面设计分析了 2 槽和 3 槽方案，经过水力计算 2 槽（槽底宽 14.5m）和 3 槽（槽底宽 11.5m）方案渡槽的额外水头损失分别为 3cm 和 5cm，因此采用矩形断面难免存在额外水头损失。

通过比选槽身断面选用单线单槽梯形方案，因砌石结构自重大，槽身下部结构工程量也大，为减少槽身段下部结构工程量，梯形断面渡槽的挡水结构采用钢筋混凝土扶壁式结构。

2.3 受力的特殊性

青兰高速渡槽受力的特殊性主要表现在三个方面：

（1）槽身在平面上呈斜平行四边形，虽然斜渡槽与斜桥在结构形式上有些类似，但两者受力特点有所不同。桥梁主要受竖向车辆荷载，而渡槽有别于车辆荷载的是槽内水压力始终沿法线方向指向过水壁面，当槽身在平面上为规则的矩形时，渡槽所受水平水压力合力为零，而竖向水压力合力等于水体重量，总合力作用方向铅直向下，对于平面上的斜槽，槽身一边的侧墙相对于另一边侧墙，一端外延，另一端回溯，两边侧墙不能以渡槽轴线呈对称布置，在水压力的作用下，水平向的水压力就会构成力偶，使渡槽在平面上有转动的趋势。

（2）通过分析论证将槽身挡水结构和承重结构各自独立布置，承担不同的功能。槽身挡水结构受水荷载后，通过接触和摩擦传递给承重结构即平板支撑结构，再依次将荷载传递至下部结构。

（3）因渡槽选用单线单槽梯形断面方案，不仅过水断面十分庞大，而且长宽尺寸基本相当，使得槽身平板支撑结构呈双向受力特性，需要进行双向预应力配筋。

青兰高速交叉渡槽在布置、断面及受力上的这些特殊性，在以往的工程中极为少见或根本就没有。

3 槽身上部结构设计

3.1 结构设计控制标准

渡槽槽身结构设计需满足稳定、承载力（强度）、正常使用（变形，裂缝控制）等要求。槽身挡水结构为普通钢筋混凝土结构，按照抗裂要求进行设计。槽身平板支撑结构按照预应力结构设计，其控制标准如下：

（1）正截面抗裂验算按不出现裂缝的构件进行控制，要求任何工况平板支撑结构表面拉应力不大于混凝土轴心抗拉强度设计值的 0.9 倍，即表面拉应力不允许大于 1.54MPa。

（2）斜截面抗裂验算按不出现裂缝的构件进行控制，混凝土主拉应力和主压应力应符合下列规定：

$$\sigma_{tp} \leqslant 0.85 f_{tk}；\sigma_{cp} \leqslant 0.0.6 f_{ck}$$

式中：σ_{tp}、σ_{cp} 为荷载标准组合下混凝土主拉应力及主压应力。C40 混凝土的和的值分别为 2.39MPa 和 26.8MPa，相应 $\sigma_{tp} \leqslant 2.03$MPa，$\sigma_{cp} \leqslant 16.08$MPa。

（3）槽身挠度要求：$f \leqslant L/600$。

3.2 槽身结构型式选择

青兰高速交叉渡槽结构型式比选了承重结构与挡水结构联合受力和承重结构与挡水结构

单独受力两种方案，同时还考虑了开口 U 型渡槽方案。

方案 1：承重结构与挡水结构单独受力（分离式扶壁梯形渡槽方案）。

该方案渡槽采用承重平板作为渡槽的承载主体，在平板顶部浇筑扶壁式侧墙和渠道底板，扶壁式侧墙和渠道底板之间通过止水连成整体构成梯形断面挡水结构。承重板结构与挡水结构之间通过接触和摩擦传力。

方案 2：承重结构与挡水结构联合受力（整体预应力扶壁梯形渡槽方案）

该方案采用承重平板作为渡槽的承载主体，在平板两侧浇筑扶壁式挡水侧墙，侧墙与承重板一道形成梯形断面的输水渡槽，挡水侧墙不分缝。

方案 3：开口 U 型渡槽

该方案渡槽输水槽体、纵横向受力结构一体化，渡槽断面结构为曲线轮廓，断面结构参如图 2 所示。

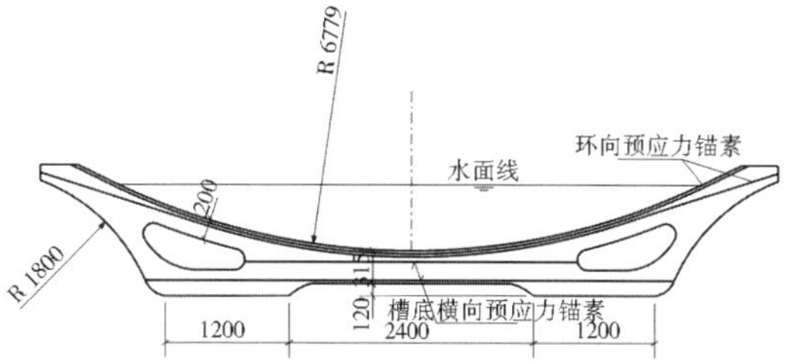

图 2　开口 U 型预应力渡槽方案横断面图（单位：mm）

在工程投资方面，分离式扶壁梯形渡槽方案工程投资相对较低，整体预应力扶壁梯形渡槽方案尽管减少了挡水结构底板混凝土工程量，但挡水面板布置预应力锚索后，构造上需要加大结构厚度，投资与分离式扶壁承重板预应力槽体结构方案相比略有增加，而开口 U 型槽方案与整体预应力扶壁式渡槽方案相当。

在结构受力方面，分离式扶壁梯形渡槽方案将承重结构与输水槽体分开，受力明确；整体预应力扶壁梯形渡槽承重结构与挡水结构均按预应力混凝土结构的应力控制标准设计，控制标准要求相对较高，挡水面板与承重板结合部位应力条件复杂，结构设计和施工控制难度大；而开口 U 型渡槽由于开口尺寸大，渡槽顶部难以布置拉杆，槽身支座或纵梁上部内壁面在水荷载作用下易出现拉应力，对槽身的抗裂及耐久性构成不利影响。

就施工而言，分离式扶壁梯形渡槽方案承重结构和挡水结构可分步施工，施工干扰少，施工简单方便；整体预应力扶壁梯形渡槽由于挡水面板需要施加预应力，相对而言较复杂；开口 U 型渡槽方案结构轮廓基本上为曲线，其模板需要专门制作、加工精度要求高，纵向、环向、横向预应力钢筋布置复杂，施工难度相对较大。

因此，无论工程投资、结构受力还是施工，分离式扶壁梯形渡槽方案都有一定的优势，故作为推荐方案。

3.3　推荐槽身结构

推荐方案渡槽槽身长 63.0m，分 3 跨，跨度布置为 19m+25m+19m，如图 3 所示。槽身为分离式扶壁梯形结构，由平板支撑结构和挡水结构两部分组成。其中平板支撑结构采用双向预应力连续梁结构，挡水结构采用普通钢筋混凝土结构，分别在渡槽结构中起承重和挡水作用。

平板支撑结构总长 63m，宽 52.5m，在边墩支座处及中跨跨中部位厚 1.5m，中间槽墩支座位置处厚 3.0m，中间槽墩支座位置宽 2m，从支座位置厚 3.0m 过度到 1.5m 厚底板的弧线水平投影长 11.5m。平板支撑结构的预应力在顺流向布置两层（12×15.2）间距 40cm 的锚索，层间距 40cm，垂直流向布置布置一层（12×15.2）间距 50cm 的锚索。挡水结构过水断面底宽 22.5m，侧墙高度 7.55m，渠坡坡比为 1：2.25，侧墙与底板为分离式结构。流道中间底板厚 0.4m。侧墙采用扶壁结构，面板厚 0.4～0.5m，背水面底板厚 0.6m，迎水面底板厚 0.4m，扶壁间距 2.95～3.55m，扶壁厚 0.5m，每边侧墙共 21 个扶壁。槽顶两侧各设置 1.5m 宽的检修通道，挡水结构沿长度和宽度方向均设置伸缩缝。挡水结构横断面图如图 4 所示。

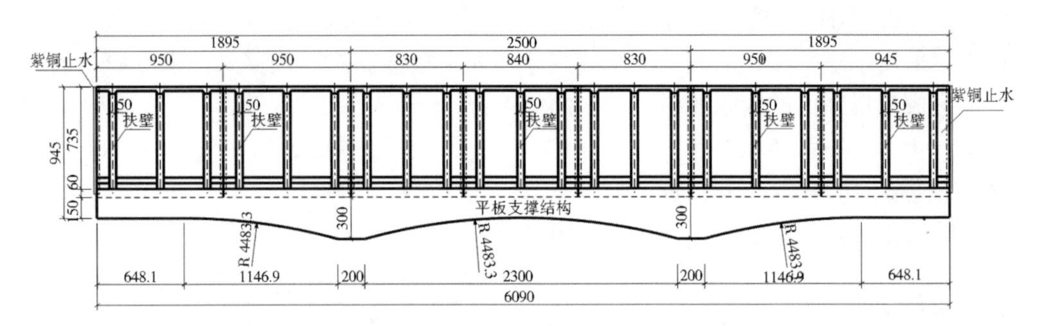

图 3　槽身结构侧立面图（单位：mm）

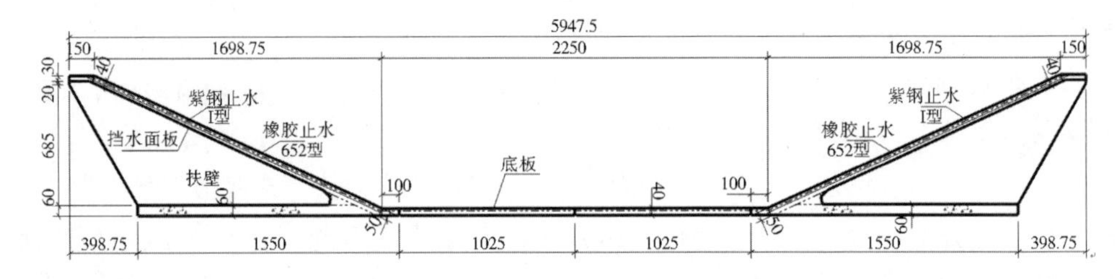

图 4　挡水结构横断面图（单位：mm）

3.4　槽身结构设计计算

（1）计算方法及模型。由于槽身段体型特殊，受力复杂，常规结构力学法难以反映其实际受力状态，故通过大型有限元计算软件 ABAQUS 建立槽身段和地基的三维实体模型，对槽身段进行有限单元法计算分析，地基土体计算范围为 200m（长）×200m（宽）×50m（深），共划分 30126 个三维八节点六面体积单元，计算模型网格如图 5 所示。渡槽挡水结构与平板支撑结构之间相互作用采用摩擦接触模拟，摩擦系数取 0.65，平板支撑结构与支座之间也采用摩擦接触模拟，摩擦系数取 0.03；基础与土体、桩与土体之间采用自由度耦合，即限制其节点间的相对位移。

土体弹性模量取 30MPa，泊松比取 0.30；渡槽挡水结构和基础采用 C30 混凝土，弹性模量为 30GPa，泊松比为 0.167；平板支撑结构为预应力构件，采用 C40 混凝土，其弹性模量为 32.5MPa，泊松比为 0.167。混凝土自重取 2500kg/m^3。钢绞线弹性模量取 195GPa，泊松比为 0.28。

（2）计算工况及荷载组合。

工况一：自重＋槽面活荷载＋风荷载。

工况二：自重＋槽面活荷载＋风荷载＋温度荷载（温升）。

工况三：自重＋槽面活荷载＋风荷载＋温度荷载（温降）。

运用期。

工况四：自重+水荷载（设计流量）+槽面活荷载+风荷载。

工况五：自重+水荷载（加大流量）+槽面活荷载+风荷载。

工况六：自重+水荷载（满槽水）+槽面活荷载。

工况七：自重+水荷载（满槽水）+槽面活荷载+温度荷载（温升）。

工况八：自重+水荷载（满槽水）+槽面活荷载+温度荷载（温降）。

（3）计算分析成果。

1）各工况条件下平板支撑结构正截面基本全部处于受压状态，仅在局部区域存在较小拉应力，最大拉应力值为 0.44MPa，小于混凝土轴心抗拉强度设计值的 0.9 倍（1.54MPa），满足正截面抗裂要求；平板支撑结构除局部应力集中点外主拉应力和主压应力均能满足斜截面抗裂要求，应力集中点一般位于平板支撑结构与支座的连接位置，其中工况六平板支撑结构第一主应力云图如图 6 所示。平板支撑结构边跨和中间跨跨中最大挠度分别为 12.1mm 和 9.7mm，挠度满足 $f \leqslant L/600$ 的要求。

图 5　槽身段三维有限元法分析计算网格

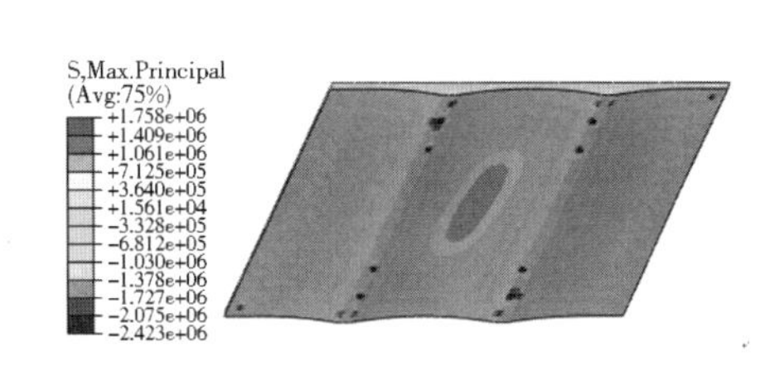

图 6　平板支撑结构第一主应力云图（工况六）

2）各计算工况挡水结构应力计算结果见表 1。挡水结构第一主应力及顺流向最大拉应力主要发生在槽墩部位处挡水面板的背水面和每跨跨中的挡水结构底板下表面。挡水结构顺车道方向最大拉应力主要发生在每跨跨中扶壁附近的迎水面。通过普通钢筋的配置，挡水结构可以达到限裂的要求。

表 1　挡水结构应力计算成果

单位：MPa

工况	工况一	工况二	工况三	工况四	工况五	工况六	工况七	工况八
第一主应力	1.23	1.23	1.36	1.96	2.06	2.51	3.13	3.01
顺流向拉应力	1.02	1.11	1.09	1.80	1.90	2.29	2.54	2.67
顺车道向拉应力	0.42	0.70	0.42	0.79	0.85	0.99	1.93	1.60

4　槽身下部结构设计

4.1　下部结构布置研究

青兰高速交叉渡槽上部结构荷载巨大，为使上部荷载能均匀传至下部基础，并减少由于布置上产生的不平衡扭矩造成下部结构的不均匀沉降，进而影响上部连续梁渡槽结构的受力，墩身采用板墩，长 67.26m，高度由交通建筑限界及附属的排水设施等构造需要确定，约 6～8m，高度不大，采用实体板墩。

根据地质资料，墩底基础区域为黏土岩或泥质粉砂岩，地基承载力约为310kPa，土层桩侧摩阻力标准值约60～80kPa，侧摩阻力不大，而地基承载力相对较高，因此下部结构基础部分比较了筏板式基础和群桩基础，经过计算分析，由于筏板式基础的不均匀沉降过大，导致平板支撑结构底部最大拉应力达到了10.28MPa，超出了结构混凝土的抗拉强度设计值，同时由于上部结构荷载大，筏板结构尺寸和配筋量均很大，经济上也无优势，故下部结构采用群桩基础。

经过上述比较分析，渡槽下部结构确定为实体板墩、承台加群桩基础的型式。墩体与槽轴线斜交，交角为63.25°。墩身的平面尺寸为67.26m×2.2m（长×宽），墩下承台在平面上为斜平行四边形，长度同墩身。边墩位承台宽度为7.9m，厚度2.5m，每个承台下顺槽向布置2排钻孔灌注桩，每排15根，桩径为1.8m，桩中心排间距离为4.5m，桩长33～37m；中间墩位荷载大，桩基础排数增为3排，承台加宽至12.8m，加厚为3.0m，桩长加长至38～48m。

4.2 下部结构计算

计算采用有限单元法进行，模型同槽身计算模型，即对槽身段建整体模型计算分析，结果表明：

（1）墩身应力水平不高，竖向基本全部处于受压状态，最大压应力为8.43MPa，仅在墩身边支座侧边出现了局部拉应力，最大拉应力为0.64MPa，可按构造配筋。

（2）承台拉应力较高。拉应力主要出现在承台的底部，顺流向最大拉应力1.69MPa，顺车道方向最大拉应力为1.6MPa；压应力主要出现在承台顶部，顺流向最大压应力为1.24MPa，顺车道方向最大压应力为6.92MPa，应计算配筋。

（3）承台下群桩基础的基桩受力不一致，但有一定的规律。每个承台两侧各有两排基桩竖向反力较大，中间基桩反力基本相当。中间墩位承台下两侧基桩竖向反力范围为7.96～9.59MN，承台中间区域基桩竖向反力范围为4.80～6.80MN。边墩位承台下两侧基桩竖向反力范围为6.41～6.49MN，承台中间区域基桩竖向反力范围为3.0～3.5MN。据此，边墩位基桩桩长确定为33～37m，中间墩位桩长确定为38～48m。

5 槽身支座设计

青兰高速交叉渡槽横向跨度近60m且纵、横向跨度基本相当，为降低槽身横向跨度，渡槽采用联排支座，每个槽墩上面按3.9m的间距各布置15个支座，通过有限单元法对槽身段整体建模计算得出各支座的竖向反力见表2。

表2 槽身支座反力计算成果 单位：MN

编号	Z1	Z2	Z3	Z4	Z5	Z6	Z7	Z8	Z9	Z10	Z11	Z12	Z13	Z14	Z15
边墩反力	7.3	1.7	2.3	3.6	2.9	3.4	4.0	3.4	4.1	3.7	3.5	4.3	3.4	3.2	5.1
中墩反力	21.1	15.1	11.7	13.6	11.2	12.3	14.1	10.9	13.6	12.6	10.7	13.5	11.7	14.1	19.4

注：支座编号，自渡槽左侧至右侧顺次编号Z1～Z15。

从表1可见，青兰高速交叉渡槽同一个墩身上的支座反力均不相同，这与常规渡槽或桥梁存在明显的区别，其分布规律总结如下：

（1）中墩和边墩上均为墩身两侧支座反力大，中间小。

（2）中墩上两侧的支座竖向反力分别为 21.1MN 和 19.4MN，中间支座最大反力不超过 15.1MN。

（3）边墩上两侧的支座竖向反力分别为 7.3MN 和 5.1MN，中间支座最大反力不超过 4.3MN。

另外，有限元计算结果还显示支座反力受温度变化影响明显，支座约束大，不仅改变槽身的受力状态，还会因平板支撑结构刚度大，支座约束产生的水平次应力过大，损坏支座。综合考虑，槽身所有支座均选择双向支座，在槽墩顶部增设挡块以限制槽身在平面上的位移。挡块承受的最大水平剪力约 2600kN，主要源自于渡槽布置产生的水平不平衡扭矩。

根据分析结果，中墩两端支座选用 GPZ（Ⅱ）22.5SX 型支座，中间 13 个支座选用 GPZ（Ⅱ）17.5SX 型支座；边墩两端选用 GPZ（Ⅱ）8SX 型支座，中间 13 个支座选用 GPZ（Ⅱ）5SX 型支座。

6　结语

南水北调青兰高速交叉渡槽为超常规的大断面异形渡槽，设计在布置上因地制宜，顺应特定条件，解决了工程难题；结构设计中采取理论分析和数值仿真计算相结合的技术路线对异形渡槽的工作特性进行深入探索，积累了大量的理论依据和计算成果，丰富了渡槽设计实践，为类似工程提供了可资借鉴的创新思路。

目前，青兰高速交叉渡槽工程已经完成充水试验，监测数据与设计理论计算值基本相当，渡槽结构设计研究成果在工程中得到了验证。

参考文献

［1］　长江勘测规划设计研究有限责任公司．南水北调中线一期总干渠与青兰高速连接线交叉工程变更设计报告［R］．武汉：长江勘测规划设计研究有限责任公司，2012.

［2］　水利部长江水利委员会长江勘测规划设计研究院主编．SL/T191-2008 水工混凝土结构设计规范．北京：中国水利水电出版社，2009.

工程设计

南水北调大型渡槽纵梁不均匀挠度对结构的受力影响分析

和秀芬，李书群

（河北省水利水电第二勘测设计研究院，石家庄 050021）

摘要：南水北调中线工程总干渠规模巨大、水头低，沿线大型渡槽设计大量采用多槽一联大跨度预应力钢筋混凝土结构，槽身纵向受力体系由多道纵梁承担，槽身纵向挠度不仅是结构正常运用的一项控制指标，纵梁间的不均匀挠度差对多槽一联的渡槽横向结构的影响也是不能忽视的。纵向结构不均匀挠度差过大，会引起槽身横向结构附加内力过大，甚至引起结构破坏。本文通过对河北省典型跨河渡槽纵梁不同运行工况的挠度计算，将纵梁间挠度差作为横向计算的初始变位，计算此变位对横向内力的影响。再通过对纵梁预应力的调整，使各种计算工况下纵梁产生挠度对横向结构影响最小，从而达到结构优化的目的。

关键词：大型渡槽；纵梁挠度差；横向结构计算

1 概述

南水北调中线工程总干渠规模大、水头小，总干渠上河渠交叉建筑物分配水头均较小，造成各交叉建筑物过水断面较大，以河北省为例，跨河渡槽布置宽度一般都在 20m 以上，考虑管理运用和结构对称受力条件，跨河渡槽大量采用多槽一联大跨度预应力钢筋混凝土结构，槽身纵向受力体系由多道纵梁承担。从河道行洪条件和结构受力、经济等方面考虑，渡槽采用 30～40m 跨 3 槽一联预应力混凝土矩形槽简支结构，渡槽过水断面净宽 6～7m×3 槽。纵梁挠度过大不仅影响渡槽正常使用，而且纵梁间的挠度差还会引起槽身横向结构附加内力过大，甚至导致结构破坏。为使工程经济安全可靠，本文选取 30m 跨、40m 跨两种典型跨河渡槽进行了分析计算。

第一作者简介：和秀芬（1958—），女，河北沧县人，高级工程师，从事水利工程设计施工及其相应结构理论研究工作。

2　计算工况

槽内计算水深考虑设计水深（含中槽过水和两边槽过水的工况组合）、加大水深（含中槽过水和两边槽过水的工况组合）、满槽水和完建期四种条件。考虑检修条件组合后形成以下8种计算工况：

（1）渡槽设计水深工况（正常运用）。

（2）渡槽加大水深工况（加大流量输水）。

（3）满槽水工况（水深与拉杆顶齐平）。

（4）工程完建期工况。

（5）两边槽过设计水深中槽无水（检修情况）。

（6）中槽过设计水深两边槽无水（检修情况）。

（7）两边槽过加大水深中槽无水（检修情况）。

（8）中槽过加大水深两边槽无水（检修情况）。

3　纵梁不均匀挠度计算

3.1　纵梁内力计算

三槽一联矩形过水槽利用侧墙、底板、底肋和拉杆形成空间受力体系，整体性好，结构对称布置，运用中可通过进口闸门控制三槽运用和检修中的两边槽或中槽过水，不会出现偏载情况。

纵向计算不考虑结构的空间作用，按平面问题进行简化计算。边梁简化为承担其自重、半槽水荷载及支座摩阻力的“[”形简支梁，中梁简化为承担其自重和整槽水重荷载及支座摩阻力的“工”字型简支梁。各计算工况纵梁跨中内力计算成果见表1。

表1　纵梁荷载效应标准组合内力计算成果表

计算工况	边纵梁				中纵梁			
	30m跨渡槽		40m跨渡槽		30m跨渡槽		40m跨渡槽	
	轴力/kN	弯矩/（kN·m）	轴力/kN	弯矩/(kN·m）	轴力/kN	弯矩/(kN·m）	轴力/kN	弯矩/(kN·m）
工况1	374.18	41266.20	449.02	76734.67	612.27	66928.60	734.72	124454.00
工况2	385.85	42627.45	463.02	79265.92	635.60	69613.29	762.72	129446.19
工况3	400.08	45009.64	480.10	83695.61	675.60	74311.49	810.72	138182.52
工况4	207.93	21996.00	249.52	40901.66	279.77	28813.60	335.72	53579.00
工况5	374.18	41266.20	449.02	76734.67	446.02	48069.61	535.22	89385.64
工况6	207.93	21996.00	249.52	40901.66	446.02	48069.61	535.22	89385.64
工况7	385.85	42627.45	463.02	79265.92	457.68	49430.86	549.22	91916.89
工况8	207.93	21996.00	249.52	40901.66	457.68	49430.86	549.22	91916.89

3.2　预应力体系选择

渡槽纵向采用预应力钢筋混凝土结构体系，预应力筋采用1860MPa级低松弛钢绞线，公称直径15.2mm；公称面积140.0mm^2；最小破断力260.7kN；张拉控制应力1395MPa。扣除第一阶段、第二阶段预应力损失后有效预应力计算结果见表 2。

表 2　纵梁预应力钢筋有效预应力成果表　　单位：N/mm^2

边墙	顶部	底部	弯筋 1	弯筋 2	弯筋 3	弯筋 4	弯筋 5
有效预应力 σ_{pe}	1227.57	1205.69	1185.21	1168.57	1152.14	1135.93	1119.93
中墙	顶部	底部	弯筋 1	弯筋 2	弯筋 3	弯筋 4	弯筋 5
有效预应力 σ_{pe}	1225.77	1200.93	1185.21	1168.57	1152.14	1135.93	1119.93

通过结构设计，40m 跨结构边梁底部布置 18×7φ^j15.2 预应力钢绞线，顶部布置 3×7φ^j15.2 预应力钢绞线；中梁底部布置 30×7φ^j15.2 预应力钢绞线，顶部布置 3×7φ^j15.2 预应力钢绞线。30m 跨结构边梁底部布置 12×7φ^j15.2 预应力钢绞线，顶部布置 3×7φ^j15.2 预应力钢绞线；中梁底部布置 18×7φ^j15.2 预应力钢绞线，顶部布置 3×7φ^j15.2 预应力钢绞线。

3.3　纵梁不均匀挠度计算

挠度计算按照《水工混凝土结构设计规范》（SL/T 191-96）进行，计算成果中计入了荷载效应长期作用对挠度增大的影响。各种运行条件下纵梁跨中断面挠度及挠度差计算结果见表 3。

表 3　跨中断面不均匀挠度计算成果表　　单位：mm

计算工况		30m 跨			40m 跨		
		边梁挠度	中梁挠度	挠度差	边梁挠度	中梁挠度	挠度差
长期组合	工况 1	1.49	1.92	0.44	5.51	6.34	0.83
	工况 2	1.55	2.02	0.47	5.73	6.67	0.94
短期组合	工况 3	1.66	2.18	0.52	6.12	7.23	1.12
	工况 4	0.58	0.60	0.01	2.38	1.75	−0.63
	工况 5	1.49	1.27	−0.22	5.51	4.07	−1.44
	工况 6	0.58	1.27	0.68	2.38	4.07	1.69
	工况 7	1.55	1.31	−0.24	5.73	4.24	−1.49
	工况 8	0.58	1.31	0.73	2.38	4.24	1.86
允许挠度		L/600=45.8mm			L/600=62.5mm		

注：挠度差中“−”表示边梁挠度大于中梁挠度。

由计算结果看出，由于梁高（含侧墙高）是按槽内水深确定，尺寸较大，荷载效应长期组合与短期组合工况纵梁跨中最大挠度均容易满足规范要求。30m 跨和 40m 跨渡槽纵梁间的挠度差最大值分别是 0.73mm 和 1.86mm。

3.4　纵梁不均匀挠度对横向结构的影响

将各种运用条件下纵梁间挠度差作为横向跨中断面计算的初始变位，进行横向结构计算。将计算结果与不考虑纵梁间挠度差的横向结构计算成果比较，各计算断面控制条件下，边墙底弯矩增大 6.4%；边槽底板跨中断面弯矩增大 1.4%；中槽底板跨中断面弯矩增大 11.1%，底板支座负弯矩减少 1.0%；竖向槽身中墙底部弯矩增大 9.3%。

为进一步确定纵梁不均匀挠度差对横向结构的影响，对三槽设计水深中梁挠度大于边梁挠度 2mm（作为方案 2）和中梁挠度小于边梁挠度 2mm（方案 3）同不考虑纵向影响（方案

1）的计算进行比较，各断面计算比较结果见表 4。

表 4　挠度差增减引起底板弯矩变化对比表　　单位：kN·m

计算部位	方案 1	方案 2	方案 3	内力变化/%	
				方案 2 较方案 1 增加	方案 3 较方案 1 增加
第一跨中	527.0	558.5	523.0	6.0	−0.8
第二跨中	395.9	474.4	317.4	19.8	−19.8
第三跨中	522.6	554.1	513.1	6.0	−1.8
第一支座	527.5	671.0	384.0	27.2	−27.2
第二支座左	960.5	754.0	1166.9	−21.5	21.5
第二支座右	884.8	806.3	963.2	−8.9	8.9
第二支座右	898.9	820.4	977.4	−8.7	8.7
第二支座左	937.9	730.9	1143.9	−22.1	22.0
第一支座	559.4	702.9	415.9	25.7	−25.7

由表 4 可以看出，中纵梁挠度大于边纵梁 2mm，底横梁跨中和边支座弯矩都增大，最大值分别为 19.8%和 27.2%；中支座弯矩减小 8.7%～22.1%。

中纵梁挠度小于边纵梁 2mm，底横梁跨中和边支座弯矩均减小，最大值分别为 19.8%和 27.2%；中支座弯矩增大 8.7%～22.1%。

通过对预应力筋大小、位置调整，纵梁挠度差在±2mm 以内，可以通过适当调整横向预应力来解决，否则，要通过调整横向结构断面等方法来解决。

4　结论

（1）渡槽槽身纵梁为深受弯构件，按照 SL/T 191-96 要求，不必进行纵梁挠度验算，从实际计算结果来看，各种计算条件边梁、中梁挠度均远小于规范允许限值。从对横向结构的受力影响考虑，应控制纵梁间的挠度差。

（2）当中纵梁挠度略大于边纵梁挠度时，横梁跨端负弯矩减小，跨中弯矩加大，边跨端负弯矩加大，对横向结构受力状况有利。

（3）中纵梁挠度小于边纵梁时，横向端部弯矩增大，横向预应力体系处理难度加大。从三维有限元分析结果来看，三槽过水、两边槽过水、中槽过水三种运行条件的应力分析结果与结构力学方法考虑纵梁挠度差后的结果相近。

（4）在纵梁各运行条件满足设计要求的情况下，通过多方案预应力调整，40m 跨渡槽槽身选用边梁底部布置 $18\times7\varphi^j15.2$ 预应力钢绞线，顶部布置 $3\times7\varphi^j15.2$ 预应力钢绞线；中梁底部布置 $30\times7\varphi^j15.2$ 预应力钢绞线，顶部布置 $3\times7\varphi^j15.2$ 预应力钢绞线的预应力体系方案；30m 跨渡槽槽身边梁底部布置 $12\times7\varphi^j15.2$ 预应力钢绞线，顶部布置 $3\times7\varphi^j15.2$ 预应力钢绞线；中梁底部布置 $18\times7\varphi^j15.2$ 预应力钢绞线，顶部布置 $3\times7\varphi^j15.2$ 预应力钢绞线的预应力体系方案。槽身横向最大计算弯矩平均增加 0.2%～9%，通过横向预应力体系调整，是容易解决的。

参考文献

[1]　周氏，章定国，钮新强. 水工混凝土结构设计手册［M］. 北京：中国水利水电出版社，2002.

工程设计

南水北调中线工程北排河排洪渡槽设计

张大勇，陈璐，闫海青

（长江勘测规划设计研究有限责任公司，武汉 430010）

摘要：北排河排洪渡槽的泄洪标准为100年一遇洪水设计，相应洪峰流量731m³/s，是目前世界上单槽流量最大的渡槽，该渡槽按照单线单槽布置，选择梁式渡槽型式，借鉴了桥梁结构建筑物的设计理念，将主槽钢束布置在过水断面下的小箱梁结构中，采用了现浇和预制工艺相结合的方案进行施工。通过对该渡槽的设计介绍，为今后类似工程的设计提供了一定经验。

关键词：南水北调；矩形渡槽；断面型式；小箱梁

1 前言

南水北调中线干线工程渡槽上部槽身可供选择的结构型式很多，有梁式渡槽、拱式渡槽、桁架式渡槽、斜拉式渡槽等，拱式渡槽和斜拉式渡槽适于跨越深谷河流地区。桁架式渡槽是将若干直杆的杆端用铰相互连接而成的几何不变体系，其杆件制作较为麻烦，若采用混凝土弦杆，杆端铰接处受力复杂，容易开裂；若采用钢弦杆则造价较高，并且后期难以维护。梁式渡槽受力整体性较好，受力明确，裂缝容易控制，水密性好，施工方便，造价较为低廉，是目前较为常用的一种渡槽结构体系[1]。

2 工程概况

南水北调中线一期工程总干渠北排河排洪渡槽[2]，位于河南省淅川县九重乡张营村南，交叉断面处总干渠分段桩号为4+451，距总干渠陶岔渠首枢纽约4.6km，排洪渡槽泄洪标准为100年一遇洪水设计，相应洪峰流量731m³/s；300年一遇洪水校核，相应洪峰流量922m³/s。槽身段长90m，槽底至总干渠底的高度为10m，工程区基岩为灰岩，抗压强度较

第一作者简介：张大勇（1982—），黑龙江人，工程师，主要从事桥梁结构设计工程的研究。

高。根据渡槽工程区地形地质条件和总体布置情况，经工期、经济、技术等综合比较，渡槽采用单线布置的形式。同时，由于工程区地形较为平缓，总干渠一级马道高程与现状地面高程接近，不适合建造拱式渡槽和斜拉式渡槽，该渡槽拟选择梁式渡槽作为槽身结构推荐方案，渡槽总体布置图如图 1 所示。

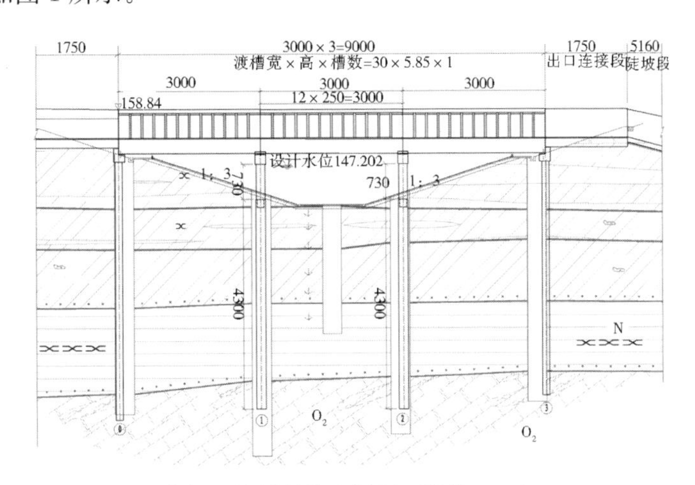

图 1　渡槽总体布置图（单位：cm）

3　渡槽上部结构方案比选

3.1　槽身截面形式的选择

梁式渡槽[3]的槽身截面形式主要有矩形渡槽和 U 型渡槽[4]，本渡槽总长 90m，规模不大，施工上主要考虑支架现浇。U 型渡槽用支架现浇，曲线型断面施工控制难度相对矩形渡槽要大，横向稳定性相对矩形槽要小，故本渡槽推荐矩形渡槽。

矩形渡槽又分为开口箱梁矩形槽（图 2a）、闭口箱梁矩形槽（图 2b）和多纵梁[5]形式的矩形槽（图 2c）以及组合截面矩形槽（见图 3），具体采用哪种截面形式要综合考虑受力特性、渡槽规模、槽下净空及施工条件等多方面因素决定。由于闭口箱梁矩形槽内外温差大[6]，温度应力大，结构处理复杂，因此对该种断面形式不予考虑。

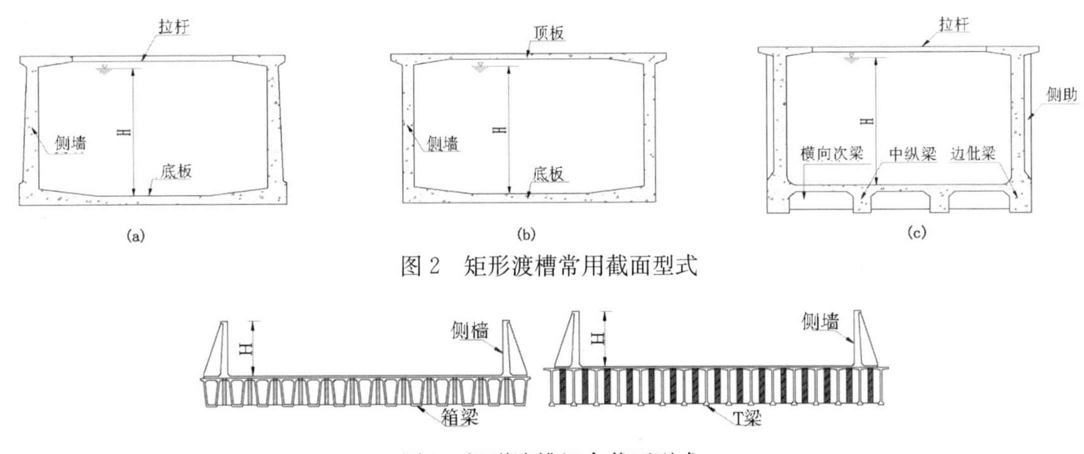

图 2　矩形渡槽常用截面型式

图 3　矩形渡槽组合截面型式

表 1 矩形渡槽截面型式比选表

渡槽型式	受力特性	施工难度
开口箱梁矩形槽	底板和腹板共同承受竖向和侧向水压力，三向预应力体系	采用满堂支架现浇法施工，对地基承载力要求高，须进行处理，三向预应力施工难度较大，施工质量不易得到保证
闭口箱梁矩形槽	内外温差大，温度应力大，结构处理复杂，三向预应力体系	同上
多纵梁矩形槽	纵梁承担水的竖向压力和自重，横梁承担水侧压力和自重，三向预应力体系	同上
组合截面矩形槽	箱梁承担水的竖向压力和自重，侧墙承担挡水作用，单向预应力体系	小箱梁采用预制法施工，侧墙采用现浇法施工，降低了施工难度，施工质量易得到保证，工期短

箱梁渡槽受力体系是底板和腹板共同承受竖向和侧向水压力以及自身重量，由于渡槽较宽，需要采用多箱室的方案；多纵梁渡槽的底板是由横梁和纵梁构成的梁格结构，在纵向受力上，主要由纵梁承担水的竖向压力和自重，横向则主要由横梁承担水压力和自重，在底板高度上，多纵梁结构形式比箱梁形式高，占用的槽下净空大；组合截面结构型式受力明确，箱梁和 T 梁可以预制，经济性好，能加快施工进度，同时预应力体系为单向体系，施工工艺较成熟，施工质量容易得到保证，但是组合 T 梁较组合箱梁高度大，且整体性差，综合考虑以上因素，本渡槽拟采用组合箱梁截面形式。本渡槽过水设计流量 $731m^3/s$，单槽选取 30m 槽宽时，渡槽设计水深 4.51m，加大水深 5.25m，整体受力较为合理，故本渡槽结构设计选取 30m 槽宽进行设计。

3.2 受力体系的选择

在受力体系上，梁式渡槽又可分为简支和连续两种，连续箱梁渡槽有效地降低了跨中弯矩，结构受力合理，跨度较大，有利于行洪，但工程量和投资相对较大，适应不均匀沉降变形能力较低，施工难度较大。故将简支箱梁作为推荐方案。

3.3 渡槽跨度选择

北排河渡槽采取单线单槽布置，由于过水流量和断面较大，单跨跨度不宜超过 40m，如果主跨采用 40m 跨径[7]，箱梁高度为 3.8m，盖梁底低于总干渠设计水位；如果主跨采用 25m 跨径，槽墩的阻水率较大，当主跨采用 30m 跨径时，箱梁高度为 3.0m，盖梁底高于总干渠设计水位，同时槽身段总长度约为 90m，宜采用 3 跨布置，同时为了统一跨径，方便施工，本渡槽推荐 3m×30m 的跨径布置。

4 渡槽下部结构方案比选

4.1 墩身截面形式的选择

针对上部结构采用简支结构，槽墩[7]比选主要考虑了柱式墩、圆端实体板墩和空心墩 3 个方案。

（1）柱式墩。墩型构造简单，施工方便，技术成熟，工期较短。同时柱式墩阻水面积小，工程量省，但抗冲击和抗震性能较差。

（2）圆端实体板墩。每槽一墩，结构简单，施工方便，工期短。在相同厚度的情况下，具有刚度大、承载力高、抗冲击和抗震能力强、顺流向导流性较柱式墩好的优点，但其自重

和工程量相对较大。

(3) 空心墩。可以充分利用材料的强度，节省材料；墩身重量较轻，刚度较大，抗冲击和抗震能力较强。施工时可以采用滑动模板，速度快，质量好，节省模板支架。缺点是结构相对复杂[8]。

为节约工程量，缩短工期，并结合阻水情况，北排河排洪渡槽墩身型式采用柱式墩。

4.2 基础形式设计方案

北排河排洪渡槽槽身段基础覆盖层较厚，主要由土及软岩组成，岩土容许承载力较低，且地下水位较高，不适于采用刚性扩大基础。若采用沉井基础需投入大量的施工机械，造价太高，不合理。钻孔灌注桩基础结构简单，承载力较高，抗震性能好，沉降量小且荷载分布均匀，可适用于各种硬、软土层，亦可根据上部的荷载合理地调整桩径和桩长。同时钻孔灌注桩施工设备简单、操作方便，可在多工作面同时展开，施工工期较短。故设计方案选定渡槽基础采用桩基础。

根据北排河排洪渡槽工程区的地质情况，桩基础按嵌岩桩进行设计，经计算比较，北排河排洪渡槽单个槽墩下布设 9 根直径 2.0m 的钻孔灌注桩。

5 渡槽结构设计

5.1 槽身结构设计

渡槽采用 30m 跨预应力混凝土简支梁方案，渡槽净宽 30.0m，侧墙顶宽 0.8m，渡槽现浇层厚 0.2m，每孔 13 片小箱梁[9]，梁中心距 2.8m，箱梁梁高 3.0m，箱梁边、中梁梁宽均为 2.4m，箱梁顶板厚 18cm，底板厚度 18～27cm，腹板厚 18～30cm，截面转角处均设倒角过渡。梁体预应力体系采用高强度低松弛钢绞线（Φ_S15.2），$f_{pk}=1860$MPa，$E_p=1.95\times10^5$MPa，预应力孔道采用塑料波纹管成孔，真空辅助压浆，夹片式锚具，两端对称张拉；箱梁横向接头均为刚性联结，翼板、横隔板间留有宽 40cm 的湿接缝。渡槽横断面图如图 4 所示。

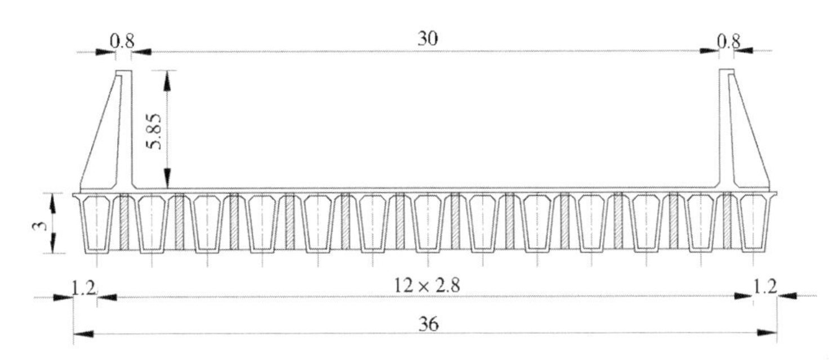

图 4　渡槽横断面图（单位：m）

小箱梁采用 C50 混凝土，设纵向预应力。根据预应力钢绞线的布置位置，将预应力钢绞线分为底板和腹板纵向预应力钢绞线。其中，底板布置 6-Φ_S15.2钢绞线共 4 束，腹板布置 5-Φ_S15.2 钢绞线共 10 束。

5.2 下部结构设计

渡槽下部结构包括盖梁、槽墩、系梁和桩基。盖梁高度为 2.0m，纵向宽度 2.2m，采用减震支座以增强渡槽抗震能力。渡槽墩身采用桩柱式桥墩，立柱高均为 7.4m，直径均为 Φ180cm，每墩下设 Φ200cm 桩，一柱一桩。桩混凝土标号为 C25，柱混凝土标号为 C30。单个系梁高 1.6m，宽 1.4m，桩间距 6.6m。

6 渡槽计算

本次设计采用了桥梁博士 3.0 结构分析软件进行平面计算分析，按全预应力构件计算，将小箱梁离散为平面杆件单元，在施工过程中施加预应力和施工临时荷载，在运营过程中施加水荷载和其它有可能出现的不利荷载。计算模型：节点总数 31 个，单元总数 30 个，计算跨度 29.94m。模型单元划分如图 5 所示，小箱梁横向计算采用刚接板梁法，如图 6 所示。

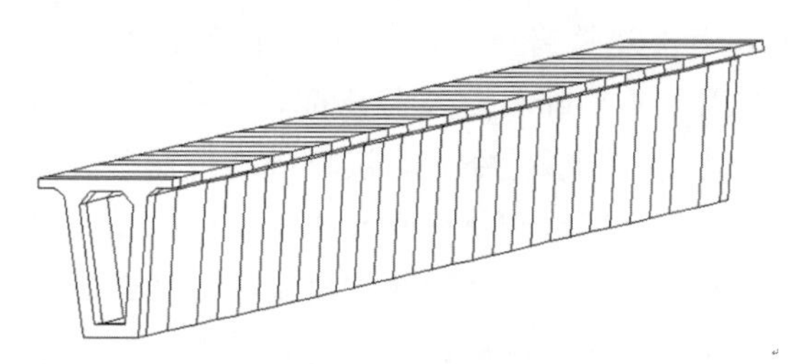

图 5 小箱梁单元划分立体模型图

图 6 小箱梁横向立体模型图

6.1 设计参数

渡槽的主要设计参数见表 2。

表 2 设计参数表

参数	内容
混凝土	重力密度 γ=26.0kN/m^3，弹性模量 E_C=3.45×10^{4}MPa
水	重力密度 γ=10.0kN/m^3
预应力钢绞线	弹性模量 E_p=1.95×10^{5}MPa，松驰率=0.035，松驰系数 Z=0.3
锚具	锚具变形按 6mm（一端）计算；塑料波纹管摩阻系数 μ=0.25，偏差系数 k=0.0015
支点最大反力	恒载：946kN，恒载+水：3146kN

钢束张拉控制应力取 0.7f_{pk}=1302MPa。设计计算考虑了三种组合，见表 3。

表 3 计算工况组合表

基本组合 1	自重+预应力+收缩徐变+槽面活荷载
基本组合 2	自重+预应力+加大水深+收缩徐变槽面活荷载
基本组合 3	自重+预应力+满槽水深+收缩徐变槽面活荷载

6.2 计算结果

纵向计算结果表明：在三种基本组合下，小箱梁跨中断面和支座断面全截面纵向受压。小箱梁顶板最大压应力值为 9.41MPa，最小压应力值为 0.193MPa，底板最大压应力值为 8.8MPa，最小压应力值为 0.2MPa，满足规范要求。

预加力引起的上拱度及二期恒载产生的下挠值见表 3。

表 4 预加力引起的上拱度及二期恒载产生的下挠值表

位置	钢束张拉完上拱度/mm	存梁 30d 上拱度/mm	存梁 60d 上拱度/mm	存梁 90d 上拱度/mm	二期恒载产生的下挠值/mm	反预拱度建议值/mm
跨中	29.9	34.0	35.8	36.9	−1.72	−25

从表 4 可看出，空槽工况跨中槽底向上变形，有微小的反拱现象；渡槽充水后，槽体向下变形，最大竖向位移为 1.72mm，满足 $f \leqslant L_0/600$ 的要求。

7 结语

南水北调中线工程大型矩形渡槽除具有一般渡槽的共同特点外，还因其设计流量大、荷载大、施工难度高等特点，渡槽的规模和跨度均为中线工程中乃至国内水工渡槽之首，没有类似工程可供参考，对设计和施工技术要求高[10]。北排河渡槽经受力特性、阻水、工期等多方面比较，选取了组合截面矩形槽，该结构的纵向受力由预应力混凝土小箱梁承担，横向挡水由钢筋混凝土扶壁式侧墙承担，该结构受力明确，施工简单，可以为其他大流量的矩形渡槽设计方案拟定提供参考。

参考文献

[1] 李世平，谢三鸿，唐清华．南水北调中线工程某大型渡槽设计 [J]. 人民长江，2011 (10)：31-34.

[2] 长江勘测规划设计研究有限责任公司. 陶岔渠首至沙河南段工程淅川段初步设计报告 [R]. 武汉：长江勘测规划设计研究有限责任公司，2009.

[3] 竺慧珠，陈德亮，管枫年. 渡槽 [M]. 北京：中国水利水电出版社，2005.

[4] 朱文婷，严天佑，郑光俊，等. 气温变化对 "U" 形薄壁渡槽表面应力的影响分析 [J]. 人民长江，2012 (23)：41-45.

[5] 武爱玲. 左岸排水渡槽结构形式与预应力设计 [J]. 水科学与工程技术，2011 (1)：51-53.

[6] 潘江，吕国梁，郑光俊. 陶岔至鲁山段大型输水矩形渡槽跨度研究 [J]. 人民长江，2010 (16)：28-31.

[7] 冯光伟，左丽，王彩玲，等. 南水北调中线沙河梁式渡槽结构选型与跨度分析研究 [J]. 南水北调与水利科技，2010 (4)：37-41.

[8] 李正农，周振纲，朱旭鹏. 槽墩高度对渡槽结构水平地震响应的影响 [J]. 地震工程与工程震动，2013 (3)：46-50.

[9] 赵耀. 密排式小箱梁横向受力分布研究 [J]. 低温建筑技术，2011 (2)：18-21.

[10] 谢三鸿，尤岭，李世平. 南水北调大型渡槽设计与施工研究 [J]. 人民长江，2010 (16)：32-35.

工程设计

南水北调中线工程跨河渡槽伸缩缝止水装置设计研究

李书群

（河北省水利水电第二勘测设计研究院，石家庄 050021）

摘要： 以南水北调中线工程超大型跨河渡槽止水装置为研究对象，在压板式止水结构型式的基础上，通过多次试验改进，设计出一种以U型复合橡胶止水带为主体的全新渡槽伸缩缝止水结构。该止水装置在各向伸缩变形、剪切变形和水头的同时作用下，具有稳定可靠的止水效果，容易更换。

关键词： 伸缩缝；止水装置；渡槽；U型橡胶止水带；南水北调中线工程

1 概述

南水北调中线工程是解决我国北方地区水资源短缺、优化水资源配置的一项战略性基础设施工程。其中，跨河渡槽由于跨度大，由温度变化、混凝土收缩徐变等产生线性伸缩，要求伸缩缝最大宽度60mm，缝内止水除承受渡槽内水压力外，还要满足在纵向缩量为100mm，横向错动40～60mm的工作条件下，渡槽伸缩缝处不漏水，并要求一旦止水破坏，应便于更换，尽快恢复正常供水。

工程止水常用的形式有埋入式、黏合式、压板式等。埋入式止水带施工简单，工程造价低，在保证止水带接触部分混凝土施工质量的情况下止水效果容易得到保证，但止水一旦损坏，无法修补和更换；黏合式止水带止水效果取决于黏接的质量，主要适用于工程加固，其适应变形能力较差，对黏接施工要求较高，施工质量不易保证；压板式即采用预埋螺栓及钢压板来固定止水橡皮，此种型式施工过程繁琐，但止水效果易得到保证，且止水橡皮损坏后容易更换，但其止水效果受紧固面的平整度和紧固力的大小的制约。上述止水装置由于存在种种缺陷，无法满足超大型渡槽止水结构使用要求。

作者简介： 李书群（1973—），教授级高级工程师，主要从事水利工程设计。

在工程设计时，为适应南水北调渡槽伸缩缝三向变位大和结构耐久性的特点，在压板式止水结构的基础上，我们与生产厂家联合开展科研攻关，通过多次设计改进与模型试验研究，设计并试制出以U型复合橡胶止水带为主体的全新渡槽伸缩缝止水结构。

2 渡槽止水结构型式研制

2.1 止水型式研制

起初设计的止水型式如图1所示。

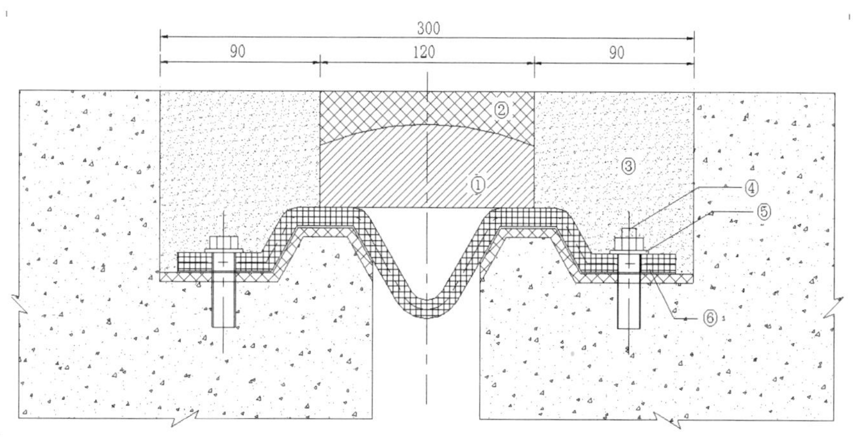

图1 原伸缩装置产品结构图（单位：mm）

该渡槽伸缩装置是由一道V形伸缩橡胶槽和一道聚硫密封胶及辅助材料组成，该形式具有表面简洁、维修更换方便、止水效果好等优点。试验时发现钢压板定位困难、压板下混凝土容易脱空；而且，为避免闭孔塑料板嵌入V形止水，闭孔塑料板和聚硫密封胶嵌缝材料均需加宽，造成聚硫密封胶黏接困难，容易脱落。基于上述原因，对止水形式进行了改进，改进后的止水型式如图2所示。

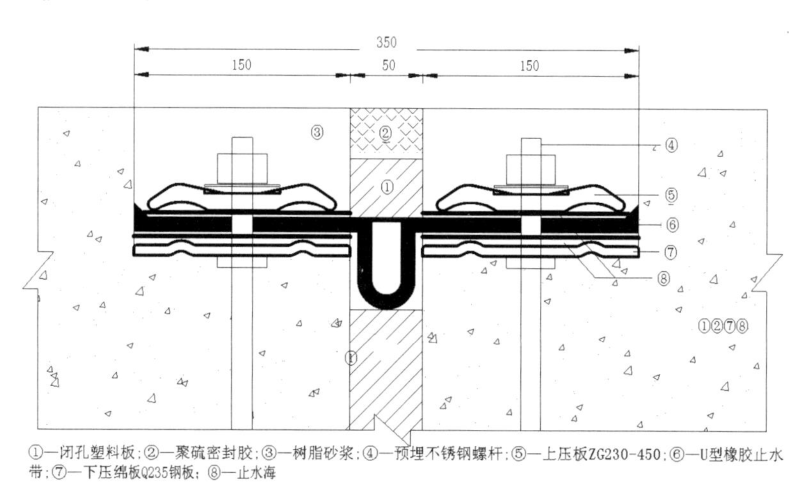

图2 改进后伸缩装置产品结构图（单位：mm）

该渡槽伸缩装置是由一道U型伸缩橡胶槽和一道聚硫密封胶及辅助材料组成，选择此形式具有以下优点：①伸缩装置上表面与渡槽表面水平，表面简洁；② 维修更换方便，当遭遇非常工况损坏时，只需拆开上盖砂浆，换装新胶板即可，维修用时短，减少了因维修停水带来的损失；③止水带与上下压板采用凹槽契合，配以止水海绵，防止胶板滑脱和止水密封；④U型止水带顶面增加了封闭橡胶，使表层闭孔塑料板和聚硫密封胶宽度变窄，聚硫密封胶不易脱落，表面平整度更容易保障；⑤树脂混凝土具有较高的黏结强度和延性，不仅可以保证表面平整，而且便于凿除更换；⑥闭孔塑料不仅节省聚硫密封胶的用量，而且起到较好的缓冲效果；⑦采用不锈钢压板和螺栓任意组合，保证止水带的紧固和便于更换。渡槽侧面与底面过渡部分勒脚采用定型钢板契合，保证安装精度。

2.2 止水结构设计

2.2.1 槽身伸缩量计算

河北省南段月平均最高气温26.8℃，月平均最低气温－3.5℃。根据不同浇筑月，合拢温度5～25℃考虑，计算公式如下。

（1）由温度变化引起的伸缩量。

$$\triangle L_T = (T_{\max} - T_{\min}) \cdot \alpha L \tag{1}$$

（2）混凝土收缩与徐变引起的收缩量。

$$\triangle L_{s \cdot c} = (20\times10^{-5} + \sigma_p / E_o \cdot \varphi) \cdot L \cdot \beta \tag{2}$$

式中：$T_{\max}$、$T_{\min}$分别为月平均最高与最低气温；α 为混凝土线膨胀系数；σ_p 为预应力及荷载引起的平均轴向应力；E_c 为混凝土的弹性模量；φ 为混凝土徐变系数，取 $\varphi=2$；β 为混凝土收缩与徐变的递减系数。

计算结果为$\triangle L_T=12$mm

$\triangle L_{s \cdot c}=9$mm

（3）由荷载引起端部转动以及施工误差引起的伸缩变化量，取基本伸缩量的20％再加10mm，结果为14.2mm。

槽身总伸缩量为26～35mm，考虑墩间的不均匀沉降影响并考虑地震作用对上部结构的影响，预留伸缩宽40～50mm。

2.2.2 止水带的厚度设计

伸缩装置方案设计时，主要考虑了如下几点：

渡槽宽7.0m，高7.0m，按渡槽满水计算，水密橡胶带底部承受水的压强为：$7\times1000\times9.81\times10^{-6}=0.0687$MPa。当伸缩装置达到最大位移量时，即水平缝隙宽度达85mm时，因橡胶为低定伸弹性体，增强纤维为纵向柔性而径向刚性体（相对于截面）。故可近似认为橡胶带变为弦长为85mm，弧长为120mm的弧形结构，在此状态下进行应力及拉伸分析。

弦长为85mm，弧长120mm的弧形直径为86mm，截面为近半圆形结构，承受水压时，橡胶止水带内应力为

$$\sigma = \frac{PD}{2t} \tag{3}$$

设止水带的厚度为 t，抗拉强度为［σ］。则止水带的厚度 t 应满足下面要求：

$$\sigma \geqslant k_1 \frac{PDk_2k_3}{2t} \tag{4}$$

其中：k_l＝1.1～1.2为安全系数，k_2＝0.5为尺寸影响系数，k_3＝0.5～0.7为接头影响系数，则$t \geqslant 1.4$mm。按达到50年使用寿命设计，考虑橡胶的老化问题并按常规产品要求，选择t＝10mm。

2.2.3 橡胶止水带材料确定

南水北调工程是一项安全性，耐久性要求极高的工程，对于渡槽伸缩装置部件，除要求有足够的强度外，还要能耐受长期的自然老化且对水有极高的稳定性，胶带主体及各种助剂材料均不得对水体造成污染，这就对止水材料提出了严格的要求。故在橡胶伸缩带的配方中着重强调了在保证一定强度的前提下，胶料还应具有优异耐水性、耐腐蚀性、抗氧化性、耐臭氧性、耐自然老化性、抗光氧化性、环保性及无污染性等各项性能。在所有的通用合成橡胶及天然橡胶材料中，我们经过详尽的对比、筛选，最后确定了复合橡胶材料的方案。辅以抗氧剂、紫外线反射剂及紫外线吸收剂等多种功能性助剂，使复合橡胶达到50年以上的使用寿命要求。

2.2.4 止水带断面的设计

根据伸缩缝适应变形能力要求，止水带变形部分采用U型。接缝预留槽宽度为350mm，预留槽的两侧留有10mm宽的回填砂浆空隙，防止回填砂浆与混凝土的黏结薄弱面与止水结构相连。

2.2.5 止水带固定

混凝土浇筑时预埋螺栓及下压板，螺栓孔距200mm，并配置薄型螺母，定位下压板。安装止水带时，首先在底面铺设一道止水海绵，然后铺设打好孔的止水带，再铺设一道止水海绵。最后用铸钢上压板将止水带压紧，并用螺母固定。

渡槽侧墙与底板过渡部分为350（400）mm×500mm的斜面，施工时采用定型上下压板契合组件，为防止水带就位困难，采用膨胀螺栓套管方式施工。

这里选用螺栓式固定方式。施工时，将不锈钢螺栓预埋在接缝槽口的混凝土中，孔距200mm。安装止水带时，在不锈钢螺栓上铺除止水带以外，在接缝缝口还设置了聚硫密封膏止水。

2.3 聚硫密封膏缝口设计

除止水带以外，在接缝缝口还设置了聚硫密封膏止水。它一方面作为辅助止水，另一方面可以保护接缝，避免杂物在伸缩缝淤积，影响止水带伸展后的复原及防止尖锐物刺伤止水带。

聚硫密封膏具有良好的耐候性、耐热性、耐湿热性、耐水性和耐低温性。由于弹性大，可适应较大的接缝位移，可以在连续伸缩及温度变化条件下使用。且材料施工性能好，无溶剂、无毒，使用安全。

2.4 嵌缝设计

设计中采用树脂砂浆回填预留槽，可以改善新老混凝土的黏接。树脂砂浆与旧混凝土黏结强度高，同时弹性模量有所下降，极限拉伸率提高，因此抗裂性能有很大改善。另外，在抗渗性、抗碳化、抗冻性能方面均有提高，且施工方法接近于普通砂浆，简便易行。

为了保证伸缩缝适应变形的能力和表面平整度，在填缝中添加了闭孔发泡塑料板，根据最大张开度预先挤压到伸缩缝宽度范围再就位安装。

为了保证止水带梯形凹槽的设计精度和便于施工安装，预留凹槽底面下压板一次安装就位。

3 结论

针对南水北调渡槽运行要求提出了以U型橡胶止水带为主体的全新渡槽伸缩缝止水结构。在50mm伸缩变形、50mm剪切变形和10m水头的共同作用下，该止水结构具有稳定可靠的止水效果。

该型止水能适应超大型渡槽接缝的较大变形，破损后易于修复，必将减少止水结构的维修次数，大大提高供水工程的保证率，产生巨大的社会效益和经济效益。通过工程前期试安装及跨河渡槽充水试验验证，止水密封效果良好。

施工技术

南水北调中线湍河渡槽槽身施工方案研究

简兴昌，梁仁强，杨谢芸

（长江勘测规划设计研究院，武汉 430010）

摘要： 结合湍河渡槽的工程特性及槽身结构特点，重点研究了槽身满堂支架法及造槽机法的施工方案及施工工艺，并进行技术经济比较，优选出 40m 跨 1600t 重的造槽机施工方案。湍河渡槽采用造槽机原位现浇施工的成功经验，对我国大型渡槽施工设备、施工工艺、施工技术起到了巨大的推动作用。

关键词： 满堂支架；造槽机；施工方案；湍河渡槽

1 工程概况

湍河渡槽位于河南省邓州市小王营—冀寨之间的湍河上，是南水北调中线输水工程的一部分，工程轴线总长 1030m，桩号为 TS36＋289～TS37＋319。渡槽槽身段及进出口节制闸等主要建筑物为 1 级，渡槽设计流量为 350m^3/s，加大流量为 420m^3/s。

渡槽槽身段长 720.0m，槽身为相互独立的 3 槽预应力混凝土 U 型薄壁结构，单跨 40m，共 18 跨，是目前世界上单跨跨度和重量最大的 U 型渡槽。3 槽槽身水平布置总宽 37.3m，槽身高度 8.23m，两端简支，槽身下部为内半径 4.50m 的半圆形，半圆上部接 2.73m 高直立边墙，跨中边墙厚 0.35m，单槽内空尺寸（高×宽）7.23m×9.0m。为增加结构的整体稳定性，在槽身顶部设置拉杆，拉杆间距 2.5m，槽身之间设置盖板，形成人行道，便于槽身之间的联系及检修。槽身结构布置如图 1 所示。

下部结构槽墩与槽轴线正交，为圆端形空心墩，自上而下依次为墩帽、墩体、承台和桩基。槽身采用 C50F200 纤维混凝土，墩帽、槽墩为 C40 混凝土，承台、桩基为 C25 混凝土。

渡槽所处部位湍河河谷形态呈浅 U 形，河床地形平坦，枯水期水面宽 80～150m，水深 0.5～2.0m；汛期行洪，水面宽约 700m。地基上部为粉质黏土、壤土，下部为粗砂、砾砂。

第一作者简介： 简兴昌，高级工程师，主要从事水利水电工程施工组织设计工作。

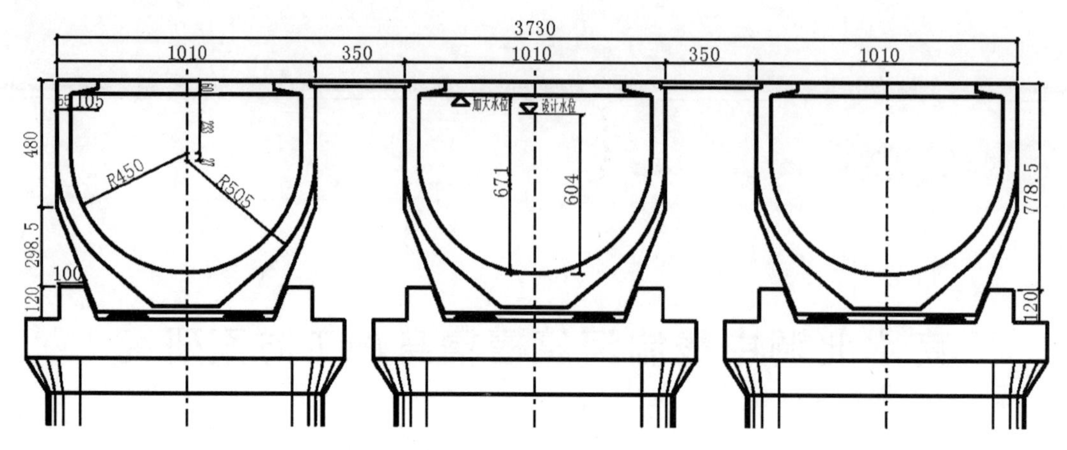

图 1　槽身结构布置图（单位：mm）

2　槽身施工方案研究

结合国内外渡槽施工经验，槽身施工一般选择满堂支架法、架槽机法及造槽机法三种方案。架槽机法是在预制厂进行整跨渡槽预制，采用大型起吊及运输设备将槽身运至现场进行安装。此工法与桥梁施工中的架桥机法类似，目前国内桥梁架设施工中采用架桥机法单片箱梁的最大起重量一般不超过 1400t，湍河渡槽槽身单跨重量约 1600t，如此大吨位架槽机的设计制作经验较少、难度较大，因此重点研究满堂支架法和造槽机法两种施工方案。

2.1　满堂支架法施工方案

满堂支架法是采用密布搭设的钢管脚手架为支撑，在脚手架上部架设模板进行槽身混凝土现浇施工。它是一种传统的施工方法，在桥梁、渡槽等上部结构净空较低的情况下普遍采用，其主要特点是脚手架安装及拆除方便，搭设灵活，周转次数多，能适应建筑物平面、立面的变化，不需要大型施工设备。湍河渡槽底部距地面最大净空约 10m，一般高度约 5～8m，地基为砂壤土或砂砾石基础，可以采用满堂支架法施工。

2.1.1　脚手架布置

选用外径 48mm，壁厚 3.5mm 的碗扣式钢管脚手架，钢材强度等级 Q235-A。脚手架立杆纵距 0.55m，横距 0.7m，步距 1.0m，U 型槽边墙下部立杆纵距加密为 0.4m。立杆顶部采用顶托支撑，顶托上放置 10 号工字钢，方木放置在工字钢上，方木间距 0.3m。剪刀撑根据构造设计采用纵向和横向布置，在纵、横向每间隔 5～6 排立杆设一道剪刀撑。脚手架布置经结构计算安全满足要求，单跨渡槽施工需钢管、扣件、顶托、工字钢等脚手架钢材共计 218.3t。

2.1.2　地基处理方案

采用 20cm 厚 C10 垫层混凝土作为脚手架基础，施工时先清除表层松散砂壤土，并对基础进行平整和碾压，然后分层回填粗砂或砂砾石，分层厚度 40cm，碾压后使粗砂或砂砾石相对密度不小于 0.70。另外在基础四周设置排水沟，防止积水渗入地基。

2.1.3　主要施工程序和浇筑方案

为便于立模及混凝土振捣密实，槽身分二层浇筑，第一层先浇筑下部圆弧段，第二次浇

筑上部侧墙。主要施工程序为：地基处理→支立脚手架→安装渡槽底模→支架预压→底模调整、安装外侧圆弧模→绑扎圆弧段及底板钢筋、钢绞线→安装圆弧内模→浇筑混凝土→养护→绑扎直立边墙及顶肋钢筋、钢绞线→架设侧墙模板→浇筑混凝土→养护→预应力张拉→拆除模板和支架，进入下一跨施工。

为保证渡槽混凝土外观质量，U型槽底部内、外模板均采用定制的弧形钢模，上部直立段采用大型钢模板。混凝土采用搅拌运输车运输，泵车布料入仓，采用插入式振捣器和软管振捣器相结合的振捣方式。

2.2 造槽机法施工方案

造槽机是借鉴桥梁移动模架造桥机的经验，设计出的一种自带模板、自动向前移位的专用模架设备，渡槽槽身利用模架逐孔向前进行原位现浇。国内首次使用移动式造槽机施工的渡槽为东深供水工程的樟洋U型渡槽，其设计流量为90m³/s，跨度24m[1]。采用造槽机施工可提高机械化程度，具有结构简便、安全可靠、不受下部基础条件及过流影响等优点。

2.2.1 造槽机主要构造及工作原理

造槽机主要由外主梁结构、外模及外肋结构、外主梁支承及移位机构、内梁及内模结构、电气及液压系统等组成，其外梁外模系统、内梁内模系统及行走系统配合形成一个可以纵向移动的U型渡槽施工平台，总体构造如图2所示。

(1) 造槽机外主梁共有两组，位于U型渡槽两侧翼缘上部，外主梁作为渡槽混凝土施工的主要承重结构，采用上下双层钢箱梁框架结构，其刚度大、结构简单、整体性好。两组外主梁之间采用联系梁以形成整体框架结构，并增强横向稳定性。

图2 造槽机总体图

(2) 造槽机外模和外肋系统悬挂在外主梁下侧，渡槽施工时的混凝土荷载通过外模和外肋系统传递到外主梁上。每根外肋的外侧有一根启闭液压千斤顶来完成模架的旋转开启与闭合，外模和外肋均按照渡槽的外部体型设计加工，外肋采用钢箱梁组焊结构。

(3) 造槽机外主梁支承及移位机构由前、后固定支腿和前、后走行支腿组成。前、后固定支腿作为渡槽混凝土施工时主要承重结构，其底部设有大吨位支承千斤顶，用来完成外主梁及外模整体结构的升降和脱模。前走行支腿底部的走行轮箱作用在内梁顶面轨道上，顶部与外主梁前联系梁连接，组成外主梁前走行机构；行支腿底部的走行轮箱作用在已架渡槽顶面的走行轨道上，顶部与外主梁尾部连接，组成外主梁后走行机构。前、后固定支腿和前、后走行支腿均采用外套管销轴连接，结构高度可调，能够确保过孔走行前造槽机外主梁及外模架结构整体升降以避开桥墩的需求。

(4) 内梁作为内模以及外主梁和外模过孔支撑结构，同时通过与外主梁联系梁的连接来承受部分混凝土荷载。内梁为单梁箱形结构，两跨布置，内模支撑在内梁上并通过千斤顶完成其收放与精确定位。内梁设有支承系统及托辊机械，来完成内梁与内模的过孔移位、内模的调整工作。

2.2.2 造槽机主要技术参数

湍河渡槽造槽机的主要技术参数为：①适应纵坡±5‰；②整机过孔移位速度1.5m/min；③整机总功率150kW；④整机作业功效22d/跨；⑤造槽机承重梁挠跨比不大于$L/1000$；⑥移位过孔稳定系数$K>1.5$；⑦整机总重量约1200t。

2.2.3 造槽机施工程序和浇筑方案

渡槽下部结构施工完成后，在首跨进行造槽机的整体组装，随后逐跨向前施工。每跨施工程序为：造槽机外主梁、支腿、外模就位→主梁、外模调整→钢筋绑扎、钢铰线布设→内梁及内模前移一跨就位、调整→安装渡槽顶部拉杆及端头模板→槽身混凝土浇筑及养护→内模脱模→预应力张拉→外模开启→外主梁及外模前移就位→进入下一跨施工循环。

混凝土采用搅拌运输车运输，泵车布料入仓。振捣方式采用插入式振捣棒和附着式振动器相结合，附着式振动器布置在内、外模板上。底部圆弧段浇筑时内模向上开启，便于下料和振捣，待圆弧段快浇完时关闭内模，利用内模预留的天窗下料和振捣。上部侧墙浇筑时混凝土从侧墙顶部下料，采用内模侧面开窗口与顶部下插相结合的方式振捣密实。

每跨渡槽分坯不分层一次浇筑成型，上部拉杆采用预制并逐根安装在造槽机内外模上，混凝土浇筑后预制拉杆与新浇混凝土形成整体渡槽。

2.3 方案比选

湍河渡槽采用满堂支架和造槽机方案施工时，其下部结构施工方法和进度均相同，上部槽身结构均为现浇混凝土方式，不同点主要在于模板支撑方式的变化，经综合分析研究，两种方案优缺点比较见表1。

表1　方案比较分析表

项目	满堂支架方案	造槽机方案
质量	采用整体定型模板，可保证渡槽外观质量，脚手架变形影响因素多，施工环节多，施工质量控制环节相对较多	采用专用设备和专用模板，进行程序化施工作业，施工质量保证率高
工期	单跨施工直线工期45d，按两个枯水期施工考虑，需要支架12套	单跨施工直线工期22d，按两个枯水期施工考虑，需要造槽机3台
造价	12套支架及相应地基处理等施工造价约2393万元	3台造槽机施工造价约3655万元
安全	人力和材料投入较多，高空作业多，存在一定的安全隐患，安全管理难度较大	采用设备自动化操作，减少了高空作业的工作量，从而提高了施工安全保障
对结构布置的影响	布置灵活，对结构布置没有影响	造槽机外模开启过跨时两槽之间的间距要达到3m。结构布置间距为3.5m，满足要求
施工导流	上部结构施工时基坑不允许过流，并且需要进行基础处理	上部结构施工可不受基坑过流的影响
其他	有丰富的施工经验，架设灵活方便，但需要大量材料和劳力。钢管支架、模板回收利用率较高	施工经验相对较少，设备的设计、制造需要一定周期。另外作为专用设备，设备回收利用率较低

通过上述综合比较，造槽机方案在质量、安全方面具明显优势，工期可满足南水北调总体进度要求，同时对我国大跨度大流量渡槽施工设备、施工技术具有推动作用，建议采用。

3 结语

湍河渡槽工程现场采用了3台造槽机平行施工，首跨槽身于2011年11月2日浇筑完成，至2013年9月28日54跨渡槽全部完成施工。施工过程中，参建各方通过科技攻关，解决了造槽机内外模变形不同步、浇筑工艺等技术难题，使单跨槽身施工周期缩短至35d左右，保证了工程施工质量及工期。湍河渡槽采用造槽机原位现浇施工的成功经验，对我国大型渡槽施工设备、施工工艺、施工技术起到了巨大的推动作用。

参考文献

[1] 庄志红. 移动式造槽机在槽身施工中的应用 [J]. 广东水利水电，2004 (z1).

施工技术

特大型渡槽架桥机施工方案和工艺研究

王兰涛[1]，强茂山[2]

（1. 黄河勘测规划设计有限公司，郑州 450003；2. 清华大学，北京 100084）

摘要：借鉴大型桥梁架桥机的施工方法，研究南水北调中线工程特大型渡槽的施工技术。在分析国内外简支桥梁采用不同型式架桥机施工的基础上，针对大吨位U型渡槽预制施工提出了“中穿式”架桥机的方案，并进行了总体方案设计和工艺研究，指出基于整体预制架设施工工艺将是大型渡槽施工技术的发展方向。

关键词：渡槽；架桥机；施工方案；南水北调中线工程

1 概述

渡槽施工的质量、安全、进度将直接影响着南水北调中线工程的建设。由于渡槽具有大吨位、大跨度的特点，再加上工程所在处地形、地质条件复杂，采用传统的满堂支架法施工已无法满足工程要求。因此，研究大型渡槽整体架设工艺及装备不仅可以解决中线工程大型渡槽施工问题，为大型渡槽的实施提供技术及装备保障，而且还可以推进我国大型渡槽施工及管理水平的提高，填补国内无大型渡槽架设装备的空白，为整个南水北调工程奠定良好的建设基础。以南水北调中线某大型工程U型并列四渡槽方案为例进行研究。根据工程总体设计要求，渡槽总长3.5km，单跨50m，共70跨，其中单跨单个渡槽自重达1500t。

2 U型四渡槽架桥机总体方案

U型渡槽自重1500t结构整体性好，四槽布置的断面形式为整体预制架设施工提供了运送槽体的通道。根据以上各种施工方法的分析以及U型渡槽自身的特点，并综合考虑渡槽施工要求、施工场地、设备造价、完成工期等因素，U型渡槽的施工采用整体预制架设的架桥机工法比较合适。

第一作者简介：王兰涛（1972—），博士研究生，主要从事水利水电工程设计工作。

2.1 1500tU 型四渡槽架桥机总体方案

1500tU 型四渡槽采用类似于吊运架一体式架桥机方案，架桥机结构如图 1 所示。

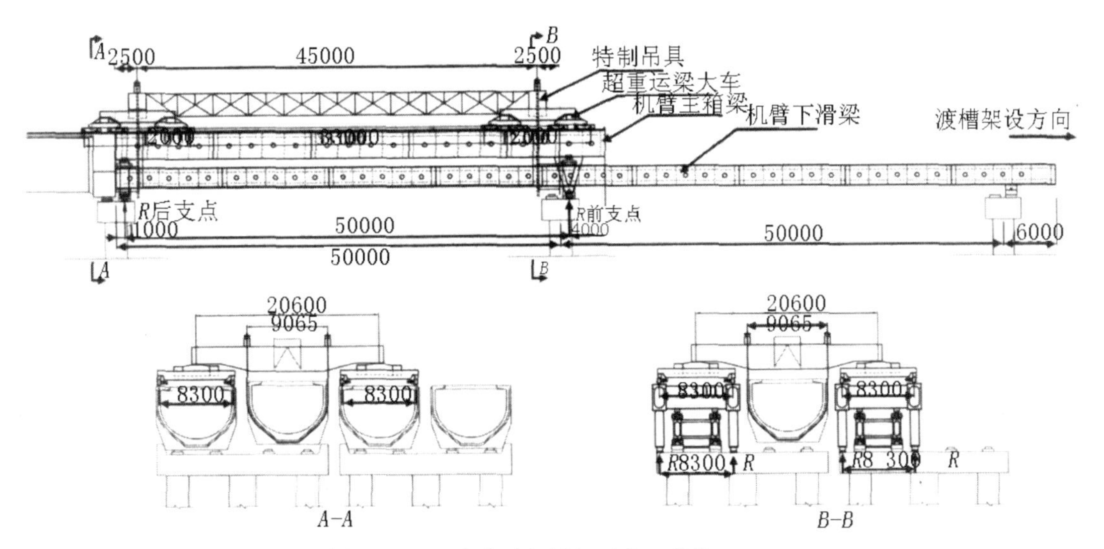

图 1　1500t 中穿式架桥机示意（单位：mm）

该架桥机与常规吊运架一体式架桥机所不同的是运梁车运梁从左右两承载梁中穿过，运梁轨道设置在两边槽位的渡槽顶上，承载梁和已架渡槽顶面齐平，运梁在两承载梁中间槽位穿过，故把该类架桥机称为“中穿式”架桥机。1500t“中穿式”架桥机巧妙地借鉴了吊运架一体式架桥机方案，利用渡槽高度近 7m 的特点，结合可调三支腿式一跨支承上置主梁并下导梁承重式架桥机方案的下导梁结构，分解成单跨承载主箱梁和双跨下滑梁。该方案把起重运梁车起梁、喂梁和架桥机运梁、落梁等结合在一起，三机合一，使架桥机主箱梁、下滑梁只起承载和前行作用，而且由于运梁时承载梁与已架渡槽为同一平面，梁从两承载梁中穿过，运梁车重心低、体积小、自重小、稳定性好。运梁车上吊梁小车起升高度很低。本方案由于运梁车有起梁功能，又可避免其他方案在预制厂用起重设备把梁片起吊到运梁车上，简化了预制厂起梁工艺。

2.2 架桥机结构设计

2.2.1 结构型式分析

（1）运梁车主梁及主箱梁结构型式。采用矩型桁架结构或矩型箱梁结构。考虑中点弯矩最大，采用箱梁内表面贴板，构成变厚截面型式。

（2）下滑梁结构型式。经分析，下滑梁结构型式采用矩型桁架结构，为考虑下滑梁前行时一端悬臂的下挠，前端采取变高截面型式，即上平下翘。

2.2.2 结构承载分析

（1）运梁车。运梁车结构承载分析的关键是前后主梁。主梁承载本身自重、前后纵向系梁自重一半、渡槽自重一半。

（2）主箱梁。主箱梁结构除承载本身自重外，前轮承载运梁车主梁本身自重一半、前后纵向系梁自重和渡槽自重的1/4，其在主箱梁上的作用点是随运槽过程变化的，运梁车前轮到达主箱梁中点时，主箱梁承载最大。

（3）下滑梁。当下滑梁自身前行时，一端悬臂，要考虑本身自重。当主箱梁在下滑梁上滑移前行时，由下滑梁承受的主箱梁自重随主箱梁的滑移前行而变。当主箱梁滑移前行到下滑梁中点时最大，并考虑主箱梁自重一半。所有结构均考虑风载。

2.3 架桥机机构设计

架桥机机构包括运梁车大车运行机构、主梁上起升机构、渡槽吊运机构、主箱梁支腿顶升机构和下滑梁滑移机构。

2.3.1 运梁车大车运行机构

轮轨式运梁车作为渡槽的运输设备，主要由走行轮组、纵横均衡梁、承重大梁、连接梁、液压支承座、驾驶室、发电机以及液压和电气设备等机构组成。走行轮组分为4纵列16轴线共64个ϕ600钢轮，单个轮压30.0t走行轮组采用纵横均衡梁连接，可以确保各个轮子轮压基本一致。渡槽运输时形成三点支承，避免渡槽受附加扭转应力。运梁车的走行由液压泵驱动液压马达完成，整车设置2台大型液压泵站和32台液压马达，采用液压驱动方式能够实现无级调速和很好的停车制动，同时能够保证所有的走行轮组速度的一致性。

2.3.2 运梁车主梁上起升机构

起重运梁车主梁上起升机构一般有卷筒钢绳式、钢绳牵引式、液压提升器式（穿芯油缸＋钢铰线）和液压千斤顶式（油缸）等。经分析，液压千斤顶式（油缸）具有液压提升器式（穿芯油缸＋钢铰线）所有优点，并且活塞杆可直接与吊具连接，省却起升绳索。由于“中穿式”架桥机运梁时渡槽顶面几乎与轨道齐平，故起梁、落梁行程很小，在主梁上固定吊点。运梁车前后主梁上各设置八个油缸吊点，八个油缸的大小腔分别接通。油缸左右中心对称两排设置，共16个吊点，每个吊点承载100t。

2.3.3 主箱梁、下滑梁滑移机构

主箱梁、下滑梁前移机构和渡槽横移机构采用国内成熟的液压顶推施工技术。滑移部分采用整体滑道，接触面为四氟板（聚四氟乙烯）和不锈钢板，摩擦系数仅0.04～0.06之间。顶推方式采用单点或多点、单向或双向、步距式或连续式均可，顶推动力由千斤顶、高压油泵和顶推锚具组成。

3 架桥机施工工况分析

3.1 主要计算工况

按照架桥机工作中的最不利情况，分析了多种工况，见表1。

3.2 主要计算结果

采用Ansys有限元分析程序Beam188梁单元和Shell63板单元建立分析计算模型，整个模型共有节点49963个、单元50322个。将各种工况的计算结果汇总见表2。

表1　计算工况

工况编号	工况内容
1	运梁车运送渡槽前移，当前走行轮组位于主箱梁跨中时，两侧主箱梁和下滑梁同时受力
2	下滑梁-内导梁过孔即将完毕，此时内导梁即将完成过孔，处于最大悬臂状态
3	下滑梁-内导梁放置在两跨渡槽桥墩上，并开始过孔，其重量由内导梁传递到两个桥墩
4	下滑梁-内导梁放置在两跨渡槽桥墩上，主箱梁-外导梁完成小部分过孔
5	下滑梁-内导梁放置在两跨渡槽桥墩上，主箱梁-外导梁过孔即将完成
6	两个主箱梁-外导梁成对放在一跨的桥墩上，同时担负架桥工作，运梁车负载通过
7	运梁车一边车轮在主箱梁上另一边在渡槽上的轨道，并负载通过
8	两个外导梁同时工作，计算整个结构的固有频率和模态
9	一个外导梁工作，整个结构的固有频率和模态
10	外导梁结构空载，结构不承受除了自重以外的其他任何载荷，计算其自重变形

表2　计算结果汇总

工况编号	应力/MPa	位移/mm	频率/Hz	说明
1	296	64	—	垂直挠度＝L/7800，L＝50m，下同
2	219	285	—	垂直挠度＝L/175
3	188	394	—	垂直挠度＝L/1269
4	132	27	—	垂直挠度＝L/1852
5	151	35	—	垂直挠度＝L/1429
6	171	71	—	垂直挠度＝L/704
7	174	703	—	垂直挠度＝L/704
8	—	—	$F1$＝0853 $F2$＝1561 $F4$＝2838	$F1$：水平方向上侧向振动 $F2$：垂直方向上振动 $F4$：垂直方向上振动，两个导梁振动方向相反
9	—	—	$F1$＝1775 $F4$＝4085	$F1$：垂直方向上振动 $F4$：水平方向上发生侧向振动
10	—	253	—	垂直挠度＝L/1975

4　结语

通过以上的分析，可以得出：

（1）吊装、运行设备在槽墩上和已安装好的槽身上运输渡槽时，不受地形条件的限制；并且渡槽吊装、行走设备的高度不大，降低了设备制造的费用。这种架设方法适应性强，较为成熟，应用广泛。

（2）1500t架桥机的主要部分结构强度、刚度和稳定性均满足规范要求。

（3）主箱梁与下滑梁的移位前行同渡槽吊装、运行机构分离，不承受渡槽的自重载荷，仅与其自重有关，从机械设计、制造的角度说，设计、制造、使用都是很成熟的。

综上所述，U型四渡槽方案采用1500t架桥机施工方案是可行的。

施工技术

大型渡槽温控研究成果与应用

胡红军

（南水北调中线干线工程建设管理局 河北直管项目建设管理部，石家庄 050035）

摘要： 随着我国国民经济的发展，我国水源分布不均衡性越来越突出，大规模、长距离、跨流域的调水已经是解决该问题的重要方法和手段。南水北调中线工程沿线布置了许多渡槽，渡槽结构为薄壁高性能混凝土结构，温控防裂要求高，本文通过南水北调磁县段工程渡槽温控研究与实际建设过程中应用情况进行了介绍，以利于其他类似工程中参考。

关键词： 渡槽；温控；技术；研究；应用

1 引言

随着我国国民经济的发展，我国水资源分布不均匀、不平衡的矛盾越来越突出，大规模、长距离、跨流域的调水已成为人类优化水资源配置和促进经济发展的重要手段。南水北调中线工程有几十座大型渡槽，渡槽多为薄壁混凝土结构，防裂性能要求很高，而温度荷载是施工期造成渡槽结构破坏的主要因素，为了保证混凝土的耐久性、强度及体积稳定性等，这些重要的工程中使用的又多是高性能混凝土。施工中泵送高性能混凝土的普及使得温控抗防裂问题变得更加突出，因此当前必须对渡槽施工期温控防裂技术开展研究，并要将研究成果转化成具体措施应用到工程实际中。

2 目前温控技术的研究

2.1 工程概况

槽身过水断面尺寸 7.0m（宽）×6.5m（高）×3 槽，槽内设计水深 5.55m，加大水深 6.111m，渡槽纵坡 $i=1/3550$。30m 跨单槽断面尺寸为 7.0m×6.5m，边墙厚 0.6m，顶部设

作者简介： 胡红军（1973—），河南陕县人，高级工程师，主要从事水利水电工程建设管理工作。

2.7m 宽的人行道板；中墙厚 0.7m，顶部设 3.0m 宽的人行道板。后浇带设置在各跨槽身两端，宽 0.58m。渡槽断面尺寸如图 1 所示。

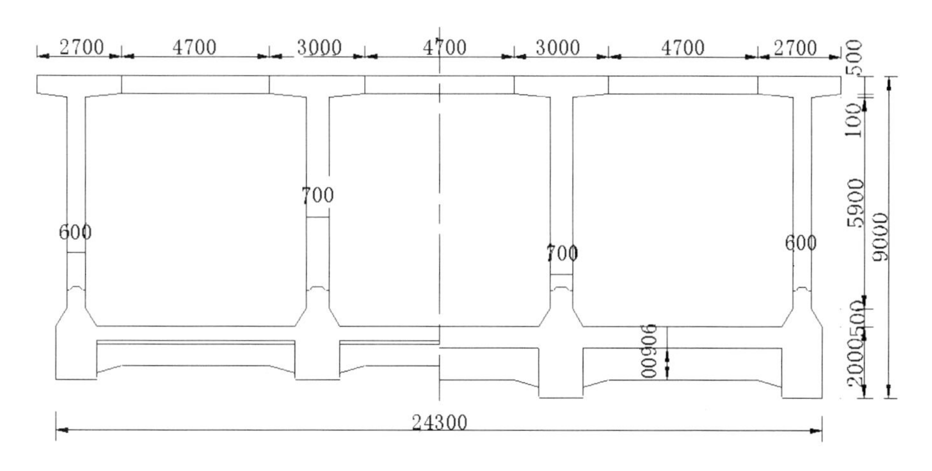

图 1　渡槽槽身结构图（单位：mm）

根据磁县地面气象观测站资料，该段内多年各月平均气温、各月平均最高和最低气温、极端最高、最低气温、多年各月平均风速、最大风速等资料，见表 1。

表 1　当地多年月平均气温及风速

月份	1	2	3	4	5	6	7	8	9	10	11	12	年平均
气温/℃	−2.3	0.2	7.0	14.4	20.5	25.6	26.5	25.2	20.2	14.3	6.3	−0.2	13.1
风速/（m/s）	2.2	2.6	3.2	3.4	3.2	3.0	2.2	1.8	1.9	2.2	2.2	2.2	2.5

2.2　主要温度控制指标

渡槽槽身为预应力混凝土结构，混凝土的最高浇筑温度一般控制不超过当月平均气温 2℃，但 6 月、7 月、8 月三个月不超过 26℃。槽身分层施工控制上下层温差不大于 10℃，内外温差不大于 12℃，不同月份混凝土内部允许最高温度控制指标见表 2。

表 2　槽身混凝土最高温度控制指标表

月份	3	4	5	6	7	8	9	10	11
允许最高温度/℃	50.0	50.0	55.0	60.0	60.0	60.0	55.0	55.0	50.0

2.3　研究方法和内容

渡槽项目委托科研机构或院校进行理论分析和研究，提出温控措施和具体的控制指标，各科研单位主要采用的方法是针对渡槽典型工程进行合理的有限元建模，根据工程建筑物的结构特点、工程所在地气候条件和不同混凝土浇筑时段，通过明显具有自身研究特色的有限单元法的数值仿真计算分析和敏感性计算分析，进行施工期和运行期各个典型工程高性能混凝土裂缝出现机理和防裂技术研究，找出新思路、新方法、新工艺和新技术，提出施工期技术经济合理的具体防裂措施和控制指标；其中，在数值仿真模拟中要考虑的主要影响因素有：结构施工分层、浇筑层间歇、施工顺序、施工时段、气温、寒潮冷击、风速、日照、不同材质的表面保温措施、内部水管冷却降温措施、模板种类、拆模时间等，提出与典型工程同类的工程的施工期防裂技术标准化或施工期温控防裂技术指标。

3 研究成果与具体的温控措施

目前的研究方法是对计算结果进行分析，并结合设计技术规定等制定具体的一些措施和控制指标，提出具体的通水冷却方案和混凝土温度控制、混凝土养护、拆模等控制指标，现场建设者还需要根据控制指标制定具体的实施措施，以下是对磁县段工程主要做法的总结。

3.1 优化配合比和优选原材料

原材料质量和配合比设计直接影响混凝土的性能和强度，是混凝土裂纹形成不可忽略的原因。砂、碎石含泥量超标、级配不良，外加剂、掺合料选用不合理，配合比设计不当，例如水胶比、水泥用量过大、砂率不当等，都会导致混凝土拌和物性能不好，收缩增大，从而增大裂纹发生的概率。

水泥：由于混凝土内部温升主要是由水泥水化热产生，为尽可能地降低水化热及其释放速率，应优先考虑采用早期水化热低、C3A 含量低、细度适合的水泥并尽可能降低水泥用量。

掺合料：在胶凝材料总量中，提高粉煤灰所占比例，可降低水化热、水胶比，延缓、推迟混凝土内部温度峰值出现时间，提高混凝土密实性及耐久性。粉煤灰应采用Ⅰ级灰。

外加剂：要实现低水胶比，低胶凝材料用量且强度、耐久性满足设计要求，高性能的外加剂必不可少。外加剂应采用减水率高、坍落度损失小、适量引气、质量稳定、能满足混凝土耐久性能的产品。

粗、细骨料：细骨料采用级配良好的天然河砂，细度模数控制在 2.6～3.0，含泥量在 1.5%以下；粗骨料采用级配、粒形好的碎石，级配良好、空隙率小的粗细骨料可以有效降低单方混凝土的用水量和胶凝用量，从而降低混凝土水化热，减小裂纹产生的可能性。

3.2 控制混凝土的入仓、浇筑温度

在渡槽混凝土施工，以控制混凝土浇筑温度为首要目标，一般设计有明确的技术规定，该指标控制最为复杂，代价也最高，由于受到线性工程特点的限制，难以实现大型水利枢纽工程那样布置制冰车间、骨料预冷车间等大规模的混凝土温控措施，笔者认为在满足设计入模、浇筑温度要求的前提下，尽可能采用加强其他措施的力度来补偿因浇筑温度的放宽所带来的温控防裂力度的损失。这样所提出的温控防裂方法往往会更加具有“科学、可靠、易行、经济”的特点，且同样有效，还更易加快施工速度，缩短工期。达到温控防裂的目的。现场采用控制混凝土温度的方法主要有以下几种。

(1) 降低原材料温度。

骨料：对骨料进行堆高处理；采用搭设防晒棚方式降温，防止太阳光暴晒；在粗骨料仓底部布置排水盲沟，对骨料进行洒水冷却等方式。

水泥、粉煤灰：采用延长储存时间，每个标段均布置 2～3 座混凝土拌和站，每座拌和站布置 4 个水泥（粉煤灰）仓，水泥（粉煤灰）的储存时间保证在 7 天以上，可控制使用时温度在 45℃以下。

水：拌和用水采用与冷却相结合的办法，布置冷却水塔对水进行预冷后拌和，控制拌和用水温度4℃左右。

（2）合理选择浇筑时间。为了降低混凝土的浇筑温度，尤其在气温较高的高温季节，应将开仓时间选择在气温较低、太阳辐射较弱的傍晚，充分利用晚上的时间浇筑混凝土。

通过以上措施，在全年气温最高的6月、7月、8月混凝土入模温度一般在21～25℃之间，且满足设计规定的其他月份不大于当月允许浇筑温度的要求。

3.3 混凝土表面保温

在混凝土钢模板外表面肋板之间粘贴泡沫保温板，在浇筑仓面形成后应立即覆盖一层不透气的塑料膜，膜上再覆盖毛毡或“一膜一布”型式的土工膜，膜面朝上，起早期混凝土表面保温和保湿作用。

3.4 采用布置冷却水管形式对混凝土进行冷却

槽身混凝土胶凝材料用量较大，选用冷水水管进行混凝土冷却。使用时水管外表面进行除锈处理，使水管与混凝土有牢固的长效黏结。根据仿真计算的结果，布置型式参如图2、图3所示。

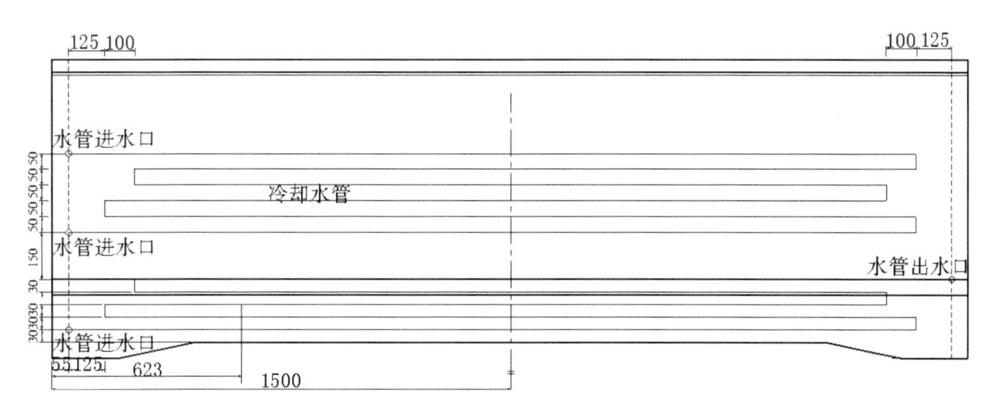

图2 渡槽纵梁混凝土冷却水管布置图纵剖面（单位：mm）

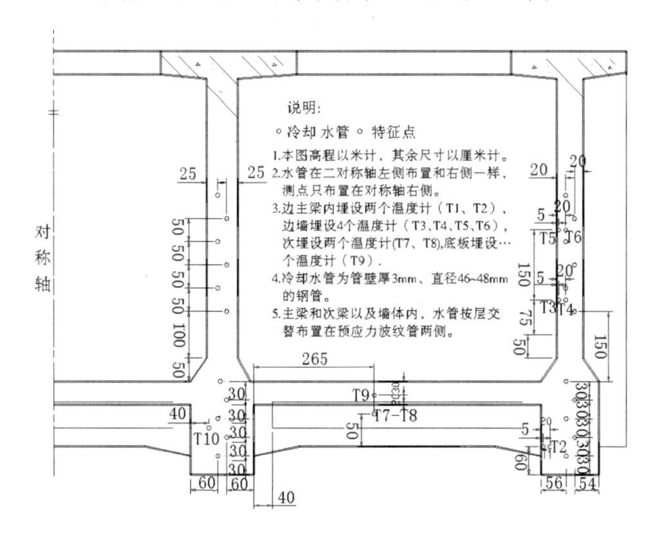

图3 渡槽隔墙上层混凝土冷却水管布置图横剖面（单位：mm）

通水时，应遵循“先通水后浇筑”的原则。由于C50混凝土前期1～2d内发热速度很快，发热量较高，为了充分利用水管通水削峰的效果，应在浇筑混凝土前提前进行通水，在实际施工过程中通过混凝土内部埋设温度计进行温度测量。通水方案见表3。

表3　通水方案

<table>
<tr><th colspan="2">部位</th><th colspan="2">高温季节</th><th>春秋季</th></tr>
<tr><td rowspan="4">槽身</td><td rowspan="2">主梁</td><td>持续时间</td><td>6.0d</td><td>6.0d</td></tr>
<tr><td>水温、流速和流量</td><td>前2d流速为1.20m/s，流量为5.43m^3/h，水温14℃；2d～3.5d，流速和流量约为1.20m/s和5.43m^3/h，水温18℃，同时改变流向；3.5d～4.5d，再次改变流向，水温21℃，流速和流量分别为0.60m/s和2.72m^3/h；4.5d～6d，流速和流量分别为0.30m/s和1.36m^3/h，水温24℃</td><td>前2d流速为1.20m/s，流量为5.43m^3/h，水温11℃；2d～2.5d，流速和流量约为1.20m/s和5.43m^3/h，水温14℃；2.5d～3.5d，改变流向，流速和流量分别为0.60m/s和2.72m^3/h，水温18℃；3.5d～6d，流速和流量分别为0.30m/s和1.36m^3/h，水温20℃。上部墙体</td></tr>
<tr><td rowspan="2">上部墙体</td><td>持续时间</td><td>4.5d</td><td>4.5d</td></tr>
<tr><td>水温、流速和流量</td><td>前2d流速为1.20m/s，流量为5.43m^3/h，水温14℃；2d～3d，流速和流量约为1.20m/s和5.43m^3/h，水温18℃；3d～3.5d，改变流向一次，流速和流量分别为0.60m/s和2.72m^3/h，水温21℃；3.5d～4.5d，改变流向，流速和流量分别为0.30m/s和1.36m^3/h，水温24℃</td><td>前2d，流速为1.20m/s，流量为5.43m^3/h，水温11℃；2d～3d，流速和流量约为1.20m/s和5.43m^3/h，水温14℃；3d～3.5d，改变流向一次，流速和流量分别为0.60m/s和2.72m^3/h，水温18℃；3.5d～4.5d，改变流向，流速和流量分别为0.30m/s和1.36m^3/h，水温20℃</td></tr>
</table>

3.5 控制混凝土的拆模时机

混凝土的拆模时间除需要考虑拆模时混凝土的强度要求以外，还要考虑拆模时混凝土温度不能过高，以免混凝土与空气接触时降温过快而导致开裂。对于本工程，建议拆模时混凝土表面温度与外界空气之差不超过15℃。在大风和气温骤降时不宜拆模，在寒冷季节，外界气温低于0℃时不宜拆模，在炎热和干燥季节，应采取逐段拆模，边拆边盖的方式。

另外，混凝土在前期硬化的过程中对湿度的要求较高，过早拆除模板会加速混凝土表面的收缩，从而导致收缩裂缝的产生。对于本工程建议拆模时间在浇筑高温季节3d，其他季节6d以后，且宜选择在环境温度较高的白天拆模。

3.6 加强混凝土养护

拆模后严禁立即洒凉水进行养护，应该在混凝土表面缓慢降温后再洒和混凝土表面温度接近的水或喷淋养护。渡槽混凝土采用高性能混凝土，从室内试验资料来看，干缩变形很大，因此对养护要求较高。

养护的一般措施包括：①对混凝土喷雾；②覆盖洒水；③建挡风设施；④使用养护剂。高性能混凝土应比普通混凝土养护措施更多、更细，应在混凝土浇筑完毕后至少两周的养护时间内保持湿润状态。

同时，根据季节的变化，应调整养护措施。夏季主要注意加强混凝土表面的保湿工作，

当温度较高、气候干燥时，洒水养护宜用自动喷雾或喷淋系统，保湿养护应不间断，不得形成干湿循环。另外，养护水的温度不得低于混凝土表面温度 15℃；在冬季，混凝土的养护以保温为主，不能采取洒水养护方式。

3.7 上、下层混凝土浇筑的间隔时间控制

渡槽混凝土分上、下两层浇筑，为了控制上、下层温差，消减上层新浇混凝土的温度应力，应控制上、下层混凝土的浇筑间隔时间。下层底板混凝土完成后上部边墙要快速组织施工，控制槽身第一期与第二期混凝土施工的间歇时间控制 10d 以内。

3.8 过冬期保护

根据磁县段气候特点，在 12 月至次年 2 月停浇期间，应对槽身两端口进行封堵，并对整个槽身进行围盖，杜绝槽身内的“穿堂风”。

4 温度控制的效果

通过一系列的控制措施，磁县段工程滏阳河渡槽、牤牛河南支渡槽最大温升一般出现在混凝土完成后 36～48h，混凝土最大内部最高温度一般可控制在 60℃以下，局部出现过 65℃的温度，在新老混凝土结合面处温度最高在 55℃左右，同一高度位置内外温差基本控制在 12℃内，只有端部墙顶出现较大温差。总体温度控制是有效的，对预防和减少混凝土的裂缝产生起到了关键性的作用。

5 结束语

混凝土裂缝的形成往往是几种因素综合作用的结果，原因非常复杂。如果措施不力，工艺不正确，极容易产生裂纹。在实际工程建设过程中，由于受到市场条件的限制，难以选取各方面都优质的材料，例如本工程选用太行山牌水泥，水泥的其他指标非常优异，但细度较小，早期水化热较大，这时就必须采取其他相应的措施来弥补以上不足，保证温度控制的目标实现。我们只是在温度控制方面对预防裂纹的产生做了一些有益的尝试。实践证明控制效果是良好的，混凝土裂纹得到了有效的控制，希望以此给其他工程提供一些类似的经验。

施工技术

大型输水渡槽高标号混凝土温控施工技术研究

曹先振

（葛洲坝集团第一工程有限公司，湖北 宜昌 054300）

摘要：结合南水北调中线干线泜河渡槽工程建设实例，介绍大型渡槽工程施工中大体积高标号混凝土的温控防裂措施，指导类似渡槽工程混凝土温控施工，同时给工业与民用建筑、公路、铁路、桥梁等混凝土工程施工提供一些借鉴和技术参考。

关键词：大型输水渡槽；高标号混凝土；温控技术措施

输水渡槽工程多为大型河渠交叉建筑物，并被广泛应用于南水北调工程沿线，施工质量尤其是温控预防裂缝方面直接影响结构物的外观及运行安全，故研究高标号混凝土（C50W8F200）温度控制及防裂措施，掌握混凝土温控施工技术、方法及控制程序，防止槽身温度裂缝产生，保证渡槽施工质量，具有十分重要的意义。

1 工程概况

南水北调中线漳古段泜河渡槽工程位于河北省临城县解村，建筑物全长全长458m，包括进口段、槽身段、出口段及退水排冰闸；其中进口段包括渐变段、检修闸和连接段，总长80m；槽身段共分9跨，单跨长30m，总长270m；出口段包括连接段、检修闸和出口渐变段，总长108m；退水闸、排冰闸位于渡槽进口段右侧，并列布置，闸轴线与渡槽中心线的夹角为20°。

渡槽槽身为三槽一联带拉杆三向预应力钢筋混凝土梁式矩形槽，混凝土设计标号为C50W8F150，槽身横断面底宽24.3m，上部翼缘外侧宽度25.5m，边墙厚0.6m，顶部设2.7m宽人行道板；中墙厚0.7m，顶部设3.0m宽的人行道板，后浇带设置在各跨槽身两端，宽0.575m。槽内设计水深5.58m，加大水深5.98m，设计流量220m^3/s，加大流量240m^3/s，纵坡i=1/4100，槽身具体结构如图1所示。

作者简介：曹先振（1984—），河南濮阳人，工程师，主要从事水利工程建设管理工作。

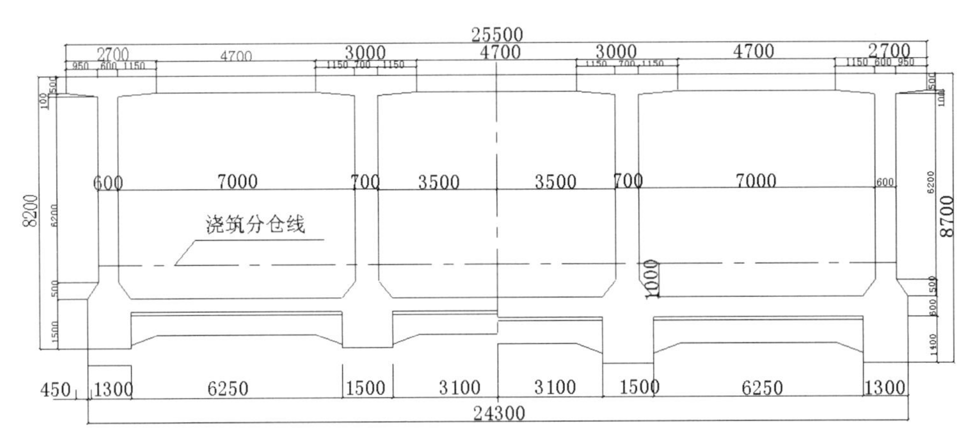

图1　泜河渡槽结构图（单位：mm）

施工时，槽身采用泵送混凝土，分两仓浇筑，分仓线位于主梁八字口以上50cm，首仓混凝土浇筑量约650m³，第二仓混凝土浇筑量约550m³。

2　关键技术

（1）控制混凝土出机口温度技术。为了预防及减少混凝土温度应力而可能出现的裂缝，混凝土浇筑温度不宜大于26℃，控制浇筑温度在不高于当月平均气温2℃，同时越低越好。

（2）降低混凝土内部早期温升技术。泜河渡槽最大体积的混凝土断面尺寸是1500mm×2000mm，控制好较低的浇筑温度并加强养护，设置适当的冷却水管降低混凝土内部温度峰值，可以较好地避免出现温度裂缝。

（3）混凝土温度监测技术。结构物浇筑成型早期混凝土内部温度上升快，中、后期由于混凝土是一种导热性能极差的材料其内部温度下降缓慢。当混凝土内部温度与外界温度相差悬殊，温度梯度较陡时，容易在混凝土表面引起巨大拉力并出现开裂现象。其次，在混凝土温度达到最高值后开始下降时，体积随之收缩，一旦在受到约束时，又可能产生垂直裂缝。

因而必须监测混凝土内外温度，在大体积混凝土内部和表面预埋电阻温度计，长期观测混凝土内外温度，指导采取降温或保温措施。

3　混凝土温控施工方法

3.1　降低混凝土的入仓温度

（1）料仓搭盖凉棚，防止高温季节阳光直射。

（2）料仓增设喷水雾降温设施（砂子除外），降低骨料温度；高温季节以3～4℃冷水预冷骨料。粗骨料提前储备满足一次浇筑量。预冷从开始浇筑前18h开始，浇筑6h前停止预冷，使骨料含水率稳定。

（3）缩短混凝土的运输及卸料时间，混凝土运输工具增加隔热设施。

（4）除上述方法外，高温季节采用加冰拌和降低混凝土出机口温度。

通过出机口温度理论计算，泜河渡槽C50混凝土6月、7月、8月自然出机口温度28.47℃，如果仅利用16℃（实测井水温度为10～14℃，考虑升温，按16℃考虑）的深井水来拌和混凝土和喷淋小石时，出机口温度仍可达到26.49℃，由此可见，需增加制冷系统将混凝土出机口温度降低。每个搅拌站都配有加冰系统，6月、7月、8月预冷混凝土出机口温度按22℃考虑，浇筑温度约24℃。根据计算，需加冰量为30kg才能满足出机口的温度需要。

沺河渡槽槽身第七跨底板混凝土于2012年6月20日7：40时开仓浇筑，6月21日凌晨约1：30收仓，浇筑时长约18h，混凝土方量约为650m^3，过程中，实测混凝土出机口温度见表1。

表1　七跨底板混凝土实测出机口温度统计表

部位	日期/（年-月-日）	测温时间/（时：分）	气温/℃	出机口温度/℃
第七跨底板	2010-06-20	7：40	25	17.6
		11：00	28	19.5
		14：30	29	20.8
		18：00	22	21.0
		21：50	22	20.0
	2010-06-21	1：00	19	18.4

3.2　优化配合比，降低水化热升温

（1）在满足混凝土各项设计强度的前提下，采用水化热低的水泥，优化配合比设计，采取综合措施，减少混凝土的单位水泥用量。

（2）掺加混凝土泵送剂改善混凝土输送条件，减小混凝土坍落度，从而减少单方用水量和水泥用量。

（3）拌制混凝土时掺加减水剂减少单方水泥用量。

（4）掺加粉煤灰改善混凝土和易性。

3.3　埋设冷却循环水管，降低混凝土内部早期温升

在混凝土内部预埋冷却水管，进行初期通水冷却削峰。冷却水采用地下水10～15℃冷水。通水时进行混凝土内外温差观测，通过观测数据控制通水流速和流量，满足混凝土内外温差小于12℃。

沺河渡槽槽身混凝土浇筑前，在混凝土内部（主、次梁及立墙）预埋冷却水管，主梁内水平向布置一道水管φ48钢管，壁厚3.5mm，竖向布置3层，首层距梁底50cm，上部间距为60cm，交叉布置在梁中预应力波纹管的两侧，尽可能布置在结构的中间。

次梁中布置两层水管，首层据梁底30cm，上部间距40cm。

槽身边墙和中隔墙内均布置一道竖向8层分布的冷却水管，水管层距为0.60m，墙体第一层水管距离下层混凝土施工界面0.60m，各层水管交替地布置在墙体内预应力波纹管的左右两侧，也要尽可能靠中间布置。

3.4　混凝土内部温度监测，掌握内外温差

水泥的水化热发生过程集中在早期，温度越高，水化反应越快，往往在最初几天内就会产生绝大部分的水化热量，从而使混凝土在浇筑后的最初几天里，内部温度迅速上升，达到最高温度值后，开始下降，但混凝土是一种导温性能极差的材料，内部温度下降缓慢。当混

凝土内部温度与外界温度相差悬殊，温度梯度很陡时，就容易在混凝土表面引起巨大拉力和出现开裂现象。其次，在混凝土温度达到最高值后开始下降时，体积随之收缩，一旦在受到约束时，又可能产生垂直裂缝。通冷却水就是为了防止由于混凝土温度的不利分布而产生的各种裂缝，包括防止最高温度过高引起降温总量过大，内外温差过大等产生的各种裂缝，因此必须监测混凝土的温度。

泜河渡槽使用电阻温度计，每根主梁布置一组（共四组），表面与内部各布置一只；次梁共布置三组（每槽内各选次梁布置一组），次梁表面与内部各一只；板共布置三组，表面与内部各一只。混凝土浇筑完前期三天，每隔 2h 观测一次并记录，后续每隔 4～8h 观测一次并记录，由此控制调节冷却通水流速及流量，并指导采取降温或保温措施，满足混凝土内外温差。

泜河渡槽槽身高标号混凝土内外温差监测成果相见图 1：槽身混凝土内外温差典型监测成果曲线图。

3.5 其他措施

3.5.1 改善浇筑环境控制混凝土环境温差

在高温季节施工时，根据具体情况，采取下列措施，以减少混凝土的温度回升：

（1）合理安排混凝土浇筑时间，尽可能安排在非高温季节施工。夏季或高温季节混凝土浇筑安排在 16：00 至次日 10：00 及利用阴天进行。

（2）新老混凝土浇筑前，通过对老混凝土面施加流水降低其温度，与入仓温度接近，最大温差控制在 10℃以内。

（3）新老混凝土浇筑时间间隔控制在 15d 以内。

（4）对主梁和次梁钢模板表面粘贴 5cm 厚的泡沫塑料保温板，底板混凝土和底层墙体侧面也采用 5cm 厚的泡沫塑料保温板；同样，后期浇筑的上层墙体钢模板表面粘贴 5cm 厚泡沫塑料保温板；超高温和低温季节增设防寒棉被绝热和保温。

3.5.2 掺入特殊材料，抑制混凝土表面裂缝

泜河渡槽槽身高标号混凝土拌和时，原材料中适当添加（约为 1.0kg/m^3）UF500 纤维素纤维，该材料能提高水泥基材的抗拉强度，限制混凝土早期由于离析、泌水、收缩等因素形成的原生裂隙的发生和扩展，显著改善混凝土早期抗裂性能。

4 混凝土的保养及拆模

4.1 混凝土保养

每仓混凝土浇筑完成后，底板顶面和立墙顶面施工仓面尽可能早地进行保温和保湿。

泜河渡槽具体方法为：在底板顶面和仓面形成后立即覆盖两层“一膜一布”型式的土工膜，两块土工膜的膜面一面朝上一面朝下布置，可以起到保温、保湿防风挡雨的作用，覆盖时不要影响过流面质量。此外，由于边墙外侧与外部环境接触，热量容易散失，立墙浇筑完成后，采用棉被覆盖，保证混凝土内外温差，如遇寒流再加盖一层棉被。

施工期尽可能地设法降低混凝土表面被风吹的力度，以减少风对混凝土结构内外温度的影响，尤其是早期混凝土，具体措施：

（1）尽可能早地进行渡槽底板顶面和施工仓面的覆盖。

(2) 在渡槽上层墙体混凝土施工后，尽快对渡槽顶面和两个端面用不透风的土工膜覆盖(膜块之间要有搭接长度) 和封堵，杜绝渡槽内存在穿堂风。

(3) 风大时加强渡槽顶面和两个端面的挡风措施的力度。

4.2 混凝土拆模

当混凝土的强度满足拆模要求，同时混凝土内部温度接近外部环境温度且内外温差稳定在 12℃以内时，即可拆除模板，时间一般为 10d 左右。

拆模时仔细检查混凝土表面有无裂缝，边拆边检查，以及拆模后每隔 2～3d 进行一次有无新裂缝和已有裂缝有无扩展的现场巡检并及时登记在册。

5 结语

在大体积混凝土中，温度应力及温度控制具有重要的现实意义。然而，由于混凝土本身的特性，不管采取什么措施，大体积混凝土都会产生温度裂缝，不仅影响美观，而且可能会影响到结构的整体性和耐久性；但是，有害的裂缝是可以控制的。本文通过工程实例扼要叙述了渡槽工程温控设计的基本要点及温度裂缝产生的原因，概述了提高大体积混凝土抗裂能力一些防裂措施，只要通过事前、事中、事后采取相应的措施，从各个方面入手进行有效的控制，就能减少温度裂缝的产生及发展，提高大体积混凝土的质量。

施工技术

青兰渡槽施工中大体积混凝土温控措施的应用

邹金亮

（河北省水利工程局，石家庄 050021）

摘要：本文介绍了大体积混凝土的施工过程，着重阐述了大体积混凝土温控措施。在渡槽承台的施工中，着重抓住对降低混凝土水化热这一关键因素的控制，并在以往施工经验的基础上，结合现场条件做好事前、事中的施工控制，避免了裂缝的产生。

关键词：大体积混凝土；温控；裂缝

青兰渡槽承台施工共4个，边墩承台、中墩承台各2个，均为钢筋混凝土结构，平行四边形形体布置。

边墩承台尺寸为：67.255m×7.9m×2.5m，主要工作量为C30F150钢筋混凝土1328.29m^3，钢筋制安为165.04t（不含墩墙插筋），模板871.28m^2。

中墩承台尺寸为：67.255m×12.8m×3m，主要工作量为C30F150混凝土为2582.59m^3，钢筋制安为301.34t（不含墩墙插筋），模板975.83m^2。

本工程承台具有结构断面尺寸大、钢筋密集、一次混凝土方量与浇筑强度大、施工技术要求和质量标准高等特点，属于典型的大体积钢筋混凝土。除了必须满足强度、耐久性等要求以外，还必须进行温度控制，避免产生贯穿性裂缝，因此，温度控制是本工程施工的一个重大课题，需要从材料选择到施工过程控制等有关环节做好充分的准备工作。

现就南水北调中线总干渠与青兰高速连接线交叉工程作为实例，从采取温控措施的角度，对关于水利工程大体积混凝土在施工过程中的裂缝预防方法作简要论述。

1 裂缝产生原因

本工程和以往工程当中混凝土中产生裂缝有多种原因，主要是温度和湿度的变化。比如本工程混凝土在浇筑前后的温度急剧变化及浇注后的雨水冲刷，都对后期混凝土产生裂缝造

作者简介：邹金亮（1987—），河北保定人，助理工程师，主要从事水利工程施工方面的工作。

成一定的影响，在施工过程中采取了严格的防护措施，使之将产生裂缝的可能性大大降低，混凝土的脆性和不均匀性，原材料不合格（如碱骨料反应），模板变形（在施工过程中对模板进行了详细的计算）等。

在混凝土硬化期间水泥放出大量水化热，内部温度不断上升，在表面引起拉应力。后期在降温过程中，由于受到基础或老混凝土的约束，又会在混凝土内部出现拉应力，气温的降低也会在混凝土表面引起很大的拉应力。当这些拉应力超出混凝土的抗裂能力时，即会出现裂缝。许多混凝土的内部湿度变化很小或变化较慢，但表面湿度可能变化较大或发生剧烈变化，如养护不周、时干时湿，表面干缩形变受到内部混凝土的约束，也往往导致裂缝。

2 水利工程大体积温控措施

2.1 埋设冷却水管

（1）冷却水管采用 ϕ32mm（内径 ϕ28mm）PEP 塑料管或高密度聚氯乙烯塑料管，并应满足表 1 指标要求。

表 1 冷却水管性能指标

项目		指标
管径（内径）		28mm
管壁厚度		2.0mm
导热系数		≥1.0kJ/（m·h·℃）
拉伸屈服应力		≥20MPa
纵向尺寸收缩率		<3%
破坏内水静压力		≥2.0MPa
液压试验	温度：20℃ 时间：1h 换向应力：11.8MPa	不破裂 不渗漏
	温度：80℃ 时间：170h 换向应力：3.9MPa	不破裂 不渗漏

（2）冷却水管采用蛇型布置，层、间距按照热工计算结果布置，为 0.5×1.0m，如图 1 所示。必要时可以加密。

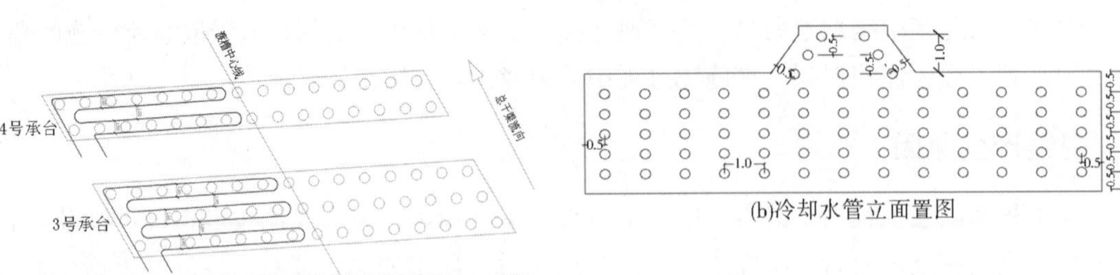

(a)冷却水管平面布置图

(b)冷却水管立面置图

图 1 冷却水管布置图

（3）冷却水管布置在浇筑仓位，在浇筑混凝土之前应进行通水试验，检查水管是否堵塞或漏水。如发现水管堵塞或漏水，应更换水管。

（4）在混凝土开始浇筑时即开始通水，通水温度、通水速度、通水时间应根据实测混凝土的温差确定。当混凝土内外温差趋于一致时，即可终止通水。每套进水管前均设置一阀一表控制流速及流量。现场设置供水箱、回水箱（$5m^3$）水池并做好保温措施，可以通过采取抽取深井水、制冷水、回收循环水等措施控制水温度。

（5）单根循环水管长度要求不大于200m，管中水流方向应每24h调换一次，通过调节通水各项指标控制混凝土内部温度每天降温不超过2℃。

（6）初期通水温度应根据混凝土的实测温度确定，一般为10℃，混凝土温度与水温之差，以不超过25℃为宜，当超过时，可采取先通天然地下水，再通制冷水的方式解决。

（7）混凝土的测温，沿承台长边方向每7m布置一个测温断面，每个断面布置3个测点（左、中、右），每个测点沿高程方向每间隔1m设一温度传感器，一个施工段共布置4个测温断面，48个测点（测点布置应避开冷却水管）。初期一小时观察一次，一天后每两小时观察一次温度并记录，气温和混凝土内部温度变化大时应加大观测密度。

（8）通水结束后采用水灰比1.35∶1的水泥浆对冷却水管进行灌浆封堵。封灌前应采用高压风吹洗检查，保证水管内不存水，防止冬季冻胀。

2.2 其他温控措施

（1）骨料仓采取搭设遮阳篷、堆高骨料等措施以降低混凝土骨料温度。高温季节时采取喷洒冷水、喷水雾降温（砂子除外）等措施降低混凝土骨料。

（2）对拌和用水箱、水管、液体外加剂容器等进行岩棉保温或深埋处理防止拌和用水的温度升高，当气温度超过28℃时采取制冷水、加冰屑等措施降低拌和水温。

（3）采取增加静置时间、对水泥罐顶喷淋以及水泥厂贮藏降温（合同约定）后进场等措施控制水泥、粉煤灰的温度。

（4）对拌和站的配料斗、升料斗采取遮阳措施防止骨料温度再升高。

（5）对混凝土罐车采取隔热保温措施。

（6）入仓后及时平仓振捣，加快覆盖速度，缩短混凝土曝晒时间。

（7）高温时仓面设置喷雾设备，降低仓面温度，营造湿润小环境。

（8）混凝土浇筑尽量安排夜间。

（9）混凝土面覆盖：浇筑过程中，当气温高于混凝土入仓温度时，振捣完成后及时覆盖隔热保温被，隔热保温被为2cm厚彩条布内夹保温材料EPE聚乙烯。

（10）混凝土外部保温。承台外表面覆盖EPE聚乙烯保温被，模板外部镶嵌5cm厚保温苯板、模板与开挖边坡之间用塑料薄膜覆盖。

低温以及气温骤降时，推迟拆模时间。应防止在傍晚气温下降时拆模，拆模后立即回填以保持混凝土表面温度。

3 混凝土温控热工计算

混凝土温控热工计算包括入仓温度计算和一期通水冷却计算。

3.1 入仓温度计算

混凝土配合比及相关参数见表 2、表 3。

表 2 邯郸市各月平均气温表

月份	1	2	3	4	5	6	7	8	9	10	11	12	全年
月平均气温/℃	−1.8	0.7	7.5	15.0	21.1	25.8	26.8	25.7	20.6	14.5	6.7	0.3	13.6
月平均最高气温/℃	4.2	6.8	14.0	21.5	27.8	32.2	31.8	30.6	26.5	21.0	13.0	6.1	19.6

表 3 混凝土配合比

<table>
<tr><td colspan="2">强度等级</td><td>C30F150</td><td>水</td><td>水泥</td><td>砂子</td><td>石子</td><td>粉煤灰</td><td>减水剂</td><td>容量</td></tr>
<tr><td>水胶比</td><td>0.14</td><td>每 m³ 用量/（kg/m³）</td><td>150</td><td>296</td><td>710</td><td>1150</td><td>74</td><td>2.59</td><td>2350</td></tr>
<tr><td>砂率</td><td>38.2%</td><td>原材料温度/℃</td><td>20</td><td>45</td><td>21.5</td><td>21.5</td><td>30</td><td>25</td><td>-</td></tr>
<tr><td colspan="3" rowspan="2">室外大气环境温度/℃</td><td rowspan="2">21.5</td><td colspan="3">混凝土运输时间/h</td><td>0.06</td><td>砂含水率/%</td><td>3.5</td></tr>
<tr><td colspan="3">混凝土拌和物运转次数</td><td>2</td><td>石含水率/%</td><td>0.5</td></tr>
</table>

（1）利用拌和前混凝土原材料总热量与拌和后流态混凝土总热量相等的原理计算出机口温度 T_O：

混凝土自然出机口温度拌和计算式如下：

$$T_o=\frac{(C_s+C_w q_s)\ W_s T_s+\ (C_s+C_w q_g)\ W_g T_g+C_c W_c T_c+C_w\ (W_w-q_s W_s-q_g W_g)\ T_w+Q_j}{C_s W_s+C_g W_g+C_c W_c+C_w W_w} \tag{1}$$

式中：T_o 为混凝土出机口温度，℃；C_S、C_g、C_c、C_w 分别为砂、石、水泥、和水的比热，kJ/（kg·℃）；q_S、q_g 分别为砂、石的含水量，%；W_S、W_g、W_c、W_w 分别为砂、石、水泥、和水的用量，kg/m³；T_S、T_g、T_c、T_w 分别为砂、石、水泥和水的温度，℃；Q_j 为混凝土拌和时产生的机械热，小型拌和楼可忽略不计。

取 $C_S=C_g=C_c=0.837$kJ/（kg·℃），$C_w=4.19$kJ/（kg·℃），则

$T_O=24.0$。

各种原材料中，对混凝土出机口温度影响最大的是石子温度，砂及水的温度次之，水泥温度影响较小，所以降低混凝土出机口温度最有效的办法是降低石子的温度，石子温度降低 1℃，混凝土出机口温度约可降低 0.6℃。

（2）混凝土拌和物经运输到浇筑时的温度，计算式如下：

$$T_1=T_0-\ (\alpha t_t+0.032n)\ (T_0-T_a) \tag{2}$$

式中：T_1 为混凝土拌和物经运输到浇筑时温度，℃；T_O 为混凝土出机口温度，℃；t_t 为混凝土拌和物自运输到浇筑时的时间，h；n 为混凝土拌和物转运次数；T_a 为混凝土拌和物运输时环境温度，℃；α 为温度损失系数（$h-1$）a，当用混凝土搅拌车输送时 $\alpha=0.25$，当用开敞式大型自卸汽车时 $\alpha=0.20$；当用开敞式小型自卸汽车时 $\alpha=0.30$，当用封闭式自卸汽车时 $\alpha=0.1$，当用手推车时 $\alpha=0.500$。

运输环境为 22℃，采用混凝土搅拌车运输 $\alpha=0.25$；泵送混凝土转运 2 次，自运输到浇筑时的时间为 0.06h，则代入式（2）得：

$T_1=23.8$。

（3）考虑模板和钢筋的吸热影响，混凝土浇筑成型完成时的温度，计算式如下：

$$T_2=\frac{C_c m_c T_1+C_f m_f T_f}{C_c m_c+C_f m_f} \tag{3}$$

式中：T_2 为考虑模板和钢筋吸热影响，混凝土成型完成时的温度，℃；C_c、C_f 为混凝土、钢材的比热容，kJ/（kg·℃），混凝土取 1kJ/（kg·℃），钢材取 0.48kJ/（kg·℃）；m_c 为每立方米混凝土重量，kg；m_f 为与每立方米混凝土相接触的模板、钢筋重量，kg；T_f 为模板、钢筋的温度，未预热者可采用当时的环境气温，℃。

计算如下：$m_c=2350$kg，$m_f=1280$kg，$T_f=21.5$℃代入式（3）得

$$T_2=\frac{1\times2350\times23.8+0.48\times1280\times21.5}{1\times2350+0.48\times1280}=23.3$$

（4）混凝土最终绝热温升计算公式如下：

$$T_t=\frac{Q_0W}{C\rho}\times(1-e^{-mt}) \tag{4}$$

式中：T_t 为混凝土在 t 龄期时绝热温度；Q_0 为每千克水泥水化热，J/kg；P. O42.5 普通硅酸盐水泥为 377J/kg；W 为每立方米混凝土中水泥实际用量 kg/m^3；C 为混凝土的比热，取 0.96×1000J/（kg. ℃）；ρ 为混凝土的容重 2350kg/m^3；t 为水泥水化热升温龄期；m 为热影响系数，其中普硅 $m=0.43+0.0018Q_0=1.024$；e^- 为负指数函数。

计算 3d 龄期的绝热温度，则

$$T_2=\frac{377\times296}{0.96\times2350}\times(1-2.718^{-1.024\times3})=47.2$$

3.2 一期通水冷却计算

混凝土浇筑的同时进行通水冷却，混凝土内部平均温度计算式如下：

$$T(t)=T_w+(T_0-T_w)\Phi(t)+\theta_0\Psi(t) \tag{5}$$

$\Phi(t)=\exp(-pt^s)$

$P=k_1(\alpha/D^2)^s$

$D=2b=2\times\sqrt{(1.07s_1s_2/\pi)}=2\times\sqrt{(1.07\times1.0\times1.5/3.14)}=1.43$

式中：$T(t)$ 为混凝土的平均温度；T_w 为进口水温；T_0 为混凝土的入仓温度；θ_0 为混凝土最大绝热温升℃，$\theta_0=m_cq/c\rho=296\times377/(0.96\times2350)=49.5$。

α 混凝土导温系数，$\alpha=0.0833$m^2/d；$\kappa=\lambda_1/[cln(c/r0)]=1.66/(0.016ln(1.6/1.4))=777$；$\lambda/(\kappa b)=8.37/(777\times1.43)=0.015$，$b/c=1.43/.016=44.68$，查表 4，得到 $\alpha/b=0.74$。

表 4　非金属水管冷却问题特征根 $\alpha_1 b$

b/c	λ/（kb）					
	0	0.010	0.020	0.030	0.040	0.050
20	0.926	0.888	0.857	0.827	0.800	0.778
50	0.787	0.734	0.690	0.652	0.620	0.592
80	0.738	0.668	0.617	0.576	0.542	0.512

采用聚氯乙烯管时的等效等温系数为

$\alpha'=1.947\times(\alpha/b)^2\alpha=1.947\times0.74^2\times0.0833=0.089$

$\xi=\lambda L/C_w\rho_w Q_w=8.37\times200/(4.19\times1000\times1.2)=0.333$

$k_1=2.072-1.174\xi+0.256\xi^2=1.71$

$s=0.971+0.1485\xi-0.0445\xi^2=1.006$

$p=k_1(\alpha'/D^2)^s=1.71(0.089/1.43^2)^{1.006}=0.073$

$\Phi(t)=\exp(-pt^s)=\exp(-0.073t^{1.006})$

$\Psi(t)=m/(m-p)(e^{-pt}-e^{-mt})$

$k=2.09-1.35\xi+0.32\xi^2=1.676$

$p=k\alpha'/D^2=1.676\times.089/1.43^2=0.073$

$\Psi(t)=m/(m-p)(e^{-pt}-e^{-mt})=0.35/(0.35-0.073)(e^{-0.073t}-e^{-0.35t})=1.264(e^{-0.073t}-e^{-0.35t})$

把上述 $\Phi(t)$、$\Psi(t)$，$T_w=10$、$T_0=23.3$、$\theta_0=49.5$ 代入（7）得

$T(t)=T_w+(T_0-T_w)\Phi(t)+\theta_0\Psi(t)=10+(23.3-10)\times exp(-0.073t^{1.006})+49.5\times1.264(e^{-0.073t}-e^{-0.35t})=10+13.3\times\exp(-0.073t^{1.006})+62.6\times(e^{-0.073t}-e^{-0.35t})$

$t=3$

$T(t)=10+10.7+28.4=49.1$

3.3 混凝土表层温度计算

（1）保温材料厚度（彩条布内夹保温材料 EPE 聚乙烯）。

$\delta=0.5h\lambda x(T_2-T_q)kb/\lambda(T_{\max}-T_2)$

其中：

$h=4\ \lambda x=0.04\ (T_2-T_q)=15$

$kb=1.3\ \lambda=2.33\ (T_{\max}-T_2)=25$

$\delta=0.5h\lambda x(T_2-T_q)kb/\lambda(T_{\max}-T_2)$

$=0.5\times3.5\times0.04\times15\times1.3/(2.33\times25)\approx0.02$

（2）混凝土表面模板及保温层的传热系数。

$\beta q=23$

$\beta=1/[\sum\delta i/\lambda i+1/\beta q]=1/[0.02/0.04+.004/.17+1/23]=1.763$

（3）混凝土虚厚度。

$h'=k\lambda/\beta=2/3\times2.33/1.763=0.88$

（4）混凝土计算厚度。

$H=4+2h'=4+2\times0.88=5.76$

（5）混凝土表层温度。

$T_2(t)=Tq+4h'(H-h')[T_1(t)-T_q]/H^2$

表 4　混凝土温度计算表

序号	龄期 t	混凝土内部温度 T_1t/℃	混凝土表层温度 T_2t/℃	混凝土内外温差 Δt/℃
1	3	49.0	35.7	13.3
2	6	51.2	36.9	14.3
3	9	46.6	34.5	12.1
4	12	40.6	31.4	9.2
5	15	35.0	28.5	6.5
6	18	30.2	26.0	4.2
7	21	26.3	24.0	2.3

注：$Tq=21.5$；$H=5.76$m；$h'=0.88$m。

4　结束语

在大体积混凝土结构中，由外荷载引起裂缝的可能性较小，但水泥水化过程中释放水化热而引起的温度变化，混凝土收缩产生温度应力和收缩应力，是导致裂缝产生的主要因素。这些裂缝往往给工程带来不同程度的危害，因此，控制温度应力和温度变形裂缝是大体积混凝土结构施工中的一个重点，也是值得探讨的施工技术问题。对于大体积混凝土的施工，我国尚无严格的规定，但目前这类施工一般要求控制混凝土内外温差在规定限值25℃以内。在本工程渡槽承台的施工中，我们着重抓住对降低混凝土水化热这一关键因素的控制，并在以往施工经验的基础上，结合现场条件做好事前、事中的施工控制，通过上述一系列措施的落实，避免了裂缝的产生，达到了预期的目的。

施工技术

快易收口网在青兰高速连接线交叉工程中的应用

霍燚，张运超

（河北省水利工程局，河北 保定 071051）

摘要： 本文针对项目实际施工案例，阐述了新型免拆模板一快易收口网的优点，为新技术推广应用，尽快使先进技术转换成生产力。

关键词： 快易收口网；优点；应用

1 综述

新型免拆模板——快易收口网是与混凝土结合的永久性模板，混凝土浇灌后，其孔网的角形嵌合会自动嵌入，这样对下一次所灌注的混凝土产生了一条机械键，对接缝质量有强大的黏力及抗剪力，而且在接口处形成粗糙表面，给二序混凝土继续灌注提供非常理想的结合面，无须用人工凿除、打毛等处理，即可进行二序浇筑作业，使一、二序混凝土结合成牢固的整体，防渗漏；同时也避免因凿除、打毛的震荡而影响到一序混凝土结构受损。

快易收口网本身具有力学性能优良，自重轻，易切割、易弯曲成型、易搬运、易于改变体型、便于钢筋穿孔，免拆、免打毛面、表面补强减少裂缝等特点。

2 工程概况

南水北调中线一期总干渠与青兰高速连接线交叉工程于邯郸市西南，南环路立交桥处，西环路与南环路连接处之外侧，渠交叉处总干渠桩号为42+912～42+986，是南水北调中线总干渠上的大型交叉工程。渡槽槽身段长63.0m，分3跨布置，跨度为19m+25m+19m，过水断面底宽22.5m，侧墙高7.55m。

青兰高速交叉工程渡槽顺总干渠流向，自起点至终点，依次为进口连接段、槽身段、出口连接段，工程轴线总长115.11m。槽身为分离式扶壁梯形渡槽，其中平板支撑结构采用双

第一作者简介： 霍燚（1970—），河北保定人，高级工程师，主要从事水利工程施工工作。

向预应力连续梁结构，挡水结构采用普通钢筋混凝土结构；渡槽下部结构包括实体板墩、承台及其下部灌注桩基础详如图1所示。

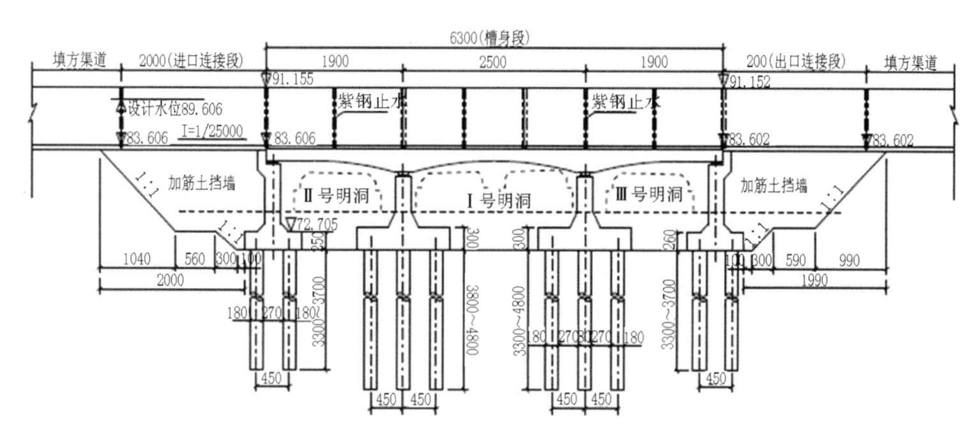

图1　青兰高速交叉工程断面图（单位：mm）

南水北调中线一期干线工程为Ⅰ等工程，输水建筑物为1级建筑物。青兰高速交叉工程渡槽为输水工程的一部分，其主要建筑物为1级，次要建筑物为3级。其中渡槽槽身段、连接段等主要建筑物级别均为1级建筑物。该渡槽设计流量为235m³/s，加大流量为265m³/s。

本工程使用快易收口网的部位，主要是平板支撑预应力结构和挡水结构扶壁。

3　快易收口网的应用

3.1　预应力平板支撑结构分缝应用

3.1.1　平板支撑结构情况

平板支撑结构顺总干渠水流方向长度62.9m，宽度58.792m，厚度1.5～3m，混凝土工程量总计7242.79m³。其具有结构断面尺寸大、施工技术和质量标准要求高等特点，属于大体积预应力钢筋混凝土结构，且在高温季节施工。为此平板支撑结构混凝土拟采取分块跳仓浇筑方案，采取温控措施，避免混凝土产生裂缝。平面支撑布置图如图2所示。

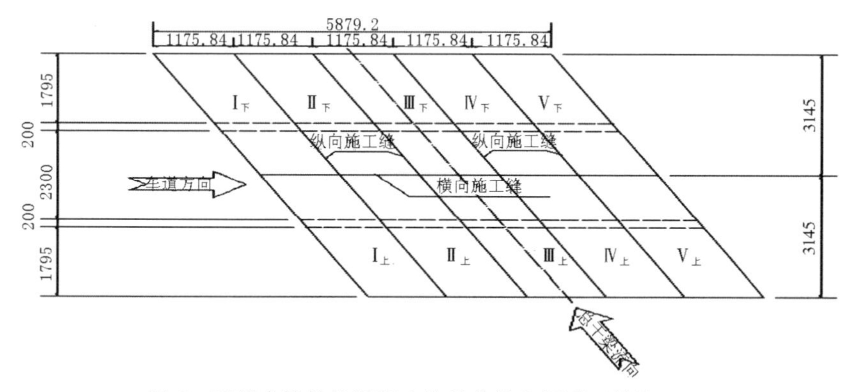

图2　平板支撑结构混凝土浇筑分缝布置图（单位：mm）

但是分缝带来的问题是分缝模板很难操作，结合面处理更是难上加难，长度方向（62.9m）为四道分缝（高1.5～3m），宽度（58.8m）方向为1道分缝（高1.5m），为了保证平板支撑结构的整体性，把施工缝的影响减少到最低，技术要求钢筋必须整体安装，施工图纸钢筋很密，在最薄处混凝土厚度 1.5m，最上层波纹管在底模板以上 70cm，减去波纹管半径 6cm，上层双向钢筋 5cm，上保护层减去 5cm，剩余净空 54cm。

脚下是两层双向钢筋，架立筋密布，三层波纹管及支架，还有若干冷却水管。波纹管及冷却水管还是重要部位，冷却水管为塑料材质怕烫、怕扎，波纹管更是怕烫、怕扎、怕踩，更重要的是波纹管还特别怕移动位置。所以一序混凝土浇筑分缝模板很难操作。

平板支撑本身是整体预应力结构，受力条件极其复杂，分缝施工还是经过专家论证认为防止温度裂缝确需分缝才得以实现。所以要求施工缝处理必须严格要求，达到规范要求的标准如图 3 所示。

图 3　平板支撑仓面形状图

但是由于空间狭小、脚下没有立锥之地，人员操作困难。波纹管及降温管技术要求高，成品保护很难做到。

钢筋太密（间距 12.5cm），底面为 2 层双向钢筋，如果按照以前方法，使用木模板或钢模板制作专门的分封模板，难以保证密闭，会产生漏浆，造成缝面处混凝土不密实，影响分缝处混凝土质量。

在拆除模板进行施工缝凿毛处理时，也是困难重重，仓面清理也很难达到要求。操作工人劳动强度大，效率低，进度慢，施工质量差各种不可预见因素会接踵而至。

为了解决以上问题，项目部经过认真研究，决定利用新型免拆模板-快易收口网，克服以上困难。

3.1.2　快易收口网的使用

快易收口网对本工程有如下适应的优点：

（1）制作、安装容易。快易收口网是一种由薄形热浸镀锌钢板为原料，经加工成为有单向 U 型密肋骨架和单向立体网格的模板。自重轻，易切割、易弯曲成型、易搬运、易于改变体型、便于钢筋穿孔。这样就解决了平板支撑分缝模板制作困难，不能保证密闭，空间狭小，安装困难的难题。

（2）很好的保证接缝混凝土质量。快易收口网力学性能优良，混凝土浇筑时，其孔网的角形嵌合会自动嵌入混凝土中。这样在二期浇筑混凝土产生了一条机械键，对接缝质量有强大的黏力及抗剪力。

因本身的特殊网孔，可使肉眼直接观察浇注过程，降低了蜂窝狗洞等质量缺陷的概率如图 4 所示。

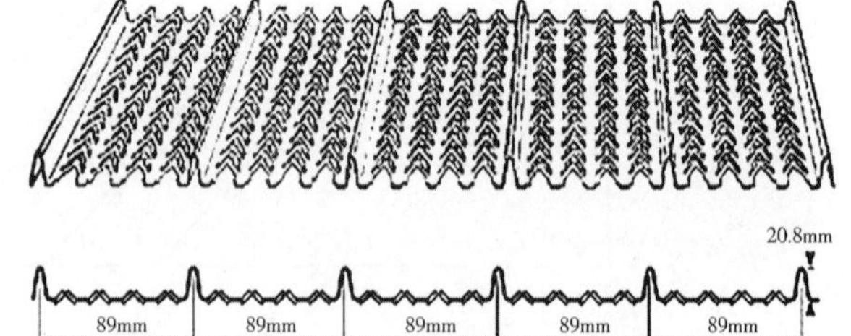

图 4　快易收口网实物图

快易收口网在接口处形成粗糙表面，给下一次继续灌注提供非常理想的接合面，无须工

凿毛等处理，即可进行第二次浇筑作业，使一、二序混凝土结合成牢固的整体；同时也避免因凿除、打毛的震荡而影响到结构受损。

（3）无须拆除，加快进度。快易收口网为一次性使用，在混凝土灌筑后，无须拆除，只需移开支架、省时省工、加快施工进度。尤其是在南水北调青兰渡槽工程中，施工工期特别紧张节约工期是意义非常重大的。

尽管这样，为了保证分缝处的质量效果，项目部组织专门的快易收口网实际试验，试验结果是，泵送混凝土浇筑快易收口网，有水泥浆漏出，经过拆除观察、检测免拆模板处混凝土质量完全满足设计要求，试验效果良好。所以决定采用快易收口网浇筑平板支撑混凝土分缝。

3.1.3 快易收口网施工工艺流程

施工准备→绑扎钢筋→裁剪收口网→安装收口网→固定收口网→浇筑混凝土。

3.1.4 快易收口网施工方法

先根据工作面的尺寸裁锯好适当的收口网模板，网片之间 150mm 以上搭接，拼装安装完成后用 $\Phi16$ 的钢筋，间距 75cm，作为收口网模板的背肋进行水平横向支撑固定，正交采用 8 号铅丝进行绑扎固定，一侧支完后再支另一侧模板，然后用 50mm×100mm 的木方做支撑，间距 45cm，$\Phi16$mm 螺栓固定，间距为 45mm×75mm，如图 5 所示。

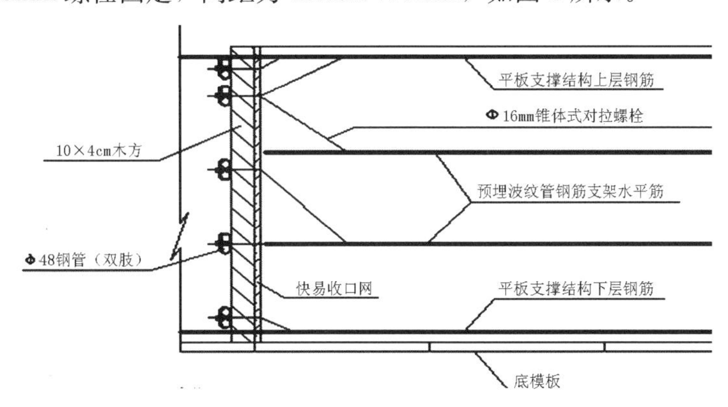

图 5 快易收口网加固安装图

3.1.5 快易收口网使用注意事项

快易收口网模板与边墙钢筋、支撑钢筋之间采用绑丝绑牢固。肋骨骨架必须朝向准备接受灌注混凝土的一面。

安装固定时特别注意保护波纹管及降温塑料管。

由于本身的柔性，混凝土振捣时振捣棒不要太靠近免拆模板，以减少模板所受的冲击荷载，并保证模板后面混凝土振捣密实，避免产生蜂窝等质量问题。

快易收口网相搭接部分必须沿 V 形肋骨重合，并绑扎牢固。搭接长度不得小于 150mm。

浇筑后效果：浇筑后经各个指标检测，快易收口网分缝模板使用是成功的。完成成品效果如图 6 所示。

图 6 快易收口网使用后效果图

3.2 快易收口网在挡水结构扶壁顶部应用

3.2.1 挡水结构的形式

挡水结构由底板、肋板、面板三部分组成，面板坡比是 1∶2.25。浇筑顺序是先浇筑肋板处底板、后浇肋板，再浇筑面板，最后完成中间底板。结构形式如图 7 所示。

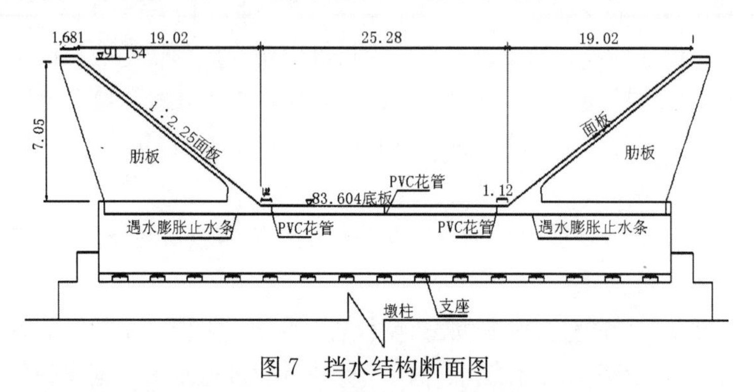

图 7　挡水结构断面图

3.2.2 浇筑过程

由于现场条件限制，施工方案是除了面板外都是泵送混凝土浇筑，这样就带来了一个难题，肋板顶面斜长 20.5m，坡比 1∶2.25，高差 7.5m，泵送混凝土，不可能稳定，如果采用分时浇筑，待下层混凝土稳定后再浇筑上层，则浇筑时间延长好几倍不说，施工时很难掌握，弄不好会出现冷缝。如果采取支立钢模板或木模板封闭，则因为肋板钢筋是封闭的伸入面板，费工费料，还难以解决混凝土漏浆，甚而影响到混凝土的浇筑质量。

本工程实际采用快易收口网封闭，很好地解决了这一难题。利用快易收口网自重轻，易切割、易弯曲成型、易于加固、有网孔不完全封闭的特点，根据肋板钢筋形状任意裁减形状尺寸，只用铅丝就能固定在钢筋上，即降低了模板造价，降低了劳动强度，提高了施工速度，还很完美地保证了施工质量。

3.3 快易收口网在本工程中的效益分析

3.3.1 经济效益

通过以上分析每平方米快易收口网比钢木模板要节约 55 元造价。本工程快易收口网使用量为平板支撑结构 230m²，肋板结构 350m²，总共 580m²，共节约费用 31900 元，见表 1。

3.3.2 社会效益分析

节约工期，平板支撑分缝一序浇筑至少要处理 6 个缝面，每块支模加固，节省 2d，拆除凿毛节省 2d，共节省 24d 工期。按照合理搭配，通过施工流水安排，24d 工期的 40％计算，节约工期 9.6d。

混凝土肋板按照每个节约 10h 计算共 42 个肋板，节约 420h。按照每天 12h 计算，节约工期 35d，同样通过施工流水安排按照 40％计，节约工期 14d。

两项合计节约工期 23.6d，带来了巨大的社会效益。本工程是南水北调的中线最晚开工的，工期最紧张，合同要求平均每天产值 46 万元，如工期拖延直接影响南水北调中线工程全局。所以节约这 23d 工期，在某种意义上保证了整个南水北调中线总干渠工程的如期通水，带来了巨大的社会效益。

表 1　快易收口网与钢木模板比较表

序号	项目	快易收口网	钢模板	木模板
一	基本数据			
	模板重量/（kg/m²）	4	38	11
二	定量分析			
	模板材料费/（元/m²）	12	17	21
	制作费用/（元/m²）	0	0	12
	安拆费用/（元/m²）	20	50	40
	毛面处理/（元/m²）	0	20	15
	小计/（元/m²）	32	87	88
三	定性分析			
	支撑基本相同	基本相同	基本相同	
	分缝面	凹凸粗糙	平面光滑、需人工凿毛	平面光滑、需人工凿毛
	钢筋安装易控制	不易控制	不易控制	
	环保	易	不易，需打孔消耗模板	不易，需打孔消耗模板
	不规则体型	保持工地清洁	有垃圾需进行清理	有垃圾需进行清理
	拆除及整理	易、免拆	难，费用大	较难费用大

4　结束语

快易收口网是一种新型模板材料和技术，不但提高了工程质量，减轻了劳动强度，还解决了在特殊的空间模板支立无法操作的难题，具有较好的经济效益，值得推广使用。

但是快易收口网目前国内还没有相应的规范标准，尽管技术已经成熟，推广使用还是难度很大的。需要国家有关部门及早形成相应的标准规范，使这一项好技术尽快将科技转化为生产力。

施工技术

浅谈南水北调中线湍河渡槽工程U型薄壁渡槽止水带施工工艺

解林，李斌，李屾

（南水北调中线干线工程建设管理局 河南直管项目建设管理局，郑州 474150）

摘要： 湍河渡槽工程是南水北调中线干线工程的重要输水建筑物，为验证工程槽的结构安全，进行现场充水试验是必要的。本文通过对湍河渡槽的止水结构、施工工艺流程、槽身充水和充水试验中发现的问题及原因进行分析，对渡槽止水结构是否可行和安全，对南水北调中线工程按期通水具有重大意义。

关键词： 南水北调；湍河渡槽；U型薄壁；止水结构；施工工艺

1 工程概况

南水北调中线一期总干渠湍河渡槽位于河南省邓州市小王营一冀寨之间的湍河上，西距邓州一内乡省道3km，北距内乡县20km，南距邓州市26km。渡槽槽身为相互独立的3槽预应力混凝土U型结构，单跨40m，共18跨，单槽内空尺寸（高×宽）7.23m×9.0m，渡槽设计流量350m^3/s，加大流量为420m^3/s，渡槽槽身采用造槽机现浇施工。

湍河梁式渡槽属大型河渠交叉建筑物。工程防洪标准为100年一遇洪水设计，300年一遇洪水校核。

2 槽身止水结构

本工程渡槽专用止水为大流量预应力渡槽伸缩止水装置，属于“十一五”国家科技支撑计划课题。止水装置主要由锈钢钢板基面、U型止水带、固定螺栓、槽钢压板、外部封闭等构件组成。

U型止水带的材料为强度、弹性性能较好的天然橡胶生产，止水带上部宽度为360mm，

第一作者简介： 解林（1985—），山东聊城人，助理工程师，主要从事水利水电工程建设管理工作。

厚度6mm，U型底部采用大圆角形式（半径为24mm）可充分满足渡槽接缝位移，结构尺寸如图1所示。

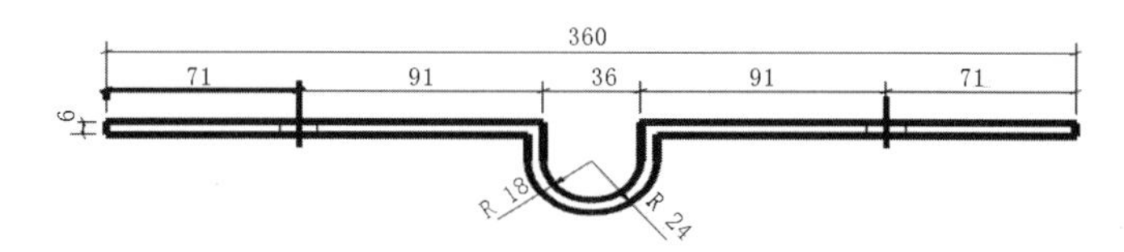

图1　U型水带大样图（单位：mm）

止水装置布置形式如图2所示。

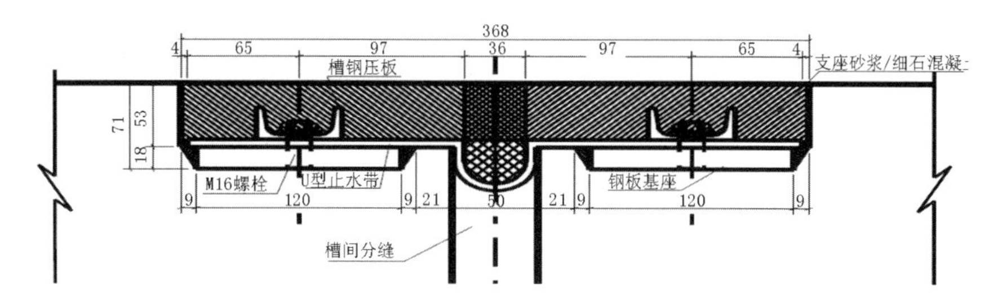

图2　止水结构大样图（单位：mm）

3　施工工艺

其中渡槽止水施工工艺主要包括基面处理、安装不锈钢板基面、灌注粘钢胶、粘贴止水带、安装槽钢压板、止水带外部封闭等。

3.1　基面处理

首先剔除槽身预留止水槽泡沫板及槽身分缝泡沫板至预留止水槽结构面以下10cm。完成泡沫板剔除后使用冲击钻对预留止水槽进行修整，止水槽深度达到8cm。完成修整后采用空压机将基面清理干净。

3.2　钢板安装

3.2.1　植筋

按照钢板条带上的通孔确定预留止水槽混凝土结构面上的植筋位置，然后对基面进行钻孔，孔径为18mm，孔深不小于21cm，植筋孔在槽身同一截面上。钻孔完成后采用植筋胶将C14钢筋植入混凝土内，钢筋长度不小于31cm，外漏10cm，且植筋垂直于混凝土结构面。

3.2.2　钢板安装

钢板安装前在清理干净的基面上均匀涂刷上界面剂，界面剂的涂刷薄而均匀，并对和混凝土黏结的钢板表面采用角磨机打磨干净。上道工序完成后采用不锈钢焊条对钢板和植筋进行固定，钢板安装平顺，中轴线在槽身同一截面上，并控制好止水两侧钢板的间距。钢板安装完成后使用环氧砂浆封闭钢板两侧缝隙，期间从钢板引出灌浆管，灌浆管间距控制在1000mm以内。

3.2.3　灌胶

（1）配胶。灌胶采用的是灌注型结构胶，分A、B组分，冬季施工，配胶之前需分别对A、

B组分进行预热至常温，然后用台秤称重按配比进行配胶，A组分和B组分按4∶1配比。

（2）灌胶。钢板固定完成后从槽底开始逐段向上利用黏钢胶将钢板底部灌填密实，并将第一序的排气管作为下一序的进浆管。灌胶采用的方法是压力注胶，灌胶过程中，如果出现漏胶，暂停灌胶，并用快速封堵料进行封堵后再继续灌胶，确保每一灌区灌胶饱满。灌钢完成后剔除灌浆管、封堵，并将钢板两侧槽面采用环氧砂浆修整齐平。钢板安装完成后使用角磨机将钢板打磨平整。

3.2.4 安装止水带

（1）按照安装好的不锈钢板螺栓间距在止水带上进行打孔，完成打孔后对黏贴面进行打磨处理，并用丙酮（或酒精）擦拭干净。

（2）用黄油将钢板上的丝扣孔填满后，将M14镀锌螺栓安装在钢板基面上，紧固力不小于5kg，螺栓两端均有丝扣，且攻丝方向相同，并用丙酮（或酒精）将止水槽（含钢板及两侧混凝土基面）擦拭干净。

（3）将止水槽（含钢板及两侧混凝土基面）清理干净并均匀涂刷界面剂，涂刷薄而均匀，界面剂涂抹完成后在止水槽上涂刷黏钢胶，胶层厚2～3mm。

（4）将加工好的角钢在粘贴面上均匀涂抹黏钢胶，胶层厚2～3mm。

（5）上道工序完成后由槽底向两侧顺序安装止水带，使用垫片和螺帽固定角钢，并用角钢将止水带逐段压实，拧紧后角钢两侧有胶体溢出，紧固力介于2.5kg与5.0kg之间。压实后止水带两侧有胶体溢出，待胶体充分固化后，将溢出胶体进行清洁处理。

待角钢压板上胶体固化后，对槽内进行局部修整及清理。

3.2.5 封闭止水结构

止水安装完成后，在除止水“鼻子”3.6cm外的止水槽内使预缩砂浆进行回填封闭。

对止水“鼻子”填塞沥青麻丝后使用聚硫密封胶进行封闭。

4 止水验证与效果

4.1 止水验证

为验证南水北调湍河渡槽止水带安装是否满足技术要求，需要进行充水试验，根据湍河渡槽工程的充水水量及充水进度安排，槽身充水采用单槽逐个方式进行充水，充水顺序为中槽→左槽→右槽。

4.2 挡水围堰主要结构形式

根据槽身充水试验的进度要求，结合湍河渡槽工程实际情况，湍河渡槽充水试验堵头采用以水泥砂浆砌筑砖墙挡水，辅以编织袋土增强受力形成堵头。

出口段堵头设置在出口闸内，在检修闸闸门附近位置用水泥砂浆和砖砌筑8m高的抗剪挡水墙，挡墙内设置一层A14的抗剪钢筋网片，挡水墙临水面用防水材料涂刷一层隔水防渗层，再铺一层0.5mm厚的土工膜，土工膜外延100cm固定。同时紧贴挡墙在背水面码放堆装土编织袋辅助进行受力。挡墙背水面用砌筑扶壁墙辅助进行受力，共设置4道扶壁。

进口段堵头设置进口槽身内，用水泥砂浆和砖砌筑7.5m高的抗剪重力式挡水墙，挡墙内设置一层A14的抗剪钢筋网片，挡水墙临水面用防水材料涂刷一层隔水防渗层，再铺一层

0.5mm厚的土工膜，土工膜外延100cm固定，同时紧贴挡墙在背水面码放装土编织袋辅助进行受力。挡墙背水面用砌筑扶壁墙辅助进行受力，中间设置1道扶壁，扶壁厚1m。

4.3 槽身充水

按照湍河渡槽工程充水要求，充水试验按左、中、右三槽分别进行充水。在湍河内开挖集水坑，集水坑内安放抽水设备，抽水设备采用8台150m³/h的潜水型污水泵，水泵扬程50m。测试水泵工作情况，抽水设备检查正常后开始进行槽身充水。

充水时槽内水位上升速度按每天不大于3m控制，除安全监测需要外，可连续充水到设计水位后监测3天，然后上升到满槽水位后监测3d。

4.4 止水效果

湍河渡槽通过充水试验，发现局部有轻微渗水现象，表明止水带施工工艺是可行的，并及时对充水过程中发现的问题进行排查，并对渗水原因进行了初步分析。

5 充水试验中发现问题及初步原因分析

5.1 充水试验中发现的问题

湍河渡槽工程首先进行中跨槽身止水施工，中槽充水后，发现有7处止水渗水，因此，在左跨和右跨槽身止水施工过程中，根据中槽的施工经验，改善了止水施工工艺，有效提高了止水安装质量。

槽身充水试验均已完成，经现场检查，槽身渗水情况为：中跨槽身有7处止水伸缩缝部位渗水，槽身有25处轻微渗水和窨湿现象；左跨槽身有2处止水伸缩缝部位渗水，槽身有7处轻微渗水和窨湿现象；右跨槽身有1处止水伸缩缝部位渗水，槽身有2处轻微渗水和窨湿现象。

5.2 渗水原因初步分析

（1）止水带渗水。通过充水试验发现，个别槽身止水处存在轻微渗水现象，经初步分析，止水带处渗水原因可能有以下两点。

1）由于止水施工工期紧张，在槽身同时进行了多个作业面的止水安装施工，钢板基面与槽身混凝土基面之间在灌注黏钢胶时，可能在钢板基面的个别点存在与黏钢胶之间黏接不完全，或黏钢胶与钢板基面及侧面的混凝土基面之间存在粘贴不完全的地方导致槽身充水后，止水处发生渗水现象。

2）止水带安装施工时，先在不锈钢板基面上涂刷的界面剂和黏钢胶，然后再粘贴止水带。止水带粘贴施工时，可能存在在钢板基面上涂刷的黏钢胶，受重力作用向下蠕动，在粘贴止水带时，会产生止水带与钢板基面之间存在个别点黏结不密实的情况，同时，在安装槽钢压板时，螺栓的紧固力也会使部分黏钢胶被压出。若个别跨槽身的止水带底面和钢板基座表面有渗水通道，水就会从止水带边缘沿着缝隙渗出。

（2）槽身渗水。充水试验中，发现的个别跨槽身的局部存在轻微渗水点和窨湿现象，经初步分析，此问题产生的原因为：槽身渗水处的混凝土的密实性可能不太理想；在槽身混凝土浇筑施工过程中，尽管我部已按照要求加强了混凝土振捣质量控制，并采取了定人定岗进行混凝土的振捣，同时安排高级混凝土技师进行专门的监督检查，但可能仍存在个别振捣质量欠佳的地方，导致该处混凝土密实性不理想，充水时发生了轻微渗水和窨湿现象。

6 渗水问题处理的建议

6.1 止水带处渗水问题的处理

针对止水带处的渗水问题，建议在槽身放水完成后，对存在渗水的止水带进行详细的检查，进一步查找渗水的原因，并制定相应的处理措施。

对由于不锈钢板基面的个别位置与混凝土基面黏结质量欠佳，止水带底面与钢板基面粘贴问题产生的渗水，建议采取对止水带钢板及止水带与槽身混凝土基面直接的结合部位进行二次封堵的方法进行处理。结合在沙河渡槽充水试验中的堵漏材料的应用效果，封堵材料可采用无机封堵料。首先对止水带和槽边缘之间的部位进行基面处理，确保清洁、干燥、无油污，部位清理完成后涂刷界面剂，再用无机封堵进行二次封堵。现场处理时根据实际情况，如有必要，也可采取其他方法来确保止水质量满足要求。

6.2 槽身渗水问题的处理

纵观槽身渗水情况，槽身渗水以窨湿为主，个别点存在轻微的渗水，表面混凝土渗水通道很小。目前已做好渗水部位的登记，并进行了定位，待槽身放水后，建议采用绿色环保的高强无收缩灌浆料对渗水点进行灌浆，封闭渗水通道，并提高结构的强度，保证槽身满足通水运行的要求。

本文通过对湍河渡槽槽身止水结构的施工工艺；结合工程实例中采用大流量止水渡槽伸缩装置的具体实践，较详细地介绍了该方法的止水结构施工、渗水原因分析、渗水处理建议等。认为渡槽专用止水为大流量预应力渡槽伸缩止水装置在大型渡槽中是可行的和安全的。

施工技术

南水北调中线湍河渡槽混凝土施工温控措施

马世茂[1]，蒋建伟[2]，孙翔[1]，金耀峰[1]，周学友[1]

（1. 南水北调中线干线工程建设管理局 河南直管项目建设管理局，郑州 450016；
2. 南水北调中线干线工程建设管理局 惠南庄建设管理部；北京 102407）

摘要：南水北调中线一期工程总干渠湍河渡槽位于河南省邓州市小王营-冀寨之间的湍河上，渡槽槽身为相互独立的3槽预应力混凝土U型结构，单跨40m，共18跨，单槽内空尺寸（高×宽）7.23m×9.0m。本文主要结合工程结构特点、施工时的气温情况，阐述了渡槽混凝土施工的温控重点、温控措施和技术要求。

关键词：湍河渡槽；混凝土施工；温控；措施

湍河渡槽是目前世界上跨度最大、原位浇筑的薄壁U型渡槽，是南水北调中线干线工程的控制性关键项目。槽身和墩身混凝土浇筑量大，历时时间长，特别是在夏季，温控难度大，混凝土容易产生裂缝，由于混凝土裂缝目前还不能完全避免，只有通过改善混凝土性能和做好温控工作，防止混凝土产生危害性裂缝，通过在湍河渡槽混凝土施工过程中采取的一系列温控措施，达到了预期的效果。

1 概述

1.1 工程简介

南水北调中线一期工程总干渠湍河渡槽位于河南省邓州市小王营-冀寨之间的湍河上，西距邓州-内乡省道3km，北距内乡县20km，南距邓州市26km。渡槽槽身为相互独立的3槽预应力混凝土U型结构，单跨40m，共18跨，单槽内空尺寸（高×宽）7.23m×9.0m。

根据湍河渡槽工程总进度计划安排，主体混凝土浇筑全年将不间断进行，为此应做好混凝土温度控制，防止裂缝发生，确保高温时段混凝土浇筑质量满足设计和规范要求。

1.2 气象水文

据流域内内乡气象站实测气象资料统计，多年平均气温15.0℃，实测极端最高气温

第一作者简介：马世茂（1976—），甘肃靖远人，高级工程师，现从事南水北调中线河南直管项目的建设管理工作。

42.1℃，实测极端最低气温－14.4℃，多年年平均地温（距地面0cm）17.7℃，日照时数1933.7h。全年盛行的风向为NE，多年平均风速1.9m/s，实测最大风速19.0m/s。

2 温控要求

2.1 混凝土温度控制标准

根据《南水北调中线一期工程总干渠陶岔渠首-沙河南段（中线建管局直管项目）湍河渡槽工程施工招标文件》技术条款，混凝土浇筑温度宜控制在5～26℃，渡槽槽身混凝土内外温差控制标准为20℃。

2.2 混凝土温控重点

湍河渡槽采用的混凝土为高性能泵送混凝土，水泥水化热大，混凝土强度高且早强、脆，自生体积变形相对大，徐变小，坍落度大，墙体薄等，因此，除需要特别控制早期混凝土内外温差外，还需尽可能控制混凝土内部温升幅度和基础温差。

湍河渡槽的防裂工作的重点是早期表面防裂，其中上层薄壁结构和下部承台表面是温控防裂的重点部位，槽身薄壁墙体结构是湍河渡槽防裂难度最大的结构之一，该部位受到下层混凝土的强约束，无论是早期还是后期都容易出现裂缝；下部混凝土承台由于体积大，内外温差很容易导致早期结构表面开裂。此外，早期如果不能有效控制结构内部混凝土温升，后期温降收缩受到下层约束，结构很容易产生“由里及表”型裂缝。

控制高温时段混凝土施工的主要技术措施包括：原材料降温、配合比优化、混凝土出机口温度控制、入仓温度控制、浇筑温度控制、承台混凝土内外温差控制、混凝土养护质量控制等。

3 混凝土温控措施

3.1 原材料降温与配合比优化

湍河渡槽工程使用邓州中联水泥公司生产的“中联”牌P·O42.5普通硅酸盐水泥，散装运输直接入罐，控制水泥入罐温度不超过65℃。粉煤灰使用河南鸭河口粉煤灰开发有限公司生产的Ⅰ级粉煤灰，需水量小于95%，掺量按设计允许值不超过30%，通过配合比设计混凝土掺量为20%；采用第三代聚羧酸系高效减水剂—上海马贝聚羧酸高效减水剂SP-1聚羧酸减水剂和PT-C1引气剂、山西凯迪外加剂厂生产的KDSF引气剂共3种外加剂，其减水率大于25%。

湍河渡槽混凝土基准配合比委托长江水利委员会长江科学院进行配比设计，在施工过程中将根据不同浇筑时段的气候条件和原材料情况对混凝土施工配合比进行适当调整，并报监理工程师审核批准后用于现场施工，确保混凝土初凝和终凝时间、混凝土坍落度、仓面坍落度控制满足设计要求。

3.2 混凝土出机口温度控制

湍河渡槽工程混凝土由布置在湍河右岸的1号、2号拌和楼做为主拌和系统进行集中供料，左岸的3号拌和楼作为备用拌和楼，在主拌和楼不能正常供料时启动，进行混凝土供料。在拌和楼骨料仓设置遮阳彩钢瓦顶棚，防止阳光直射骨料，并在开仓前5h左右，对骨料进行

喷洒地下井水降温，采用加冷水拌和方式进行混凝土拌和，尽量降低混凝土出机口温度，若气温较高，出机口温度不满足要求时，可采用掺片冰进行拌和，生产预冷混凝土，进一步降低出机口温度，减少混凝土后期温升。通过热工计算，可得出各种原材料在不同时段需控制的温度和混凝土出机口温度。影响出机口温度的主要因素为水泥温度和骨料温度。在高温季节，水泥、粉煤灰等提前储存散热降温，确保入罐温度低于65℃，防止水泥温度过高，安定性差。

3.3 入仓温度控制

入仓温度的控制重点是加强仓位上遮阳防晒，并结合现场实际条件，尽可能快速入仓。使用混凝土泵送入仓浇筑，在高温时段可对泵管用麻袋包裹并洒水降温。其次，在开仓前10min，用冷水对搅拌运输车罐进行拌洗降温，罐体外面配帆布套防晒和减少热量交流；到达卸料点后搅拌车的等待时间一般不超过0.5h，需尽快入仓，当混凝土温度较高时，必须在仓内进行摊薄处理。

3.4 浇筑温度控制

混凝土浇筑温度控制的重点就是仓内浇筑时所采取的措施，主要有：

(1) 仓面防晒保温。混凝土浇筑前，在仓位上搭设遮阳棚，防止太阳暴晒以及风的影响，造成热量交换过多，混凝土温升过快。

(2) 仓面保湿。收仓面混凝土浇筑完成后，在仓面上采用农用塑料薄膜覆盖进行保湿。

(3) 避开高温时段浇筑。夏季10：00—17：00之间为高温时段，现场尽量控制在18：00以后开仓，并集中入仓手段，加大混凝土入仓强度，在第二天10：00之前大方量基本入仓；尽可能多利用雨后天气。

(4) 优化资源配置。缩短层间覆盖时间。开仓前将人员、设备落实到位，开仓后要做好现场混凝土浇筑组织工作，保证混凝土浇筑的正常进行，避免一些不必要的停歇时间，尽量缩短层间覆盖时间，减少热工损失。

(5) 承台混凝土内外温差控制。为减小内外温差，对混凝土表面进行隔热处理后，内部热量无法及时散发，将增大混凝土内部的最高温度，对混凝土的后期防裂不利。根据招标技术要求及规范等规定，在混凝土内部通冷却水以降低混凝土内部温度，减小内外温差，避免后期较大的温降收缩变形导致结构由内部拉裂，产生“由里及表”型裂缝。

承台为12.6m×8.4m×3.0m的长方体，承台冷却水管分为3层进行布置，每层采用一套独立的管路，每套管路长约86.91m，冷却水管总长度约261m（不含冷却水管进出口至外接供水管的长度）。冷却水管布置方式为1.2m×0.8m（间距×层距）。

混凝土内部通水冷却采用HDPE塑料管进行通水冷却，冷却水管采用ϕ32型HDPE管，管壁厚2mm，内径28mm。

4 温控措施计划

4.1 骨料降温

4.1.1 料仓封闭

本标段温控的重点是承台混凝土和渡槽槽身混凝土，依据混凝土配合比，需使用砂、5～

20mm、20～30mm、20～40mm 等规格的骨料级配。为保证骨料不受雨雪天气、沙尘暴以及酷热天气的直接影响，在左岸骨料储料仓采用钢结构搭设彩钢瓦大棚遮阳挡雨。

4.1.2 骨料降温方法

（1）砂料降温：砂子不能采用喷淋方式降温，在封闭的情况下防止暴晒而自然降温。

（2）粗骨料降温：在骨料仓内布设管路，喷淋 15℃的深井水降温，料仓地面采用混凝土进行了硬化，利于脱水。高温季节喷淋降温可以有效地使大棚内骨料温度下降 4～5℃。

4.1.3 拌和用水

高温时段混凝土拌制前，首先采用现抽井水冲洗拌和机，给其降温并及时排除积水。混凝土拌和采用 15℃左右的深井水，拌和用水均现抽现用。

4.2 混凝土运输中间环节控制

从骨料堆场由装载机上料到仓面混凝土浇筑完成整个过程中需尽量控制热工损失，混凝土自出机口到混凝土浇筑完成有一个吸热温升过程。

（1）配料机遮阳。对配料机设置遮阳棚，结构形式与骨料仓遮阳棚相同，防止太阳光直射。

（2）拌和楼上料斗外边包裹帆布进行封闭隔热，拌和楼顶部设置遮阳棚，防止阳光直晒导致混凝土出机温度升高。

（3）混凝土搅拌运输车罐体用帆布套包裹隔热，以减少热交换。

（4）混凝土泵机保温。长距离输送时用湿麻袋对泵管进行遮盖，运行过程中向麻袋洒水降温；混凝土泵料斗设置遮阳伞挡阳，防止混凝土暴露在日光下而快速升温。

4.3 浇筑温度控制

为防止混凝土出现温度裂缝，在仓位上设置适当隔离设施，形成小环境，减少混凝土温升是一个非常有效的办法，结合以往工程经验，拟采取下列措施：

4.3.1 仓面遮阳防晒

混凝土浇筑前，在仓位上搭设遮阳棚，防止太阳暴晒以及风的影响，造成热量交换过多，混凝土温升过快。

4.3.2 出机口温度控制

（1）混凝土拌和温度（又称出机温度）。基本原理：设混凝土拌和物的热量系由各种原材料所供给，拌和前混凝土原材料的总热量与拌和后流态混凝土的总热量相等，从而混凝土拌和温度可按下式计算：

$$T_0=\frac{C_sT_sm_s+C_gT_gm_g+C_cT_cm_c+C_wT_wm_w+C_wT_wm_w+C_wT_sw_s+C_wT_gm_g}{m_s+m_g+m_c+m_w+w_s+w_g} \tag{1}$$

式中：T_0 为混凝土的拌和温度,℃；T_s、T_g 分别为砂、石子的温度,℃；T_c、T_w 分别为水泥、拌和用水的温度,℃；m_c、m_s、m_g 分别为水泥、扣除含水量的砂及石子的重量，kg；m_w、w_z、w_s 分别为水及砂、石子中游离水的重量，kg；C_c、C_z、C_g、C_w 分别为水泥、砂、石子及水的比热容，kJ/（kg·K）。

上式若取 $C_z=C_s=C_z=0.84$kJ/（kg·K），$C_w=4.2$kJ/（kg·K）经简化和修正后得：

$$T_0=\frac{0.22(T_sm_s+T_gm_g+T_cm_c)+T_wm_w+T_sw_s+T_sw_g}{0.22(m_s+m_g+m_c)+m_w+w_s+w_g} \tag{2}$$

为保证计算结果准确可靠，取最不利情况进行出机口温度分析，即渡槽槽身混凝土配合比进行温度计算。槽身混凝土配合比为：水泥 $m_c=384$kg，粉煤灰 $F_A=96$kg，砂 $m_s=758$kg，石子（中石、小石）$m_g=980$kg，水 $m_w=144$kg，砂含水量 $W_s=5\%$，石子含水量 $W_g=1\%$。若经现场测试水泥的温度 $T_c=50$℃，粉煤灰的温度 $T_A=50$℃，水温 $T_w=15$℃，砂的温度 $T_s=28$℃，石子的温度 $T_g=26$℃，则搅拌后混凝土拌和物的温度 $T_0=27.3$。

（2）根据混凝土浇筑温度计算混凝土出机口温度。混凝土拌和出机后，经运输平仓振捣等过程后的温度称为浇筑温度。混凝土浇筑温度受外界气温的影响，夏季浇筑，外界气温高于拌和温度，浇筑后就比拌和温度要高，这种冷量的损失，随混凝土运输工具类型、运输时间、运转时间、运转次数及平仓、振捣的时间而变化，根据实践，混凝土的浇筑温度一般可按下式计算：

$$T_p=T_0+（T_a-T_0）（\theta_1+\theta_2+\theta_3+\cdots+\theta_n） \tag{3}$$

式中：T_p 为混凝土的浇筑温度，℃；T_0 为混凝土的拌和温度，℃；T_a 为混凝土运输和浇筑时的室外气温，℃；$\theta_1\theta_2\theta_3\cdots\theta_n$ 分别为温度损失系数，按以下规定取用：

1）混凝土装卸和运转，每次 $\theta=0.032$。

2）混凝土运输时，$\theta=At$，t 为运输时间，min，A 为混凝土运输时冷量计算 A 值。

3）浇筑过程中，$\theta=0.003t$，t 为浇筑时间，min。

假设气温 $T_a=32$℃，装卸和运转 2min，搅拌运输车运输 10min，泵送混凝土入仓 1min，平仓、振捣至混凝土浇筑完毕共 120min（指大面积承台、槽身仓），混凝土浇筑温度取设计值 $T_0=26$℃；则混凝土出机温度：

1）先求各项温度损失系数值。

混凝土装卸和运转 $\theta_1=0.032\times2=0.064$

搅拌运输车运输 $\theta_2=0.042\times10=0.042$

泵送混凝土入仓 $\theta_3=0.04\times1=0.004$

平仓、振捣至混凝土浇筑 $\theta_4=0.03\times120=0.364$

2）混凝土出机温度。

$26=T_0+（32-T_0）\times（0.064+0.042+0.004+0.36）$，则 $T_0=20.68$

通过上述计算可知：若按夏季高温时段自然天气气温拌制混凝土，则出机口温度将在27℃左右；若按设计要求的浇筑温度进行反算，则要求出机口温度将在20.68℃左右。

（3）混凝土出机温度控制。为确保出机口的温度，拟采用井水加冰拌制混凝土。加冰时，宜用片冰或冰屑，并适当延长拌和时间，使得冰屑得到充分溶解降温。

4.3.3 混凝土水平运输温度控制

混凝土水平运输方式采用混凝土罐车，罐体外表面采用隔热帆布包裹，避免阳光直射，导致混凝土在运输过程或是等待过程中温度回升。混凝土运输罐车运输前，先采用深井水冲洗，降低罐体温度。

高温时段应尽量缩短混凝土运输及等待卸料时间。本标段采用的均为 8m^3 搅拌运输车，浇筑时要求每车只装 6m^3 混凝土。

4.3.4 混凝土温控计算

（1）混凝土内部温度计算。渡槽槽身采用 C50W8F200 高强度混凝土，每方混凝土水泥用量为384kg，粉煤灰用量96kg，采用P·O42.5普通水泥，水化热为461kJ/ kg；粉煤灰$Q=52$kJ/kg，混凝土浇筑温度26℃，支模采用钢模板，混凝土比热容C取0.96kJ/（kg·K），则3d龄期时混凝土的内部温度。

1）混凝土的最终绝热温升。

$$T_h=\frac{m_c Q}{C_p}\frac{384\times461+96\times52}{0.96\times2550}=74.3℃$$

2）3d龄期的水化热温升。

《建筑施工计算手册》查表11-13的降温系数ξ可求得3d龄期的水化热温升为：

$t=3\text{d}\ \xi=0.36\ Th\cdot\xi=74.3\times0.36=26.75$

3）混凝土内部的中心温度。

$T(3)=T_0+T(t)\xi=26+26.75=52.75$

（2）混凝土表面温度计算。

$$T_b(t)=T_a+\frac{4}{H^2}h(H-h)T(t) \tag{4}$$

式中：$T_b(t)$为龄期t时，混凝土的表面温度，℃；T_a为龄期t时，大气的平均温度，℃；H为混凝土的计算厚度，$H=h+2h'$；h为混凝土的实际厚度，m；h'为混凝土的虚厚度，m，$h'=K^{\beta}$；λ为混凝土的导热系数，取2.33W/（m·K）；K为计算折减系数，取0.666；β为模板及保温层的传热系数，W/（m^2·K）；$\beta=1/(\sum\frac{\delta_i}{\lambda_i}+\frac{1}{\beta_a})$，$\delta_i$为各种保温材料的厚度，m；$\lambda_i$为各种保温材料的导热系数，W/（m·K）；$\beta_a$为空气层传热系数，可取23W/（$m^2$·K）；$\Delta T(t)$为龄期$t$时，混凝土内最高温度与外界气温之差，℃，$\Delta T(t)=T_{max}-T_a$。

槽身地板厚1m，为C50混凝土，P·O42.5普通水泥$m_c=384\text{kg/m}^3$（$Q=461$kJ/kg），粉煤灰$F_A=96$kg（$Q=52$kJ/kg），混凝土表面无保温措施。假设大气平均温度$T_a=32$℃，则槽身混凝土中心温度与表面温度、表面温度与大气温度有一定温差。

混凝土表面温度计算：

$$\beta=1/(\sum\frac{\delta_i}{\lambda_i}+\frac{1}{\beta_a})=1/(0+1/23)=23$$

$$h'=K\lambda/\beta=0.666\times2.33/23=0.067$$

$$H=h+2h'=1+2\times0.067=1.134$$

$$T_b(t)=T_a+\frac{4}{H^2}h'(H-h')\Delta T(t)$$

$$=32+\frac{4}{1.134^2}\times0.067(1.134-0.067)(106.3-32)$$

$$=50.82℃$$

（3）温度差计算。混凝土中心温度与表面温度之差：

$T_{max}-T_b=52.75-50.82=1.93℃<20℃$

根据现场混凝土温度测量，在40h左右混凝土内部温度达到峰值，若能保证浇筑温度控制在26℃左右，混凝土温差将满足设计要求。

4.4 承台混凝土内外温差控制

承台为12.6m×8.4m×3.0m的长方体，为大体积混凝土。为减小内外温差，对混凝土

表面进行隔热处理后，内部热量无法及时散发，将增大混凝土内部的最高温度，对混凝土的后期防裂不利。根据招标技术要求及规范等规定，在混凝土内部通冷却水以降低混凝土内部温度，减小内外温差，避免后期较大的温降收缩变形导致结构由内部拉裂，产生“由里及表”型裂缝。

承台混凝土冷却水管设计，如图1所示。

（1）承台冷却水管选型及布置。承台为12.6m×8.4m×3.0m的长方体，承台冷却水管分为3层进行布置，每层采用一套独立的管路，每套管路长约86.91m，冷却水管总长度约261m（不含冷却水管进出口至外接供水管的长度）。冷却水管布置方式为1.2m×0.8m（间距×层距）。

混凝土内部通水冷却采用HDPE型高密度塑料管进行通水冷却，冷却水管采用ϕ32型，管壁厚2mm，内径28mm。

（2）冷却水管安装。

1）中层冷却水管布置在承台中部钢筋上面。

2）在仓面底部和中层钢筋上部分别设置架立钢筋，用于现场安装定位上、下层冷却水管。

3）冷却水管采用铁丝与仓面钢筋绑扎进行固定，水管安装位置偏差控制在±5cm。若水管位置与仓面钢筋位置冲突时，适当调整水管的布置位置；固定水管时，注意不要绑得太紧，以免损坏水管，特别加强对水管拐弯段进行保护，防止冷却水管破损影响混凝土冷却效果。

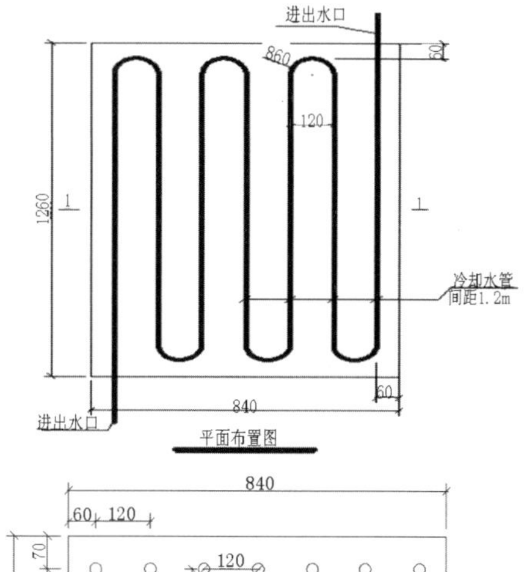

图1　承台冷却水管布置示意图（单位：cm）

4）在通水的阀门进水方向安置一个水表，通过调节阀门来控制冷却水管通水流量。

5）在混凝土浇筑和振捣过程中，要尽量避免振捣棒接触水管，保证水管不被破坏及位置不会被随意挪动。

（3）冷却水管通水参数。高温季节混凝土温度高于冷却水温度，应边浇混凝土边通水冷却，每天变换一次水流方向，控制冷却水温度与混凝土温度之差不超过25℃为宜，取15～18℃，流速取为1.0～1.2m/s，通水时间7～10d，初步通水方案见表1。

表1　通水方案（初定）

部位		浇筑季节	夏季（月均气温≥25）	冬季（月均气温≤10）	春秋季
湍河渡槽	承台	通水持续时间/d	7.0～10.0	5.0～7.0	7.0～8.0
		冷却水温/℃	15～18	约16	12.0～16.0
		换向时间/（d·次）	1	1	0.5
		流速和流量	流速1.0～1.2m/s，3～4d龄期后流量减半，6～8后流量再减半	流速1.2m/s，3d后流量减半，5d后可适当提高水温	流速1.2m/s，3d后流量减半，5d后适当提高水温

4.5 混凝土养护质量控制

在大风、高温天气下，大流动性混凝土的表面水分极易蒸发，失水过快易产生表面裂缝，如养护不及时不但降低强度，有些缝向深度发展直至贯穿。所以保湿养护是防止混凝土产生塑性收缩变形裂缝的根本措施。

混凝土浇筑后及时养护，对于承台、槽身底板等水平部位采用灌水养护，对于承台直立面、墩身、槽身侧墙直立面在模板拆除前采用浇水养护，拆模后涂刷养护剂配合滴灌管滴水进行保湿养护。

在干燥、炎热气候条件下，应延长养护时间至 28d。养护完成前应避免阳光暴晒，养护期内容应始终保持混凝土表面湿润。

模板拆除时间应根据混凝土强度及混凝土的内外温差确定，并应避免在夜间或气温骤降时拆模。

5 技术要求

高温时段混凝土浇筑宜安排在早晚、夜间及利用阴天进行。如需在高温时段浇筑，应经过理论计算认证，并采取有效的温度控制措施后方可进行。

（1）高温时段开仓前，先由试验室测量骨料、水泥等原材料温度，并报技术部进行拌和温度计算，试算合格后即可通知质安部领证开仓。

（2）针对承台仓采用搭设遮阳网方式遮阳，防止阳光直射并有效控制仓内的环境温度。

（3）对与混凝土接触到的地基、模板，施工前应洒水湿润，降低表面温度，但应防止模板内积水。

（4）骨料仓喷淋水源从拌和楼水井接主水管引到各个料仓，用支管接入料仓内，支管出口安装喷淋器对骨料进行喷淋（灌溉喷淋装置）；喷淋后需有 4～5h 控水时间。必要时将派专人洒水降水。

（5）加强养护温控工作。

6 结论

渡槽槽身和承台混凝土施工做好温控是防止混凝土出现裂缝最关键的措施。其中优化混凝土的配合比达到最优是保证混凝土防裂最基本最可靠的工作；掺加纤维素等防裂材料，选好质量性能优良的减水剂；做好混凝土骨料的防晒降温；对混凝土浇筑时间进行科学安排；做好原材料和混凝土的测温工作，做好混凝土坍落度的测试；做好混凝土的通冷却水管设计，及时有效地对运输车辆做好防晒措施；大体积混凝土进行分层分块浇筑，及时振捣；浇筑完成后及时覆盖，及时浇水养护，做好混凝土的保水降温，减少裂缝。

施工技术

大型预应力渡槽
孔道摩阻损失测定方法及工程实践

曹先振

（葛洲坝集团第一工程有限公司，湖北 宜昌 054300）

摘要： 预应力孔道摩阻损失是预应力张拉过程中应力损失的一个重要组成部分，计算孔道摩阻损失的关键是确定摩擦系数和偏摆系数。预应力孔道摩阻损失由两部分组成：一部分是由于孔道位置偏差、内壁粗糙及预应力筋表明粗糙等因素引起的，它与孔道长度成正比；另一部分是由于曲线孔道的曲率使预应力筋与孔道壁之间产生附加的法向力引起，它与法向力 P 及预应力筋与孔道之间的摩擦系数成正比。

关键词： 南水北调；预应力输水渡槽；孔道摩阻；检测方法

大型预应力渡槽是南水北调工程中是不可缺少的关键性建筑物，为了确保槽体施工和运营安全，检验预应力体系的实施效果是否满足设计要求，为后续预应力施工提供指导，在首跨浇注的槽体正式进行预应力张拉之前，选取一定数量预应力孔道进行摩阻试验。

1　试验检测对象

本文以南水北调中线漳古段洺河渡槽为例，探讨预应力孔道摩阻检测理论、方法及成果整理。洺河渡槽位于河北省临城县内，由进、出口渐变段，进、出口检修闸段，进、出口连接段和槽身段组成；槽身段全长 270m，共分 9 跨，单跨长 30m，宽 25.5m，简支结构，过水面槽身为三槽互联带拉杆纵向、横向、竖向三向预应力钢筋混凝土梁式矩形槽结构，混凝土设计等级为 C50W8F200。槽身下部支承结构型式为实体重力墩扩大基础，钢筋混凝土结构。基础底高程在 59.5～65m 范围内，基础以下为强风化砂岩。

渡槽预应力钢筋采用 1860 级高强低松弛钢绞线，预应力钢绞线张拉控制应力 $\sigma_{con}=0.75f_{ptk}=1395\text{MPa}$，$7\Phi s15.2$ 钢绞线对应的张拉控制力 $F_{con}=1367\text{kN}$，$12\Phi s15.2$ 钢绞线对

作者简介： 曹先振（1984—），河南濮阳人，工程师，主要从事水利工程建设管理工作。

应的张拉控制力 $F_{con}=2344$kN，两端张拉。

试验对象为泜河渡槽首跨浇筑槽身的纵向和横向预应力体系，考虑试验数据的离散性及量测成果的准确性，共选取3种类型的9孔道进行测试，试验选取的预应力孔道如图1、图2所示。其中 $7\Phi_s15.2$ 的预应力孔道有6孔，孔道编号分别为LPS1-1、LPS1-2、LPS1-3、LPS3-1、LPS3-2、LPS3-3；$12\Phi_s15.2$ 的预应力孔道有3孔，孔道编号分别为LPS2-1、LPS2-2、LPS2-3。

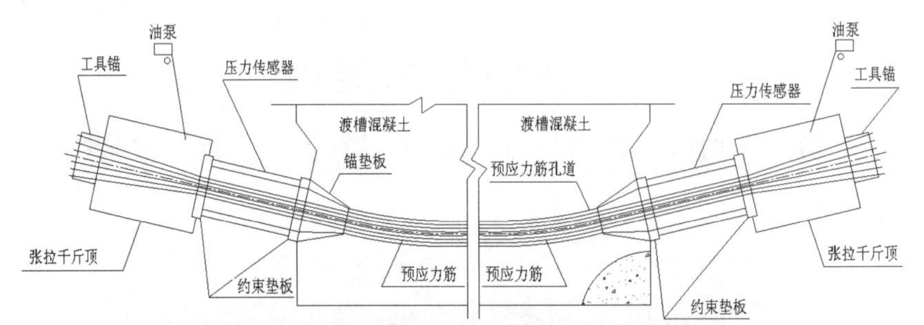

图1　泜河渡槽预应力孔道摩阻试验设备安装图

图2　张拉端设备安装图

2　试验检测设备

泜河渡槽预应力混凝土孔道摩擦系数及偏差系数检测用到的设备主要有：

（1）YLR-3FK型穿心压力传感器、JCQ-401型建筑锚栓测试仪，主要用于量测 $7\Phi_s15.2$ 钢绞线实际张拉力。

（2）MJ-101型振弦式穿心压力传感器、CTY-202型振弦式测试仪，主要用于量测 $12\Phi_s15.2$ 钢绞线实际张拉力。

（3）2500kN千斤顶、3000kN千斤顶和YBZ4-50型油泵，主要用于施加张拉力。

3　检测内容及检测方法

3.1　检测内容

（1）泜河渡槽首跨浇筑槽身预应力钢绞线与孔道壁之间的摩擦系数 μ。

（2）泜河渡槽首跨浇筑槽身预应力钢绞线孔道每米局部偏差对摩擦的影响系数 k。

3.2　检测方法

对选取的预应力孔道进行孔道摩擦系数及偏差系数检测，采用如下方法及步骤：

(1) 根据实验布置图（见图 1）安装锚垫板、约束垫板、压力传感器、千斤顶、工具锚。

(2) 锚固端千斤顶主缸进油空顶 100mm 关闭，两端预应力筋束均匀楔紧千斤顶上，两端装置对中。

(3) 千斤顶充油，保持一定数值（约 4MPa)。

(4) 甲端封闭（见图 2)，乙端张拉（见图 3)。令张拉控制力为 $P=1.03F_{con}$，分级张拉，张拉力分别为 $10\%P$、$50\%P$、$80\%P$、$100\%P$。张拉端千斤顶进油分级张拉，张拉至设计张拉力。记录乙端压力传感器的读数，甲端压力传感器的读数 N_a，如此反复进行三次 N_b，取三次测试的平均值分别记为 $\overline{N}_a$ 和 $\overline{N}_b$。

(5) 仍按上述方法，但乙端封闭，甲端张拉，张拉力分别为 $10\%P$、$50\%P$、$80\%P$、$100\%P$，分级张拉至控制应力。记录甲端压力传感器的读数 N'_a，乙端压力传感器的读数 N'_b，如此反复进行三次，取三次测试的平均值分别记为 $\overline{N'}_a$ 和 $\overline{N'}_b$。

(6) 将上述 $\overline{N}_a$ 和 $\overline{N'}_a$ 进行平均记为 $\hat{N}_a$，$\overline{N}_b$ 和 $\overline{N'}_b$，和进行平均记为 $\hat{N}_b$。则 $\hat{N}_a$ 和 $N\hat{N}_b$ 即为该孔道的张拉端和被动端压力。

(7) 选取同种类型的其他预应力孔道，重复步骤（4）至步骤（6）过程，测得其张拉端和被动端压力。将测得的预应力孔道张拉端和被动端压力分别取平均值 $N_a\%$、$N_b\%$。上述预应力孔道张拉端和被动端压力差的平均值 $N_a\%$和 $N_b\%$即为该种类型预应力孔道摩阻力测定值。

由于预应力钢绞线在张拉过程中处于线弹性变形阶段，张拉时控制加载速率和频率，每孔钢绞线进行 6 次张拉循环不会对钢绞线的性能产生影响。

图 3　锚固端设备安装图

4　检测检测数据处理及分析

4.1　数据处理方法

平面曲线预应力筋的孔道摩阻损失计算公式如下：

$$\sigma_l=\sigma_0\left[1-e^{-(\mu\theta+kl)}\right] \tag{1}$$

式中：σ_l 为孔道摩阻产生的预应力损失；σ_0 为张拉端的钢筋应力；μ 为钢筋与孔道壁间的摩擦系数；k 为孔道每米局部偏差对摩擦的影响系数；l 为孔道在构件纵轴上的投影长度，m；θ 为孔道的平面曲线包角，rad。

式（1）两边同时乘以钢束横截面积，就可以得到拉力形式的表达式

$$N_l=N_a-N_ae^{-(\mu\theta+kl)} \tag{2}$$

式（2）也可写成

$$N_b=N_a-N_l=N_ae^{-(\mu\theta+kl)} \tag{3}$$

式中：N_l 为孔道摩阻产生的拉力损失；N_a 为主动端钢筋拉力；N_b 为固定端钢筋拉力，其他参数同前。

由式（3）两边同时除以 N_a，可得

$$A=\frac{N_b}{N_a}=e^{-(\mu\theta+kl)} \tag{4}$$

则有

$$-\ln A=(\mu\theta+kl) \tag{5}$$

令 $\xi=-\ln A=\ln(N_a/N_b)=(\mu\theta+kl)$

由此，对于不同孔道的测量可以得到一系列方程式：

$$\mu\theta_1+kl_1-\xi_1=0$$
$$\mu\theta_2+kl_2-\xi_2=0$$
$$\cdots$$
$$\mu\theta_n+kl_n-\xi_n=0$$

由于测试上的误差，上列方程式的右边不等于零，假定：

$$\mu\theta_1+kl_1-\xi_1=\Delta F_1$$
$$\mu\theta_2+kl_2-\xi_2=\Delta F_2$$
$$\cdots$$
$$\mu\theta_n+kl_n-\xi_n=\Delta F_1$$

根据最小二乘原理，要求上述测试误差的平方和最小，即

$$(\mu\theta_1+kl_1-\xi_1)^2+L+(\mu\theta_n+kl_n-\xi_n)^2=\sum_{i=1}^{n}(\Delta F_i)^2 \tag{6}$$

求上式的最小值，利用驻值定理，可得

$$\begin{cases}\mu\sum_{i=1}^{n}\theta_i^2+k\sum_{i=1}^{n}\theta_il_i=\sum_{i=1}^{n}\xi_i\theta_i\\ \mu\sum_{i=1}^{n}\theta_il_i+k\sum_{i=1}^{n}l_i^2=\sum_{i=1}^{n}\xi_il_i\end{cases} \tag{7}$$

式中：ξ_i 为第 i 个孔道对应的 ln（N_a/N_b）值；l_i 为第 i 个孔道在构件纵轴上的投影长度，m；θ_i 为第 i 个孔道的平面曲线包角，rad；为实际测试的孔道类型数目，其他参数同前。

采用二元线性回归法计算 μ、k 值，由检测方法中第（7）步测得的每种类型预应力孔道张拉端和被动端压力差的平均值 $\widetilde{N}_a$ 和 $\widetilde{N}_b$ 可得，$\xi_i=\ln\widetilde{N}_a\widetilde{N}_b$，将 ξ_i 代入方程式（7）。采用二元线性回归法可计算出摩擦系数 μ 和偏差系数 k。

4.2 数据分析

根据试验选取的孔道 LPS1-1、LPS1-2、LPS1-3、LPS2-1、LPS2-2、LPS2-3、LPS3-1、LPS3-2、LPS3-3 测得的数据，按照孔道摩阻试验数据处理方法进行整理。泜河渡槽预应力孔道摩阻试验数据计算表见表 1。

5 结束语

本文通过工程实例，介绍了预应力孔道摩阻损失的测定原理、方法及数据分析，较有针

表 1　泜河渡槽预应力孔道摩阻试验数据计算表

束号	i	ξ_i	l_i/m	ξ_i/rad	θ_i^2	$\theta_i l_i$	l_i^2	$\xi_i\theta_i$	$\xi_i l_i$
LPS1-1	1	0.199475	28.684	0.558222	0.311612	16.012040	822.771856	0.111351	5.721741
LPS1-2	2	0.181488	28.684	0.453556	0.205713	13.009800	822.771856	0.082315	5.205802
LPS1-3	3	0.197104	28.682	0.366333	0.134200	10.507163	822.657124	0.072206	5.653337
LPS2-1	4	0.168988	28.684	0.558222	0.311612	16.012040	822.771856	0.094333	4.847252
LPS2-2	5	0.144283	28.684	0.453556	0.205713	13.009800	822.771856	0.065440	4.138614
LPS2-3	6	0.135331	28.682	0.366333	0.134200	10.507163	822.657124	0.049576	3.881564
LPS3-1									
LPS3-2	7	0.051433	24.3	0	0	0	590.49	0	1.249822
LPS3-3									
$\sum$		1.078102	196.4	2.756222	1.30305	79.058006	5526.891672	0.475221	30.698132
方程式	$\begin{cases}1.30305\mu+79.058006k=0.475221\\79.058006\mu+5526.891672k=30.698132\end{cases}$								
解得：$\mu=0.2100$，$k=0.0026$									

对性和实用性，可指导类似工程的摩阻损失测定，通过实验确定相对精确的摩擦系数 μ、偏摆系数 k，进而计算出准确的预应力筋平均张拉控制应力及理论伸长值对于合理实施后张法预应力张拉有着重要意义。

施工技术

南水北调中线干线午河渡槽槽身预应力施工工艺

欧阳清泉

（中国水利水电第一工程局有限公司，长春 130062）

摘要： 午河渡槽为本工程大型交叉建筑物，位于总干渠桩号 167＋497～167＋831 的午河上，渡槽槽身为相互独立的 3 槽预应力钢筋混凝土矩型槽结构，单跨 30m，共 5 跨，槽身长度 150m，本标段槽身预应力混凝土结构均为三向预应力结构，施工难度大，对预应力施工的质量要求高，而且施工均为高空作业，场地狭小，因此能够保质保量的顺利完成本次预应力施工，是本工程的一个重点。

关键词： 午河渡槽；预应力；注浆；伸长值

1 引言

午河渡槽为南水北调中线干线工程中大型交叉建筑物，位于总干渠桩号 167＋497～167＋831 的午河上，渡槽槽身为相互独立的 3 槽预应力钢筋混凝土矩型槽结构，单跨 30m，共 5 跨，槽身长度 150m，单槽内孔尺寸（高×宽）6.4m×7.0m，工程为Ⅰ等工程，其主要建筑物为 1 级，次要建筑物为 3 级。午河渡槽设计流量为 220m^3/s，加大流量为 240m^3/s，渡槽设计水深 5.642m，加大水深 6.052m，纵坡 1/4200。由进出口渐变段、进出口连接段、进口节制闸、出口检修闸以及退水闸、排冰闸以及降压站等构造物组成。

渡槽上部槽身为三槽一联带拉杆预应力钢筋混凝土梁式矩形槽。槽身宽度 24.3m，上部翼缘侧宽度 25.5m。边墙厚 0.6m，顶部设 2.7m 宽人行道板，中墙厚 0.7m，顶部设 3.0m 宽的人行道板。

2 预应力施工

2.1 孔道施工及塑料波纹管安装

预应力钢绞线预留孔道的施工与钢筋工程同步进行，波纹管采用高密度聚乙烯塑料，壁

作者简介： 欧阳清泉（1988—），湖南永州市，助理工程师，主要从事水利工程建设工作。

厚不小于2.5mm，波纹管外观应光滑，色泽均匀，内外壁不允许有隔体破裂、气泡、裂口、硬化及影响使用的划伤。

主梁、底肋钢筋及侧向钢筋绑扎与波纹管同步安装。安装时按图纸上每个孔道坐标在模板上标出的断面及矢高控制，坐标尺寸量测控制误差±5mm。首先采用Φ12定位钢筋将所有预应力管道的线型控制点精确定位出来，之后铺设预应力管道，并采用事先制好的Φ6钢筋U型控制环（每50cm一个，弯段加密）与Φ12定位钢筋焊牢，并防止波纹管偏移或上浮。安装中波纹管波纹接头使用波纹管专用接头，在搭接处外缘用密封胶布缠紧，接头处要封严，不得漏浆。浇筑混凝土时，为防止管道变形及堵孔，采用内衬胶管的方式来避免，在浇筑的混凝土初凝前，来回串动内衬管，以达到防止预应力管道变形及堵孔的效果，浇筑完成后及时通孔清孔，发现阻塞及时处理。钢束的预留孔道长度大于30m时，在中间设置一个排气管。

2.2 钢绞线施工

（1）钢绞线下料。在施工部位就近选择一块平坦的场地作为下料场地，经清理平整、碾压后铺垫彩条布进行下料作业，下料长度必须准确，下料机具选用锚索切割机。钢绞线切割时后，及时在每端离切口30～50mm处用铁丝绑扎，切好的钢绞线要注明束号、长度、根数。对切割下料的钢绞线应采用彩条布遮盖防护。

（2）钢绞线编束与编号。钢束穿入预留孔道前，依照设计图纸对每个孔道编号，并将配置好的钢绞线绑扎成束，绑扎采用20号铅丝沿束长方向每1.5m一道，靠近张拉端2m以内每隔0.5m一道。钢束端部应有明显区分绞线的标志、不得扭曲，然后挂牌编号。

（3）钢绞线穿束。钢绞线编好束后，在每束钢绞线前端用胶带缠紧，以避免穿束时破坏波纹管，同时也便于穿束；在波纹管前端装上约束圈，然后用人工进行穿束，钢绞线穿束中应防止钢绞线扭转，注意钢束端部的上、下标志。

2.3 锚具安装

（1）张拉端锚具安装。纵向和横向波纹管安装就位后，将锚具垫板的小头套在波纹管上，波纹管与锚垫板的搭接长度应大于30mm，搭接处外缘用胶布缠紧。在安装锚垫板前应将螺旋筋套入，安装锚具后，螺旋筋紧贴锚垫板固定在钢筋上；锚垫板的孔道出口端必须与波纹管中心线垂直，其端面的倾角必须符合设计要求。在端面模板立好后，用螺栓将锚垫板固定在模板设计位置上。

（2）竖向预应力螺纹钢筋锚固端安装。将竖向预应力螺纹钢筋锚固端与预应力螺纹钢拧紧后，采用焊接固定在附近的钢筋上，但不能在精轧螺纹钢上施焊。

2.4 安装排气管

（1）纵向和横向两端张拉的预留直孔道和U型曲线孔道不设排气管。

（2）一端张拉的竖向精轧螺纹钢波纹管每根都设置一个排气管；用胶布将波纹管密封。

2.5 预应力张拉

2.5.1 张拉前的准备

（1）混凝土强度达到设计强度的85%后方可张拉。

（2）张拉千斤顶及油压表应配套校验，以确定张拉力和油压表的曲线，其压力表的准确度等级不低于0.4级，张拉时压力表读数不超过表盘刻度的75%。

（3）张拉前应清理张拉施工区内与张拉作业无关的材料、设备及其他障碍物。检查或搭设张拉作业所需的工作平台、脚手架，并固定牢靠，设置安全防护设施，挂警示牌。

（4）张拉前应清理承压面，并检查锚垫板后面及波纹管边缘的混凝土质量合格后，方可允许张拉。

（5）预制力张拉时，将槽身模板拆除或是解除约束后，方可进行预应力张拉。

（6）张拉机具操作人员定人定位持证挂牌上岗，非作业人员不得进入张拉作业区，千斤顶出力方向严禁站人。

（7）正式张拉前结合预应力锚索测力计及预应力锚杆测力计进行试张拉，确定张拉工艺、张拉伸长值、锚圈口损失及锚下预应力，测定无误后方可进行成批张拉。

2.5.2 预应力筋的张拉步骤

（1）钢束张拉遵循对称张拉、自上而下，先两端后中间、先中墙后边墙的原则。

（2）第一序张拉先张拉边墙和中墙的纵向曲线钢束，再张拉边墙、中墙50%纵向直线钢束和中间LZB16、LYB16、LZB18、LYB18及底板70%的纵向钢束，最后进行所以横向钢束张拉。

（3）第一序张拉完成后，拆除满堂架。

（4）第二序张拉完剩余的边墙、中墙50%的纵向钢束，底板30%的纵向钢束，最后张拉所有竖向精轧螺纹钢。

（5）横梁横向钢束张拉时，先张拉一束底板钢束，上下排对称于横梁中心线交替张拉。

（6）竖向精轧螺纹钢张拉时，先张拉边墙，再张拉中墙。

（7）张拉中墙时，从两端向跨中依次张拉。从两端每隔一根张拉一根，到达跨中后，再返至两端向跨中依次张拉完剩余精轧螺纹钢。

（8）张拉边墙时，外侧排精轧螺纹钢从两端向跨中前进，内测排精轧螺纹钢从两端每隔一根张拉一根，到达跨中后，再返至两端向跨中依次张拉完剩余精轧螺纹钢。

2.5.3 预应力施工技术要求

在槽身两仓混凝土浇筑完毕后，混凝土强度达到85%时开始预应力钢绞线的张拉。

钢绞线进场后要进行检验方可使用；预应力筋张拉机具及仪表按规定进行配套标定，并配套使用；张拉设备的标定期限不应超过半年；预应力筋用锚具，夹具应按设计要求采用，其性能应符合国家标准《预应力筋用锚具，夹具和连接器》GB/T 14370－2007等的规定。

预留孔道的定位应牢固，浇筑混凝土时不应出现移位和变形。

预应力筋张拉锚固后实际建立的预应力值与工程设计规定检验值的相对允许偏差为±6%，张拉中，每条钢束不得出现滑丝或断丝情况。

混凝土浇筑过程中，必须派专人对波纹管进行维护，在混凝土初凝前，来回抽动内衬管，防止漏浆堵孔或造成管道变形。

2.5.4 孔道灌浆

（1）配合比。孔道灌浆所用水泥浆的配合比是河北省水利工程质量检测中心站提供且通过专家论证，所有指标满足规范和《南水北调中线干线工程预应力设计、施工和管理技术指南》（NSBD-ZXJ-1-01）的要求，见表1。

表1　午河渡槽预应力孔道灌浆配合比

材料名称	胶材		砂子	水	外加剂	
	水泥	GK-YJ			GK-5A	—
用量/（kg/m³）	1494	166	—	465	21.58	—
质量配合比	1		—	0.28	0.013	—

（2）时间及材料。

1）预应力束全部张拉完毕后，应有检查人员检查张拉记录，经过批准后方可切割锚具外的钢绞线并进行压浆准备工作，压浆工作应尽快进行，孔道应在张拉完成后48h内进行灌浆。灌浆材料采用内丘中联水泥厂生产的普通硅酸盐水泥P·O42.5，内掺阻锈剂、微膨胀剂和防冻剂。

2）水泥浆必须具有足够的流动度，水灰比宜控制在0.26～0.28、水泥浆稠度宜控制在10～17s时，即可满足灌浆要求。

3）为提高水泥浆的流动度、增加水泥浆的密实性，同时减少其泌水和体积收缩，在水泥浆中掺入适量的外加剂。

4）水泥浆强度。

水泥浆抗压强度：7d≥30MPa；28d≥50MPa。

（3）灌浆设备。

1）灰浆搅拌机。

2）UB3灌浆机。

3）计量设备。

（4）灌浆前准备。

1）检查灌浆泵部件是否完好。

2）检查搅拌机是否工作正常，出浆口应配有1.2mm的筛子。

3）灌浆前应先确认孔道内有否积水或杂物，如有积水或杂物应用高压空气进行清除。

（5）水泥浆的搅拌。

1）搅拌水泥浆之前加水空转数分钟，将积水倒净，使搅拌机内壁充分湿润，将水加入搅拌机，开动机器后，加入水泥和外加剂，水和外加剂应以50kg袋装水泥重量的整数倍计算。

2）搅拌时间应保证水泥浆的混合均匀和达到所需要的流动度，同时注意观察水泥浆的稠度以满足设计要求。在灌浆过程中，水泥浆的搅拌应不间断；若中间按管停顿时，应让水泥浆在搅拌机和灌浆泵之间循环流动，直至泵送为止。搅拌好的水泥浆要做到基本卸尽。在全部水泥卸出之前不得再投入原材料，更不能采取边取料边进料的方法。

3）严格按配合比用水量加水，否则多加的水会全部沁出，易造成管道顶端有空隙。对未及时使用而降低了流动性的水泥浆，严禁采用加水的方法来增加其流动性。

（6）灌浆。灌浆采用真空辅助灌浆工艺，采用一端压浆另一端设排气孔抽真空的方法。

1）灌浆应缓慢、均匀，不得中断，灌浆前应将排气孔关闭抽真空，孔内大气压保持在－0.08～－0.1MPa范围内。

2）浆液充满管道后，将排气孔依次放开，当排气孔排出与规定稠度相同的水泥浆时关闭排气孔，之后为保证管道中充满水泥浆，应继续加压至0.5～0.6MPa，维持5min后，将灌浆孔用木塞堵住，较集中的管道尽量连续灌浆。

3）灌浆过程中及灌浆后三天内，结构及环境温度低于5℃时，采取保温措施。灌浆时水泥浆的温度为10～25℃，当气温高于35℃时，灌浆在夜间进行。

4）灌浆结束24h后，对管道的灌浆质量进行检查，对进浆口、出浆口的灌浆饱满程度进行检查，发现管道浆体不饱满，进行补充灌浆。

（7）清洗。灌浆完成后，清洗输浆管、灌浆机、搅拌机、阀门以及其他黏有水泥浆的工具。

3 质量保证措施

（1）波纹管。波纹管内径不小于设计尺寸，壁厚不小于3.5mm，外表面应光滑平整，不允许有裂纹、气泡、裂口及明显杂质，波形应均匀一致，不应出现短缺波纹，波峰上不得有收缩凹纹。

（2）锚具。按照《预应力混凝土施工技术要求》，完成锚具的外观检查、硬度检验、静载锚固性能试验，合格后方能使用。

（3）预应力张拉设备。

1）所有用于预应力的千斤顶应专为所采用的预应力系统所设计，并经国家认定的技术监督部门认证的产品。

2）千斤顶的精度应在使用前校验。千斤顶标定期限不超过半年。以及在使用过程中出现不正常的现象时，应重新校准。测力环或测力计应至少每2个月进行重新校准。

3）用于测力的千斤顶的压力表，其精度不低于1.5级。校正千斤顶用的测力环和测力计应有±2%的读数精度。压力表读盘直径应小于150mm。每个压力表应能直接读出kN或有一换算表可以换算成为kN。压力表应具有大致两倍于工作压力的总压力容量。被量测的压力荷载，应在压力表总容量的1/4～3/4范围内，除非在量程范围建立了精确的标定关系。压力表应设于操作者肉眼可见的2m距离以内，使能无视觉差获得稳定和不扰动的读数。每台千斤顶及压力表应视为一个单位且同时校准，以确定张拉力与压力表读数之间的关系曲线。

4）张拉中，每个钢束都不能出现滑丝或断丝现象。

5）预应力张拉采用双控，即应力控制和伸长值控制。应力控制即由压力表读数控制；伸长值控制按张拉过程实测伸长值与理论伸长值比较，预应力钢束张拉伸长量的测定值与图中给定值相比误差不得超过±6%，否则应停止张拉，并查明原因。

（4）保温。冬季施工时，对整个槽身及槽身底部进行保温，控制槽身范围内环境温度在5℃以上，否则立即暂停波纹管灌浆工艺的施工，待温度达到要求后继续施工。

4 安全措施

（1）合理规划、组织和安排人员与设备，在保证各节点施工的前提下，尽可能避免加班连班、交叉作业等不安全因素的产生。

（2）作业人员严格执行操作规程和本岗位安全标准，遵守劳动纪律，进入施工现场，按劳保规定着装和使用安全防护用品，禁止违章作业。

（3）严禁违章操作、野蛮施工，高空作业时搭设的工作平台必须牢固可靠，并设置栏杆、

挂安全防护网，在醒目处设立安全警示标志。

（4）施工机械设备定点存放、材料工具摆放有序，工完场清，车容机貌整洁，消防器材齐备、道路通常。

（5）施工用各类脚手架、吊篮、通道、爬梯、护栏、安全网等安全防护设施完善可靠，安全标志醒目。

（6）进入施工现场必须戴安全帽，高处作业必须系安全绳。

（7）对槽身钢筋安装时，钢筋的传递、布设、绑扎要相互配合，防止配合不当造成人员挂伤、跌倒、坠落等。

（8）预应力施工前对所有参与该施工的人员进行必要的岗前培训，只有经培训合格的人员才能持证上岗。

（9）注浆泵、张拉设备高压油泵等承压设备或容器，使用前须全面检查，满足安全要求再投入使用，在使用过程中如发现压力表失灵或损坏，应及时更换并经常检查易损坏的部位，发现后及时处理。张拉时千斤顶必须与张拉力匹配。

（10）施工作业时，任何情况下，注浆管及钢绞线张拉时的锚孔前方45°范围着严禁站人，张拉设备的安全必须牢固，张拉方法应符合设计要求及有关规定。

（11）操作千斤顶和测量人员要严格遵守操作规程，不应站在千斤顶正前面操作。油泵开起过程中，不得擅自离开岗位，如需离开必须把油阀全部松开并切断电路，灌浆时压浆人员必须站在锚具两侧操作，严禁正对锚具。

（12）经常检查施工电源、电力线路及设备电器，按照有关规定设置保护装置，以确保用电安全。

施工技术

浅谈南水北调中线排水渡槽工程灌注桩施工技术

李金辉，何琦

（南水北调中线干线工程建管局 河南直管项目建设管理局，郑州 450016）

摘要：南水北调是缓解中国北方水资源严重短缺局面的重大战略性工程，排水渡槽被广泛地应用到工程建设中，如何规范施工保证工程质量成为首要问题。本文阐述了南水北调中线工程冯岗沟排水渡槽钻孔灌注桩施工工艺，归纳施工技术控制点，对施工工艺提出具体要求，从而实现对钻孔灌注桩施工质量主动控制，并取得良好效果，为类似工程积累经验。

关键词：施工降排水；钻孔灌注桩；施工工艺；质量与安全控制

1 工程概述

1.1 概况

盖族沟排水渡槽位于安阳市汤阴县宜沟镇大盖族村东南约 300m 处，是南水北调中线工程总干渠与盖族沟的交叉建筑物。工程交叉处总干渠黄河北一羑河北渠段桩号为 IV173+035.6，轴线交叉点大地坐标为 x=3959832.693，y=523930.520。

排水渡槽控制流域面积 9.37km^2，天然洪水 50 年一遇设计洪峰流量 185m^3/s，200 年一遇设计洪峰流量 257m^3/s；交叉断面处总干渠设计流量 245m^3/s，加大流量 280m^3/s。

盖族沟排水渡槽总长 275.98m，主要由进口段、槽身段、落地槽段、跨槽交通桥段、出口消能防冲段等五部分组成。其中进口段长 67.90m，进出口落地槽段分别长 16.07m 和 10.51m，交通桥段各长 5m，槽身段长 100.0m，出口消能防冲段长 71.50m。为了与原下游河道平顺连接，对下游河道进行整治，开挖引渠长度 270m。

进口段包括护砌段、渐变段两部分，总长 67.90m。落地槽布置在槽身进出口与跨槽交通桥之间，上下游落地槽各长 16.07m 和 10.51m。为 C30 现浇钢筋混凝土矩形槽结构，侧墙厚

第一作者简介：李金辉（1984—），河南封丘人，助理工程师，南水北调中线工程建管局河南直管建管局。

0.5m，底板厚 0.6m，侧墙与两侧跨槽公路桥和槽身平顺连接。

槽身段长 100.0m，共 5 跨，单跨跨径 20.0m。槽身采用 C50 预应力混凝土梁结构，纵梁上部为现浇 C30 钢筋混凝土矩形流水槽，过水断面（宽×高）为 18.0m×2.6m，槽底纵比降 1/350；槽身以薄壁墩支承，墩帽截面尺寸 2.2m×1.4m（宽×高），为 C30 钢筋混凝土结构，墩高 7.3m，顺槽向墩宽 1.2m，横槽向墩长 18.6m，墩头半圆形，直径 1.2m，墩下设承台，长 20m，宽 2.4m，高 2.0m，承台下设一排 6 根灌注桩，桩径 1.2m，中心距 3.3m，最大桩长 31.0m。墩帽为 C30 钢筋混凝土结构，薄壁墩、承台及灌注桩均采用 C25 钢筋混凝土。

跨槽交通桥设在进出口段与落地槽之间，桥长 18.0m，分 2 孔，采用 C20 混凝土挡土墙式桥台，中墩为 C25 钢筋混凝土薄壁墩，其下为扩大基础。桥面宽 5.0m，桥板采用 C30 混凝土预制板，板厚 0.36m，桥面与总干渠管理交通道路以 5%的坡度连接。出口消能防冲段包括陡坡段、消力池段和海漫段三部分，总长 71.5m。

1.2 水文气象

本渠段属温带大陆季风型气候区，根据淇县站气温资料统计，段内月平均最低气温出现在 1 月，为－0.8℃，渠段抗冻设计气候类型属于寒冷气候区。

本渠段多年平均降雨量 616.3mm。段内多年平均气温 14.1℃，全年 1 月温度最低，平均气温－0.8℃；月平均最低气温－5.2℃；7 月气温最高，月平均气温 27.0℃，月平均最高气温 31.9℃。

1.3 工程地质

勘察区属软岩丘陵区，地势自西向东缓倾，工程区内盖族沟深约 7m，沟底高程 100.45m，两岸地形较平坦，地面高程 107.44～107.71m。

勘探深度范围内场区地下水为第三系孔隙裂隙岩溶水，勘探期间地下水位埋深 19.0～19.5m，水位高程 88.21～88.53m。场区地下水对混凝土无腐蚀性。

1.4 主要工程量

表 1 主要工程量

序号	项目名称	工程量	备注
1	土石方开挖/m^3	1169682	
2	土方填筑/m^3	29610	
3	M7.5 浆砌石/m^3	1769.5	
4	橡胶止水带/m	580	
5	混凝土 T 梁/m^3	1522.6	
6	D1200 灌注桩/m^3	1058.6	
7	钢筋制作安装/t	438.42	
8	其他混凝土/m^3	3884.6	

2 施工部署

2.1 施工现场布置

根据建筑物的特征，在渡槽的出口段渠道贯通道路的东侧，设置现场办公用房 3 间

$60m^2$，在出口段布置钢筋加工棚 $150m^2$、模板加工棚 $300m^2$、仓库 $90m^2$ 等。

2.2 施工道路

在渠道的右边坡处渡槽的南侧布置下基坑道路。渠道贯通道路，前期施工渠道右侧的施工贯通道路采用现有的贯通道路，渡槽槽身部分完成之后，出口段开挖完成，渡槽出口的外围轮廓线修筑施工贯通道路。基础换填在灌注桩施工作业前完成，在渡槽施工时充分利用换填施工的道路。

2.3 施工用电

在渡槽附近安装一个 S-315 变压器一台，以供给渡槽预制梁预制和打桩施工用。

2.4 施工用水

根据工程需要，施工用水采用洒水车供给，在附近的取水点取水后直接运至施工现场。

3 施工降排水

勘探深度范围内场区地下水为第三系孔隙裂隙岩溶水，勘探期间地下水位埋深 19.0～19.5m，水位高程 88.21～88.53m。场区地下水对混凝土无腐蚀性。

在开挖过程中若有地下水，采用明沟集中排水，在施工基坑内四周挖 0.5m 深的排水沟，有组织排水，将地下水集中到一个集水井内统一抽排。

4 下部结构

4.1 灌注桩施工

盖族沟渡槽共有灌注桩 36 根，桩径 1.2m，中心距 3.3m，最大桩长 31.0m。灌注桩施工前，先进行渠道土石方开挖，渠道开挖后，测量放样桩位，斜坡上开挖至灌注桩顶高程时，用人工开挖石方，修成 6m 宽的桩基施工平台。施工时桩顶以下埋设有 1.2m 的护筒，宜采用 6mm 钢板制作，护筒埋设后周围用黏土进行夯实。泥浆池的布置根据现场实际情况，采用挖坑的形式，用黏土围护。施工时泥浆通过挖沟流入钻孔灌注桩内，对孔内进行泥浆置换。灌注桩成孔采用跳孔法间隔进行钻孔，钻机 CJF-20 型冲击钻机成孔。

4.1.1 工前准备

（1）做好图纸会审、现场踏勘工作。开工前，对施工图进行仔细、详实地会审，明确设计意图，并作图纸会审纪要，发现问题及时与设计、业主联系。

（2）做好施工技术、质量交底工作。开工前，技术负责人向全体施工人员进行施工技术和质量交底，明确技术要求和质量要求，使作业人员在具体实施过程中做到心中有数，树立“质量第一，预防为主”的观念。

（3）桩位测量。开始钻孔前，测量员放样具体桩位，同时应测定施工现场地面高程。测量仪器用徕卡 TCR402。测量人员和质检员共同对已测放好的桩位进行验收，无误后方可提交给监理进行验收，合格后方可开始造孔。

（4）泥浆制备。泥浆制备时应选用高塑性黏土或膨润土，加入处理剂，待膨润土完全水化并经充分搅拌后方可使用。

制备的泥浆其性能见表 2。

表 2　泥浆性能表

相对密度	黏度/Pa°s	含砂率/%	胶体率/%	失水率/（mL/30min)	泥皮厚/（mm/30min)	静切力/Pa	酸碱度/pH 值
1.20～1.40	22～30	≤4	≥95	≤	≤3	3～5	8～11

钻进泥浆其泥浆性能主要以稳定孔壁为主，结合考虑泥浆的悬浮能力等因素。

4.1.2　钻孔过程控制

（1）埋设护筒。护筒宜采用 6mm 钢板制作，1.2m 高。其内径大于钻头直径 200mm，圆度偏差小于 20mm，上部开设 1～2 个溢浆口。护筒制作要坚固耐用，不易变形，不漏水，安装好，起拨方便，并能重复使用。

护筒埋设时宜优先选择挖埋法，具体步骤是：

1）先在桩位处挖出比护筒预埋深度深 0.3～0.5m、直径比护筒大 0.4m 的园坑。

2）在坑底填 0.3～0.5m 厚的黏土并夯实。

3）将钻孔中心位置标于坑底，并将护筒放进坑内，用十字线加重锤找出护筒中心位置，移动护筒使护筒中心与坑底中心重合，其中心轴线与桩位偏差不得大于 200mm，且护筒应保持垂直。

4）用水平尺校直护筒。

5）在护筒四周对称均匀的回填、夯实黏土。

护筒的埋设深度尚应满足孔内泥浆面高度的要求，护筒上口一般宜高出地面 200mm。

护筒上口应用钢丝绳对称吊紧，防止下窜。

（2）冲击钻进成孔。钻孔灌注桩施工 CJF-20 型冲击钻机造孔，导管法混凝土灌注成桩。钻机就位后，应精心调平，并支撑牢固，确保施工中不发生倾斜、移位。

1）成孔时应使冲孔机就位，冲击钻应对准护筒中心，要求偏差不大于±20mm，开始低锤（小冲程）密击，锤高 0.4～0.6m，并及时加黏土泥浆护壁，使孔壁挤压密实，直至孔深达护筒下 3～4m 后，才加快速度，加大冲程，将锤提高至 1.5～2.0m 以上，转入正常连续冲击，在造孔时要及时将孔内残渣排出孔外。

2）冲孔时应随时测定和控制泥浆密度，每冲击 1～2m 深应排渣一次，并定时补浆，直至设计深度。排渣用抽渣筒法，是用一个下部带活门的钢筒，将其放到孔底，作上下来回活动，提升高度在 2m 左右，当抽筒向下活动时，活门打开，残渣进入筒内；向上运动时，活门关闭，可将孔内残渣抽出孔外。排渣时，必须及时向孔内补充泥浆，以防亏浆造成孔内坍塌。

3）在钻进过程中每 1～2m 要检查一次成孔的垂直度。如发现偏斜应立即停止钻进，采取措施进行纠偏。对于变层处和易于发生偏斜的部位，应采用低锤轻击，间断冲击的办法穿过，以保持孔形良好。

4）成孔后，应用测绳下挂 0. 5kg 重铁锤测量检查孔深，核对无误后，进行清孔。可使用底部带活门的钢抽渣筒，反复掏渣，将孔底淤泥、沉渣清除干净。成渣厚度控制在 30mm 以内。

5）清孔后应立即放入钢筋宠，并固定在孔口钢护筒上，使在浇灌混凝土过程中不向上浮起，也不下沉。钢筋笼下完并检查无误后，应立即浇筑混凝土，间隔时间不应超过 4h，以防泥浆沉淀和塌孔。

4.1.3 钢筋笼制作及吊放

（1）主筋焊接质量控制。主筋的焊接质量必须满足规范要求，并按规定每200个焊接头抽取一组试件送试验室检验。设计采用搭接焊焊接主筋时，搭接长度必须满足设计或规范规定，即采用双面焊时，搭接长度≥$5d$，采用单面焊时，搭接长度≥$10d$（d为钢筋直径）。

（2）主筋与箍筋间的焊接质量控制。焊接质量外观必须满足：焊点处熔化金属均匀；压入深度符合要求，为较小钢筋直径的30%～45%；焊点脱落、漏焊数量不得超过焊点总数的4%且相邻两焊点不得有漏焊及脱落现象；焊点无裂纹、无多孔性缺陷及明显烧伤现象。

（3）控制同一截面的主筋接头数量，不超过规范要求。主筋焊接时，同一截面内的钢筋接头数不得超过主筋总数的50%，两接头纵向间距不小于50cm。

（4）钢筋笼成型质量控制。控制好主筋间距、加强筋间距、箍筋间距、钢筋笼长度、钢筋笼直径、钢筋笼弯曲度等指标。

（5）钢筋笼吊放时应选择合理的吊点，缓慢起吊，防止弯曲变形。

4.1.4 混凝土搅拌及运输

混凝土淇河营地拌和站集中搅拌，运输采用3台$6m^3$的混凝土罐车运输，直接入仓。

4.1.5 水下灌注混凝土成桩

（1）导管投入使用前，应在地面试装，进行气密性压力试验，检查有无漏水间隙。

（2）成孔孔径、深度检测合格，方可下放钢筋笼、导管

（3）导管直径为250mm，壁厚≥3mm，导管吊放入孔时，法兰连接，确保密封良好，底管长度不小于4m。

（4）导管在桩孔内的位置保持居中，防止导管偏移，损坏钢筋笼或导管。

（5）开始灌注混凝土时，导管底部至孔底的距离可控制在300～500mm。

（6）灌注前用球胆做止水塞，以保证浇灌混凝土的质量。

（7）水下灌注混凝土是确保成桩质量的关键，混凝土灌注应紧凑、连续不断地进行。

（8）灌注过程中，导管埋入混凝土深度控制在2～6m，严禁将导管提出混凝土面，使导管内进浆造成断桩。

4.1.6 试块制作及坍落度试验

为检测混凝土质量，试验人员每班做坍落度试验一组，每根桩必须做一组试块，随机取样，人工振捣，标准条件下养护，并做记录。

4.1.7 泥浆排放

沉淀池、泥浆池要定时清理，清出的钻渣以及废浆应及时运出现场，以防污染环境。

4.1.8 钻孔灌注桩施工工艺

钻孔灌注桩施工工艺流程如图1所示。

5 质量及安全控制技术措施

5.1 混凝土施工质量保证措施

为保证本工程混凝土质量满足设计要求，混凝土施工质量达到优良，在混凝土施工过程

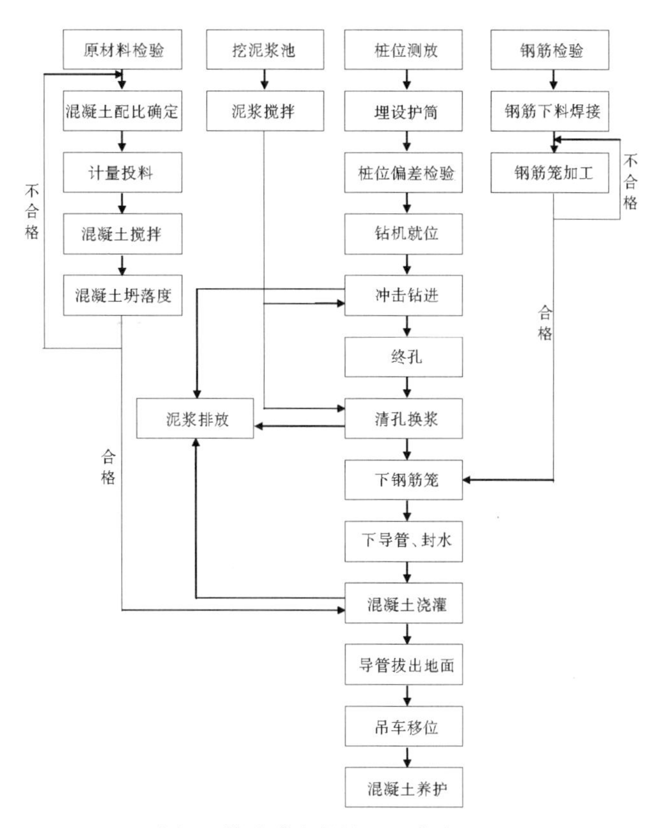

图1　钻孔灌注桩施工工艺流程图

中，必须严格按规范及设计要求，对混凝土生产的原材料、配合比及仓面作业等混凝土生产过程中的各主要环节进行全方位、全过程的质量控制，不断提高混凝土施工质量。

（1）水泥、外加剂、砂石骨料等要定期随机抽样检查与试验，其储存满足相应的产品储存规定，不合格材料不进入拌和楼。

（2）混凝土配合比优化设计。在全面满足设计要求的各项技术参数的条件下，掺用粉煤灰，降低水泥用量，提高混凝土初期的徐变能力；选用较低的水灰比，以提高其极限拉伸值。

（3）控制混凝土拌和质量。严格按试验室开具的、并经监理工程师批准的混凝土配料单进行配料；使用的外加剂，提前做不同种类外加剂的适配性试验，严格控制外加剂的掺量；根据砂石料含水量、气温变化、混凝土运输距离等因素的变化，及时调整用水量，以确保混凝土入仓坍落度满足设计要求；定期检查、校正拌和楼的称量系统，确保称量准确，且误差控制在规范允许范围内；保证混凝土拌和时间满足规范要求；在拌和楼同时生产几种标号的混凝土的情况下，采取电脑识别标志，防止错料；所有混凝土拌和采用微机记录，做到真实、准确、完整，以便存档或追溯。

（4）测量控制。根据地形条件和工程体形设计上的特点，施工测量工作采取相应的技术措施，确保将设计数据准确无误地放样于实地，保证工程施工的质量和进度。

（5）模板施工质量控制。

1）测量放样施工必须增密控制网点以利检查校正模板。

2）模板安装必须尺寸准确、平整、光洁，接缝严密，固定可靠。

3）模板及配件在出厂前严格检查制作质量，不合格的模板和配件不得出厂。

（6）加强现场施工管理，提高施工工艺质量。

1）成立混凝土施工专业班子，施工前进行系统专业培训，持证上岗。

2）混凝土入仓后及时进行平仓振捣，振捣插点要均匀，不欠振、不漏振、不过振。

3）止水及其他埋件安装准确，混凝土浇筑时由专人维护，以保证埋件位置准确。

5.2 施工安全措施

（1）为保证照明安全，在各施工部位、通道等处设置足够的照明，最低照明度符合规定。施工用电线路按规定架设，满足安全用电要求。

（2）配备安全防护设施，仓面设置安全通道和安全围栏，高空部位挂设安全网，随仓位上升搭设交通梯，操作人员佩带安全绳和安全带，施工脚手架和操作平台搭设牢固。

（3）加强施工机械设备的检查、维修、保养，确保高效、安全运行，操作人员必须持证上岗。

（4）加强对职工施工安全教育，对工人进行岗前培训，操作考核合格者才能上岗。

（5）在施工现场、道路等场所设置醒目的安全标识、警示信号等提高全体施工人员的安全意识。

（6）安全管理小组加强施工现场安全管理工作，科学组织施工，确保混凝土施工安全。

6 结语

排水渡槽工程在南水北调中线大型长距输水工程中应用广泛，灌注桩在工程中起着举足轻重的作用，所以对工程施工工艺及质量标准提出和高要求。本工程通过事前对施工过程分析，确立质量控制点，提前分析质量问题原因、确定预防处理措施，在施工过程中严格执行，可实现对排水渡槽施工质量的主动控制。在南水北调中线工程冯岗沟排水渡槽工程施工中，通过严格施工工艺、工程质量得到有效控制，预防了质量事故的发生，取得了施工良好质量控制效果，为其他类似工程的施工与质量控制工作提供了宝贵经验。

参考文献

[1] 姚育林. 钻孔灌注桩施工及控制要点 [J]. 山西建筑，2003.
[2] 曾国熙. 桩基施工技术 [M]. 北京：中国建筑工业出版社，1997.
[3] 芦军. 钻孔灌注桩的施工工艺和主要注意事项 [J]. 工程建设与设计，2002.
[4] 蔡锦源. 钻孔灌注桩施工的质量缺陷与措施 [J]. 西部探矿工程，2004.
[5] 李维平. 钻孔灌注桩施工关键工序控制 [J]. 岩土工程技术，2003.

建设管理

浅析渡槽工程预应力钢绞线施工质量控制

郭海，赵林涛

（南水北调中线干线工程建设管理局 河南直管项目建设管理局，郑州 450011）

摘要：根据南水北调中线工程某渡槽预应力钢绞线施工实际，按照工序质量控制的要求，总结了渡槽工程预应力钢绞线施工的质量控制要点。

关键词：渡槽工程；预应力钢绞线；施工；质量控制

1 工程概况

南水北调中线工程某渡槽位于郑州市二七区，槽身段的上部结构为预应力混凝土多纵梁矩形双槽结构，槽身断面底宽 11.5m，单槽孔口宽 5m，槽身分为 5 跨，每跨长 20m，混凝土强度等级为 C50。渡槽钢绞线设计为后张黏结型预应力钢绞线，槽身两边壁设计为 4 道钢束孔，中肋设计为 6 道钢束孔，每道钢束孔内的钢绞线为 7 根，在槽身内为曲线布置。结构尺寸如图 1 所示。

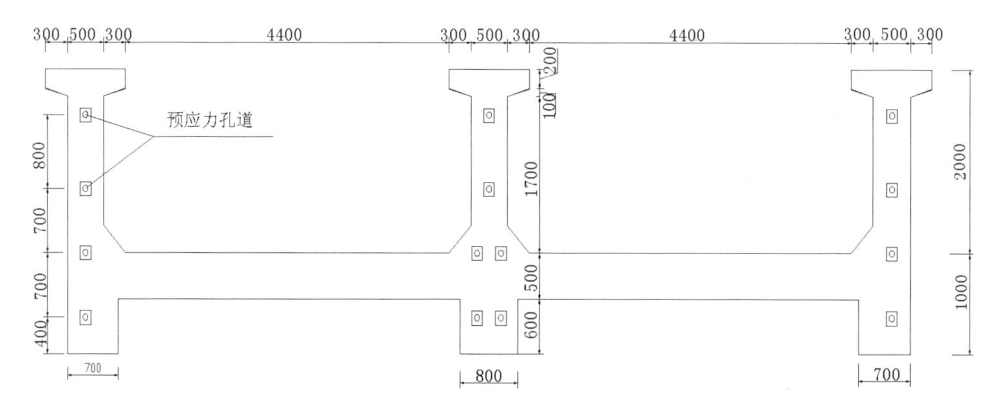

图 1　槽身结构端部横断面图（单位：mm）

第一作者简介：郭海（1981—），甘肃环县人，主要从事合同管理工作。

2 渡槽预应力钢绞线张拉施工质量控制

渡槽预应力钢绞线的施工过程主要包括：施工准备工作、钢绞线编束和穿束、张拉机具的检验及安装、预应力张拉施工及孔道压浆封锚，为保证施工质量，上述每个环节都须严格按照施工规范及施工方案进行控制。

2.1 施工准备工作

施工准备工作主要包括施工人员要求、技术交底、设备配置及材料准备。

（1）人员要求。施工时要求配置专职安全员，技术操作人员须持证上岗。

（2）技术交底。施工前须组织技术人员、管理人员和施工技术工人学习预应力张拉施工技术规范，熟读设计图纸，对施工人员进行岗前培训和技术交底。

（3）设备配置。根据预应力钢绞线的类型配置合适的施工设备，本工程配置液压千斤顶YCK1500型4台（套）、灰浆泵及灰浆搅拌机各1台。使用前对液压千斤顶及油泵进行全数检验、率定，得出回归方程。

（4）材料准备。钢绞线和锚具等材料的质量能否满足设计和规范要求直接关系到施工质量的优劣，施工前必须选择合格的、满足设计要求的钢绞线和锚具等材料。本工程预应力钢束采用标准《预应力混凝土用钢绞线》（GB/T5224－2003）S15.2mm高强低松驰钢铰线，fptk＝1860MPa；锚具采用YJM15-7型锚具及其配件；波纹管采用Φ70金属波纹管；采用质量优劣的42.5级硅酸盐水泥或普通硅酸盐水泥配置水泥浆液，水泥的出厂时间不超过一个月。

2.2 钢绞线编束和穿束

（1）下料。钢绞线下料时，采用切断机或砂轮锯，不得采用电弧或气割切割。下料长度参照渡槽预应力钢束构造图中钢铰线材料表所示“下料长度”，并用下式进行复核，确保每根钢铰线的长度满足要求。

$$L=s+2h$$

式中：L为钢绞线下料长度，mm；s为实测管道长度，mm；h为锚垫板外钢绞线使用长度，包括工作锚板、限位板、工具锚板的厚度，张拉千斤顶长度和工具锚板外必要的安全长度之和，mm。

（2）编束。预应力筋束根据设计结构进行编束。编束时在平坦、干燥且无油污的场地进行，成束预应力筋在编制过程中先使一端对齐，排列平顺，不能出现扭结，绑扎要牢固。

（3）穿束。穿束前将预应力筋束前端包裹，并仔细检查孔号与预应力筋的编号，预应力筋束的各根预应力筋保持顺直，如有扭曲须经调整。只有上述两项均检验合格后方可穿束。

预应力筋束要一次放束到位，缓慢匀速推进，安装过程中避免反复拖动束体。安装完毕后，检查安装位置、锚垫板、孔外预应力筋长度是否满足设计和后期施工要求，并在预应力筋束两端进行对应标示。

2.3 张拉机具的检验及安装

（1）张拉机具安装前，对外露预应力筋除锈，清理承压面，并检查锚垫板后面及波纹管边缘的混凝土质量，如有空鼓现象，则需要进行修补，修补混凝土强度不低于设计强度等级的80％后再进行张拉施工。

（2）安装锚板、夹片、限位板、千斤顶及工具锚。预应力筋张拉前，对所有张拉机具送至具备相应资质的检验机构进行配套标定，并在张拉机具就位后，经有关技术人员检验机具安装合格后，进行空载试运转，检查其运行状态及可靠性。

安装前清理锥形孔及夹片表面，安装后需满足夹片间隙相等、夹片后座在同一个平面上及千斤顶、锚具、限位板与管道保持同轴，偏差不大于 2mm。在工具锚锥孔内壁涂抹润滑剂，以方便拆卸。检查工具锚板上孔的排列位置与前端工作锚板的孔位一致，以杜绝在千斤顶的中心孔中出现钢绞线交叉现象。

（3）锚具安装后及时进行张拉施工，不能及时张拉时，将外露预应力筋和锚具密封，防止尘土和水进入锚夹具及锚板与垫板的接缝内。

2.4 预应力张拉施工

2.4.1 张拉前的检查

预制 T 梁混凝土立方体强度达到混凝土强度设计等级的 100％后，且混凝土龄期不小于 14d 时，可进行预应力张拉，张拉前，为确保施工质量还需进行以下检查。

（1）检查锚垫板位置是否正确，锚垫板上的锚具槽与锚具和喇叭口是否同轴，孔道内是否畅通、无水份和杂物，孔道是否完整无缺。

（2）检查制好的钢丝束穿束前绑扎是否牢固，端头有无弯折现象，钢丝束是否按长度和孔位编号，穿束时是否对号穿入孔道。

（3）张拉前还需清理干净锚垫板，把多余的波纹管进行切割，清理完成后用空压机进行孔道清孔，排出孔内残渣，端头处的钢绞线表面的灰浆清理干净。

上述检查确认后，即可开始进行张拉。

2.4.2 张拉顺序

张拉按照“先张拉中肋后两边对称，先张拉底索再张拉上索”的原则进行，对称钢束采用两套设备同时张拉。各钢束在正式张拉前先进行初始张拉，设初始张拉力为控制张拉力的 10％，张拉顺序如下：50％中肋 $N1$→103％边壁 $N1$→50％中肋 $N2$→103％边壁 $N2$→50％中肋 $N3N4$→103％边壁 $N3$→103％边壁 $N4$→103％中肋 $N1$→103％中肋 $N2$→103％中肋 $N3N4$。前述各钢束张拉到 103％→103％σcon 持荷 5min→100％σcon→锚固。（$N1$、$N2$、$N3$、$N4$ 布置位置如图 2 所示；σcon：张拉控制应力＝1395MPa）。

钢束张拉时两端对称、均匀张拉，采用张拉力与引伸量双控（见图 2）。两端张拉达到要求应力后，先锚固一端，另一端补足应力后再锚固。

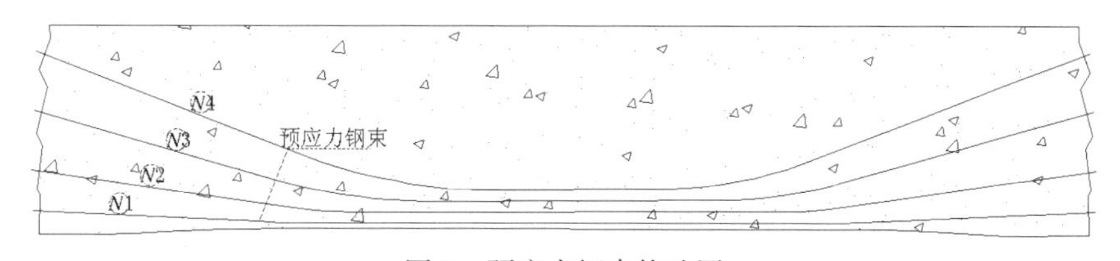

图 2 预应力钢束构造图

2.4.3 张拉施工质量控制

（1）张拉前加强对设备、锚具、预应力筋的检查。

1）千斤顶和油表要按时进行校正，保持良好的工作状态，保证误差不超过规定；千斤顶的卡盘、锲块尺寸应正确，没有摩损勾槽和污物以免影响楔紧和退楔。

2）锚具尺寸应正确，保证加工精度。锚环、锚塞使用前逐个地进行尺寸检查，有同符号误差的要配套使用。也即锚环的大小两孔和锚塞的粗细两端，都只允许同时出现正误差或同时出现负误差，以保证锥度正确。

3）锚塞应保证规定的硬度值，当锚塞硬度不足或不均，张拉后有可能产生内缩过大甚至滑丝，为防止锚塞端部损伤钢丝，锚塞头上的倒角要做成圆弧状。

4）锚环不得有内部缺陷，使用前逐个进行电磁探伤。锚环太软或刚度不够均会引起锚塞内缩。

5）使用前对预应力筋进行检查，钢丝截面要圆，粗细、强度、硬度要均匀；钢丝编束时应认真梳理，避免交叉混乱；清除钢丝表面的油污锈蚀，使钢丝正常楔紧和正常张拉。

6）锚具安装位置要准确：锚垫板承压面，锚环、对中套等的安装面必须与孔道中心线垂直，锚具中心线必须与孔道中心线重合。

（2）张拉过程中严格执行张拉工艺，防止滑丝、断丝。

1）垫板承压面与孔道中线不垂直时，应在锚圈下垫薄钢板调整垂直度。将锚圈孔对正点焊，防止张拉时移动。

2）锚具在使用前先清除杂物，刷去油污。

3）锲紧钢束的各楔块，其打紧程度务求一致。

4）千斤顶给油、回油工序一般应当缓慢平稳进行。特别是要避免大缸回油过猛，产生较大的冲击振动，易发生滑丝。

5）张拉操作要按规定进行，防止钢丝受力超限发生拉断事故。

（3）其他控制要点。

1）张拉控制采用应力值为主、伸长值为辅的双控措施，在张拉前，首先对张拉机具进行校验，然后做好伸长值的测量准备工作；在张拉过程中，按允许的伸长值（理论伸长值的±6%）校验应力值。

2）张拉前做好张拉设备的配套校检与标定，张拉用千斤顶的校正系数不得大于1.05，油压表的精度不得低于1.0级，千斤顶标定的有效期不得超过1个月，油压表不得超过1周；预应力锚具、夹具进场后，按批次和数量抽样检验外形、外观和锚具组装件静力检验，并符合GB/T14370－2007的要求；定期检查液压油管，发现破损及时更换，张拉时严禁践踏高压油管。

3）采取两端张拉工艺，专人指挥，确保两端同步，按设计要求的顺序依次张拉，加载、卸载要平稳缓慢均匀；张拉时，工作锚、夹片安装要均匀，松紧一致。

4）千斤顶不准超载，不准超出规定的行程。转移油泵时必须将油压表拆卸下来另行携带转运。

5）预应力筋下料后进行编束，整束以人工的方式穿入预留孔道内，以防止钢绞线在孔道内纽结，影响张拉的质量。

6）对预应力张拉机具操作人员定人定位持证挂牌上岗，并进行岗前培训和技术交底。

7）预应力张拉时，指定技术员值班，做好张拉时的数据记录，保证张拉质量。

2.5 预应力张拉施工中断丝、滑丝处理措施

钢绞线断丝、滑丝不得超过1根，每个断面断丝之和不得超过该断面钢丝总数的1%。

滑丝与断丝现象发生后，处理方法如下。

（1）钢丝束放松。将千斤顶按张拉状态装好，并将钢丝在夹盘内楔紧。一端张拉，当钢丝受力伸长时，锚塞稍被带出。这时立即用钢钎卡住锚塞螺纹（钢钎可用Φ5mm的钢丝、端部磨尖制成，长20～30cm）。然后主缸缓慢回油，钢丝内缩，锚塞因被卡住而不能与钢丝同时内缩。主缸再次进油，张拉钢丝，锚塞又被带出。再用钢钎卡住，并使主缸回油，如此反复进行至锚塞退出为止。然后拉出钢丝束更换新的钢丝束和锚具。

（2）单根滑丝单根补拉。将滑进的钢丝楔紧在卡盘上，张拉达到应力后顶压楔紧。

（3）人工滑丝放松钢丝束。安装好千斤顶并楔紧各根钢丝。在钢丝束的一端张拉到钢丝的控制应力仍拉不出锚塞时，打掉一个千斤顶卡盘上钢丝的楔子，迫使1～2根钢丝产生抽丝。这时锚塞与锚圈的锚固力就减小了，再次拉锚塞就较易拉出。

2.6 孔道压浆

2.6.1 压浆时间及材料

预应力终张拉完成经验收合格后及时进行孔道压浆。压浆采用不低于42.5级硅酸盐水泥或普通硅酸盐水泥配置的水泥浆液，水灰比不大于0.4，水泥浆强度不低于C50，所用水泥的出厂时间不超过一个月，压浆前先进行压浆试验。

2.6.2 施工程序

清除管道内杂物及积水→搅拌水泥浆→压浆泵压浆→压满孔道并封闭排气孔后压浆泵保压→另一端排出与规定稠度相同的灰浆关闭压浆泵→拆卸压浆泵。压浆后24h内，预应力混凝土槽身上不得放置设备或施加其他荷载。

2.6.3 压浆施工方法

（1）清除管道内杂物及积水。压浆前，将锚具周围的钢丝间隙和孔洞封堵，并用吹入无油的压缩空气清洗管道。接着用内含0.01g/L生石灰或氢氧化钙的清水冲洗管道，直到将松散颗粒除去及清水排除为止，再以无油的压缩空气吹干管道。

（2）搅拌水泥浆。灌浆材料采用C50水泥浆。

（3）压浆施工。压浆时，从一端压浆孔压入浆液，由另一端的排气孔排气和泌水，压浆时先压注下层孔道。

压浆使用活塞式压浆泵，压浆过程保持缓慢、均匀，不得中断，待浆液充满管道后，排气孔排出与规定稠度相同的水泥浆时关闭排气孔，之后继续加压至0.5～0.6MPa，维持5min后，将灌浆孔用木塞堵住，以保证管道中充满水泥浆。较集中和邻近的孔道，先连续压浆完成。

对掺加外加剂泌水率较小的水泥浆，通过试验证明能达到孔道内饱满时，可采用一次压浆的方法；不掺加外加剂的水泥浆，可采用二次压浆法，两次压浆的时间间隔控制在30～45min。

压浆后，从检查孔抽查压浆的密实情况，如有不实，及时进行处理和纠正。压浆时，每班取3组70.7mm立方体试块，标准养护28d，检查水泥浆的抗压强度。

（4）封锚。压浆完成后及时将锚头封堵。张拉端槽身截面的混凝土凿毛后，即可进入后浇带施工阶段。

3 结语

南水北调中线工程为线性工程，一点不通则全线不通，渡槽施工尤其南水北调工程施工的重中之重，施工质量直接关系到全线的通水运行，预应力钢绞线是预应力渡槽的重要受力结构，施工质量的优劣直接关系到渡槽的安全运行和使用寿命，本文对渡槽预应力钢绞线的施工质量控制进行了有益探索，希望对类似工程的施工起到一定的参考作用。

建设管理

南水北调中线工程王沟排水渡槽钻孔灌注桩施工质量控制

翟治贻，翟会朝

（南水北调中线干线工程建设管理局 河南直管项目建设管理局，郑州 450016）

摘要：: 南水北调是缓解中国北方水资源严重短缺局面的重大战略性工程，钻孔管灌注桩被广泛地应用到工程建设中，如何保证工程质量成为首要问题。本文阐述了南水北调中线工程王沟排水渡槽钻孔灌注桩施工工艺，归纳质量控制点，分析常见质量问题发生的原因，研究预防处理措施以及现场严格实施，从而实现对钻孔灌注桩施工质量主动控制，并取得良好效果，为类似工程积累经验。

关键词： 钻孔灌注桩；施工工艺；质量控制点；事故预防

1 工程概述

王沟排水渡槽工程属第五设计单元禹州和长葛段设计单元，位于河南省禹州市，建筑物场区属山前冲洪积倾斜平原，地势较平坦，分为 4 个工程地质单元，自上而下分别为：褐黄色黄土状中粉质壤土（alplQ_3）层、棕红色黄土状重粉质壤土（dlplQ_2）层、石英砂岩、石英岩卵石（dlplQ_2）层、棕黄色黏土岩（N_1L）层。地震动峰值加速度值为 0.05g，相当于地震基本烈度Ⅵ度，地下水为潜水。渡槽采用 C25 混凝土灌注桩基础，桩径 1.2m，桩长 38m，共计 12 根。

钻孔灌注桩具有刚度大、承载力高、桩身变形小，可方便地进行水下施工等优点，已被广泛地应用到工程建设中，虽然钻孔灌注桩施工正日益完善，但断桩、堵管、夹泥、斜孔等质量问题时有发生，如何保证工程质量成为首要问题。因此，运用科学的管理方法，加强钻孔灌注桩施工质量控制以确保工程质量显得极为重要。

第一作者简介： 翟治贻（1983—），河南新乡人，助理工程师，南水北调中线工程建管局河南直管建管局。

2 施工工艺

现场采用冲击钻孔泥浆护壁施工法施工，其工艺流程为：平整场地→泥浆制备→埋设护筒→铺设工作平台→安装钻机并定位→钻进成孔→清孔并检查成孔质量→下放钢筋笼→灌注水下混凝土→拔出护筒→检查质量。

具体施工方法为场地布置、泥浆制备、护筒埋设、钻机安装就位等施工准备完成后，按照操作要求进行钻孔，过程中要注意开孔质量，必须对好中线及垂直度并压好护筒，钻孔的深度、直径、位置和孔形直接关系到成桩质量与桩身曲直，除了钻孔过程中密切观测监督外，在钻孔达到设计要求深度后，应对孔深、孔位、孔形、孔径等进行检查。在终孔检查完全符合设计要求时，应立即进行孔底清理，避免隔时过长以致泥浆沉淀，引起钻孔坍塌。清完孔之后，就可将预制的钢筋笼垂直吊放到孔内，定位后要加以固定，然后用导管灌注混凝土，灌注时混凝土不要中断，否则易出现断桩现象。

3 钻孔灌注桩施工质量控制点

为了保证工程质量、达到对钻孔灌注桩施工质量的主动控制，针对重点控制对象、关键部位或薄弱环节，设置质量控制点。按照在施工过程中的薄弱环节以及对质量特性的影响程度、质量保证的难度大小，经反复研究确定将泥浆的制备、清孔、钢筋笼制作、水下混凝土的浇注等工序设置为钻孔灌注桩的施工质量控制点。

3.1 泥浆的制备

泥浆制备应选用高塑性黏土或膨润土，现场采用高塑性黏土造浆，其塑性指数不小于25，小于0.005mm的黏粒含量大于50%，大于0.1mm的颗粒不超过6%。高塑性黏土泥浆各项性能指标见表1。

表1 制备泥浆的性能指标

项次	项目	性能指标	检验方法
1	比重	1.2～1.4	泥浆比重计
2	黏度	22～30s	漏斗法
3	含砂率	＜4%	
4	胶体率	＞95%	量杯法
5	失水率	＜30mL/30min	失水量仪
6	泥皮厚度	1～3mm/30min	失水量仪
7	静切力	3～5Pa	静切力计
8	稳定性	＜0.03g/cm^2	
9	pH值	7～9	pH试纸

3.2 清孔

桩孔钻至设计标高后，孔内一部分泥渣沉淀，一部分呈悬浮状态，另一部分附着在孔壁上。同时随间歇时间的增加，后两部分泥渣还会继续沉淀，从而使孔底积成一层沉渣，降低桩的承载能力。所以在灌注桩身混凝土前，必须将其清除，这项工作称清孔。现行规范规定，

沉渣的容许厚度为：摩擦桩≤30cm；柱桩≤10cm。清孔的方法应根据钻孔方法、设计对清孔的要求、机具设备和孔壁土质情况而定，常用的方法有抽渣法、吸泥法、换浆法，现场采用换浆法。

在清孔过程中，应不断置换泥浆，直至浇注水下混凝土；浇注混凝土前检测孔底500mm以内的泥浆，其比重为1.23≤1.25，含砂率为4%≤6%，黏度为26s≤28s，各项控制指标均能达到控制标准要求。

3.3 钢筋笼制作

钢筋笼制作前先进行施工图审查，技术人员熟悉施工图纸、规范及技术标准，作业人员进行培训且特种工持证上岗；钢筋进场，其品种、级别和规格符合设计要求，质量证明材料齐全并经检验合格等准备工作。然后按照焊接参数试验→设备检查→胎具模具制作→钢筋笼分节加工→声测管制安→钢筋笼底节吊装→第二节吊放→校正、焊接→循环施工至最后节定位的施工程序完成钢筋笼的制作、安装工作。钢筋笼的制作允许偏差见表2。

表2 钢筋笼制作允许偏差和检验方法

序号	项 目	允许偏差	检验方法
1	钢筋骨架在承台底以下长度	±100mm	尺量检查
2	钢筋骨架直径	±20mm	
3	主钢筋间距	±0.5d	尺量检查不少于5处
4	加强筋间距	±20mm	
5	箍筋间距或螺旋筋间距	±20mm	
6	钢筋骨架垂直度	1%	吊线尺量检查

3.4 水下混凝土的浇注

水下混凝土浇注采用导管法，导管采用内径300mm无缝钢管，导管在使用前必须进行水密实验，经检验合格后投入使用。试压好的导管表面用磁漆标出0.5m刻度的连续标尺，并注明导管全长尺寸，以便灌注混凝土时掌握提升高度和埋入深度。安放导管时，导管下口距孔底为25～40cm。

根据计算确定首批灌注混凝土方量，开导管采用剪塞法。首批混凝土下落后，混凝土应连续灌注，当混凝土灌注正常后，混凝土应连续不断地流动直至完成。混凝土灌注过程中，导管底端埋入混凝土面以下一般保持2～6m，不宜大于6m，并不得小于2.0m。提升导管时保持轴线竖直和位置居中，逐步提升；拆除导管时速度要快，时间不宜超过15min，拆下的导管立即冲洗干净。灌注过程中，派专人量测导管埋深并做好记录。测深采用测深锤法，锤重不小于4kg，由2人各独立测深一次，进行比较，确定深度。接近灌注结束时，用钢管取样盒测深。

4 常见质量事故的原因和预防

虽然钻孔灌注桩施工正日益完善，但由于工序繁多、工艺复杂等原因，堵管、断桩、缩径、夹层、坍孔等质量问题时有发生。为实现对钻孔灌注桩施工质量的主动控制，对常见质量问题的原因进行分析并提出预防处理措施如下。

4.1 堵管

事故原因：①导管漏水，混凝土被水侵稀释，粗骨料和水泥砂浆分离；②灌注时间过长，表层混凝土已过初凝时间，开始硬化；或混凝土在管内停留时间过长失去流动性。

预防处理措施：检查导管连接部位和变形情况，重新组装导管入孔，安放合格的隔水塞。不合格混凝土造成的堵管，可通过反复提升漏斗导管来消除，或在导管顶部安装激振装置，不断振动导管来解除。

4.2 导管漏水

事故原因：①连接部位垫圈挤出，损坏；法兰螺栓松紧程度不一；②初灌量不足，未达到最小埋管高度，冲洗液从导管底口侵入；③连续灌注时，未将管内空气排出，致使在管内产生高压气囊，将密封垫圈挤破；④导管提升过多，埋深太小，冲洗液随浮浆侵入管内。

预防处理措施：根据导管漏水程度大小而不同。①漏水不大，多为从连接处和底口渗入，可集中数量较多、坍落度相对较小的混凝土拌和物一次灌入，依靠混凝土下落的压力将水泥砂浆挤入渗漏部位，封住底口的渗入。②漏水严重时，应提起导管检查连接处的密封圈垫，重新均匀上紧法兰螺栓，准备足量的混凝土拌和物，重新开始灌注。③若孔内已灌注少量混凝土，应予清除干净后，方可灌注；灌入混凝土较多使清除困难时，应暂停灌注，下入比原孔径小一级的钻头钻进至一定深度起钻，用高压水将混凝土面冲洗干净，并将沉渣吸出，将导管下至中间小孔内恢复灌注。

4.3 桩身缩径、夹层

事故原因：①孔壁黏土的侵入，或地层承压水对桩周混凝土的侵蚀；②灌注过程中孔壁垮塌；③混凝土严重稀释。

预防处理措施：此类事故一般在灌注中不易被发现，因此应以预防为主。①对容易造成塌孔、软土入侵和有地下承压水的地层，在灌注前，应向孔内回灌优质泥浆护壁，并保持孔内水头。②下放钢筋笼时应尽量避免挂拖孔壁。③下笼后检查孔底沉渣，发现突然增多，表明有塌孔现象，应立即采取措施，防止进一步坍塌。④灌注中，如发现孔口返水颜色突然改变，并夹有大量的泥土或砂土返出，表明出现了塌孔，应停止灌注，探测孔内混凝土面位置，分析塌孔原因，并提出导管，换用干净泥浆清孔，排出垮塌物，护住孔壁。再用小一级钻头钻小孔，清孔后下入导管继续灌注。⑤遇有承压水时，应摸清承压水的准确位置，在灌注前下护筒进行止水封隔。⑥成桩后验桩发现桩身缩径，如位置较浅，且缩径严重，应考虑补桩。对验桩发现的夹层，可采用压浆补救。

4.4 断桩

事故原因：①因测深不准或操作不当造成提升导管过高，以致底部脱离混凝土层面；②出现堵管而未能及时排除；③灌注中断过久，表层混凝土失去流动性，而继续灌注的混凝土顶破表层而上升，将有浮浆泥渣的表层覆盖包裹，形成断桩；④灌入的混凝土质量低劣。

预防处理措施：对断桩应以预防为主。①灌注前要对各作业环节认真检查，灌注中，严格遵守操作规程，保证灌注作业连续紧凑，重视混凝土面的准确探测，绘制混凝土灌注曲线，正确指导导管的提升，提升应匀速平稳，控制灌注时间在适当的范围内。②如灌入混凝土量不够，应先将已灌混凝土清除再下入导管重新灌注。若灌入量较多，可按前述打小孔的方法

处理。③断桩位置较深，断桩承受荷载不大时，可采取钻孔至断桩部位先清洗再钻孔压浆补救，断桩承受荷载较大时，可采取插入钢筋束灌浆制作锚固桩的措施。断桩位置较浅或处于地下水位以上可将清除断桩以上混凝土，支模重新浇筑成桩。

4.5 孔斜

事故原因：钻机安装时，支撑不好、地层软硬不均匀，操作时在易斜孔段不适当加压钻进、转速过高造成晃动等因素引起钻机整体偏斜，也可能钻头在钻进过程中发生偏斜，结果导致孔斜。

预防处理措施：预防孔斜主要在成孔前预控与成孔过程中监控。①在钻机就位和钻孔过程中随时注意校核钻杆的垂直度，发现倾斜及时纠正。②对于地基不均匀、土层呈斜状分布和土层中夹有大的孤石或其他硬物的情形，施工前必须做好应对措施。③在不均匀地层中钻孔时，钻机自重大、钻杆刚度大较为有利。进入不均匀硬层、斜状岩层和碰到孤石时，钻速要开慢档。④处理大孤石和坚硬岩石，采用自重大的复合式牙轮钻头也是有效的方法。

4.6 坍孔

事故原因：①成孔速度太快，在孔壁周围来不及形成泥膜；②泥浆的密度及黏度不适宜；③保持的水头压力不够；④在砾石等地下透水层等处有渗流水，钻孔中出现程度较大的水渗流现象；⑤沉放钢筋时，碰撞了孔壁，破坏了泥膜及孔壁；⑥护筒的长度不够，护筒变形或形状不合适等。

预防处理措施：①控制成孔速度，使符合规范要求；②经常检测泥浆的各项指标，发现不合适时及时调整；③控制孔内泥浆液面高程，及时补充泥浆；④及时掌握钻孔浮渣渣样的变化，提前判断；⑤下放钢筋笼时严格控制轴线中心与桩体中心重合，在钢筋笼周边设置限位措施；⑥及时检查调整护筒深度及变形。⑦如坍孔将钻头埋住，则采用下插小孔径无缝管制成的花管压入高压风及高压水的方式将钻头提出，如未埋钻具则直接将之提出，之后使用黏土掺杂约20%碎石回填，回填后静置十五日以后使用冲击钻成孔，钻进过程中在坍孔处不断回填黏土及碎石直至穿过该处为止。

5 控制效果

通过上述施工过程中对质量控制点的控制，提前针对质量问题采取预防措施，在南水北调王沟排水渡槽工程钻孔灌注桩施工过程中有效地避免了一次断桩事故的发生。同时依据《建筑基桩检测技术规范》（JGJ 106-2003）采用RSMSSY5型声波仪进行声波透射检测，检测结果显示：全部12根桩基各检测剖面的声学参数均无异常，平均波速约4600m/s，无声速低于低限值异常，均为Ⅰ类桩，桩身完整，其中9根桩声速离散系数$CV<5$，混凝土匀质性等级达到A级，另3根桩$5\leqslant CV<10$，混凝土匀质性等级为B级，取得良好的质量控制效果。

6 结语

钻孔灌注桩基础是用途最广泛的一种桩基础，由于质量控制的偏差，质量事故频繁发生，但通过事前对施工过程分析，确立质量控制点，提前分析质量问题原因、确定预防处理措施，在施工过程中严格执行，可实现对钻孔灌注桩施工质量的主动控制。在南水北调中线工程王沟排水渡槽钻孔灌注桩施工中，通过提前分析预防使事前、事中工程质量得到有效控制，预防了质量事故的发生，取得了施工桩体全部为Ⅰ类桩的良好质量控制效果，为其他类似工程的施工质量控制工作提供了宝贵经验。

参考文献

[1] 姚育林. 钻孔灌注桩施工及控制要点 [J]. 山西建筑，2003.

[2] 曾国熙. 桩基施工技术 [M]. 北京：中国建筑工业出版社，1997.

[3] 芦军. 钻孔灌注桩的施工工艺和主要注意事项 [J]. 工程建设与设计，2002.

[4] 蔡锦源. 钻孔灌注桩施工的质量缺陷与措施 [J]. 西部探矿工程，2004.

[5] 李维平. 钻孔灌注桩施工关键工序控制 [J]. 岩土工程技术，2003.

建设管理

浅谈青兰渡槽工程施工中的质量管理

张运超，任伟，张悦

（河北省水利工程局，石家庄 050021）

摘要：在南水北调中线工程施工中，质量关系着整个工程的成败，也关系着国家和人民的生命和财产。青兰渡槽作为南水北调中线一个重要的建筑物在施工中至关重要。工程项目的施工管理应立足于工程质量管理，质量为本。施工作业环节里，一旦出现了施工问题则会直接影响到工程质量，给工程带来较大的经济损失。鉴于这些，本文对工程项目质量管理的概念及相关理论作了介绍，并提出了切实可行的提高工程施工项目质量管理的策略，具有一定的现实意义。

关键词：青兰渡槽；质量管理；措施管理

1　工程概况

南水北调中线一期总干渠与青兰高速连接线交叉工程（以下简称青兰渡槽）为土建施工标。本工程于邯郸市西南，南环路立交桥处，西环路与南环路连接处之外侧，渠交叉处总干渠桩号为 42＋895.79～43＋010.90，是南水北调中线总干渠上的大型交叉工程。渡槽及其进出口连接段渠道在平面上均呈斜向布置，断面均为梯形，进出口连接段渠道为全填方段。为连接左侧导流沟，在青兰渡槽左侧布置导流沟渡槽一座。青兰渡槽槽身段长 63.0m，分 3 跨布置，跨度为 19m＋25m＋19m，过水断面底宽 22.5m，侧墙高 7.55m。槽身为分离式扶壁梯形渡槽，其中平板支撑结构采用双向预应力连续梁结构，挡水结构采用普通钢筋混凝土结构；渡槽下部结构包括实体板墩、承台和下部灌注桩基础。该渡槽设计流量为 $235m^3/s$，加大流量为 $265m^3/s$。为 1 级输水建筑物。渡槽建设点多，量大、工期紧张，工作难度大，致使工程质量难以控制。为保证工程又好又快的发展和形势的持续稳定，就必须加强工程建设的质量。

第一作者简介：张运超（1987—），河北保定人，助理工程师，主要从事水利工程建设工作。

2　建立完善项目质量体系

青兰渡槽项目部根据本工程的施工任务和特点，建立健全了质量保证体系，制定了本工程的《质量管理办法》和《质量管理实施细则》，明确了项目部质量管理体系机构及各级管理人员质量职责，正确合理地分配质量体系管理要素，实施全面质量管理。建立以项目部项目经理为第一责任人、总质检师和总工程师为主管责任人、质量管理部部长为具体负责人、作业队（作业工区）主任为直接责任人的质量责任制，对全部工程分项最终质量及各工程项目的施工工序进行全部、全过程的质量监督控制。在青兰渡槽工程建设中，为了加强施工质量的控制，青兰渡槽设立了总质检师岗位职责，实行总质检工程师一票否决权制度。例如在项目部刚刚设立的拌和站时，总质检师在检查中发现称量系统偏差过大，立即组织项目部召开会议进行讨论，最终更换了称量系统。确保了全部工程达到质量标准。总质检师与所有质检人员认真履行各自的质量职能，并按照南水北调办的关键工序考核办法，规定了具体的奖惩办法。在施工中，根据相关规定，对发生的影响质量的做法和问题，分清责任后，对当事者按照南水北调奖惩办法进行奖励或处罚。

3　施工前质量控制

3.1　做好“施工方案或施工组织设计”施工

施工组织设计必须按施工现场情况，工程特点，施工条件和施工要求进行研究。对人员、资金、材料、机械设备和施工方法进行科学地、合理地规划安排，编制切实可行的“施工组织设计”，以便更好地做好工程的施工工作。在施工方案编制时需要关系到的内容包含全部施工环节采取的技术方案、工艺流程、组织策略、质量检测等。在编制施工方案时必须把技术作为重点参考，对于存在的施工难题、经济效益等问题，需在方案施工环节给予正确控制。例如青兰渡槽在平板连续梁施工前，原施工方案计划进行整体浇筑，后项目部考虑到施工困难，拌和系统及振捣供应不及等原因，通过召开专家论证咨询会，将平板连续梁分成10仓进行浇筑，极大地解决平板连续梁在施工当中的困难。

全面实施有效的技术、工艺、操作、管理、经济等措施，维持良好的工程质量。在对于施工技术人员进行施工方案进行交底时，在每一个施工方案的背后紧跟着一个质量管理措施的制定，还应编写施工作业指导书以指导作业人员正确地按照施工方案实施。

3.2　严格进行图纸会审

图纸会审目的在于发现、更正图纸中的差错，对不明确的设计意图进行补充，对不便于施工的设计内容协商更正。必要时组织监理、建设、设计、施工等单位的有关人员进行图纸会审。熟悉和了解所担负的设计意图、工程特点、设备设施及其控制工艺流程和应注意的问题。审查出来的问题经建设（监理）、施工、设计三方洽商，由设计单位修改，建设（监理）单位向施工单位签发联系单或设计通知才有效。开工之前必须以书面形式向施工负责人对施工方案和安全管理进行技术交底，并辅以口头讲解。

3.3　材料采购环节的控制

工程项目质量高低，很大程度上取决于原材料质量的优劣。为此，青兰渡槽施工项目部

加强对工程施工中所采用的材料、成品、半成品、构配件（包括混凝土混合料配合比设计）进行检测和管理工作。供货单位选择国家大型企业，供货单位首先提供的进场材料样本、构配件及设备的出厂证明、技术合格证及质量保证书及技术鉴定文件等，先进行材料的检测和出厂证书、技术合格证的核查。材料检测合格和证书检查无误后，方可允许材料进入现场。当材料被运输到施工现场后，安排检查人员对材料性能等加以检查核对，出现异常问题需及时申报处理。对不合格材料进行退换供货单位，并及时做好不合格处理情况，做到不合格材料的追溯统计。完善原材报验制度，在待用材料使用之前，应将申请报告提交到监理部批准，经项目监理部确认批准后方可投入使用。

4　施工中质量管理

在渡槽施工过程中采取控制措施则需要坚持把工序质量控制当成核心，对每项施工工序积极完善的原则。这主要是由于渡槽工程是由每个小部分组成，每道工序都会对施工质量造成影响。准确把握好质量的控制点，结合工程的实际需要来加强影响质量因素的控制。

4.1　加大检查力度

青兰渡槽施工中各工序严格执行“三检制”，实行班组自检、各工序班组互检，专职质检员终检，终检合格后报监理部验收。整个施工过程作业人员、施工人员做好各项记录。混凝土施工配合比必须通过实验室、并经监理人批准的配料单进行配料。混凝土在浇筑前应对原材料进行检测，尤其在高温季节混凝土浇筑前，青兰渡槽为解决骨料温度过高而影响混凝土浇筑的温度影响，安排专人于混凝土浇筑前6h对骨料进行冷水冲洗。从而保证了混凝土浇筑温度。定期检查、校正拌和站的称量系统，确保混凝土的拌和时间符合规范要求。浇筑过程中派人对拌和物的称量偏差、原材料的温度、拌和物的拌和时间、含气量、入仓坍落度、混凝土的入仓温度。浇筑现场设置专人在仓内检查，并对施工过程出现的问题及其处理情况进行详细记录。

4.2　混凝土养护

青兰渡槽平板连续梁结构属于大体积混凝土，混凝土收面后采用一层塑料薄膜和一层棉毡覆盖保温保湿，定期洒水保湿养护。由于高温季节施工，养护用水与混凝土表面不得大于15℃，浇水次数以能保持混凝土湿润状态为准。养护期限应控制在14～28d之内，在此期间，保证混凝土养护湿度满足规范要求，使混凝土的水化过程能够顺利进行。混凝土的养护有人专门负责，在养护期间内，及时巡查检查，发现问题，及时解决。注意细节，填写养护记录，全面落实养护措施。

4.3　温控措施

青兰渡槽平板连续梁由于是在高温季节浇筑。采用制冷水拌和、加冰等措施，保证混凝土浇筑温度不大于26℃，混凝土内外温差控制标准为20℃。混凝土的出机口温度主要取决于拌和前各种原材料的温度，拌和时机械热产生的温度甚微，不予考虑。在各种原材料当中，骨料仓（石子、砂子）采取搭设遮阳篷、堆高骨料，浇筑前6h开始对骨料（中石、小石）喷洒冷水预冷等措施以降低混凝土骨料温度。拌和用水采用地下水，使用碎冰机破碎冰块，在拌和水箱内堆积碎冰，降低拌和水水温，保证拌和水温度不大于10℃。采取增加静置时间、以及水泥厂、粉煤灰厂储藏降温（合同约定）后进场，现场在水泥罐周圈盘冷却水管降温等措施控制水泥、粉煤灰的温度。水泥控制温度不超过50℃，粉煤灰控制温度不超过30℃。对外加剂容器及管路等进行岩棉保温或深埋处理防止温度升高；引气剂随用随配，严禁长时间存放罐中。混凝土采用12m³的混凝土搅拌车运输，对混凝土搅拌运输车采取隔热保温措施。进料时对运输车洒冷水，降低车体温度。在高温季节进行混凝土施工时，外界气温较高，为防止混凝土初凝及气温倒灌，在仓面设置1台C25型仓面喷雾机，以降低仓面小环境的温度，营造湿润小环境。埋设冷却水管进行初期通水，以降低混凝土最高温度并削减内外温差，满足内外温差要求。在混凝土浇筑前埋设测温线，冷却水水管通水后对混凝土进行温度检测，初期1h观察一次，1d后每2h观察一次温度并记录，气温和混凝土内部温度变化大时要加大观测密度；做好温控过程中的数据记录和分析，及时指导温控工作。

5 施工质量后控制

严格做好混凝土质量缺陷处理登记制度。青兰渡槽在墩身施工拆模后不久，出现表面裂缝，质量管理部立即组织人员进行裂缝的排查和检测，排查完成后，项目部立即组织专家论证会进行论证咨询，经专家现场勘查论证后裂缝为Ⅰ类质量缺陷，项目部及时做了混凝土质量缺陷登记，并制定了相应的裂缝处理措施方案。

严格按照规定的质量评定标准和办法，对完成的单元、分部工程、单位工程进行检查验收。确保工程竣工验收程序的合理性，单位工程竣工验收应按有关规定的程序及合同规定会同所有相关单位及部门进行。对质量管理资料，必须要按照施工进度进行收集整理。每完成一个单元工程，就要做好工程工序质量验收记录和该单元工程质量验收记录；每完成一个分部工程，就要做好分部工程质量控制资料核查记录、分部工程安全和功能检验资料核查及主要功能抽查记录。对工程使用的主要材料、构配件和设备的进场要做好见证送检，并收集好试验报告。只要能够按照工程的施工进度对工程质量管理资料进行收集，该工程的资料就能完善而不遗漏。审核项目经理部施工全过程中建立的竣工资料，包括审核承包商提供的质量检验报告及有关技术性文件，如有漏缺要重新检测和整理。严格按照现行南水北调工程项目划分标准对整个工程进行竣工验收。

6 结语

在青兰渡槽工程施工中，质量管理是工程建设的根本，主体工程完成后，渡槽还进行了充水试验。渡槽在试验工程中表现完好，得到了中线局及建管局的好评。青兰渡槽作为南水北调工程中一道靓丽的风景线正在积极申办大禹奖。相信青兰渡槽在不久将会给南水北调工程的带来更多的经济效益、社会效益和环境效益。

南水北调中线工程渡槽工程一览表

序号	名称	设计单元	地点	建筑物长度/m	结构型式	尺寸规模（槽数-宽×高）	跨径布置	设计流量/(m^3/s)	加大流量/(m^3/s)
1	刁河梁式渡槽	淅川段工程	河南省邓州市文曲乡姚营村	660	双线双槽预应力开口箱梁结构	2-13.0×7.2	8×40m+1×30m	350	420
2	湍河梁式渡槽	湍河渡槽	河南省邓州市小王营与冀寨之间	1030	相互独立的3槽预应力混凝土U型结构	3-9.0×7.23	18×40m	350	420
3	严陵河梁式渡槽	淅川段工程	河南省邓州市镇平县贾宋镇赵集乡杨魏营村北	540	双线双槽预应力开口箱梁结构	2-13.0×7.4	6×40m	340	410
4	潦河涵洞式渡槽	南阳段工程	河南省南阳县潦河镇于候庄村附近	437.1	双槽分缝设拉杆不加肋普通混凝土矩形槽	2-11.0×8.4	24-6.1m	340	410
5	十二里河梁式渡槽	南阳段工程	河南省南阳市西郊董村东约500m处	275	双线双槽预应力开口箱梁结构	2-13.0×7.78	2×30m	340	410
6	贾河梁式渡槽	方城段工程	河南省方城县独树镇大韩庄与蔡庄之间	480	双线双槽预应力开口箱梁结构	2-13.0×7.8	5×40m	330	400
7	草墩河梁式渡槽	方城段工程	河南省方城县独树镇杨武岗与叶县保安镇刘庄之间	331	双线双槽预应力开口箱梁结构	2-13.0×7.8	5×30m	330	400
8	澧河梁式渡槽	澧河渡槽	河南省平顶山市叶县常村乡店刘村南	860	双线双槽预应力开口箱梁结构	2-10.0×7.92	12×40m+2×30m	320	380
9	澎河涵洞式渡槽	鲁山南2段	河南省鲁山县宋口澎河上	310	双线双槽分缝不加肋普通混凝土矩形槽	2-10.15×7.2	27-4.5m	320	380
10	沙河渡槽	沙河渡槽	河南省鲁山县薛寨村北	9075				320	380
10.1	沙河梁式渡槽			1675	双线四槽预应力混凝土U形槽	4-8.0×7.4	47×30m		
10.2	沙河—大郎河箱基渡槽			3560	双线双槽普通混凝土结构矩形槽	2-12.5×7.8	178×20m		
10.3	大郎河梁式渡槽			490	双线四槽预应力混凝土U形槽	4-8.0×7.8	10×30m		
10.4	大郎河—鲁山坡箱基渡槽			1820	双线双槽普通混凝土结构矩形槽	2-12.5×7.8	91×20m		
10.5	鲁山坡落地槽			1530	整体单槽普通混凝土结构矩形槽	1-22.5×8.1			
11	肖河涵洞式渡槽	宝丰至郏县段工程	河南省郏县安良镇东1km的肖河村西200m处	250	双槽分缝不加肋普通混凝土形矩槽	2-12.0×7.7	6-6m	315	375
12	兰河涵洞式渡槽	宝丰至郏县段工程	河南省郏县安良镇狮王寺村北约250m	260	双槽分缝不加肋普通混凝土形矩槽	2-12.0×7.7	6-8m	315	375

续 表

序号	名称	设计单元	地点	建筑物长度/m	结构型式	尺寸规模（槽数-宽×高）	跨径布置	设计流量/(m³/s)	加大流量/(m³/s)
13	双洎河渡槽	双洎河渡槽	河南省新郑市西北约 5km	810	双线四槽预应力混凝土矩形槽	4-7.0×7.9	20×30m	305	365
14	双洎河支渡槽	新郑南段工程	河南省新郑市城郊乡兰庄村东南	325	双线四槽预应力混凝土矩形槽	4-7.0×7.8	5×30m	305	365
15	索河涵洞式渡槽	荥阳段工程	河南省荥阳市东北约 7km 的前袁洞村附近	400	双槽分缝不加肋普通混凝土形矩槽	2-12.0×7.82	21-6m	265	320
16	淤泥河涵洞式渡槽	汤阴段工程	河南省汤阴县城西南约 4km 的黄下扣村东 50m	203.6	双槽不分缝单隔墙普通混凝土矩形槽	2-9.2×7.1	4-6m	245	280
17	汤河涵洞式渡槽	汤阴段工程	河南省汤阴县城西 3km 的韩庄乡部落村西北角	294.3	双槽不分缝单隔墙普通混凝土矩形槽	2-8.8×7.6	2×4-7m+3－8.5m	245	280
18	滏阳河梁式渡槽	磁县段工程	河北省磁县东武仕村南 0.5km	302	三槽一联预应力钢筋混凝土矩形槽	3-7.0×7.1	4×30m	235	265
19	牤牛河南支梁式渡槽	磁县段工程	河北省磁县白村东北	424	三槽一联预应力钢筋混凝土矩形槽	3-7.0×7.0	8×30m	235	265
20	青兰渡槽	邯郸市至邯郸县段工程	河北省邯郸市西南西环路与南环路连接处外侧	115.11	分离式扶壁梯形渡槽	1-(底 22.5、顶 63.24)×7.55	2×19.0m+25.0m	235	265
21	洺河梁式渡槽	洺河渡槽	河北省永年县城西邓底村与台口村之间	829	三槽一联预应力钢筋混凝土矩形槽	3-7.0×6.8	16×40m	230	250
22	泜河梁式渡槽	临城段工程	河北省临城县解村东	458	三槽一联预应力钢筋混凝土矩形槽	3-7.0×6.7	9×30m	220	240
23	午河梁式渡槽	临城段工程	河北生活上临城县方等村西 1km	334	三槽一联预应力钢筋混凝土矩形槽	3-7.0×6.7	5×30m	220	240
24	泲河梁式渡槽	高邑至元氏段工程	河北省高邑县南焦村西北约 1.5km	440	三槽一联预应力钢筋混凝土矩形槽	3-7.0×6.6	10×30m	220	240
25	放水河渡槽	河北段其他工程	河北省保定市唐县境内	350	三槽一联预应力混凝土矩形槽	3-7.0×5.2	8×30m	135	160
26	漕河渡槽	漕河渡槽	河北省满城县神星镇与荆山村之间	2300	三槽一联预应力混凝土矩形槽	3-6.0×5.4	24×10m+35×20m+41×30m	125	150
27	水北沟渡槽	河北段其他工程	河北省涞水县宫家坟村与西水北村之间	211	两槽一联预应力混凝土矩形槽	2-6.0×4.6	4×30m	60	70

漕河渡槽

洺河渡槽

沙河渡槽

双洎河渡槽

湍河渡槽

湍河渡槽仿真试验

湍河渡槽槽身

槽上运漕

渡槽架设